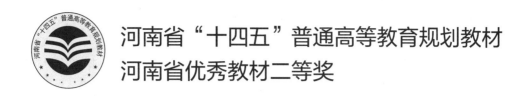

河南省"十四五"普通高等教育规划教材
河南省优秀教材二等奖

环境影响评价

黄健平　　宋新山　　主编
李海华　　副主编

U0221735

化学工业出版社
·北京·

内 容 提 要

本书系统介绍了环境评价的理论、技术原则和方法，论述了大气、水、噪声、生态、固体废物、区域和规划环境评价，以及地下水、风险评价、清洁生产、公众参与和总量控制等环境评价技术的新发展。本书主要章节配以一定的资料性的材料和案例，并附有习题，习题紧密结合了职业上岗和注册考试的内容和形式，便于学习。

本书为高等学校环境工程、环境科学、市政工程和生态学等专业的本科生教材，也可供从事环境评价及相关领域的技术人员、管理人员参考。

图书在版编目（CIP）数据

环境影响评价/黄健平，宋新山主编. —北京：
化学工业出版社，2013.8（2023.1重印）
ISBN 978-7-122-18171-8

Ⅰ.①环… Ⅱ.①黄…②宋… Ⅲ.①环境影响-评价 Ⅳ.①X820.3

中国版本图书馆 CIP 数据核字（2013）第 184897 号

责任编辑：王文峡　　　　　　　　　文字编辑：向　东
责任校对：王素芹　　　　　　　　　装帧设计：尹琳琳

出版发行：化学工业出版社（北京市东城区青年湖南街 13 号　邮政编码 100011）
印　　刷：北京云浩印刷有限责任公司
装　　订：三河市振勇印装有限公司
787mm×1092mm　1/16　印张 18　字数 483 千字　　2023 年 1 月北京第 1 版第 7 次印刷

购书咨询：010-64518888　　　　　售后服务：010-64518899
网　　址：http://www.cip.com.cn
凡购买本书，如有缺损质量问题，本社销售中心负责调换。

定　　价：49.00 元

前 言

环境影响评价（Environmental Impact Assessment，EIA）制度是我国环境保护的一项重要法律制度，其对于有效预防和控制环境污染和生态破坏，促进社会、经济、环境的协调可持续发展起到了重要的作用。2003 年 9 月实施的《中华人民共和国环境影响评价法》使环境影响评价从建设项目拓展到了规划层次，是我国环境影响评价制度的重大进步，标志着我国环境影响评价工作迈向了新的台阶。这对我国环境影响评价的人才培养提出了更高的要求。

在该制度落实过程中，EIA 的技术和方法不断得以完善。经过三十多年的发展，已经形成了由技术导则、评价标准等构成的完整的技术方法体系。为适应环境保护形势的发展，近年来相关的导则、标准和法规不断更新。截至 2012 年，EIA 导则的更新达到 17 项，不仅对专项 EIA 技术导则（如生态、地下水、声、大气、风险）进行了修订更新，还新制定了多个行业建设项目 EIA 技术导则。EIA 工作进一步向内容和要求的规范性、技术和方法的可操作性方向发展。

自从 20 世纪 80 年代后期起，EIA 课程成为高等院校环境类专业的专业主干课。2005 年注册环评工程师制度的实施更是使该课程引起了施教者和受教者的进一步重视。根据调查，目前我国高等院校中 250 多个环境工程专业点，180 多个环境科学专业点以及其他如生态学、城乡环境资源规划与管理等多个相关专业点都把 EIA 课程设置为专业主干课。根据我们的教学体会，该课程具有内容综合、技术特色突出、时代特征明显、实践性强等特点。为了适应这样的需求，我们组织编撰了本教材。编写过程中遵循"适应人才培养需求，体现教材的科学性和先进性"的总体原则。本书主要特色体现在：一是紧扣 EIA 最新的技术导则、法律法规、标准和政策，涵盖最新研究成果和知识，体现其与时俱进的时代特征；二是详解相关的技术方法的难点和要点，以丰富的实例加深对相关技术方法的理解，凸显其技术特色；三是考虑了 EIA 的上岗培训和注册环境影响评价工程师考试以及实际 EIA 工作的需要，通过相关练习题、环评案例分析等突出其实践性和实用性。

本书由黄健平和宋新山主编，李海华副主编。全书共分十二章，其中，第一章由黄健平、应一梅编写；第二章由黄健平、李海华编写；第三章由宋新山、王宇晖编写；第四章由黄健平编写；第五、第六章由应一梅编写；第七、第八章由李海华编写；第九～第十一章由王敏编写；第十二章由王宇晖编写。所有作者均参与全书的统稿，最后由黄健平和宋新山定稿。

本书编写过程中，华北水利水电大学邢静、刘纳、邵玉敏、刘莉莉、肖岭、席春辉、金艳艳等硕士研究生参与了资料收集和文字整理等工作，郑州大学宋宏杰老师提供了很多帮助。本书编写过程中引用了"环境影响评价技术导则"及有关国家标准和法律法规，参考了环保部环境影响评价司编写的《环境影响评价岗位基础知识培训教材》、环保部环境工程评估中心编写的《建设项目环境影响评价培训教材》和《环境影响评价工程师职业资格考试系列教材》以及许多专家学者的著作和研究成果，在此一并表示感谢。

由环境影响评价的与时俱进的特征，也由于编写者的水平所限，书中不妥之处在所难免，敬请各位读者批评指正。

编 者

2013 年 5 月

目　录

第一章 环境影响评价概论

【内容提要】

　　本章首先介绍了环境影响评价的基本概念，并阐明了其重要性。着重分析了环境影响评价管理程序和工作程序的相关内容，简要介绍了环境影响评价的法律依据。最后就环境影响评价制度的形成过程、特点及环境影响评价资质管理方面的内容进行了阐述。

第一节 概　　述

一、环境影响评价的基本概念

1. 环境

　　环境是指某一生物体或生物群体以外的空间，以及直接或者间接影响该生物体或生物群体生存的一切事物的总和。环境总是针对某一特定主体或者中心而言的，是一个相对的概念，离开主体的环境是没有意义的。

　　在环境科学中，环境是指以人类为主体的外部世界，主要是地球表面与人类发生相互作用的自然要素及其总体。它是人类生存发展的基础，也是人类开发利用的对象。《中华人民共和国环境保护法》所称环境，是指影响人类生存和发展的各种天然的和经过人工改造的自然因素的总体，包括大气、水、海洋、土地、矿藏、森林、草原、野生生物、自然遗迹、人文遗迹、自然保护区、风景名胜区、城市和乡村等。

　　环境影响评价中所指的环境，是围绕着人群的空间以及其中可以直接、间接影响人类生存和发展的各种自然因素和社会因素的总体，包括自然因素的各种物质、现象和过程及在人类历史中的社会、经济成分。

2. 环境影响

　　环境影响是指人类活动（经济活动和社会活动）对环境的作用和导致的环境变化以及由此引起的对人类社会的效应。研究人类活动对环境的作用是为了认识和评价环境对人类的反作用，从而制定出缓和不利影响的对策措施，改善生态环境，维护人类健康，保证和促进人类社会的可持续发展。

　　在研究一项开发活动对环境的影响时，首先应该注意那些受到重大影响的环境要素的质量参数变化。而环境影响的重大性是相对的，如高强度噪声对居民住宅区的影响比对工业区的影响大。这种"环境影响"是由造成环境影响的源和受影响的环境（受体）两方面构成的。对人类活动进行系统的分析，辨识出其中那些能对环境产生显著和潜在影响的活动，这就是"开发行动分析"，对区域开发和建设项目而言即为"工程分析"，对规划而言则为"规划分析"。环境影响识别是环境影响评价最重要的任务之一。

　　环境影响按来源可分为直接影响、间接影响和累积影响；按影响效果可分为有利影响和不利影响；按影响性质可分为可恢复影响和不可恢复影响。按影响发生阶段可分为建设期、运行期和退役期影响等。

3. 环境问题

环境影响评价中所指的环境问题主要是在人类与环境相互作用的过程中产生的，是指任何不利于人类生存和发展的环境结构和状态的变化。目前，人类社会面临的环境问题大体可分为环境污染和生态破坏。

环境污染是指由于人为或自然的原因，使得有害物质或能量进入环境，破坏了环境系统正常的结构和功能，降低了环境质量，对人类或者环境系统本身产生不利影响的现象。环境污染除了本身对人类以及环境造成危害以外，还降低了水、生物和土地等资源中可利用部分的比例，使得资源短缺的局面更加严峻，加重了生态破坏，加速了植被的破坏和物种的灭绝。

生态破坏是人类社会活动引起的生态退化及由此衍生的环境效应，导致了环境结构和功能的变化，对人类生存发展以及环境本身产生不利影响的现象。生态环境破坏主要包括水土流失、沙漠化、荒漠化、森林锐减、土地退化、生物多样性减少等。

4. 环境影响评价

《中华人民共和国环境影响评价法》所称环境影响评价，是指对规划和建设项目实施后可能造成的环境影响进行分析、预测和评估，提出预防或者减轻不良环境影响的对策和措施，进行跟踪监测的方法与制度。

目前，我国的环境影响评价按照评价的对象不同，可以分为建设项目环境影响评价和规划（战略）环境影响评价两大类。建设项目环境影响评价是指在建设项目兴建之前，就项目的选址、设计以及建设期和运行期可能带来的环境影响进行分析、预测和评估。规划环境影响评价是指在规划编制阶段，对规划实施可能造成的环境影响进行分析、预测和评价，并提出预防或者减轻不良环境影响的对策和措施的过程。规划和建设项目处于不同的决策层，因此，针对二者所做的环境影响评价的基本任务也有所不同。

环境影响评价作为环境管理的基本制度之一，其实施过程涉及多个相关主体。涉及的相关主体有建设单位、环境影响评价机构、环境影响评价文件的审批部门、建设项目的审批部门等。特别是环境影响评价的对象扩大到规划后，各级政府和政府有关部门如规划的审批、编制等机构也是不可缺少的相关主体。

对于拟建中的建设项目，在动工之前进行环境影响评价，只是环境影响评价制度的一部分。一个完整的建设项目环境影响评价，还应包括后评价、"三同时"、跟踪检查等一系列制度和措施。否则，环境影响评价制度就无法发挥其应有的作用。

二、环境影响评价的重要性

环境影响评价是对一个地区的自然条件、资源条件、环境质量条件和社会经济发展状况进行综合分析的研究过程。根据一个地区的环境、社会、资源的综合承载能力，把人类活动不利于环境的影响限制到最小。环境影响评价的实施可以强化环境管理，在确定经济发展方向和保护环境政策等一系列重大决策上发挥重要的指导作用。环境影响评价的重要性主要表现在以下几个方面。

1. 为开发建设活动的决策提供科学依据

开发建设的决策是综合性极强的工作，只有在全面、充分、客观、科学地考虑经济、技术、社会和环境诸方面相互关系的基础上，才能做出比较正确的开发决策。通过环境影响评价，就可把环境保护工作与国民经济和社会发展规划、计划及其行动直接联系起来，为协调经济发展和环境保护提供科学依据。

2. 为经济建设的合理布局提供科学依据

开发建设的环境影响评价是对传统工业布局决策方式的重大改革，它可以把经济、社会和环境效益统一起来，使之协调发展。环境影响评价的过程，也是认识生态环境与人类经济活动相互依赖、相互制约、相互促进的过程。在这个过程中，不但要考虑资源、能源、交通、技术、经济、消费等因素，分析各种自然资源的承载能力，还要分析环境特征，了解环境资源的利用现状，预测开发建设活动对环境承载能力的消耗程度，阐明环境承受能力和防治对策。从建设项目所在地区的整体出发，考察建设项目的不同选址和布局对区域整体的不同影响，并进行比较和取舍，选择最有利的方案，保证建设选址和布局的合理性。

3. 为确定某一地区的经济发展方向和规模、制定区域经济发展规划及相应的环保规划提供科学依据

我国处在经济增长由粗放型向集约型转变时期，各地区都将制定以强调效益为中心的社会经济发展规划，走可持续发展道路。通过环境影响评价，特别是规划环境影响评价，对区域自然条件、资源条件、环境条件和社会经济技术条件进行综合分析研究，并根据区域资源环境承载能力、社会承受能力，为制定区域发展总体规划，确定适宜的经济发展方向、目标、速度、建设规模、产业结构等提供科学依据。同时，通过环境影响评价，掌握区域环境状况，预测和评价开发建设活动对环境的影响，并为制定区域环境保护目标、计划和措施提供科学依据，从而达到宏观调控和全过程污染防控的目的。

4. 为制定环境保护对策和进行科学的环境管理提供依据

环境管理的实质是协调经济发展和环境容量这两个目标的过程，通过环境管理，解决经济发展和环境保护问题。发展经济和保护环境是辩证统一的关系，环境管理的目的是在保证环境质量的前提下发展经济、提高经济效益；反过来环境管理也必须讲求经济效益，要把经济发展和环境效益二者统一起来，选择它们之间最佳的"结合点"。这个结合点是以最小的环境代价取得最大的经济效益。环境影响评价就是找出这个最佳"结合点"的环境管理手段。

通过建设项目环境影响评价，可以得知对一个项目的污染或破坏限制在一个什么程度范围内才符合环境标准的要求。在此基础上，要充分考虑区域环境功能、环境容量以及当时、近期、远期技术经济状况等条件，提出既能满足生产建设、经济发展，又能有效地控制污染、改善环境的污染防治对策和措施，从而获得最佳的环境效益和社会效益。由此可见，环境影响评价能指导工程的设计，使建设项目的环保措施建立在科学、可靠的基础上，从而保证环保设计得到优化，同时还能为项目建成后实现科学管理提供必要的数据和重点监督的对象，达到为环境管理提供科学依据的目的。

5. 促进相关环境科学技术的发展

环境影响评价涉及自然科学和社会科学的广泛领域，包括基础理论研究和应用技术开发。环境影响评价工作中遇到的问题必然会对相关的环境科学技术提出挑战，进而推动相关环境科学技术的发展。

第二节　环境影响评价的基本程序

环境影响评价程序是指根据环境影响评价法律法规和技术标准完成环境影响评价工作的过程，包括环境影响评价管理程序和工作程序。

一、环境影响评价的管理程序

我国建设项目环境影响评价管理程序见图 1-1。环境影响评价的管理程序用于环境影响评价的监督和管理，保证环境影响评价工作顺利进行和实施，是管理部门的监督手段。

1. 环境影响评价的分类管理

根据《建设项目环境影响评价分类管理名录》的规定，国家根据建设项目对环境的影响程度，对建设项目的环境保护实行分类管理。建设单位应当按照名录的规定，分别组织编写

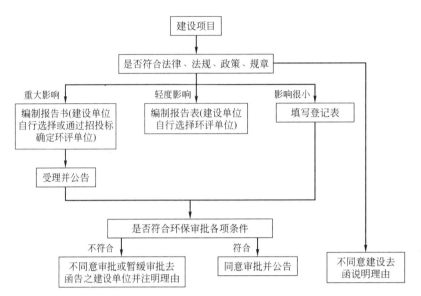

图 1-1　我国建设项目环境影响评价管理程序图

环境影响报告书、环境影响报告表或者填报环境影响登记表。

（1）环境影响报告书

建设项目对环境可能造成重大影响的，应当编制环境影响报告书，对建设项目产生的污染和对环境的影响进行全面、详细地评价。

对环境可能造成重大影响的建设项目包括：①流域开发、开发区建设、城市新区建设和旧区改造等区域性开发项目；②污染因素复杂，产生污染物的种类多、数量大、毒性大或难降解的项目；③对敏感区造成影响的大中型项目，影响重要生态系统、脆弱生态系统的项目；④对环境具有不可逆、无可替代或累积性影响，引起污染物迁移或传染病扩散的项目。

（2）环境影响报告表

建设项目对环境可能造成轻度影响的，应当编制环境影响报告表，对建设项目产生的污染和对环境的影响进行分析或者专项评价。

对环境可能造成轻度影响的建设项目包括：①不对环境敏感区造成影响的中型建设项目；②可能对环境敏感区造成影响的小型建设项目；③污染因素简单，产生污染物的种类少、数量小，污染物毒性较低的小型建设项目；④对地形地貌、水文等生态条件有一定影响，但不改变生态环境结构和功能的中小型建设项目。

（3）环境影响登记表

建设项目对环境影响很小，不需要进行环境影响评价的，应当填报环境影响登记表。

对环境影响很小的建设项目包括：①基本不产生"三废"、噪声、振动、放射性、电磁波等不利影响的建设项目；②基本不改变地形地貌、水文等生态条件，不改变生态环境功能的建设项目；③不对环境保护目标造成影响的小型建设项目；④不改变土地使用功能的零星旧城区改造、城市建设等项目，以及无特别环境影响的第三产业项目。

跨行业、复合型建设项目，其环境影响评价类别按其中单项等级最高的确定。

《建设项目环境影响评价分类管理名录》未作规定的建设项目，其环境影响评价类别由省级环境保护行政主管部门根据建设项目的污染因子、生态影响因子特征及其所处的敏感性质和敏感程度提出建议，报国家环境保护行政主管部门认定。

2. 环境影响评价文件的审批

（1）分级审批的部门

根据《建设项目环境影响评价文件分级审批规定》，建设对环境有影响的项目不论投资主体、资金来源、项目性质和投资规模，其环境影响评价文件均按照规定确定分级审批权限，由环保部以及省（自治区、直辖市）和市、县等不同级别环境保护行政主管部门负责审批，具体要求如下。

① 环保部负责审批的建设项目环境影响评价文件包括：核设施、绝密工程等特殊性质的建设项目；跨省、自治区、直辖市行政区域的建设项目；由国务院审批或核准的建设项目；由国务院授权有关部门审批或核准的建设项目；由国务院有关部门备案的对环境可能造成重大影响的特殊性质的建设项目。

② 环保部可以将法定由其负责审批的部分建设项目环境影响评价文件的审批权限，委托给该项目所在地的省级环境保护行政主管部门，并向社会公告。受委托的省级环境保护行政主管部门，在委托范围内，以环保部的名义审批环境影响评价文件。受委托的省级环境保护行政主管部门不得再委托其他组织或者个人。环保部应当对省级环境保护部门根据委托审批环境影响评价文件的行为负责监督，并对该审批行为的后果承担法律责任。

③ 环保部直接审批环境影响评价文件的建设项目的目录、环保部委托省级环境保护部门审批环境影响评价文件的建设项目的目录，由环境保护部制定、调整并发布。

④ 环保部负责审批以外的建设项目环境影响评价文件的审批权限，由省级环境保护行政主管部门提出分级审批建议，报省级人民政府批准后实施，并抄报环保部。有色金属冶炼及矿山开发、钢铁加工、电石、铁合金、焦炭、垃圾焚烧及发电、制浆等对环境可能造成重大影响的建设项目环境影响评价文件由省级环境保护行政主管部门负责审批。化工、造纸、电镀、印染、酿造、味精、柠檬酸、酶制剂、酵母等污染较重的建设项目的环境影响评价文件由省级或地级市环境保护行政主管部门负责审批。法律和法规关于建设项目环境影响评价文件分级审批管理另有规定的，按照有关规定执行。

⑤ 建设项目可能造成跨行政区域的不良环境影响，有关环境保护行政主管部门对该项目的环境影响评价结论有争议的，其环境影响评价文件由共同的上一级环境保护行政主管部门审批。

（2）审批程序

环境影响评价从建设方的环境影响申报（咨询）开始。项目建议书批准后，建设单位可以采取公开招标或商议委托的方式选择环境影响评价单位，该单位对建设项目进行环境影响评价，并对评价结论负责。建设单位在建设项目可行性研究阶段，向有审批权的环境保护行政主管部门报批环境影响报告书（表）或登记表；铁路、交通等建设项目，经环境保护行政主管部门同意，可在初步设计完成前报批。按规定不需要进行可行性研究的建设项目，建设单位应当在项目开工前报批；其中，需要办理营业执照的，应当在办理营业执照前报批。建设项目有行业主管部门的，应当经行业主管部门预审后，报环境保护行政主管部门审批。海岸工程建设项目的环境影响报告书（表）经海洋行政主管部门审核并签署意见后，报环境保护行政主管部门审批。有水土保持方案的建设项目，其方案必须纳入环境影响报告书；水行政主管部门应当在报告书预审时完成对水土保持方案的审查。

环境保护行政主管部门自收到环境影响报告书（表）、登记表之日起，分别于 60 日、30日、15 日内，作出审批决定并书面通知建设单位。需要进行听证、专家评审和技术评估的，所需时间不计算在上述规定的期限内。符合规定，经审查通过的建设项目，环境保护行政主管部门作出予以批准的决定，并书面通知建设单位。对不符合条件的建设项目，作出不予批准的决定，书面通知建设单位，并说明理由。

建设项目环境报告书（表）或登记表经批准后，该项目的性质、规模、地点或者采用的生产工艺发生重大变化的，建设单位应当重新报批；自批准之日起满 5 年，建设项目方开工建设的，应当报原审批机关重新审核。

3．环境敏感区的识别

《建设项目环境影响评价分类管理名录》所称环境敏感区，是指依法设立的各级各类自然、文化保护地，以及对建设项目的某类污染因子或者生态影响因子特别敏感的区域，主要包括：

① 自然保护区、风景名胜区、世界文化和自然遗产地、饮用水水源保护区。

② 基本农田保护区，基本草原，森林公园，地质公园，重要湿地，天然林，珍稀濒危野生动植物天然集中分布区，重要水生生物的自然产卵场及索饵场、越冬场和洄游通道，天然渔场，资源型缺水地区，水土流失重点防治区，沙化土地封禁保护区，封闭及半封闭海域。

③ 以居住、医疗卫生、文化教育、科研、行政办公等为主要功能的区域，文物保护单位，具有特殊历史、文化、科学、民族意义的保护地。

建设项目所处环境的敏感性质和敏感程度，是确定建设项目环境影响评价类别的重要依据。建设涉及环境敏感区的项目，应当严格按照《建设项目环境影响评价分类管理名录》确定其环境影响评价类别，不得擅自提高或者降低环境影响评价类别。环境影响评价文件应当就该项目对环境敏感区的影响作重点分析。

二、环境影响评价的工作程序

环境影响评价的工作程序用于指导环境影响评价的工作内容和进程。环境影响评价工作一般分三个阶段，即前期准备、调研和工作方案阶段，分析论证和预测评价阶段，环境影响评价文件编制阶段。具体流程见图 1-2。

1．环境影响评价的原则

环境影响评价必须客观、公开、公正，综合考虑规划或者建设项目实施后对各种环境要素及其所构成的生态系统可能造成的影响，为决策提供科学依据。

（1）基本原则

① 依法评价原则　环境影响评价过程中应贯彻执行我国环境保护相关的法律法规、标准、政策，分析建设项目与环境保护政策、资源能源利用政策、国家产业政策和技术政策等有关政策及相关规划的相符性，并关注国家或地方在法律法规、标准、政策、规划及相关主体功能区划等方面的新动向。

② 早期介入原则　环境影响评价应尽早介入工程前期工作中，重点关注选址（或选线）、工艺路线（或施工方案）的环境可行性。

③ 完整性原则　根据建设项目的工程内容及其特征，对工程内容、影响时段、影响因子进行分析、评价，突出环境影响评价重点。

④ 广泛参与原则　环境影响评价应广泛吸收相关学科和行业的专家、有关单位和个人及当地环境保护管理部门的意见。

（2）技术政策原则

环境影响评价作为我国一项重要的环境管理制度，在其组织实施中必须坚持可持续发展战略和循环经济理念，严格遵守国家的有关法律、法规和政策，做到科学、公正和实用，应遵循的原则包括：①符合国家产业政策、环保政策和法规；②符合流域、区域功能区划、生态保护规划、环境功能区划和城市总体发展规划，做到合理布局；③符合清洁生产的原则；④符合国家有关生物多样性保护的法规和政策；⑤符合国家资源综合利用和循环经济政策；⑥符合国家土地利用政策；⑦符合国家和地方总量控制要求；⑧符合污染物达标排放和区域环境质量要求。

2．资源利用及环境合理性分析

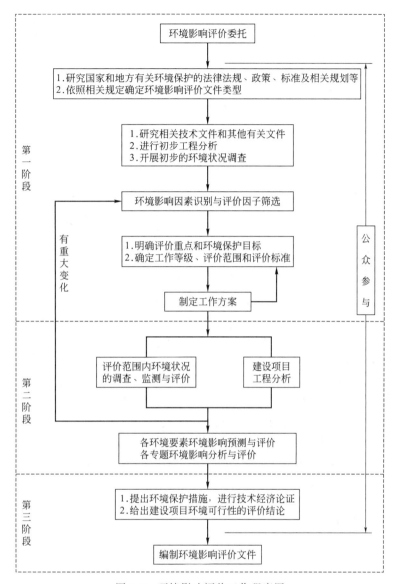

图 1-2 环境影响评价工作程序图

（1）资源利用合理性分析

工程所在区域未开展规划环境影响评价的，需进行资源利用合理性分析。根据建设项目所在区域资源禀赋，量化分析建设项目与所在区域资源承载能力的相容性，明确工程占用区域资源的合理份额，分析项目建设的制约因素。如建设项目水资源利用的合理性分析，需根据建设项目耗用新鲜水情况及其所在区域水资源赋存情况，尤其是在用水量大、生态或农业用水严重缺乏的地区，应分析项目建设与所在区域水资源承载力的相容性，明确该项目占用区域水资源承载力的合理份额。

（2）环境合理性分析

调查建设项目在区域、流域或行业发展规划中的地位，与相关规划和其他建设项目的关系，分析建设项目选址、选线、设计参数及环境影响是否符合相关规划的环境保护要求。

3. 环境影响要素识别与评价因子筛选

（1）环境影响要素识别

在了解和分析建设项目所在区域发展规划、环境保护规划、环境功能区划、生态功能区划及环境现状的基础上，分析和列出建设项目的直接和间接行为，以及可能受上述行为影响的环境要素及相关参数。

影响识别应明确建设项目在施工期、运行期、退役期等不同阶段的各种行为与可能受影响的环境要素间的效应关系、影响性质、影响范围、影响程度等，定性分析建设项目对各环境要素可能产生的污染影响与生态影响。对建设项目实施形成制约的关键环境要素或条件，应作为环境影响评价的重点内容。

环境影响要素识别方法可采用矩阵法、网络法、地理信息系统（GIS）支持下的叠图法等。

（2）评价因子筛选

依据环境影响要素识别结果，并结合区域环境功能要求或所确定的环境保护目标，筛选确定评价因子，应重点关注环境制约要素。评价因子须能反映环境影响的主要特征、区域环境的基本状况及建设项目特点和排污特征。

4. 环境影响评价的分级管理

（1）评价工作等级划分

建设项目各环境要素专项评价工作等级按建设项目特点、所在地区的环境特征、相关法律法规、标准及规划、环境功能区划等因素进行划分，原则上一般可划分为三级。一级评价对环境影响进行全面、详细、深入评价，二级评价对环境影响进行较为详细、深入评价，三级评价可只进行环境影响的定性分析。

（2）评价工作等级的调整

专项评价的工作等级可根据建设项目所处区域环境敏感程度、工程污染或生态影响特征及其他特殊要求等情况进行适当调整，但调整的幅度不超过一级，并说明调整的具体理由。

5. 环境影响评价范围的确定

按各专项环境影响评价技术导则的要求，确定各环境要素和专题的评价范围；未指定专项环境影响评价技术导则的，根据建设项目可能影响范围确定评价范围，当评价范围外有环境敏感区的，应适当外延。

6. 环境影响评价标准的确定

根据评价范围内各环境要素的环境功能区划，确定各评价因子所采用的环境质量标准及相应的污染物排放标准。有地方污染物排放标准的，应优先选择地方污染物排放标准；国家污染物排放标准中没有限定的污染物，可采用国际通用标准；生产或服务过程的清洁生产分析采用国家发布的清洁生产规范性文件。

7. 环境影响评价方法的选取

环境影响评价采用定量评价与定性评价相结合的方法，应以量化评价为主。评价方法应优先选用成熟的技术方法，鼓励使用先进的技术方法，慎用争议或处于研究阶段尚没有定论的方法。选用非导则推荐的评价或预测分析方法的，应根据建设项目特征、评价范围、影响性质等分析其适用性。

8. 环境影响报告书主要内容

环境影响报告书是环境影响评价的书面表现形式，是环境影响评价工作的最终成果，也是履行环境保护法律程序的法律文件。因此，对报告书的内容要求论据充分、观点明确、结论可信。根据工程特点、环境特征、评价级别、国家和地方的环境保护要求，选择下列但不限于下列全部或部分专项评价。

污染影响为主的建设项目一般应包括工程分析、环境现状调查与评价、环境影响预测与评价、清洁生产分析、环境风险评价、环境保护措施及其经济技术论证、污染物排放总量控制、环境影响经济损益分析、环境管理与监测计划、公众参与、评价结论和建议等专题。生态影响为主的建设项目还应设置施工期、环境敏感区、珍稀动植物、社会影响等专题。

（1）建设项目概况和工程分析

采用图表及文字结合方式，概要说明建设项目的基本情况、组成、主要工艺路线、工程布置及与原有、在建工程的关系。

对建设项目的全部组成和施工期、运营期、服务期满后所有时段的全部行为过程的环境影响因素及其影响特征、程度、方式等进行分析与说明，突出重点；并从保护周围环境、景观及环境保护目标要求出发，分析总图及规划布置方案的合理性。

（2）环境现状调查与评价

根据建设项目污染源及所在地区的环境特点，结合各专项评价的工作等级和调查范围，筛选出应调查的有关参数。充分收集和利用现有的有效资料，当现有资料不能满足要求时，需进行现场调查和测试，并分析现状监测数据的可靠性和代表性。对与建设项目有密切关系的环境状况应全面、详细调查，给出定量的数据并做出分析或评价；对一般自然环境与社会环境的调查，应根据评价地区的实际情况，适当增减。

环境现状调查的方法主要有收集资料法，现场调查法，遥感和地理信息系统分析法等。

环境现状调查与评价内容包括自然环境现状调查与评价，社会环境现状调查与评价，环境质量和区域污染源调查与评价，及其他环境现状调查。

（3）环境影响预测与评价

环境影响的分析、预测和评价的范围、时段、内容及方法均应根据其评价工作等级、工程与环境特性及当地的环境保护要求而定。预测和评价的因子应包括反映评价区一般环境质量状况的常规因子和反映建设项目污染特性的特征因子两类。须考虑环境质量背景与已建的和在建的建设项目同类污染物环境影响的叠加。对于环境质量不符合环境功能要求的，应结合当地环境整治计划进行环境质量变化预测。

预测时应尽量选用通用、成熟、简便并能满足准确度要求的方法。目前使用较多的预测方法有数学模式法、物理模型法、类比调查法和专业判断法等。

环境影响预测和评价的内容如下。

① 总体上，按照建设项目实施过程的不同阶段，可以划分为建设期环境影响、生产运行期环境影响和退役期环境影响。还应分析不同选址、选线方案的环境影响。

② 当建设期对声环境、振动、地表水、地下水、大气、土壤等的影响程度较重、影响时间较长时，应进行建设期的环境影响预测。

③ 应预测建设项目生产运行阶段，正常排放和非正常排放、事故排放等情况的环境影响。

④ 对特殊类型项目（核设施垃圾填埋场等）应进行退役期环境影响评价，并提出环境保护措施。

⑤ 进行环境影响评价时，应考虑环境对建设项目影响的承载能力。

⑥ 涉及有毒有害、易燃、易爆物质生产、使用、贮存，存在重大危险源，存在潜在事故并可能对环境造成危害，包括健康、社会及生态风险（如外来生物入侵的生态风险）的建设项目，需进行环境风险评价。

⑦ 分析所采用的环境影响预测方法的适用性。

（4）社会环境影响评价

社会环境影响评价包括征地拆迁、移民安置、人文景观、人群健康、文物古迹、基础设施（如交通、水利、通信）等方面的影响评价。收集反映社会环境影响的基础数据和资料，筛选出社会环境影响评价因子，定量预测或定性描述评价因子的变化。分析正面和负面的社会环境影响，并对负面影响提出相应的对策与措施。

（5）环境风险评价

根据建设项目环境风险识别、分析情况，给出环境风险评估后果、环境风险的可接受程度，从环境风险角度论证建设项目的可行性，提出具体可行的风险防范措施和应急预案。

（6）公众参与

公众参与应贯穿于环境影响评价工作的全过程，涉密的建设项目按国家相关规定执行。在进行公众参与时，应充分注意参与公众的广泛性和代表性。可根据实际需要和具体条件采取适当的方法进行，告知公众建设项目的有关信息。并按"有关团体、专家、公众"对所有的反馈意见进行归类与统计分析，在归类分析的基础上进行综合评述。对每一类意见，均认真分析。回答采纳或不采纳并说明理由。

（7）环境保护措施及其经济、技术论证

明确拟采取的具体环境保护措施；分析论证拟采取措施的技术可行性、经济合理性、长期稳定运行和达标排放的可靠性，满足环境质量与污染物排放总量控制要求的可行性，如不能满足要求应提出必要的补充环境保护措施要求；生态保护措施须落实到具体时段和具体位置上，并特别注意施工期的环境保护措施；结合国家对不同区域的相关要求，从保护、恢复、补偿、建设等方面提出和论证实施生态保护措施的基本框架；按工程实施不同时段，分别列出相应的环境保护工程内容，并分析合理性。给出各项环境保护措施及投资估算一览表和环境保护措施分阶段验收一览表。

（8）环境管理与监测

按建设项目建设和运营的不同阶段，有针对性地提出具有可操作性的环境管理措施、监测计划及建设项目不同阶段的竣工环境保护验收目标。结合建设项目影响特征，制定相应的环境质量、污染源、生态以及社会环境影响等方面的跟踪监测计划。对于非正常排放和事故排放，特别是事故排放时可能出现的环境风险问题，应提出预防与应急处理预案。施工周期长、影响范围广的建设项目还应提出施工期环境监理的具体要求。

（9）清洁生产分析和循环经济

国家已发布行业清洁生产规范性文件和相关技术指南的建设项目，应按所发布的规定内容和指标进行清洁生产水平分析，必要时提出进一步改进措施与建议。未发布行业清洁生产规范性文件和相关技术指南的建设项目，结合行业及工程特点，从资源能源利用、生产工艺与设备、生产过程、污染物产生、废物处理与综合利用、环境管理要求等方面确定清洁生产指标并开展评价。从企业、区域或行业等不同层次，进行循环经济分析，提高资源利用率和优化废物处置途径。

（10）污染物总量控制

在建设项目正常运行、满足环境质量要求、污染物达标排放及清洁生产的前提下，按照节能减排的原则给出主要污染物排放量。根据相关要求分析建设项目污染物排放是否满足总量控制指标要求，并提出建设项目污染物排放总量控制指标建议。主要污染物排放总量必须纳入所在地区的污染物排放总量控制计划。必要时提出具体可行的区域平衡方案或削减措施，确保区域环境质量满足功能区和目标管理要求。

（11）环境影响经济损益分析

从建设项目产生的正负两方面环境影响，以定性与定量相结合的方式，估算建设项目所引起环境影响的经济价值，并将其纳入建设项目的费用效益分析中，作为判断建设项目环境可行性的依据之一。以建设项目实施后的影响预测与环境现状进行比较，从环境要素、资源类别、社会文化等方面筛选出需要进行经济评价的环境影响因子。对量化的环境影响进行货币化，并将货币化的环境影响价值纳入建设项目的经济分析。

（12）方案比选

对同一建设项目的多个建设方案从环境保护角度进行比选。重点对其选址或选线、工艺、规模的环境影响、环境承载能力和环境制约因素等方面比选。给出推荐方案，并结合比选结果提出优化调整建议。

（13）环境影响评价结论

环境影响评价结论是环境影响评价报告书中关键的内容。主要包括对环境质量的影响；建设项目的建设规模、性质、选址是否合理，是否符合环境保护要求；所采取的防治措施在技术上是否可行，是否符合清洁生产的要求，经济上是否合理；是否需要再作进一步评价等。

第三节 环境影响评价的法律依据

一、环境影响评价的法律法规体系

我国的环境影响评价制度融汇于环境保护的法律法规体系之中。目前，我国建立了由法律、国务院行政法规、政府部门规章、地方性法规和地方政府规章、环境标准、环境保护国际公约组成的完整环境保护法律法规体系，见图1-3。该体系以《中华人民共和国宪法》中关于环境保护的规定为基础，以综合性环境基本法为核心，以相关法律关于环境保护的规定为补充，是由若干相互联系协调的环境保护法律、法规、规章、标准及国际条约所组成的一个完整而又相对独立的法律法规体系。

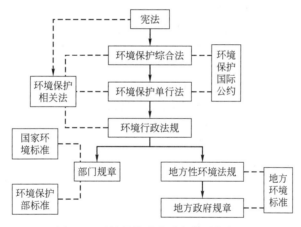

图1-3 环境保护法律法规体系框架图

根据《中华人民共和国立法法》相关规定，宪法具有最高的法律效力，一切法律、行政法规、地方性法规、自治条例和单行条例、规章都不得同宪法相抵触。法律的效力高于行政法规、地方性法规、规章。环境保护的综合法、单行法以及相关法律中对环境保护要求的条款的法律效力是一样的。如果法律规定中有不一致的地方，应遵循后法大于前法的行政法规的效力高于地方性法规、规章的原则。

1. 法律

（1）宪法

《中华人民共和国宪法》（2004年修订）（以下简称《宪法》）在第九条第二款规定："国家保障资源的合理利用，保护珍贵的动物和植物。禁止任何组织或者个人用任何手段侵占或者破坏自然资源。"第二十六条第一款规定："国家保护和改善生活环境和生态环境，防治污染和其他公害。"宪法的这些规定是环境保护立法的依据和指导原则。

（2）环境保护法

1979 年 9 月 13 日，《中华人民共和国环境保护法（试行）》颁布，标志着我国的环境保护工作进入法治轨道，带动了我国环境保护立法的全面开展。1989 年颁布实施的《中华人民共和国环境保护法》是中国环境保护的综合性法，在环境保护法律体系中占据核心地位。在该法中明确规定了环境影响评价制度的相关要求。

（3）环境保护单行法

环境保护单行法是针对特定的污染防治对象或资源保护对象而制定的，它可以分为三类。第一类是自然资源保护法，如《中华人民共和国森林法》、《中华人民共和国草原法》、《中华人民共和国渔业法》、《中华人民共和国矿产资源法》、《中华人民共和国土地管理法》、《中华人民共和国水法》等。第二类是污染防治法，如《中华人民共和国水污染防治法》、《中华人民共和国大气污染防治法》、《中华人民共和国固体废物污染环境防治法》、《中华人民共和国环境噪声污染防治法》等。第三类是其他类的法律，如《中华人民共和国清洁生产促进法》、《中华人民共和国循环经济促进法》等。

2002 年 10 月 28 日通过的《中华人民共和国环境影响评价法》，作为一部独立的环境保护单行法，规定了规划和建设项目环境影响评价的相关法律要求，是近 10 年来我国环境立法的重大进展，其将环境影响评价的范畴从建设项目扩展到规划即战略层次，力求从决策的源头防止环境污染和生态破坏，标志着我国环境立法进入了一个新的阶段。

2. 环境保护行政法规

环境保护行政法规是由国务院制定并公布或经国务院批准有关主管部门公布的环境保护规范性文件。一是根据法律授权制定的环境保护的实施细则或条例，如《中华人民共和国大气污染防治法实施细则》等；二是针对环境保护工作中某些尚无相应单行法的重要领域而制定的条例、规定和办法，如《中华人民共和国自然保护区条例》等。

3. 政府部门规章

政府部门规章是指国务院环境保护行政主管部门单独发布或与国务院有关部门联合发布的环境保护规范性文件，以及政府其他有关行政主管部门依法制定的环境保护规范性文件。政府部门规章是以环境保护法律和行政法规为依据而制定的，或者是针对某些尚未有相应法律和行政法规调整的领域做出的相应规定。

4. 环境保护地方性法规和地方性规章

环境保护地方性法规和地方性规章是依照宪法和法律享有立法权的地方权力机关和地方行政机关制定的环境保护规范性文件。这些规范性文件是根据本地实际情况和特定环境问题制定的，并在本地区实施，有较强的可操作性。环境保护地方性法规和地方性规章不能和法律、国务院行政规章相抵触。

5. 环境标准

环境标准是环境保护法律法规体系的一个组成部分，是环境执法和环境管理工作的技术依据。我国的环境标准分为国家环境标准、地方环境标准和国家环保部标准。

6. 环境保护国际公约

环境保护国际公约是指我国缔结和参加的环境保护国际公约、条约和议定书。国际公约与我国环境法有不同规定时，优先适用国际公约的规定，但我国声明保留的条款除外。

二、主要环境保护法律法规

1. 中华人民共和国环境保护法

现行的《中华人民共和国环境保护法》（以下简称《环保法》）于 1989 年 12 月颁布实施，是环境保护法律体系中的综合性实体法，该法共 47 条，分为"总则""环境监督管理"、"保护和改善环境"、"防治环境污染和其他公害"、"法律责任"及"附则"六章。

《环保法》第十三条明确规定："建设污染环境的项目，必须遵守国家有关建设项目环境保护管理的规定。建设项目的环境影响报告书，必须对建设项目产生的污染和对环境的影响做出评价，规定防治措施，经项目主管部门预审并依照规定的程序报环境保护行政主管部门批准。环境影响报告书经批准后，计划部门方可批准建设项目设计任务书。"第二十六条规定："建设项目中防治污染的设施，必须与主体工程同时设计、同时施工、同时投产使用。防治污染的设施必须经原审批环境影响报告书的环境保护行政主管部门验收合格后，该建设项目方可投入生产或者使用。"第三十六条规定："建设项目的防治污染设施没有建成或者没有达到国家规定的要求，投入生产或者使用的，由批准该建设项目的环境影响报告书的环境保护行政主管部门责令停止生产或者使用，可以并处罚款。"

《环保法》中以上法律条款对于建设项目的环境影响评价作出了明确的规定，成为环境影响评价制度最为根本的法律依据。

2. 建设项目环境保护管理条例

为了防止建设项目产生新的污染、破坏生态环境，国务院第 10 次常务会议于 1998 年 11 月 18 日通过《建设项目环境保护管理条例》，自 1998 年 11 月 29 日发布施行，共五章三十四条。该条例的颁布，对贯彻实施建设项目环境影响评价制度和"三同时"制度，防止建设项目产生新的污染和破坏生态环境具有重要意义。

《建设项目环境保护管理条例》（简称《条例》）是目前指导我国环境影响评价工作的重要法规依据，《条例》第二章中对承担环境影响评价的单位、分类管理、环评报告书的内容、环境影响评价文件的审批等重要内容进行了具体规定，直接关系到环境影响评价的具体实践。

3. 中华人民共和国环境评价法

为了实施可持续发展战略，预防因规划和建设项目实施后对环境造成不良影响，促进经济、社会和环境的协调发展，中华人民共和国第九届全国人民代表大会常务委员会第三十次会议于 2002 年 10 月 28 日通过《中华人民共和国环境评价法》，自 2003 年 9 月 1 日起施行，共五章三十八条。作为一部环境保护单行法，它规定了规划和建设项目环境影响评价的相关法律要求，是我国环境立法的重大进展。

该法集中体现了"预防为主"的环境政策，规定从大范围的发展规划到具体项目的建设都必须执行"先评价、后建设"的原则，力求从决策的源头防止环境污染和生态破坏，是实施了 20 多年的环境影响评价制度的总结和完善，也是今后指导环境影响评价工作的直接法律依据。

三、环境影响评价技术导则

环境影响评价技术导则由总纲、专项环境影响评价技术导则和行业环境影响评价技术导则构成，总纲对后两项导则有指导作用，后两项导则的制定遵循总纲总体要求。

专项环境影响评价技术导则包括环境要素和专题两种形式，如大气环境影响评价技术导则、地表水环境影响评价技术导则、地下水环境影响评价技术导则、声环境影响评价技术导则、生态影响评价技术导则等为环境要素的环境影响评价技术导则，建设项目环境风险评价技术导则等为专题的环境影响评价技术导则。

行业环境影响评价技术导则包括：煤炭采选工程环境影响评价技术导则、制药建设项目环境影响评价技术导则、农药建设项目环境影响评价技术导则、城市交通轨道环境影响评价技术导则、陆地石油天然气开发建设项目环境影响评价技术导则、火电建设项目环境影响评价技术导则、水利水电工程环境影响评价技术导则、机场建设工程环境影响评价技术导则、石油化工建设项目环境影响评价技术导则等。

四、环境标准

1. 环境标准体系

环境标准分为国家环境标准、地方环境标准和环境保护部标准，其体系见图1-4。国家环境标准又分为强制性环境标准和推荐性环境标准。环境质量标准和污染物排放标准及法律、法规规定必须执行的其他标准为强制性标准。强制性环境标准必须执行，超标即违法。强制性标准以外的环境标准属于推荐性标准。国家鼓励采用推荐性环境标准，推荐性环境标准被强制性标准引用，也必须强制执行。

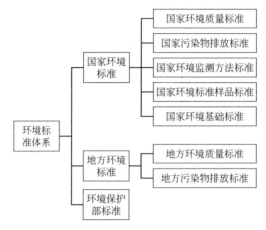

图1-4　环境标准体系框图

（1）国家环境标准

国家环境标准包括国家环境质量标准、国家污染物排放标准、国家环境监测方法标准、国家环境标准样品标准、国家环境基础标准。

① 国家环境质量标准　国家环境质量标准是为保障人群健康、维护生态和保障社会物质财富，并考虑技术、经济条件对环境中有害物质和因素所作的限制性规定。国家环境质量标准是一定时期内衡量环境优劣程度的标准，从某种意义上讲是环境质量的目标标准，如空气质量标准、水环境质量标准、噪声环境质量标准、土壤环境质量标准等。

② 国家污染物排放标准（或控制标准）　国家污染物排放标准（或控制标准）是根据国家环境质量标准，以及适用的污染控制技术，并考虑经济承受能力，对排入环境的有害物质和产生污染的各种因素所做的限制性规定，是对污染源控制的标准，如大气污染物排放标准、水污染物排放标准、噪声排放标准、固废污染控制标准等。

③ 国家环境监测方法标准　国家环境监测方法标准为监测环境质量和污染物排放，规范采样、分析测试、数据处理等所做的统一规定，如水质分析方法标准、城市环境噪声测量方法、水质采样法等。环境监测中最常见的是采样方法、分析方法和测定方法。

④ 国家环境标准样品标准　国家环境标准样品标准是为保证环境监测数据的准确、可靠，对用于量值传递或质量控制的材料、实物样品而制定的标准，如土壤 ESS-1 标准样品、水质 COD 标准样品等。标准样品在环境监测中起着特别的作用，可用来评价分析仪器、鉴别其灵敏度；评价分析者的技术，使操作技术规范化。

⑤ 国家环境基础标准　国家环境基础标准是对环境标准工作中，需要统一的技术术语、符号、代号（代码）、图形、指南、导则、量纲单位及信息编码等所做的统一规定，如制定地方大气污染物排放标准的技术方法、制定地方水污染物排放标准的技术原则和方法、环境保护标准的编制、出版、印刷标准等。

（2）地方环境标准

地方环境标准包括地方环境质量标准和地方污染物排放标准。

① 地方环境质量标准　地方环境标准是对国家环境标准的补充和完善，国家环境质量标准中未作规定的项目，可以由省、自治区、直辖市人民政府制定地方环境质量标准。近年来为控制环境质量的恶化趋势，一些地方已将总量控制指标纳入地方环境标准。

② 污染物排放（控制）标准　国家污染物排放标准中未作规定的项目可以制定地方污染物排放标准。国家污染物排放标准已规定的项目，可以制定严于国家污染物排放标准的地方污染物排放标准。

（3）环境保护部标准

在环境保护工作中对需要统一的技术要求所制定的标准（包括执行各项环境管理制度，监测技术，环境区划、规划的技术要求、规范、导则等）。

2. 环境标准之间的关系

（1）国家环境标准和地方环境标准的关系

地方环境标准优先于国家环境标准执行。

（2）国家污染物排放标准之间的关系

国家污染物排放标准分为，跨行业综合性排放标准（如污水综合排放标准等）和行业性排放标准（如火电厂大气污染物排放标准等）。

综合性排放标准与行业性排放标准不交叉执行，即有行业性排放标准的执行行业排放标准，没有行业排放标准的执行综合排放标准。

（3）环境标准体系的体系要素

环境质量标准和污染物排放标准是环境标准体系的主体，它们是环境标准体系的核心内容，从环境监督管理的要求上集中体现了环境标准体系的基本功能，是实现环境标准体系目标的基本途径和表现。

环境基础标准是环境标准体系的基础，是环境标准的"标准"，它对统一、规范环境标准的制度、执行具有指导的作用，是环境标准体系的基石。

环境方法标准、环境标准样品标准构成环境标准体系的支持系统。它们直接服务于环境质量标准和污染物排放标准，是环境质量标准与污染物排放标准内容上的配套补充以及环境质量标准与污染物排放标准有效执行的技术保证。

五、环境政策和产业政策

1. 环境政策

（1）国务院关于加强环境保护重点工作的意见

2011 年颁布的《国务院关于加强环境保护重点工作的意见》，就加强环境保护重点工作提出如下意见。

① 全面提高环境保护监督管理水平。主要内容有：严格执行环境影响评价制度；继续加强主要污染物总量减排；强化环境执法监管；有效防范环境风险和妥善处置突发环境事件。

② 着力解决影响科学发展和损害群众健康的突出环境问题。主要内容有：切实加强重金属污染防治；严格化学品环境管理；确保核与辐射安全；深化重点领域污染综合防治；大力发展环保产业；加快推进农村环境保护；加大生态保护力度。

③ 改革创新环境保护体制机制。主要内容有：继续推进环境保护历史性转变；实施有利于环境保护的经济政策；不断增强环境保护能力；健全环境管理体制和工作机制；强化对环境保护工作的领导和考核。

（2）"十二五"环保规划

我国"十二五"环境保护主要指标见表 1-1。

表 1-1 "十二五"环境保护主要指标

序号	指　　标	2010 年	2015 年	2015 年比 2010 年增长
1	化学需氧量排放总量/万吨	2551.7	2347.6	−8%
2	氨氮排放总量/万吨	264.4	238.0	−10%
3	二氧化硫排放总量/万吨	2267.8	2086.4	−8%
4	氮氧化物排放总量/万吨	2273.6	2046.2	−10%
5	地表水国控断面劣Ⅴ类水质的比例/%	17.7	<15	−2.7 个百分点
	七大水系国控断面水质好于Ⅲ类的比例/%	55	>60	5 个百分点
6	地级以上城市空气质量达到二级标准以上的比例/%	72	≥80	8 个百分点

"十二五"环保规划的主要目标是：到 2015 年，主要污染物排放总量显著减少；城乡饮用水水源地环境安全得到有效保障，水质大幅提高；重金属污染得到有效控制，持久性有机污染物、危险化学品、危险废物等污染防治成效明显；城镇环境基础设施建设和运行水平得到提升；生态环境恶化趋势得到扭转；核与辐射安全监管能力明显增强，核与辐射安全水平进一步提高；环境监管体系得到健全。

"十二五"环保规划明确提出：到 2015 年，基本实现所有县和重点建制镇具备污水处理能力，污水处理设施负荷率提高到 80% 以上，城市污水处理率达到 85%；重点区域内重点重金属污染物排放量比 2007 年降低 15%，非重点区域重点重金属污染物排放量不超过 2007 年水平；工业固体废物综合利用率达到 72%；全国城市生活垃圾无害化处理率达到 80%，所有县具有生活垃圾无害化处理能力；重点行业二噁英排放强度降低 10%。

（3）"十二五"节能减排综合性工作方案

"十二五"时期，随着工业化、城镇化进程加快和消费结构持续升级，我国能源需求呈刚性增长，受国内资源保障能力和环境容量制约以及全球性能源安全和应对气候变化影响，资源环境约束日趋强化，"十二五"时期节能减排形势仍然十分严峻，任务十分艰巨。

"十二五"节能减排主要目标是：到 2015 年，全国万元国内生产总值能耗下降到 0.869 吨标准煤（按 2005 年价格计算），比 2010 年的 1.034 吨标准煤下降 16%，比 2005 年的 1.276 吨标准煤下降 32%；"十二五"期间，实现节约能源 6.7 亿吨标准煤。2015 年，全国化学需氧量和二氧化硫排放总量分别控制在 2347.6 万吨、2086.4 万吨，比 2010 年的 2551.7 万吨、2267.8 万吨均下降 8%；全国氨氮和氮氧化物排放总量分别控制在 238.0 万吨、2046.2 万吨，比 2010 年的 264.4 万吨、2273.6 万吨均下降 10%。

2. 产业结构调整的相关规定

为使我国国民经济按照可持续发展战略的原则，在适应国内市场的需求和有利于开拓国际市场的条件下，改善投资结构，促进产业的技术进步，有利于节约资源和改善生态环境，促进经济结构的合理化，从而使各产业部门统一协调、有序、持续、快速、健康地发展，实现国家对经济的宏观调控而制定的有关政策，通称为产业政策。

"十二五"环保规划明确要求严格执行《产业结构调整指导目录》、《部分工业行业淘汰落后生产工艺装备和产品指导目录》。加大钢铁、有色、建材、化工、电力、煤炭、造纸、印染、制革等行业落后产能淘汰力度，制定年度实施方案，将任务分解落实到地方、企业，并向社会公告淘汰落后产能企业名单。建立新建项目与污染减排、淘汰落后产能相衔接的审批机制，落实产能等量或减量置换制度，重点行业新建、扩建项目环境影响审批要将主要污染物排放总量指标作为前置条件。

（1）产业结构调整指导目录（2011 年本）

《产业结构调整指导目录（2011 年本）》由鼓励类、限制类和淘汰类三类目录组成。对于不属于鼓励类、限制类和淘汰类，且符合国家有关法律、法规规定的行业类型为允许类，允许类未列入《产业结构调整指导目录（2011年本）》。

① 鼓励类 鼓励类项目主要是指对社会经济发展有重要促进作用，有利于节约资源、保护环境、产业结构优化升级，需要采取政策措施予以鼓励和支持的关键技术、装备及产品。该类项目属于国家积极鼓励扶持的项目，其环境可行性较大。

② 限制类 限制类项目主要是指工艺技术落后，不符合行业准入条件和有关规定，不利于产业结构优化升级，需要督促改造和禁止新建的生产能力、工艺技术、装备及产品。从项目建设的角度讲，限制类的项目属于禁止新建的项目，其环境可行性不大。

③ 淘汰类 淘汰类项目主要是指不符合有关法律法规规定，严重浪费资源、污染环境、不具备安全生产条件，需要淘汰的落后工艺技术、装备及产品。

（2）关于抑制部分行业产能过剩和重复建设引导产业健康发展的若干意见

根据《关于抑制部分行业产能过剩和重复建设引导产业健康发展的若干意见》，国家出台了钢铁等十个重点产业调整和振兴规划，在推动结构调整方面提出了控制总量、淘汰落后、兼并重组、技术改造、自主创新等一系列对策措施，各地也相继出台了一些扶持产业发展的政策措施。

从当前产业发展状况看，结构调整虽取得一定进展，但总体进展不快，各地区、各行业也不平衡。不少领域产能过剩、重复建设问题仍很突出，有的甚至还在加剧。特别需要关注的行业是钢铁、水泥、平板玻璃、煤化工、风电设备、多晶硅等。此外，电解铝、造船、大豆压榨等行业产能过剩矛盾也十分突出。

为了抑制产能过剩和重复建设，采取的对策措施有：严格市场准入；强化环境监管；依法依规供地、用地；实行有保有控的金融政策；严格项目审批管理；做好企业兼并重组工作；建立信息发布制度；实行问责制。特别需要注意的是区域内的钢铁、水泥、平板玻璃、传统煤化工、多晶硅等高耗能、高污染项目环境影响评价文件必须在产业规划环评通过后才能受理和审批。在新的政府投资项目核准目录出台前，上述产能过剩行业确有必要建设的项目，需报国家发改委组织论证和核准。

（3）其他产业政策

为了及时调控和引导部分出现产能过剩和重复建设的行业，近年来颁布了大量产业政策，需要我们在环境影响评价工作中关注。例如，2003年颁布的《关于制止钢铁电解铝水泥行业盲目投资若干意见的通知》、《关于制止电解铝行业违规建设盲目投资的若干意见》、《关于防止水泥行业盲目投资加快结构调整的若干意见》；2005年颁布的《钢铁产业发展政策》、《电石行业准入条件》、《铁合金行业准入条件》、《焦化行业准入条件》等。

第四节　环境影响评价制度

一、环境影响评价制度的形成与发展

环境影响评价制度是把环境影响评价工作以法律、法规和行政规章的形式确定下来从而必须遵守的制度。环境影响评价是一种评价方法和技术，而环境影响评价制度却是进行评价的法律依据。环境影响评价制度成为各国环境法的一项基本法律制度，是环境法科技化的一个突出表现，是当代决策方法的重大发展，是科学决策、民主决策的基础之一。

1. 环境影响评价制度的起源与发展

1969年，美国国会通过《国家环境政策法》（The US National Environmental Policy Act，NEPA），1970年1月1日起正式实施，环境影响评价首次以法律的形式固定下来，并建立了环境影响评价制度。继美国环境影响评价制度建立以来，很多国家也都相继建立了环境影响评价制度。最初是在较发达国家，如瑞典（1970年）、加拿大（1973年）、新西兰

（1973 年）、澳大利亚（1974 年）、德国（1976 年）、法国（1976 年），随后扩展到发展中国家。与此同时，国际上也成立了许多有关环境影响评价的相关机构，召开了一系列有关环境影响评价的会议，开展了环境影响评价的研究和交流，进一步促进了各国环境影响评价的应用与发展。经过 40 多年的发展，已有 100 多个国家建立了环境影响评价制度。同时，环境影响评价的内涵也不断得到完善。

2. 我国环境影响评价制度的发展

我国环境影响评价法律制度主要是在建设项目环境管理实践中不断发展起来的，它经历了一个逐步形成、完善的过程，大体上可分为四个阶段。

（1）引入和确立阶段（1974～1979 年）

1973 年第一次全国环境保护会议后，我国环境保护工作全面起步。高等院校和科研单位的一些专家、学者，在报刊和学术会议上，宣传和倡导环境影响评价，并参与了环境质量评价及其方法的研究。同年，"北京西郊环境质量评价研究"协作组成立，随后官厅水库流域、南京市、茂名市开展了环境质量评价。

1977 年，中国科学院召开"区域环境保护学术交流研讨会议"，推动了大中城市的环境质量现状评价。1978 年 12 月 31 日，中发〔1978〕79 号文件转批的原国务院环境保护领导小组《环境保护工作汇报要点》中，首次提出了环境影响评价的意向。1979 年 4 月，原国务院环境保护领导小组在《关于全国环境保护工作会议情况的报告》中，把环境影响评价作为一项方针政策再次提出。在国家的支持下，北京师范大学等单位率先在江西永平铜矿开展了我国第一个建设项目的环境影响评价工作。

1979 年 9 月，《中华人民共和国环境保护法（试行）》颁布，规定："一切企业、事业单位的选址、设计、建设和生产，都必须注意防止对环境的污染和破坏。在进行新建、改建和扩建工程中，必须提出环境影响报告书，经环境保护主管部门和其他有关部门审查批准后才能进行设计。"这标志着我国的环境影响评价制度正式确立。

（2）规范和建设阶段（1980～1989 年）

环境影响评价制度确立后，相继颁布的各项环境保护法律、法规和部门行政规章，不断对环境影响评价进行规范。1986 年原国家计委、经委、国务院环境保护委员会联合颁发的《建设项目环境保护管理办法》中，对建设项目环境影响评价的范围、内容、审批和环境影响报告书（表）的编制格式都作了明确规定，促进了环境影响评价制度的有效执行。1986 年，原国家环境保护局颁布《建设项目环境影响评价证书管理办法（试行）》，在我国开始试行环境影响评价单位的资质管理。同期，环境影响评价的技术方法也得到不断探索和完善。

1989 年 12 月颁布的《中华人民共和国环境保护法》对环境影响评价制度的评价对象和任务、工作原则和审批程序、执行时段和与基本建设程序之间的关系作了原则规定，再一次用法律确认了建设项目环境影响评价制度，并为行政法规具体规范环境影响评价提供了法律依据和基础。

（3）强化和完善阶段（1990～2002 年）

进入 20 世纪 90 年代，随着我国改革开放的深入发展和社会主义计划经济向市场经济转轨，建设项目的环境保护管理特别是环境影响评价制度得到强化。针对投资多元化造成的建设项目多渠道立项和开发区的兴起，1993 年原国家环境保护局下发了《关于进一步做好建设项目环境保护管理工作的几点意见》，提出先评价、后建设，并对环境影响评价分类指导和开发区区域环境影响评价做了规定。

在注重环境污染的同时，加强了生态影响项目的环境影响评价，防治污染和保护生态并重。开始试行建设项目环境影响评价的公众参与，并逐步扩大和完善公众参与的范围。

1994 年起，开始了建设项目环境影响评价招标试点工作，并陆续颁布实施了多部环境影响评价技术导则和报告书编制规范。1996 年召开了第四次全国环境保护工作会议，发布了《国务院关于环境保护若干问题的决定》。各地加强了对建设项目的审批和检查，并实施污染物排放总量控制，增加了"清洁生产"和"公众参与"的内容，强化了生态环境评价，使环境影响评价的深度和广度得到进一步扩展。

1998年11月国务院253号令颁布实施《建设项目环境保护管理条例》，这是建设项目环境管理的第一个行政法规，对环境影响评价作了全面、详细、明确的规定。1999年3月，原国家环境保护总局颁布第2号令，公布了《建设项目环境影响评价资格证书管理办法》，对评价单位的资质进行了规定；同年4月，原国家环境保护总局《关于公布建设项目环境保护分类管理名录（试行）的通知》，公布了分类管理名录。

2002年10月，第九届全国人大常委会通过《中华人民共和国环境影响评价法》，至此我国的环境影响评价制度进入了一个新的阶段。

（4）提高和拓展阶段（2003年至今）

2003年9月1日起实施的《中华人民共和国环境影响评价法》使环境影响评价从建设项目扩展到规划层次，是我国环境影响评价制度的重大进步。

原国家环保总局于2003年颁布了《规划环境影响评价技术导则（试行）》，并同时制定了《编制环境影响报告书的规划的具体范围（试行）》、《编制环境影响篇章或说明的规划的具体范围（试行）》和《专项规划环境影响报告书审查办法》。2009年国务院颁布《规划环境影响评价条例》，进一步加强对规划的环境影响评价工作，提高规划的科学性，从源头预防环境污染和生态破坏，促进经济、社会和环境的全面协调和可持续发展。

原国家环境保护总局依照法律的规定，于2003年建立环境影响评价的基础数据库，有效地管理环境影响评价的数据和文件、整合多部门与环境相关的数据信息，促进各部门、各单位之间在环境影响评价方面的信息交流和信息共享，对于更好地开展环境影响评价工作起到了很好的推动作用。同年，设立了国家环境影响评价审查专家库，充分发挥专家在环境影响评价技术审查中的作用，保证审查活动的公平、公正、公开。

原人事部、原国家环境保护总局于2004年2月16日发布了《环境影响评价工程师职业资格制度暂行规定》、《环境影响评价工程师职业资格考试实施办法》、《环境影响评价工程师职业资格考核认定办法》等文件，加强了环境影响评价管理，提高了环境影响评价专业技术人员素质，确保了环境影响评价质量。

2003年至今，国家环境保护标准的修订和制定也取得了突飞猛进的发展，截至2013年6月，修订和新制定的国家环境保护标准多达791项。环境保护标准的与时俱进，为环境影响评价工作提供了大量的技术依据。

环境影响评价导则是环境影响评价工作所依据的重要文件，2011年9月环境保护部发布了新的《环境影响评价技术导则　总纲》，对建设项目环境影响评价的一般性原则、方法、内容及要求进行了修订和完善，对环境影响评价起到了更好的指导作用。截至2013年6月环境影响评价导则的更新达到17项，不仅对专项环境影响评价技术导则（如生态、地下水、声、大气、风险环境影响评价导则）进行了修订更新，还新制定了多个行业建设项目环境影响评价技术导则（如煤炭采选工程、制药建设项目、农药建设项目等）。导则的更新加强了环境影响评价工作的规范性、操作性和可行性，推动了我国环境影响评价工作向前发展。

为了环境影响评价工作人员尽快地熟悉新的导则和标准，环境保护部环境工程评估中心开展了环评培训（如环评技术人员岗位培训、环评工程师技术培训、专题培训等）和研讨。通过培训和研讨，给环评工作者提供了相互学习和交流的机会，促进了环评工作的飞跃发展。与此同时，2003年之后出现了大量的环境影响评价论坛，为广大环评工作者提供了交流学习的平台。

二、我国环境影响评价制度的特点

建设项目环境影响评价制度引入我国30多年来，逐步建立了一套完整的法律法规体系、导则标准体系和技术方法体系，成为控制环境污染和防止生态破坏的最富有成效的措施，并且形成了自己的特点。这些特点主要体现在以下几个方面。

1. 具有法律强制性

我国的环境影响评价制度是国家环境保护法律法规明令规定的一项法律制度，以法律形式约束人们必须遵照执行，具有不可违背的强制性，所有对环境有影响的建设项目都必须执行这一规定。需要进行环境影响评价的建设项目包括新建项目、改建项目、扩建项目和技术改造项目。目前，环境影响评价的对象已由建设项目扩展到规划。

2. 纳入基本建设程序

环境影响评价在基本建设程序中具有非常重要的地位。未经环境保护行政主管部门批准环境影响评价文件的建设项目，计划部门不办理设计任务书的审批手续，土地部门不办理征地，银行不予贷款。

3. 分类管理和分级审批

为了适应我国的具体国情和体制，提高环境影响评价管理审批效率，我国实行了环境影响评价的分类管理和分级审批。

（1）分类管理

我国从1998年开始对建设项目环境影响评价实行分类管理，依据《建设项目环境影响评价分类管理名录》分别组织编写环境影响报告书、环境影响报告表或者填报环境影响登记表。2003年实施的《中华人民共和国环境影响评价法》对需要进行环境影响评价的规划实行分类管理。明确要求对"一地三域"规划及"十个专项"规划中的指导性规划应当编制该规划有关环境影响的篇章或说明；对"十个专项"规划中的非指导性规划应当编制环境影响报告书。

（2）分级审批

依据2009年颁布实施的《建设项目环境影响评价文件分级审批规定》，建设对环境有影响的项目，不论投资主体、资金来源、项目性质和投资规模，其环境影响评价文件均应按照规定确定分级审批权限，由国家环保部、省（自治区、直辖市）和市、县等不同级别环境保护行政主管部门负责审批。

4. 公众参与

公众参与环境保护的程度，直接体现了一个国家可持续发展的水平。《中华人民共和国环境影响评价法》第五条规定："国家鼓励有关单位、专家和公众以适当方式参与环境影响评价"。公众参与的实施是决策民主化的体现，也是决策科学化的必要环节。

5. 实行环评机构资质审查制度和环评工程师职业资格制度

环境影响评价文件具有很强的技术性、政策性、科学性、工程实用性。因此，承担评价的单位必须具备一定的技术水平、具有评价所需的仪器设备和各种专业的技术人才。为了确保环境影响评价工作的质量，国家建立了环评机构资质审查制度和环评工程师职业资格制度。通过该制度的推行，环境影响评价的市场得到了规范，人员素质得到了提高，环境影响评价文件的质量得到了保障。

三、我国环境影响评价资质管理

环境影响评价是一项政策性强、专业技术涉及面广的工作，必须坚持科学性、客观性和公正性原则，多年实践表明，环境影响评价的资质管理是规范环境影响评价工作，提高环境影响评价质量行之有效的管理手段之一。为了保证环境影响评价工作的质量，国家对从事环境影响评价的机构实行资质审查制度，承担环境影响评价的机构必须具备一定的资质和条件。环境影响评价机构应当具有法人资格，对评价结论承担法律责任；应当具有合理的专业人员配置，熟悉国家环境政策，能够进行综合分析评价和预测；应当具有一定数量符合要求的专职技术人员。同时，为加强对环境影响评价专业技术人员的管理，规范环境影响评价行为，提高环境影响评价专业技术人员的素质和业务水平，国家还实施了环境影响评价工程师职业资格制度，进一步加强对环境影响评价人员的管理。

1. 环境影响评价资质管理的法律规定

为了提高从事环境影响评价单位评价人员的业务素质和责任心，避免不具备环境影响评价能力的单位承接环境影响评价任务，切实发挥环境影响评价制度的作用，《中华人民共和国环境影响评价法》和《建设项目环境保护管理条例》对环境影响评价资质管理做出了明确规定。

① 国家对从事建设项目环境影响评价工作的单位实行资格审查制度，环境影响评价文件中的环境影响报告书或者环境影响报告表，由具有相应环境影响评价资质的机构编制。任何单位和个人不得为建设单位指定对其建设项目进行环境影响评价的机构。

② 环境影响评价机构由国务院环境保护行政主管部门考核审查合格后，颁发资质证书，按照资质证书规定的等级和评价范围，从事环境影响评价服务，并对评价结论负责。国务院环境保护行政主管部门对已取得资质证书的为建设项目环境影响评价提供技术服务的机构的名单予以公布。

③ 环境影响评价机构在环境影响评价工作中不负责任或者弄虚作假，致使环境影响评价文件失实的，由授予环境影响评价资质的环境保护行政主管部门降低其资质等级或者吊销其资质证书，并处所收费用一倍以上三倍以下的罚款；构成犯罪的，依法追究刑事责任。

2. 环境影响评价机构的资质管理

2006 年 1 月 1 日起施行的《建设项目环境影响评价资质管理办法》是现阶段对环境影响评价资质实施具体管理的主要依据，其中明确了评价资质等级划分和评价范围的确定，评价机构的资质条件、申请与审查，评价机构的管理、考核与监督以及罚则等内容。

（1）环境影响评价资质等级和评价范围

凡接受委托为建设项目环境影响评价提供技术服务的机构（以下简称"评价机构"），应当按照管理办法的规定申请建设项目环境影响评价资质（以下简称"评价资质"），经国家环境保护部审查合格，取得《建设项目环境影响评价资质证书》（以下简称"资质证书"）后，方可在资质证书规定的资质等级和评价范围内从事环境影响评价技术服务。评价资质分为甲、乙两个等级，其注册条件见表 1-2。评价范围分为环境影响报告书的 11 个小类和环境影响报告表的 2 个小类，具体划分见表 1-3。

特殊项目环境影响报告表，是指输变电及广电通信、核工业类别项目的环境影响报告表。一般项目环境影响报告表，是指除上述类别项目的环境影响报告表。取得环境影响报告书评价范围的 11 个小类中的任何一类可编制此类别的建设项目环境影响报告书及一般项目环境影响报告表。取得环境影响报告书评价范围中的输变电及广电通信、核工业类别的，可同时编制特殊项目环境影响报告表。

表 1-2　评价资质机构应具备的主要条件

评价机构级别		环评专职技术人员	注册环评工程师	行业工程师	资产/资金
甲级		≥20 人	≥10 人	≥3 人 ≥1 人①	固定资产不少于 1000 万元，企业法人工商注册资金不少于 300 万元
乙级	报告书	≥12 人	≥6 人	≥2 人 ≥1 人①	固定资产不少于 200 万元，企业法人工商注册资金不少于 50 万元
	报告表	≥8 人	≥2 人	≥1 人①	固定资产不少于 100 万元，企业法人工商注册资金不少于 30 万元

① 为环境影响报告表评价范围内的特殊项目环境影响报告表类别

注：除环境影响评价工程师以外的环境影响评价专职技术人员应当取得环境影响评价岗位证书。

表 1-3　建设项目环境影响评价资质的评价范围划分

项目	环境影响报告书			环境影响报告表
评价范围	1. 轻工纺织化纤	2. 化工石化医药	3. 冶金机电	1. 一般项目环境影响报告表
	4. 建材火电	5. 农林水利	6. 采掘	2. 特殊项目环境影响报告表
	7. 交通运输	8. 社会区域	9. 海洋工程	
	10. 输变电及广电通信	11. 核工业		

取得甲级评价资质的评价机构，可以在资质证书规定的评价范围之内，承担各级环境保护行政主管部门负责审批的建设项目环境影响报告书和环境影响报告表的编制工作。取得乙级评价资质的评价机构，可以在资质证书规定的评价范围之内，承担省级以下环境保护行政主管部门负责审批的环境影响报告书或环境影响报告表的编制工作。资质证书在全国范围内使用，有效期为 4 年。各行业的各级环境监测机构和为建设项目环境影响评价提供技术评估的机构，不得申请评价资质。

（2）环评资质的考核和监督

环境保护部负责对评价机构实施统一监督管理，组织或委托省级环境保护行政主管部门组织对评价机构进行抽查，并向社会公布有关情况。在抽查中，发现评价机构不符合相应资质条件规定的，环境保护部重新核定其评价资质；发现评价机构在环境影响评价工作中不负责任、弄虚作假，致使环境影响评价文件失实的，由环境保护部予以处罚。各级环境保护行政主管部门对在本辖区内承担环境影响评价工作的评价机构负有日常监督检查的职责。省级环境保护行政主管部门可组织对本辖区内评价机构的资质条件、环境影响评价工作质量和是否有违法违规行为进行定期考核。

3. 环境影响评价工程师职业资格制度

《关于印发〈环境影响评价工程师职业资格制度暂行规定〉、〈环境影响评价工程师职业资格考试实施办法〉和〈环境影响评价工程师职业资格考核认定办法〉的通知》（国人部发〔2004〕13 号）规定从 2004 年 4 月 1 日起在全国实施环境影响评价工程师职业资格制度。

（1）环境影响评价工程师职业资格考试及报考条件

环境影响评价工程师职业资格实行全国统一大纲、统一命题、统一组织的考试制度。考试设《环境影响评价相关法律法规》、《环境影响评价技术导则与标准》、《环境影响评价技术方法》和《环境影响评价案例分析》4 个科目，各科目的考试时间均为 3h，采用闭卷笔答方式，考试时间为每年的第 2 季度。

考试成绩实行两年为一个周期的滚动管理办法。参加全部 4 个科目考试的人员必须在连续的两个考试年度内通过全部科目；免试部分科目的人员必须在一个年度内通过应试科目考试。

凡遵守国家法律、法规，恪守职业道德，并具备表 1-4 中条件之一者，可申请参加环境影响评价工程师职业资格考试。

表 1-4　环境影响评价工程师职业资格考试报考条件

项目	学历	从事环境影响评价工作年限
大专	环境保护相关专业	≥7 年
	其他专业	≥8 年
学士	环境保护相关专业	≥5 年
	其他专业	≥6 年
硕士	环境保护相关专业	≥2 年
	其他专业	≥3 年
博士	环境保护相关专业	≥1 年
	其他专业	≥2 年

注：环境保护相关专业的范围见《环境影响评价工程师职业资格制度暂行规定》附件 1。

（2）环境影响评价工程师职业资格登记管理

环境影响评价工程师职业资格实行定期登记制度。环境影响评价工程师在取得职业资格证书后 3 年内向登记管理办公室申请登记。符合登记条件并获准登记者，将发放《环境影响评价工程师登记证》。环境影响评价工程师职业资格登记有效期为 3 年，登记管理办公室定期向社会公布登记人员的情况。

环境影响评价工程师职业资格按设定的类别进行登记，只可申请登记一个类别。登记类别的设定见表 1-5。

表 1-5　环境影响评价工程师职业资格登记类别表

登记类别	登记类别
1. 一般项目环境影响报告表	9. 交通运输类环境影响评价
2. 特殊项目环境影响报告表	10. 社会区域类环境影响评价
3. 轻工纺织化纤类环境影响评价	11. 海洋工程类环境影响评价
4. 化工石化医药类环境影响评价	12. 输变电及广电通信类环境影响评价
5. 冶金机电类环境影响评价	13. 核工业类环境影响评价
6. 建材火电类环境影响评价	14. 环境影响技术评估
7. 农林水利类环境影响评价	15. 竣工环境保护验收监测
8. 采掘类环境影响评价	16. 竣工环境保护验收调查

所在单位为环境影响评价机构的人员可申请类别 1～13；所在单位为环境影响技术评估机构的人员可申请类别 14；所在单位为环保系统环境监测机构的人员可申请类别 15；所在单位为从事建设项目竣工环境保护验收调查的环境影响评价或技术评估机构的人员可申请类别 16。

（3）环境影响评价工程师职业资格再次登记

登记有效期届满需要继续以环境影响评价工程师名义从事环境影响评价及相关业务的，应于有效期届满 3 个月前办理再次登记。再次登记者，应在登记期内具备环境影响评价及相关业务工作业绩，并接受继续教育，继续教育的时间累计不少于 48 学时。再次登记的有效期为 3 年。自登记有效期满起 6 个月内仍未办理再次登记的，其职业资格证书自动失效。再次登记时可申请变更登记类别。

（4）环境影响评价工程师的职责及违规处罚

环境影响评价工程师在进行环境影响评价业务活动时，必须遵守国家法律、法规和行业管理的各项规定，坚持科学、客观、公正的原则，恪守职业道德。

环境影响评价工程师可主持环境影响评价、环境影响后评价、环境影响技术评估或环境保护验收等相关工作，在主持编制的相关技术文件上签字，并注明其登记证号。环境影响评价工程师主持的环境影响评价及相关业务的业务领域应与登记类别一致，且不得超出所在单位资质等级及业务范围的规定，对其主持完成的相关技术文件承担相应责任。

环境影响评价工程师应在具有环境影响评价资质的单位中，以该单位的名义接受环境影响评价委托业务并为委托人保守商业秘密。

评价机构在环境影响评价工作中不负责任或者弄虚作假，对主持该环境影响评价文件的环评工程师实行注销登记的处罚。除此之外，环境影响评价工程师职业资格或登记的取得不符合相关规定时也将受到注销登记的处罚。

习题

1. 什么是环境影响评价？

2. 环境敏感区包括哪些特征区域？

3. 建设项目环境影响评价技术文件分为哪几类？依据是什么？

4. 简述环境影响评价的工作程序。

5. 简述环境保护法律法规体系的构成。

6. 选择题

(1) 建设项目环境影响评价工作程序中，第一步工作是（　　　）。

　　A. 环境现状调查

　　B. 确定各单项环境影响评价的工作等级

　　C. 环境影响因素识别与评价因子筛选，确定评价重点

　　D. 根据国家《建设项目环境保护分类管理名录》，确定环境影响评价文件类型

(2) 建设项目各环境要素专项评价工作等级按（　　　）等因素进行划分，原则上一般可划分为三个等级。

　　A. 所在地区的环境特征

　　B. 建设项目环境保护分类管理名录

　　C. 相关法律法规、标准及规划、环境功能区划

　　D. 建设项目特点

第二章 建设项目工程分析和污染源调查

【内容提要】

　　建设项目工程分析是从环境保护角度分析项目性质、清洁生产水平、工程环保措施方案以及总图布置、选址选线方案等并提出要求和建议，确定项目在建设期、运行期以及退役或服役期满以后主要污染源强及生态影响等其他环境影响因素。本章首先介绍了建设项目工程分析的基本内容和技术要求，重点讲述了物料平衡法、类比法、资料复用法、实测法和实验法的基本原理和计算方法，并结合案例详细讲述了工艺流程图的基本要求及水平衡、物料平衡的计算方法。最后就污染源调查内容与评价方法进行了阐述。

第一节 建设项目工程分析

　　工程分析是环境影响预测和评价的基础，是项目决策的重要依据之一，贯穿于整个评价工作的全过程。其主要目的就是通过对工程内容和污染特征的全面分析，从项目总体上纵观开发建设活动与环境全局的关系，同时从微观上为环境影响评价工作提供基础数据。

一、工程分析的基本要求

1. 工程分析应突出重点

　　依据现行的环境影响评价技术导则——总纲要求，工程分析应根据建设项目类别，确定工程内容和特征，选择对环境可能产生较大影响的主要因素进行深入分析。

2. 应用的数据资料要真实、准确、可信

　　建设项目的规划、可行性研究和初步设计等技术文件中提供的资料、数据和图件等是工程分析的第一手资料。针对这些资料，应进行分析后引用；引用现有资料时应注意其时效性。选择类比法进行数据、资料分析时，应分析其相同性或者相似性。

3. 结合建设项目工程组成、规模、工艺路线，对建设项目环境影响因素、方式、强度等进行详细分析与说明

　　随着环境影响评价的不断发展，实际工作中对工程分析的要求越来越高。工程分析除满足以上基本要求外，还要求在评价工作中贯彻执行我国环境保护的法律法规和方针政策，如产业政策、能源政策、土地利用政策、环境技术政策、清洁生产、总量控制等。因此，工程分析应在对建设项目选址选线、设计方案、运行调度等进行充分的调查和现场勘查基础上进行。

二、工程分析的方法

　　根据项目规划、可行性研究和设计方案等技术资料的详尽程度，建设项目的工程分析可以采用不同的方法。由于国家建设项目审批体制改革，环境影响评价成为项目核准备案的前置条件，有些建设项目，如大型资源开发、水利工程建设以及国外引进项目，在可行性研究阶段所能提供的工程技术资料不能满足工程分析的需要时，可以根据具体情况选用其他适用的方法。目前可供选用的方法有类比法、物料衡算法、实测法、实验法和资料复用法。

1. 类比法

类比法是用与拟建项目类型相同的现有项目的设计资料或实测数据进行工程分析的常用方法。为提高类比数据的准确性，应充分注意分析对象与类比对象之间的相似性和可比性。一般应注意从三个方面进行类比分析。

（1）工程一般特征的相似性

所谓一般特征包括建设项目的性质、建设规模、车间组成、产品结构、工艺路线、生产方法、原料、燃料成分与消耗量、用水量和设备类型等。

（2）污染物排放特征的相似性

包括污染物排放类型、浓度、强度与数量，排放方式与去向以及污染方式与途径等。

（3）环境特征的相似性

包括气象条件、地貌状况、生态特点、环境功能以及区域污染情况等方面的相似性。因为在生产建设中常会遇到这种情况，即某污染物在甲地是主要污染因素，在乙地则可能是次要因素，甚至是可被忽略的因素。

类比法也常用单位产品的经验排污系数计算污染物排放量。但是采用此法必须注意，一定要根据生产规模等工程特征和生产管理以及外部因素等实际情况进行必要的修正。

经验排污系数法公式为

$$A = AD \times M \tag{2-1}$$

$$AD = BD - (aD + bD + cD + dD) \tag{2-2}$$

式中　A——某污染物的排放总量；

AD——单位产品某污染物的排放定额；

M——产品总产量；

BD——单位产品投入或生成的某污染物数量；

aD——单位产品中某污染物的量；

bD——单位产品所生成的副产物、回收品中某污染物的量；

cD——单位产品分解转化掉的污染物量；

dD——单位产品被净化处理掉的污染物量。

采用经验排污系数法计算污染物排放量时，必须对生产工艺、化学反应、副反应和管理等情况进行全面了解，掌握原料、辅助材料、燃料的成分和消耗定额。一些项目计算结果可能与实际存在一定的误差，在实际工作中应注意结果的一致性。经验排污系数可以查《第一次全国污染源普查工业污染源产排污系数手册（2010年修订）》及《集中式污染治理设施产排污系数手册》。

类比分析法要求长期资料，需投入的工作量大，但所得结果较为准确，可信度较高。在评价工作中，评价等级较高、评价时间允许且有可参考的相同或相似的现有工程时，应采用类比分析法。

【例2-1】　A企业年新鲜工业用水0.9万吨，无监测排水流量，排污系数取0.7，废水处理设施进口COD浓度为500mg/L，排污口COD浓度为100mg/L。

① A企业去除COD是（　　　）kg。

A. 25200000　　　　　B. 2520　　　　　C. 2520000　　　　　D. 25200

② A企业排放COD是（　　　）kg。

A. 6300　　　　　B. 630000　　　　　C. 630　　　　　D. 900

解　COD去除量$= 9000t \times 0.7 \times 10^3 \times (500 - 100)mg/L \times 10^{-6} = 2520$（kg）

COD排放量$= 9000t \times 0.7 \times 10^3 \times 100mg/L \times 10^{-6} = 630$（kg）

【例2-2】　某企业年烧柴油200t，重油300t，柴油燃烧排放系数1.2万立方米/吨，重油燃烧排放系数 1.5 万立方米/吨，废气年排放量为（　　）万立方米。

A. 690　　　　　　B. 6900　　　　　　C. 660　　　　　　D. 6600

解　废气年排放量＝200×1.2＋300×1.5＝690（万立方米）

2. 物料衡算法

物料衡算法是用于计算污染物排放量的常规方法。此法的基本原则是依据质量守恒定律，即在生产过程中投入系统的物料总量必须等于产出的产品量和物料流失量之和。其计算通式如下。

$$\sum G_{投入} = \sum G_{产品} + \sum G_{流失}　　　　　　　(2\text{-}3)$$

式中　$\sum G_{投入}$——投入系统的物料总量；

　　　$\sum G_{产品}$——产出产品总量；

　　　$\sum G_{流失}$——物料流失总量。

工程分析中常用的物料衡算有：①总物料衡算；②有毒有害物料衡算；③有毒有害元素物料衡算。

当投入的物料在生产过程中发生化学反应时，可按下述公式进行衡算：

（1）总物料衡算公式

$$\sum G_{排放} = \sum G_{投入} - \sum G_{回收} - \sum G_{处理} - \sum G_{转化} - \sum G_{产品}　　　　(2\text{-}4)$$

式中　$\sum G_{投入}$——投入物料中的某污染物总量；

　　　$\sum G_{产品}$——进入产品结构中的某污染物总量；

　　　$\sum G_{回收}$——进入回收产品中的某污染物总量；

　　　$\sum G_{处理}$——经净化处理掉的某污染物总量；

　　　$\sum G_{转化}$——生产过程中被分解、转化的某污染物总量；

　　　$\sum G_{排放}$——某污染物的排放量。

（2）单元工艺过程或单元操作的物料衡算

对某单元过程或某工艺操作进行物料衡算，可以确定这些单元工艺过程、单一操作的污染物产生量。例如对管道和泵输送、吸收过程、分离过程、反应过程等进行物料衡算，可以核定这些加工过程的物料损失量，从而了解污染物产生量。

在可研究文件提供的基础资料比较详实或对生产工艺熟悉的条件下，应优先采用物料衡算法计算污染物排放量。理论上讲，该方法是最精确的。

【例 2-3】　某企业年投入物料中的某污染物总量 9000t，进入回收产品中的某污染物总量为 2000t，经净化处理掉的某污染物总量为 500t，生产过程中被分解、转化的某污染物总量为 100t，某污染物的排放量为 5000t，则进入产品中的某污染物总量为（　　）t。

A. 14000　　　　　B. 5400　　　　　C. 6400　　　　　D. 1400

解　根据公式 $\sum G_{排放} = \sum G_{投入} - \sum G_{回收} - \sum G_{处理} - \sum G_{转化} - \sum G_{产品}$

可得进入产品的 $\sum G_{产品} = 9000 - 2000 - 500 - 100 - 5000 = 1400$（t）

【例 2-4】　某电镀企业每年用铬酸酐（CrO_3）4t，其中约 15% 的铬沉淀在镀件上，约有 25% 的铬以铬酸雾的形式排入大气，约有 50% 的铬从废水中流失，其余的损耗在镀槽上，则全年从废水排放的六价铬是（　　）t。（已知：Cr 元素相对原子质量为 52）

A. 2　　　　　　B. 1.04　　　　　C. 2.08　　　　　D. 无法计算

解　本题属于化学原材料的物料衡算。

首先从分子式中算出铬的换算值＝52/(52＋16×3)＝52%

据物料衡算和题中给出的信息，从废水中流失的六价铬只有 50%，则全年从废水中流失的铬＝4t×50%×52%＝1.04t

【例 2-5】　（2008 年注册环境影响评价工程师技术方法原题）某电镀企业使用 $ZnCl_2$ 作原料，已知年耗 $ZnCl_2$ 100t（折纯）；98.0% 的锌进入电镀产品，1.90% 的锌进入固体废物，剩余的锌全部进入废水中；废水排放量 15000m³/a，废水中总锌的浓度为（　　　）。（Zn 相对原子质量为 65.4，Cl 相对原子质量为 35.5）

A. 0.8mg/L　　　　B. 1.6mg/L　　　　C. 3.2mg/L　　　　D. 4.8mg/L

解　首先计算锌在原材料中的换算值。

$$锌的换算值 = \frac{65.4}{65.4+35.5\times2}\times100\% = 47.94\%$$

每吨原材料所含有的锌重量 $= 1\times10^3\times47.94\% = 479.4$（kg/t）

进入废水中锌的含量 $= 100\times(1-98\%-1.9\%)\times479.4 = 47.94$（kg）

$$废水中总锌的浓度 = \frac{47.94\times1000000}{15000\times1000} \approx 3.2（mg/L）$$

3. 实测法

通过选择相同或类似工艺实测一些关键污染参数，通常是通过对某个污染源现场测定，得到污染物的排放浓度和流量，然后计算出排放量，计算公式为

$$Q = CL \tag{2-5}$$

式中　C——污染物的实测算术平均浓度，mg/L，或者 mg/m³；

L——烟气或废水的流量，m³/s 或者 L/s。

这种方法只适用于已投产的污染源且一定要充分掌握取样的代表性，否则用实测结果计算污染源排放量就会有很大误差。

4. 实验法

实验法是通过一定的实验手段来确定一些关键污染参数的一种方法。作为其他方法的补充，实验法对实验条件的要求较高。操作时要求实验条件尽可能与环境条件一致，这样所得的参数才具有实际意义。

5. 资料复用法

此法是利用同类工程已有的环境影响评价资料或可行性研究报告等资料进行工程分析的方法。当评价工作等级要求较低、评价时间短或是无法采取其他方法的情况下，可以采用此法。但该方法所得数据的准确性较差，所以不适用于定量程度要求较高的建设项目。

在实际工作中，经常是物料衡算法、类比法、实测法、实验法等多种方法互相校正、互相补充，以取得最为可靠的污染源排放结果为主要目的。

三、建设项目工程分析的工作内容

1. 基本工作内容

对于环境影响以污染因素为主的建设项目，工程分析要对建设项目的全部工程组成和施工期、运营期、服务期满后所有时段的环境影响因素及其影响特征、程度、方式等进行分析与说明，突出重点，并从保护周围环境、景观及环境保护目标要求出发，分析总图及规划布置方案的合理性。基本工作内容见表 2-1。

2. 工程分析重点内容

（1）建设项目组成

工程基本数据主要包括：建设项目规模、主要生产设备和公用及储运装置、平面布置；主要原辅材料及其他物料的理化性质、毒理特征及其消耗量，能源消耗数量、来源及其储运方式，原料及燃料的类别、构成与成分，产品及中间体的性质、数量；物料平衡、燃料平衡、水平衡及特征污染物平衡；工程占地类型及数量、土石方量、取弃土量、建设周期、运行参数及总投资等。

改扩建及异地搬迁建设项目需说明现有工程的基本情况、污染排放及达标情况、存在的环境问题及拟采取的整改措施等内容。

表 2-1 工程分析基本工作内容

工程分析项目	工作内容
1. 工程基本数据	建设项目工程概况； 物料平衡、燃料平衡、水平衡、特征污染物平衡； 工程占地类型及数量、土石方量、取弃土量； 建设周期、运行参数及总投资等
2. 污染影响因素分析	工艺流程及污染物产生节点
3. 生态影响因素分析	明确生态影响因子，分析生态影响范围、性质、特点和程度。关注特殊工程点段分析，如环境敏感区、长大隧道及桥梁、淹没区等，关注间接性影响、区域性影响、累积性影响以及长期影响等特有影响因素的分析
4. 原辅材料、产品、废物的储运	分析建设项目原辅材料、产品、废物等的装卸、搬运、储藏、预处理等环节，核定各环节污染来源、种类、性质、排放方式、强度、去向及达标情况等
5. 交通运输	给出运输方式（公路、铁路、航运等），分析由于建设项目的施工和运行，使当地及附近地区交通运输量增加所带来的环境影响的类型、因子、性质和强度
6. 公用工程	给出水、电、气、燃料等辅助材料的来源、种类、性质、用途、消耗量等，并对来源及可靠性进行论述
7. 非正常工况	分析开车、停车、检修等非正常排放时的污染物及其来源，明确污染物的种类、成分、数量与强度，产生环节、原因、发生频率及控制措施等
8. 环保措施和设施	按环境影响要素说明工程方案已采取的环保措施和设施，给出环保设施的工艺流程、处理规模、处理效果
9. 污染物排放统计汇总	汇总有组织与无组织、正常与非正常工况排放的各种污染物浓度、排放量、排放方式、排放条件与去向等。新建项目两本账，改扩建项目三本账。达标排放分析，主要污染源及污染物分析

表 2-2 建设项目项目组成（以某纺织染整公司印染面料项目为例）

项目名称			影响环境的主要因素	
			施工期	运营期
主体工程	1	烧毛机		烟尘及 SO_2
	2	退煮漂联合机		废水
	...			
辅助工程	1	循环流化床锅炉		烟尘及 SO_2
	2	工程供电、工程供水		
	...			
公用工程	1	供水工程	扬尘	
	2	排水工程		废水
	...			
环保工程	1	污水处理系统		
	2	废气处理系统		
	...			
办公室及生活设施	1	办公楼	扬尘	
	2	宿舍	扬尘	
	...			
储运工程	1	道路	扬尘	
	2	仓库	扬尘	
	...			

通过项目组成分析找出项目建设存在的主要环境问题，列出项目组成表（可参照表2-2），为项目产生的环境影响分析和提出合理的污染防治措施奠定基础。根据工程组成和工艺，给出主要原料与辅料的名称、单位产品消耗量、年总耗量和来源（表2-3）。对于含有毒有害物质的原料、辅料还应给出组分。

表 2-3 建设项目原、辅材料消耗

序号	名称	单位产品耗量	年耗量	来源
1				
2				
...				

（2）污染影响因素分析

绘制包含产污环节的生产工艺流程图，分析各种污染物产生、排放情况。列表给出污染物的种类、性质、产生量、产生浓度、削减量、排放量、排放浓度、排放方式、排放去向及达标情况；分析建设项目存在的具有致癌、致畸、致突变的物质及具有持久性影响的污染物的来源、转移途径和流向；给出噪声、振动、热、光、放射性及电磁辐射等污染的来源、特性及强度等；各种治理、回收、利用、减缓措施情况等。

一般情况下，工艺流程应在设计单位或建设单位的可行性研究或设计文件基础上，根据工艺过程的描述及同类项目生产的实际情况进行绘制。环境影响评价工艺流程图有别于工程设计工艺流程图，环境影响评价关心的是工艺过程中产生污染物的具体部位、污染物的种类和数量。所以绘制污染工艺流程图应包括涉及产生污染物的装置和工艺过程，不产生污染物的过程和装置可以简化，有化学反应发生的工序要列出主要化学反应和副反应式。然后绘制装置流程图（大项目）或方框流程图（中小项目），并在图中标识出物流去向以及污染物的产生节点和污染物的类别等（见图2-1），必要时还要对产污环节进行分析说明。在总平面

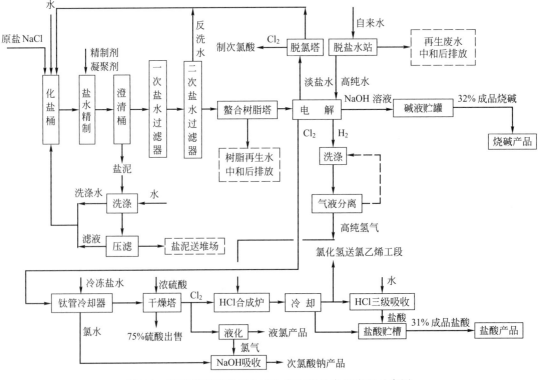

图 2-1 离子膜烧碱和氯合成生产工艺及产污流程示意图

布置图上需标出污染源的准确位置，以便为其他专题评价提供可靠的污染源资料。

（3）污染物源强核算

污染源分布和污染物类型及排放量是各专题评价的基础资料，必须按建设过程、运营过程两个时期详细核算和统计。根据项目评价需要，一些项目还应对服务期满后（退役期）的影响源强进行核算，力求完善。因此，对于污染源分布应根据已绘制的污染流程图，并标明污染物排放部位，然后列表逐点统计各种污染物的排放强度、浓度及数量。对于最终排入环境的污染物，确定其是否达标排放，达标排放必须以项目的最大负荷核算。比如燃煤锅炉二氧化硫、烟尘排放量，必须要以锅炉最大运行负荷所耗的燃煤量为基础进行核算。

对于废气可按点源、面源、线源进行核算，说明源强、排放方式和排放高度及存在的有关问题。废水应说明种类、成分、浓度、排放方式和排放去向。按《中华人民共和国固体废物污染环境防治法》对废物进行分类，废液应说明种类、成分、浓度、是否属于危险废物、处置方式和去向等有关问题；废渣应说明有害成分、溶出物浓度、是否属于危险废物、排放量、处理和处置方式和贮存方法。噪声和放射性应列表说明源强、剂量及分布。

污染物的源强统计可参照表 2-4 进行，分别列废水、废气、固体废物排放表，噪声统计比较简单，可单列。

表 2-4　污染物源强

序号	污染源	污染因子	产生量	治理措施	排放量	排放方式	排放去向	达标分析
...								

① 新建项目污染物排放量统计　须按废水和废气污染物分别统计各种污染物排放总量，固体废物按我国规定统计一般固体废物和危险废物。并应算清"两本账"，即生产过程中的污染物产生量和实现污染防治措施后的污染物削减量，二者之差为污染物最终排放量，参见表 2-5。

统计时应以车间或工段为核算单元，对于泄漏和放散部分，原则上要求实测，实测有困难时，可以利用年均消耗定额的数据进行物料平衡推算。

② 技改扩建项目污染物源强　在统计污染物排放量的过程中，应算清新老污染源"三本账"，即技改扩建前污染物实际排放量、技改扩建项目污染物排放量、技改扩建完成后（包括"以新带老"削减量）污染物排放量，其相互的关系可表示为

技改扩建前排放量－"以新带老"削减量＋技改扩建项目排放量＝技改扩建完成后排放量

可以用表 2-6 的形式列出。

表 2-5　新建项目污染物排放量统计

类别	污染物名称	产生量	治理削减量	排放量
废气				
	...			
废水				
	...			
固体废物				
	...			

表 2-6 技改扩建项目污染物排放量统计

类别	污染物名称	现有工程排放量	拟建项目排放量	"以新带老"削减量	技改工程完成后总排放量	增减量变化
废气						
	...					
废水						
	...					
固体废物						
	...					

【例 2-6】 某企业进行锅炉技术改造并增容，现有 SO_2 排放量是 200t/a（未加脱硫设施），改造后，SO_2 产生总量为 240t/a，安装了脱硫设施后 SO_2 最终排放量为 80t/a，请问："以新带老"削减量为（ ）t/a。

A. 80　　　　B. 133.4　　　　C. 40　　　　D. 13.6

解 第一本账（改扩建前排放量）：200t/a

第二本账（扩建项目最终排放量）：

技改后增加产生量为 240－200＝40（t/a）

处理效率为 $\frac{240-80}{240} \times 100\% = 66.7\%$

技改新增部分排放量为 40×（1－66.7%）＝13.32（t/a）

以新带老削减量：200×66.7%＝133.4（t/a）

第三本账（技改工程完成后排放量）：80t/a

（4）物料平衡

工程分析时，必须根据不同行业的具体特点，选择若干有代表性的物料，主要是针对有毒有害的物料，进行物料衡算。某 10 万吨/年离子膜烧碱项目的物料平衡见图 2-2，氯平衡见表 2-7。

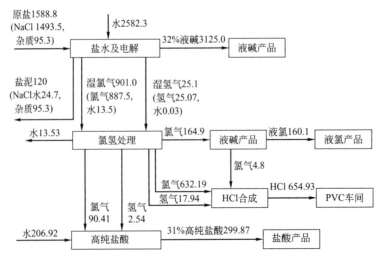

图 2-2 离子膜烧碱物料平衡图（单位：kg/t）

表 2-7 全厂氯平衡情况一览表

序号	名称	规模 /(t/a)	单耗 /(t/t 产品)	产氯量 /(t/a)	耗氯能力 /(t/a)	备注
1	离子膜烧碱	100000	0.92	92000		
2	聚氯乙烯	100000	0.75		75000	
3	液 氯	40000	1.05		42000	
4	高纯盐酸	30000	0.31		9300	HCl 合成及液氯装置是氯平衡装置
5	次氯酸钠	6000	0.13		780	
6	总 计			92000	127080	

（5）水平衡

水作为工业生产中的原料和载体，在任一用水单元内都存在着水量的平衡关系，也同样可以依据质量守恒定律，进行质量平衡计算，从而得到水平衡。

工程分析时，应根据"清污分流、一水多用、节约用水"的原则做好水平衡，给出总用水量、新鲜用水量、废水产生量、循环使用量、处理量、回用量和最终外排量等，明确具体的回用部位；根据回用部位的水质、温度等工艺要求，分析废水回用的可行性。按照国家节约用水的要求，提出进一步节水的有效措施，为清洁生产评价提供依据。

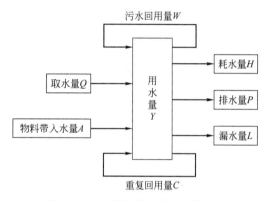

图 2-3 工业用水量和排水量的关系

根据《工业用水分类及定义》（CJ 40—1999）规定，工业用水量和排水量的关系见图 2-3，水平衡式如下

$$Q+A=H+P+L \qquad (2\text{-}6)$$

① 取水量 工业用水的取水量是指取自地表水、地下水、自来水、海水、城市污水及其他水源的总水量。对于建设项目工业取水量包括生产用水和生活用水，生产用水又包括间接冷却水、工艺用水和锅炉给水。

工业取水量＝间接冷却水量＋工艺用水量＋锅炉给水量＋生活用水量

② 重复用水量 指生产厂（建设项目）内部循环使用和循序使用的总水量。

③ 耗水量 指整个工程项目消耗掉的新鲜水量总和，即：

$$H=Q_1+Q_2+Q_3+Q_4+Q_5+Q_6 \qquad (2\text{-}7)$$

式中 Q_1——产品含水，即由产品带走的水；

Q_2——间接冷却水系统补充水量，即循环冷却水系统补充水量；

Q_3——洗涤用水（包括装置和生产区地坪冲洗水）、直接冷却水和其他工艺用水量之和；

Q_4——锅炉运转消耗的水量；

Q_5——水处理用水量，指再生水处理装置所需的用水量；

Q_6——生活用水量。

某 10 万吨/年离子膜烧碱项目工程水平衡见图 2-4。

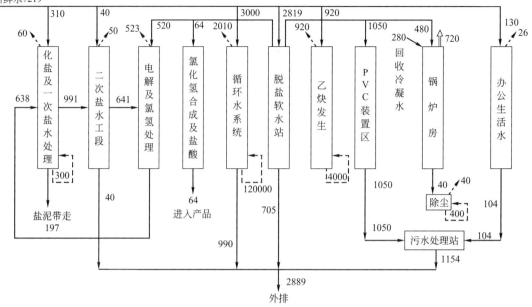

图 2-4 某离子膜烧碱项目工程水平衡图（单位：t/d）

【例 2-7】 某建设项目水平衡图如下图所示（单位：m³/d），请回答以下问题。

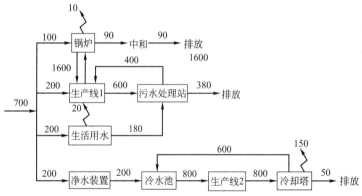

① 项目的工艺水回用率为（ ）。

    A. 71.4%   B. 75.9%   C. 78.8%   D. 81.5%

② 项目的工业用水重复利用率为（ ）。

    A. 75.9%   B. 78.8%   C. 81.5%   D. 83.9%

③ 项目的间接冷却水循环率为（ ）。

    A. 75.0%   B. 78.8%   C. 81.5%   D. 83.9%

④ 项目的污水回用率为（ ）。

    A. 43.5%   B. 46.0%   C. 51.3%   D. 65.8%

（本题在 2005 年注册环境评价工程师考试原题基础上稍加改动）

解 ① 工艺水回用率＝工艺水回用量/（工艺水回用量＋工艺水取水量）×100%

$$＝（400＋600）/（400＋600＋200＋200）$$

$$＝71.4\%$$

② 工业水重复利用率＝重复利用水量/（重复利用水量＋取用新水量）×100%

重复利用水量＝1600＋400＋600（m³/d）

取用新水量＝100＋200＋200＋200（m³/d）

工业水重复利用率＝78.8%

③ 间接冷却水循环率＝间接冷却水循环量/（间接冷却水循环量＋间接冷却水系统取水量）×100%

间接冷却水循环量＝600m³/d

间接冷却水系统取水量＝200m³/d

间接冷却水循环率＝75.0%

④ 污水回用率＝污水回用量/（污水回用量＋直接排入环境的污水量）×100%

污水回用量为400m³/d，直接排入环境的污水量为（90＋380）m³/d，冷却塔排放的为清净下水，不计入污水量。

污水回用率＝46.0%

（6）污染物排放总量控制建议指标

在核算污染物排放量的基础上，按国家对污染物排放总量控制指标的要求，提出工程污染物排放总量控制建议指标，污染物排放总量控制建议指标应包括国家规定的指标和项目的特征污染物，其单位为t/a。提出的工程污染物排放总量控制建议指标必须满足以下要求：①满足达标排放的要求；②符合其他相关环保要求（如特殊控制的区域与河段）；③技术上可行。

第二节　污染源调查与评价

一、污染源调查的内容

污染源排放的污染物质的种类、数量、排放方式、途径及污染源的类型和位置，直接关系到其环境影响后果。污染源调查就是要了解、掌握上述情况及有关问题。通过污染源调查，找出建设项目和所在区域内主要污染源和主要污染物，作为评价的基础。

1. 工业污染源调查内容

（1）企业概况

企业名称、厂址、主管机关名称、企业性质、项目组成、规模、厂区占地面积、职工构成、固定资产、投产年代、产品、产量、产值、利润、生产水平、企业环境保护机构名称、辅助设施、配套工程、运输和储存方式等。

（2）工艺调查

工艺原理、工艺流程、工艺水平、设备水平、环保设施。

（3）能源、水源、原辅材料情况

能源构成、产地、成分、单耗、总耗；水源类型、供水方式、供水量、循环水量、循环利用率、水平衡；原辅材料种类、产地、成分及含量、消耗定额、总消耗量。

（4）生产布局调查

企业总体布局、原料和燃料堆放场、车间、办公室、厂区、居民区、堆渣场、污染源的位置、绿化带等。

（5）管理调查

管理体制、编制、生产制度、管理水平及经济指标；环境保护管理机构编制、环境管理规章制度、环境管理水平等。

（6）污染物治理调查

工艺改革、综合利用、管理措施、治理方法、治理工艺、投资、效果、运行费用、副产品的成本及销路、存在问题、改进措施及今后治理规划或设想。

（7）污染物排放情况调查

污染物种类、数量、成分、性质；排放方式、规律、途径、排放浓度、排放量（日、年）；排放口位置、类型、数量、控制方法；排放去向、历史情况、事故排放情况。

（8）污染危害调查

人体健康危害调查，动植物危害调查，污染物危害造成的经济损失调查，危害生态系统情况调查。

（9）发展规划调查

生产发展方向、规模、指标，"三同时"措施、预期效果及存在问题。

2. 生活污染源调查内容

生活污染源主要指住宅、学校、医院、商业及其他公共设施，排放的主要污染物有污水、粪便、垃圾、污泥、废气等。

（1）城市居民人口调查

总人数、总户数、流动人口、人口构成、人口分布、密度、居住环境。

（2）城市居民用水和排水调查

用水类型（城市集中供水、自备水源），人均用水量，办公楼、旅馆、商店、医院及其他单位的用水量。下水道设置情况（有无下水道、下水去向、雨污分流或合流），机关、学校、商店、医院有无化粪池及小型污水处理设施。

（3）民用燃料调查

燃料构成（煤、煤气、液化气、天然气），燃料来源、成分、供应方式，燃料消耗情况（年、月、日用量，每人消耗量、各区消耗量）。

（4）城市垃圾及处置方法调查

垃圾种类、成分、数量，垃圾场的分布、输送方式、处置方式，处理站自然环境、处理效果、投资、运行费用、管理人员、管理水平。

3. 农业污染源调查内容

农业常常是环境污染的主要受害者，同时，农药、化肥的不合理使用也产生环境污染。

（1）农药使用情况的调查

农药品种，使用剂量、方式、时间，施用总量、年限，有效成分含量（有机氯、有机磷、汞制剂、砷制剂等）、稳定性等。

（2）化肥使用情况的调查

使用化肥的品种、数量、方式、时间，每亩平均施用量。

（3）农业废弃物调查

农作物秸秆、牲畜粪便、农用机油渣。

（4）农业机械使用情况调查

汽车、拖拉机台数，月、年耗油量，行驶范围和路线，其他机械的使用情况等。

除上述污染源调查外，还有交通污染源调查、噪声污染源调查、放射性污染源调查、电磁辐射污染源调查等。在进行一个地区的污染源调查或某一单项污染源调查时，都应同时进行自然环境背景调查和社会背景调查。自然背景包括地质、地貌、气象、水文、土壤、生物；社会背景调查包括居民区、水源区、风景区、名胜古迹、工业区、农业区、林业区等。

二、污染源调查的方法

对污染源的调查，通常采用点面结合的方法，即对重点污染源的详查和对区域内所有污染源的普查。同类污染源中，应选择污染物排放量大、影响范围广、危害程度大的污染源作为重点，进行详查。

普查工作一般多由主管部门发放调查表，以填表方式进行。对于调查表格，可以根据特定的调查目的自行制定表格。进行一个地区的污染源调查时，要统一调查时间、项目、方法、标准和计算方法等。

　　污染源的污染物排放量确定是污染源调查的核心问题。确定污染物排放量的方法有三种，即物料衡算法、经验计算法（排放系数、排污系数法）和实测法。

　　1. 物料衡算法

　　根据质量守恒定律，在生产过程中，投入的物料量应等于产品所含物料的量与物料流失量的总和。如果物料的流失量全部由烟囱排放或由排水排放，则污染物排放量（或称源强）就等于物料流失量。详见本章第一节。

　　2. 经验计算法

　　根据生产过程中单位产品的排污系数进行计算，求得污染物的排放量的计算方法称为经验计算法。经验计算法有三种：单位产品基、单位产值基和单位原材料基。计算公式为

$$Q_i = K_{ip}G_i \tag{2-8}$$
$$Q_i = K_{im}Y_i \tag{2-9}$$
$$Q_i = K_{ir}R_i \tag{2-10}$$

式中　　　　Q_i——i 污染物的排放量，kg/a；

K_{ip}，K_{im}，K_{ir}——单位产品排污系数（kg/t）、万元产值排污系数（kg/万元）和单位原材料消耗的排污系数（kg/t）；

　　G_i，Y_i，R_i——产品年产量（t/a）、年总产值（万元/a）和原材料年消耗总量（t/a）。

　　各种污染物排放系数，国内外文献中给出很多。它们都是在特定条件下产生的。由于各地区、各单位的生产技术条件不同，污染物排放系数和实际排放系数可能有较大差距。因此，在选择时，应根据实际情况加以修正。在有条件的地方，应调查统计出本地区的排放系数。具体可查《第一次全国污染源普查工业污染源产排污系数手册（2010 年修订）》及《集中式污染治理设施产排污系数手册》。纸浆制造行业产排污系数可见表 2-8。

　　对拟建工程的污染源进行排放量预测时，若上述两种方法均无法进行，可采用类比法进行预测。搜集国内外和拟建工程的性质、规模、工艺、产品、产量大体相近的生产厂（或设备）的污染物排放量，作为参考数据，估算拟建工程污染源的排放量。

　　3. 实测法

　　实测法是通过对某个现有污染源，按照监测规范要求进行现场测定，得到污染物的排放浓度和流量（烟气或废水），然后计算出污染排放量。计算公式为

$$Q_{iw} = C_{iw}L_{iw} \times 10^{-6} \tag{2-11}$$
$$Q_{ia} = C_{ia}L_{ia} \times 10^{-9} \tag{2-12}$$

式中　Q_{iw}，Q_{ia}——水污染物和大气污染物的排放量，t/a；

　　C_{iw}，C_{ia}——水污染物、大气污染物的实测浓度（算术平均值），mg/L　mg/m³；

　　L_{iw}，L_{ia}——废水、废气排放量，m³/a。

　　4. 燃煤锅炉主要污染物计算

　　（1）二氧化硫排放量的计算

　　煤中的硫有三种储存形态：有机硫、硫铁矿和硫酸盐。煤燃烧时，只有有机硫和硫铁矿中的硫可以转化为二氧化硫，硫酸盐则以灰分的形式进入灰渣中。一般情况下，可燃硫占全硫量的 80% 左右。燃煤排放的二氧化硫的计算公式如下：

$$G = BSD \times 2 \times (1-\eta) \tag{2-13}$$

式中　G——二氧化硫的排放量，kg/h；

　　B——燃煤量，kg/h；

　　S——硫的含硫量，%；

　　D——可燃硫占全硫量的百分比，%；

　　η——脱硫设施的二氧化硫去除率。

表 2-8　纸浆制造行业产排污系数（摘）

产品名称	原料名称	工艺名称	规模等级	污染物指标	单位	产污系数	末端治理技术名称	排污系数
化学浆	稻麦草	烧碱法制浆（漂白）	3.4万～10万吨/年	工业废水量	t/t产品	100～170	物理+好氧生物处理	100～170
							化学+好氧生物处理	100～170
				化学需氧量	g/t产品	135000～260000	物理+好氧生物处理	28720～53670
							化学+好氧生物处理	22400～38820
				五日生化需氧量	g/t产品	45000～85000	物理+好氧生物处理	7130～12900
							化学+好氧生物处理	5750～9100
				氨氮	g/t产品		物理+好氧生物处理	190～1020
							化学+好氧生物处理	320～1190
			≤3.4万吨/年	工业废水量	t/t产品	110～210	物理+好氧生物处理	110～210
							化学+好氧生物处理	110～210
				化学需氧量	g/t产品	240000～320000	物理+好氧生物处理	48050～65810
							化学+好氧生物处理	40380～59170
				五日生化需氧量	g/t产品	75000～92000	物理+好氧生物处理	11330～16640
							化学+好氧生物处理	7450～11250
				氨氮	g/t产品		物理+好氧生物处理	242～1260
							化学+好氧生物处理	352～1050
		漂白烧碱法制浆（漂白）（无碱回收和综合利用）	≤3.4万吨/年	工业废水量	t/t产品	110～250	厌氧/好氧生物组合工艺	110～250
							化学+好氧生物处理	110～250
				化学需氧量	g/t产品	1350000～1550000	厌氧/好氧生物组合工艺	273030～302900
							化学+好氧生物处理	248750～281590
				五日生化需氧量	g/t产品	270000～410000	厌氧/好氧生物组合工艺	41380～62840
							化学+好氧生物处理	45740～64960
				氨氮	g/t产品		厌氧/好氧生物组合工艺	319～1375
							化学+好氧生物处理	330～2000

（2）燃煤烟尘排放量的计算

燃煤烟尘包括黑烟和飞灰两部分，黑烟是未完全燃烧的炭粒，飞灰是烟气中不可燃烧的矿物微粒，是煤的灰分的一部分。烟尘的排放量与炉型和燃烧状况有关，燃烧越不完全，烟气中黑烟浓度越大，飞灰的量与煤的灰分和炉型有关。一般根据耗煤量、煤的灰分和除尘效率来计算燃烧排放的烟尘量。

$$Y = BAD \times (1-\eta) \tag{2-14}$$

式中　Y——烟尘排放量，kg/h；

B——燃煤量，kg/h；

A——煤的灰分含量，%；

D——烟气中烟尘占灰分量的百分数（其值与燃烧方式有关），%；

η——除尘器的总效率，%。

各种除尘器的效率不同，可参照有关除尘器的说明书。若安装了二级除尘器，则除尘器系统的总效率为：

$$\eta = 1 - (1-\eta_1)(1-\eta_2) \tag{2-15}$$

式中 η_1——一级除尘器的除尘效率，%；

η_2——二级除尘器的除尘效率，%。

【例 2-8】 某电厂监测烟气流量为 $200m^3/h$，烟尘进治理设施前浓度为 $1200mg/m^3$，排放浓度为 $200mg/m^3$，无监测二氧化硫排放浓度，年运转 $300d$，每天 $20h$；年用煤量为 $300t$，煤含硫率为 1.2%，无脱硫设施。

① 该电厂烟尘去除量是（ ） kg。

    A. 1200000   B. 1200   C. 1440   D. 1200000000

② 该电厂烟尘排放量是（ ） kg。

    A. 240   B. 24000000   C. 2400   D. 24000

③ 该电厂二氧化硫排放速率是（ ） mg/s。

    A. 26666   B. 5760   C. 266.7   D. 56.7

解 烟尘去除量 $= 200 \times (1200 - 200) \times 300 \times 20 \times 10^{-6} = 1200$（kg）

烟尘排放量 $= 200 \times 200 \times 300 \times 20 \times 10^{-6} = 240$（kg）

二氧化硫排放量 $= (300 \times 10^9 \times 2 \times 0.8 \times 1.2\%)/(300 \times 20 \times 3600) = 266.7$（mg/s）

【例 2-9】 某燃煤锅炉烟气采用碱性水膜除尘器处理。已知燃煤量 $2000kg/h$，燃煤含硫量 1.5%，进入灰渣硫量 $6kg/h$，除尘器脱硫率为 60%，则排入大气中的二氧化硫量为（ ）。

A. 4.8kg/h   B. 9.6kg/h   C. 19.2kg/h   D. 28.8kg/h

解 排入大气中的二氧化硫量为

$$2 \times (2000 \times 1.5\% - 6) \times (1 - 60\%) = 48 \times 0.4 = 19.2(kg/h)$$

【注意】 计算二氧化硫量时没有乘以 0.8，是因为题中已告知进入灰渣硫量，表示了硫不能完全转化为二氧化硫。

三、污染源评价

1. 污染源评价的目的

污染源评价的主要目的是通过比较分析，确定区域主要污染源和主要污染物，为污染治理、区域治理规划提供依据。各种污染物具有不同的特性和环境效应，要对污染源和污染物作综合评价，必须考虑到排污量与污染物的危害性两个方面的因素。

2. 评价方法

污染源评价中常采用等标排放量法（亦称等标污染负荷法），分别对水、大气污染源进行评价。

（1）等标污染负荷法

① 某污染物的等标污染负荷（P_{ij}）定义为

$$P_{ij} = \frac{c_{ij}}{c_{oi}} Q_{ij} \tag{2-16}$$

式中 P_{ij}——第 j 个污染源中的第 i 种污染物的等标污染负荷；

c_{ij}——第 j 个污染源中的第 i 种污染物的排放浓度；

c_{oi}——第 i 种污染物的排放标准；

Q_{ij}——第 j 个污染源中含 i 污染物的废水（气）排放量。

应注意等标污染负荷是有量纲的数，它的量纲与废水（气）排放量的量纲一致。

若第 j 个污染源中有 n 种污染物参与评价，则该污染源的等标污染负荷为

$$P_j = \sum_{i=1}^{n} P_{ij} \tag{2-17}$$

若评价区内有 m 个污染源含有第 i 种污染物，则该污染物在评价区内的总等标污染负荷为

$$P_i = \sum_{j=1}^{m} P_{ij} \tag{2-18}$$

该评价区的总等标污染负荷为

$$P = \sum_{i=1}^{n} P_i \sum_{j=1}^{m} P_j \tag{2-19}$$

② 等标污染负荷比　第 j 个污染源内第 i 种污染物的等标污染负荷比为

$$K_{ij} = P_{ij} / \sum_{i=1}^{n} P_{ij} \tag{2-20}$$

K_{ij} 是一个量纲为 1 的数，用来确定第 j 个污染源内各污染物的排序。K_{ij} 较大者，对环境贡献较大，即为第 j 个污染源中最主要的污染物。

评价区内第 i 种污染物的等标污染负荷比 K_i 为

$$K_i = P_i / P = P_i / \sum_{j=1}^{m} \sum_{i=1}^{n} P_{ij} \tag{2-21}$$

评价区内第 j 个污染源的等标污染负荷比 K_j 为

$$K_j = P_j / P = \sum_{j=1}^{m} \sum_{i=1}^{n} P_{ij} \tag{2-22}$$

（2）主要污染物和主要污染源的确定

按照评价区域内污染物的等标污染负荷比 K_i 排序，分别计算累积百分比，将累积百分比大于 80％左右的污染物列为评价区的主要污染物。同样的，按照评价区内污染源的等标污染负荷比 K_j 排序，分别计算累积百分比，将累积百分比大于 80％左右的污染源列为评价区的主要污染源。但应注意，采用等污染负荷法处理容易造成一些毒性大、流量小、在环境中易于累积的污染物排不到主要污染物中去，然而对这些污染物的排放控制又是必要的，所以通过计算后，还应结合污染物或污染源的排毒系数大小，综合考虑后再确定出评价区内的主要污染物和主要污染源。

第三节　主要污染物排放标准介绍

一、污水综合排放标准

现行的《污水综合排放标准》（GB 8978—1996）按污水排放去向，分年限规定了 69 种水污染物最高允许排放浓度和部分行业最高允许排水量。

1. 适用范围

本标准适用于现有单位水污染物的排放管理，以及建设项目的环境影响评价、建设项目环境保护设施设计、竣工验收及其投产后的排放管理。

按照国家综合排放标准与国家行业排放标准不交叉执行的原则，行业废水排放优先执行各自的行业排放标准。

在本标准颁布后，新增加国家行业水污染物排放标准的行业，按其适用范围执行相应的国家水污染物行业标准，不再执行本标准。

2. 标准分级

① 排入 GB 3838—2002 Ⅲ类水域（划定的保护区和游泳区除外）和排入 GB 3097—1997 中二类海域的污水，执行一级标准；

② 排入 GB 3838—2002 中Ⅳ、Ⅴ类水域和排入 GB 3097—1997 中三类海域的污水，执

行二级标准；

③ 排入设置二级污水处理厂的城镇排水系统的污水，执行三级标准；

④ 排入未设置二级污水处理厂的城镇排水系统的污水，必须根据排水系统出水受纳水域的功能要求，分别执行①和②的规定。

3. 污染物分类

按排放的污染物的性质及控制方式，分为以下两类。

第一类污染物：不分行业和污水排放方式，也不分受纳水体的功能类别，一律在车间或车间处理设施排放口采样，其最高允许排放浓度必须达到本标准要求（采矿行业的尾矿坝出水口不得视为车间排放口）。

第二类污染物：在排放单位排放口采样，其最高允许排放浓度必须达到本标准要求。

4. 标准执行

在本标准中，以 1997 年 12 月 31 日之前和 1998 年 1 月 1 日起为时限，对第二类污染物最高允许排放浓度和部分行业最高允许排水量规定了不同的限值。

对于 1997 年 12 月 31 日之前建设（包括改、扩建）的单位，水污染物的排放必须同时执行标准中规定的第一类污染物最高允许排放浓度限值，第二类污染物最高允许排放浓度和部分行业最高允许排水量。

1998 年 1 月 1 日起建设（包括改、扩建）的单位，水污染物的排放必须同时执行标准中规定的第一类污染物最高允许排放浓度限值，第二类污染物最高允许排放浓度和部分行业最高允许排水量。

建设（包括改、扩建）单位的建设时间，以环境影响评价报告书（表）批准日期为准划分。

对于排放含有放射性物质的污水，除执行本标准外，还必须符合《辐射防护规定》（GB 8703—88）。

5. 有关排放口的规定

GB 3838—2002 中Ⅰ、Ⅱ类水域和Ⅲ类水域中划定的保护区，GB 3097—1997 中一类海域，禁止新建排污口，现有排污口按水体功能要求，实行污染物总量控制，以保证收纳水体水质符合规定用途的水质标准。

同一排放口排放两种和两种以上不同类别的污水，且每种污水的排放标准又不相同时，其混合污水的最高允许排放浓度 $c_{混合}$ 按照式（2-23）计算。

$$c_{混合} = \frac{\sum_{i=1}^{n} c_i Q_i Y_i}{\sum_{i=1}^{n} Q_i Y_i} \tag{2-23}$$

式中 $c_{混合}$——混合污水某污染物最高允许排放浓度，mg/L；

c_i——不同工业废水某污染物最高允许排放浓度，mg/L；

Q_i——不同工业的最高允许排水量，m³/t（产品）；

Y_i——某工业产品产量，t/d，以月平均计。

工业废水污染物的最高允许排放负荷量按式（2-24）计算。

$$L_负 = cQ \times 10^{-3} \tag{2-24}$$

式中 $L_负$——工业废水污染物最高允许排放负荷，kg/t（产品）；

c——某污染物最高允许排放浓度，mg/L；

Q——某工业最高允许排水量，m³/t（产品）。

污染物最高允许年排放总量按式（2-25）计算。

$$L_总 = L_负 \times Y \times 10^{-3} \tag{2-25}$$

式中 $L_总$——某污染物最高允许排放量，t/a；

$L_负$——某污染物最高允许排放负荷，kg/t(产品)；

Y——核定的产品年产量，t(产品)/a。

6. 监测频率要求

工业废水按生产周期确定监测频率。生产周期在 8h 以内的，每 2h 采样一次；生产周期大于 8h 的，每 4h 采样一次。24h 不少于 2 次。按日均值评价排水水质是否符合最高允许排放浓度。

7. 第一类污染物最高允许浓度限值

表 2-9 列出了第一类污染物最高允许排放浓度限值。不论 1998 年 1 月 1 日之前或之后建设的单位，均执行该表中的限值。

表 2-9 第一类污染物最高允许排放浓度 单位：mg/L

序号	污染物	最高允许排放浓度	序号	污染物	最高允许排放浓度
1	总汞	0.05	8	总镍	1.0
2	烷基汞	不得检出	9	苯并[a]芘	0.00003
3	总镉	0.1	10	总铍	0.005
4	总铬	1.5	11	总银	0.5
5	六价铬	0.5	12	总 α 放射线	1Bq/L
6	总砷	0.5	13	总 β 放射线	10Bq/L
7	总铅	1.0			

二、《大气污染物综合排放标准》

《大气污染物综合排放标准》（GB 16297—1996）适用于现有污染源大气污染物排放管理，以及建设项目的环境影响评价、设计、环境保护设施竣工验收及其投产后的大气污染物排放管理。国家在控制大气污染物排放方面除本标准为综合性排放标准外，还有若干行业性排放标准共同存在，即除若干行业执行各自的行业性国家大气污染物排放标准外，其余均执行本标准。

本标准规定了 33 种大气污染物排放限值，并设置了下列三项指标。

① 通过排气筒排放废气的最高允许排放浓度。

② 通过排气筒排放的废气，按排气筒高度规定的最高允许排放速率。任何一个排气筒必须同时遵守上述两项指标，超过其中任何一项均为超标排放。

③ 以无组织方式排放的废气，规定无组织排放的监控点及相应的监控浓度限值。

1. 排放速率标准分级

本标准规定的最高允许排放速率，现有污染源（1997 年 1 月 1 日前）分一、二、三级，新污染源（1997 年 1 月 1 日起）分为二、三级。按污染源所在的环境空气质量功能区类别，执行相应级别的排放速率标准，即：位于一类区的污染源执行一级标准（一类区禁止新、扩建污染源，一类区现有污染源改建执行现有污染源的一级标准）；位于二类区的污染源执行二级标准；位于三类区的污染源执行三级标准。

2. 大气污染物中常规项目的排放限值

新建项目污染源大气污染物常规项目的排放限值见表 2-10。

表 2-10　新建项目污染源大气污染物排放限值

序号	污染物	最高允许排放浓度 /（mg/m³）	最高允许排放速率/（kg/h）			无组织排放监控浓度限值	
			排气筒 /m	二级	三级	监控点	浓度 /（mg/m³）
1	二氧化硫	960 （硫、二氧化硫、硫酸和 其他含硫化合物生产）	15	2.6	3.5	周界外浓 度最高点	0.40
			20	4.3	6.6		
			30	15	22		
			40	25	38		
			50	39	58		
		550 （硫、二氧化硫、硫酸和其他 含硫化合物使用）	60	55	83		
			70	77	120		
			80	110	160		
			90	130	200		
			100	170	270		
2	氮氧化物	1400 （硝酸、氮肥和 火炸药生产）	15	0.77	1.2	周界外浓 度最高点	0.12
			20	1.3	2		
			30	4.4	6.6		
			40	7.5	11		
			50	12	18		
		240 （硝酸使用和其他）	60	16	25		
			70	23	35		
			80	31	47		
			90	40	61		
			100	52	78		
3	颗粒物	18 （炭黑尘、染料尘）	15	0.15	0.74	周界外浓 度最高点	肉眼不可见
			20	0.85	1.3		
			30	3.4	5		
			40	5.8	8.5		
		60 （玻璃棉尘、石英 粉尘、矿渣棉尘）	15	1.9	2.6	周界外浓 度最高点	1.0
			20	3.1	4.5		
			30	12	18		
			40	21	31		
		120 （其他）	15	3.5	5	周界外浓 度最高点	1.0
			20	5.9	8.5		
			30	23	34		
			40	39	59		
			50	60	94		
			60	85	130		

3. 排气筒高度及排放速率

① 排气筒高度应高出周围 200m 半径范围的建筑 5m 以上，不能达到该要求的排气筒，应按其高度对应的表列排放速率标准值严格 50% 执行。

② 两个排放相同污染物（不论其是否由同一生产工艺过程产生）的排气筒，若其距离小于其几何高度之和，应合并视为一根等效排气筒。

③ 若某排气筒的高度处于本标准列出的两个值之间，其执行的最高允许排放速率以内插法计算；当某排气筒的高度大于或小于本标准列出的最大或最小值时，以外推法计算其最高允许排放速率。

④ 新污染源的排气筒一般不应低于 15m。若新污染源的排气筒必须低于 15m 时，其排放速率标准值按外推计算结果再严格 50% 执行。

⑤ 新污染源的无组织排放应从严控制，一般情况下不应有无组织排放存在，无法避免

的无组织排放应达到规定的标准值。

⑥ 工业生产尾气确需燃烧排放的，其烟气黑度不得超过林格曼1级。

4. 等效排气筒有关参数计算

① 当排气筒1和排气筒2排放同一种污染物，其距离小于该两个排气筒的高度之和时，应以一个等效排气筒代表该两个排气筒。

② 等效排气筒的有关参数计算方法如下：等效排气筒污染物排放速率按下式计算

$$Q=Q_1+Q_2 \tag{2-26}$$

式中　Q——等效排气筒某污染物排放速率；

　Q_1，Q_2——排气筒1和排气筒2的某污染物排放速率。

等效排气筒高度按下式计算

$$h=\sqrt{\frac{1}{2}(h_1^2+h_2^2)} \tag{2-27}$$

式中　h——等效排气筒高度；

　h_1，h_2——排气筒1和排气筒2的高度。

③ 等效排气筒的位置。

等效排气筒的位置位于排气筒1和排气筒2的连线上。若以排气筒1为原点，则等效排气筒的位置和原点距离为

$$x=a(Q-Q_1)/Q=aQ_2/Q \tag{2-28}$$

式中　x——等效排气筒距排气筒1距离；

　a——排气筒1至排气筒2的距离；

Q_1，Q_2，Q——同式（2-26）。

5. 确定某排气筒最高允许排放速率的内插法和外推法

① 某排气筒高度处于表列两高度之间，用内插法计算其最高允许排放速率，按下式计算。

$$Q=Q_a+(Q_{a+1}-Q_a)(h-h_a)/(h_{a+1}-h_a) \tag{2-29}$$

式中　Q——某排气筒最高允许排放速率；

　Q_a——比某气筒低的表列限值中的最大值；

　Q_{a+1}——比某排气筒高的表列限值中的最小值；

　h——某排气筒的几何高度；

　h_a——比某排气筒低的表列高度中的最大值；

　h_{a+1}——比某排气筒高的表列高度中的最小值。

② 某排气筒高度高于本标准表列排气筒高度的最高值，用外推法计算其最高允许排放速率。按下式计算：

$$Q=Q_b(h/h_b)^2 \tag{2-30}$$

式中　Q——某排气筒的最高允许排放速率；

　Q_b——表列排气筒最高高度对应的最高允许排放速率；

　h——某排气筒的高度。

　h_b——表列排气筒的最高高度。

③ 某排气筒高度低于本标准表列排气筒高度的最低值，用外推法计算其最高允许排放速率，按下式计算：

$$Q=Q_c(h/h_c)^2 \tag{2-31}$$

式中　Q——某排气筒最高允许排放速率；

　Q_c——表列排气筒最低高度对应的最高允许排放速率；

　h——某排气筒的高度；

　h_c——表列排气筒的最低高度。

三、噪声排放标准

1. 机场周围飞机噪声环境标准

《机场周围飞机噪声环境标准》（GB 9660—88）适用于机场周围受飞机通过所产生噪声影响的区域，见表 2-11。

表 2-11 机场周围飞机噪声限值 单位：dB

适用区域	标准值
一类区域	≤70
二类区域	≤75

注：一类区域：特殊住宅区，居住、文教区；二类区域：除一类区域以外的生活区。

标准采用一昼夜的计权等效连续感觉噪声级作为评价量，用 L_{WECPN} 表示，单位为 dB。该标准是户外允许噪声级，测点要选在户外平坦开阔的地方，传声器高于地面 1.2m，离开其他反射壁 1.0m 以上。

2. 工业企业厂界环境噪声排放标准

《工业企业厂界环境噪声排放标准》（GB 12348—2008）规定了工业企业和固定设备厂界环境噪声排放限值及其测量方法。适用于工业企业噪声排放的管理、评价及控制。机关、事业单位、团体等对外环境排放噪声的单位也按本标准执行。

工业企业厂界环境噪声不得超过表 2-12 规定的排放限值。

表 2-12 工业企业厂界环境噪声排放限值 单位：dB（A）

厂界外声环境功能区类别	时段	
	昼间	夜间
0 类	50	40
1 类	55	45
2 类	60	50
3 类	65	55
4 类	70	55

注：1. 夜间频发噪声的最大声级超过限值的幅度不得高于 10dB（A）。

2. 夜间偶发噪声的最大声级超过限值的幅度不得高于 15dB（A）。

3. 工业企业若位于未划分声环境功能区的区域，当厂界外有噪声敏感建筑物时，由当地县级以上人民政府参照 GB 3096 和 GB/T 15190 的规定确定厂界外区域的声环境质量要求，并执行相应的厂界环境噪声排放限值。

4. 当厂界与噪声敏感建筑物距离小于 1m 时，厂界环境噪声应在噪声敏感建筑物的室内测量，并将表 2-12 中相应的限值减 10dB（A）作为评价依据。

3. 社会生活环境噪声排放标准

《社会生活环境噪声排放标准》（GB 22337—2008）适用于营业性文化娱乐场所、商业经营活动中使用的向环境排放噪声的设备、设施的噪声管理、评价与控制。

社会生活噪声排放源边界噪声不得超过表 2-13 规定的排放限值。

表 2-13 社会生活噪声排放源边界噪声排放限值 单位：dB（A）

边界外声环境功能区类别	时段	
	昼间	夜间
0 类	50	40
1 类	55	45
2 类	60	50
3 类	65	55
4 类	70	55

注：1. 在社会生活噪声排放源边界处无法进行噪声测量或测量的结果不能如实反映其对噪声敏感建筑物的影响程度的情况下，噪声测量应在可能受影响的敏感建筑物窗外 1m 处进行。

2. 当社会生活噪声排放源边界与噪声敏感建筑物距离小于 1m 时，应在噪声敏感建筑物的室内测量并将表 2-13 中相应的限值减 10dB（A）作为评价依据。

4. 建筑施工场界噪声限值

《建筑施工场界噪声限值》(GB 12523—2011) 适用于周围有敏感建筑物的建筑施工噪声排放的管理、评价及控制。市政、通信、交通、水利等其他类型的施工噪声排放可参照本标准执行。

建筑施工过程中场界环境噪声不得超过表 2-14 规定的排放限值。

表 2-14　建筑施工场界环境噪声排放限值　　　　　　　单位：dB（A）

昼间	夜间
70	55

注：1. 夜间噪声最大声级超过限制的幅度不得高于 15dB（A）。

2. 当场界距噪声敏感建筑物较近、其室外不满足测量条件时，可在噪声敏感建筑物室内测量，并将表 2-14 中相应的限值减 10dB（A）作为评价依据。

案例分析

【案例 1】　某化工改建扩建项目

某企业建于 2005 年，生产化工产品 X，现拟进行扩产改造。该化工产品的现状产量为 5000t/a，年工作 300d、7200h。消耗主要原料 Y 为 7000t/a，用水量为 3.4×10^4 t/a，年耗电量 24×10^4 kW·h，有 1 个 3t/h 蒸汽燃煤锅炉，用以供热供暖，耗煤 7200t/a。锅炉安装有脱硫除尘设施，全厂生产、生活污水经厂污水处理站处理后排放，约 70m³/d。车间有两个高度均为 20m 的工艺废气排气筒 P_1 和 P_2，均排放 HCl 废气，相距 35m。现在废气及废水污染物排放监测数据见表 2-15～表 2-17。

表 2-15　废水监测数据

采样点位	pH	SS	COD	硫化物	总铅	总锌	氨氮
污水排放总口/(mg/L)	6.8～7.7	110～175	140～147	0.01～0.2	0.1～0.6	0.6～1.3	16～23
标准值/(mg/L)	6～9	200	150	1.0	1.0	5.0	25

表 2-16　工艺废气 HCl 监测数据

监测点位	排放浓度/(mg/m³)	排放速率/(kg/h)
排气筒 P_1	78	0.23
排气筒 P_2	96	0.29
20m 排气筒标准	100	0.43

表 2-17　锅炉燃烧烟气监测数据（烟气量 8400m³/h）

监测点位	SO_2/(mg/m³)	烟尘/(mg/m³)	黑度	排放高度/m
锅炉烟囱	952	120	<1	35
标准值（Ⅰ时段）	1200	150	1	30

改扩建采用先进生产工艺，淘汰旧设备，对现有公用工程装置做相应增容改造。产品 X 产量拟扩产达到 15000t/a。消耗主要原料 Y 18000t/a，用水量达 9×10^4 t/a，年耗电量达 75×10^4 kW·h。锅炉增容改造后燃烧含硫 0.4% 的低硫煤，吨煤产尘系数为 3%，用量增加到 21600t/a（假设增容后锅炉热效率和吨煤产汽量不变，煤的热值没有发生变化）。同时对锅炉脱硫除尘系统进行改造，提高脱硫率、除尘效率分别至 85% 和 99%，以满足新时段排放标准要求。同时对厂污水处理站进行改造，预计排水量增加到 185m³/d，处理出水水质为：COD≤100mg/L，氨氮≤15mg/L。

问题：

(1) 根据提供的数据，该企业现状废水是否达标排放？

(2) 查 GB 16297—1996 的新建项目污染物排放限值可知，该企业现状排气筒 P_1 和 P_2 HCl 废气是否达标排放？

(3) 扩建项目提出的"以新带老"措施有哪些？按扩建项目，绘制项目 SO_2、烟尘、废水污染物 COD 和氨氮的总量变化"三本账"汇总表。（设低硫煤的产尘系数为 3%，SO_2 转化率为 80%）

【参考答案】

(1) 根据提供的数据，该企业现状废水无法判断是否达标排放（因为重金属属于一类污染物，需要在车间废水排放口监测是否达标，而污水总排放口的监测数据不能说明问题)。

（2）该企业现状排气筒 P_1 和 P_2 HCl 废气未达标排放。

（3）扩建项目提出："以新带老"措施有：采用先进生产工艺，淘汰旧设备来改造原有生产线，对锅炉脱硫除尘系统进行改造，提高脱硫率、除尘效率分别至 85% 和 99%，以满足新时段排放标准要求，同时对厂污水处理站进行改造，提高处理效率和处理出水质量。扩建前后项目 SO_2、烟尘、废水、COD、氨氮总量变化"三本账"汇总见表 2-18。

表 2-18　扩建前后项目 SO_2、烟尘、废水、COD、氨氮总量变化"三本账"汇总

单位：废水量为 $10^4 m^3/a$，其余为 t/a

类别	污染物	现有工程排放量 A	扩建部分排放量 B	以新带老削减量 C	改扩建后排放总量 D	变化量 E
废气	SO_2	57.58	13.82	50.66	20.72	−36.85
	烟尘	7.26	4.32	5.1	6.48	−0.78
废水	废水量	2.1	3.7	0.25	5.55	3.45
	COD	3.08	3.7	1.23	5.55	2.36
	氨氮	0.48	0.55	0.21	0.83	0.35

① 现有工程排放量

SO_2：$952 \times 8400 \times 7200 \times 10^{-9} = 57.58$（t/a）

烟尘：$120 \times 8400 \times 7200 \times 10^{-9} = 7.26$（t/a）

废水量：$70 \times 300 = 2.1 \times 10^4$（$m^3/a$）

COD：$147 \times 70 \times 300 \times 10^{-6} = 3.08$（t/a）

氨氮：$23 \times 70 \times 300 \times 10^{-6} = 0.48$（t/a）

② 改扩建后排放量

SO_2：$21600 \times 0.004 \times 1.6 \times (1-85\%) = 20.74$（t/a）

烟尘：$21600 \times 0.03 \times (1-99\%) = 6.48$（t/a）

废水量：$185 \times 300 = 5.55 \times 10^4$（$m^3/a$）

COD：$100 \times 185 \times 300 \times 10^{-6} = 5.55$（t/a）

氨氮：$15 \times 185 \times 300 \times 10^{-6} = 0.83$（t/a）

③ 扩建部分排放量

SO_2：$(21600-7200) \times 0.4\% \times 1.6 \times (1-85\%) = 13.82$（t/a）

烟尘：$(21600-7200) \times 3\% \times (1-99\%) = 4.32$（t/a）

废水量：$\dfrac{5.55 \times 10^4}{15000} \times 10000 = 3.7 \times 10^4$（$m^3/a$）

COD：$\dfrac{5.55}{15000} \times 10000 = 3.7$（t/a）

氨氮：$\dfrac{0.83}{15000} \times 10000 = 0.55$（t/a）

④ 以新带老削减量

SO_2：$57.58 - (20.74-13.82) = 50.66$（t/a）

烟尘：$7.26 - (6.48-4.32) = 5.1$（t/a）

废水量：$\left(\dfrac{2.1 \times 10^4}{5000} - \dfrac{5.55 \times 10^4}{15000}\right) \times 5000 = 1.23 \times 10^4$（$m^3/a$）

COD：$\left(\dfrac{3.08}{5000} - \dfrac{5.55}{15000}\right) \times 5000 = 1.23$（t/a）

氨氮：$\left(\dfrac{0.48}{5000} - \dfrac{0.83}{15000}\right) \times 5000 = 0.21$（t/a）

【注意】大气和水的以新带老和扩建部分排放量计算方法不同，水以吨产品排放量入手计算。

【案例2】 某甲醇生产项目工程分析

1. 工程概况

某工程年产 60 万吨甲醇，项目组成见表 2-19。

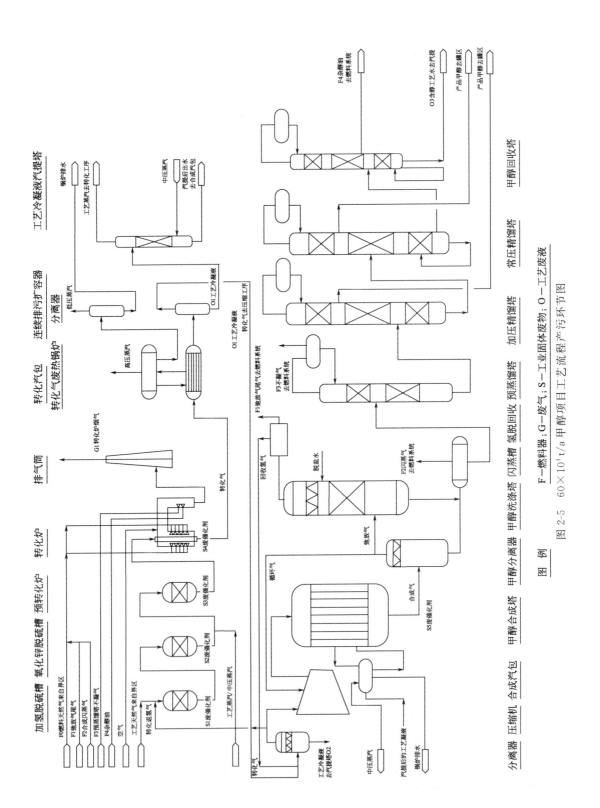

图 例　F—原料器；G—废气；S—工业固体废物；O—工艺废液

图 2-5　60×10⁴ t/a 甲醇项目工艺流程产污环节图

表2-19 项目组成

生产装置	公用工程设施	辅助生产设施
① 原料气脱硫工序 ② 蒸汽转化和热回收工序 ③ 压缩工序 ④ 甲醇合成工序 ⑤ 甲醇精馏工序 ⑥ 工艺冷凝液回收工序	① 循环水系统(24000t/h) ② 净水系统(1250t/h) ③ 脱盐水系统(250t/h) ④ 消防站 ⑤ 变电站	① 火炬系统 ② 主控制室、分析化验室 ③ 甲醇成品罐区($2 \times 30000m^3$) ④ 中间罐区($1 \times 25000m^3$,$2 \times 1200m^3$) ⑤ 罐区至港口甲醇运输管线和装船设施 ⑥ 天然气输送管线

产品方案为年产精甲醇 66.7×10^4 t（2000t/d，83.33t/h）、年操作时数8000h。生产制度为每天三班，每班连续8h。主要原材料和公用工程消耗见表2-20和表2-21。

表2-20 原材料消耗

项目	消耗量		接人方式
	$10^4 m^3/h$	$10^4 m^3/a$	
工艺天然气	7.745	61960.5	
燃料天然气	3.365	26926.9	架空管廊接入甲醇装置
共计	11.11	88887.4	

表2-21 公用工程消耗

名称	消耗量		来源
	小时	年	
新鲜水/t	471.76	377.4×10^4	自建水厂提供
循环水/t	18739	—	自建循环水系统
蒸汽/t	-1.627	-1.3×10^4	产出
电/kW·h	2912	2330×10^4	二期化肥厂热电站
燃料气/m^3	3.36×10^4	26926.9×10^4	输气管天然气

2. 工艺技术和污染源分析

拟建项目采用引进中压法天然气合成甲醇工艺。其工艺过程包括原料全脱硫、蒸汽转化和热回收、压缩、甲醇合成、精馏以及工艺冷凝液回收。

主化学反应：

天然气脱硫

$$RS(有机硫) + H_2 \longrightarrow H_2S$$
$$ZnO + H_2S \longrightarrow ZnS + H_2O$$

蒸汽转化

$$CH_4 + H_2O \longrightarrow CO + 3H_2 - Q$$
$$CH_4 + 2H_2O \longrightarrow CO_2 + 4H_2 - Q$$

甲醇合成

$$CO + 2H_2 \longrightarrow CH_3OH + Q$$
$$CO_2 + 3H_2 \longrightarrow CH_3OH + H_2O + Q$$

副化学反应

$$2CH_3OH \longrightarrow CH_3OCH_3 + H_2O$$
$$2CO + 2H_2 \longrightarrow CH_3COOH$$
$$CH_3OH + CO \longrightarrow CH_3COOH$$
$$CH_3OH + CH_3COOH \longrightarrow CH_3COOCH_3 + H_2O$$
$$2CH_3COOH \longrightarrow CH_3COCH_3 + CO_2 + H_2O$$

60×10^4 t/a甲醇项目的工艺流程见图2-5。

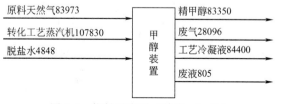

图2-6 物料平衡图（单位：kg/h）

3. 污染源强核算统计

60×10^4 t/a 甲醇项目物料平衡见图 2-6，水平衡见图 2-7。

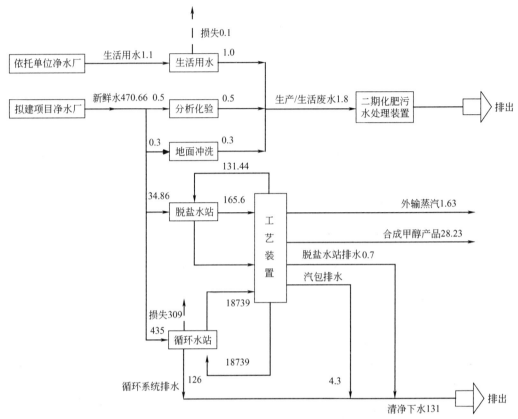

图 2-7　水平衡图（单位：m^3/h）

废气污染源、废水污染源和固体废物产生情况见表 2-22。

表 2-22　60×10^4 t/a 甲醇项目污染源

种类	污染源编号	污染源名称	排放量	污染物		治理措施	排放方式去向
				名称	浓度/速率		
废气	G1	转化炉烟气	34328m^3/h	SO_2	5.5mg/m^3	高烟囱排放 H：60m	连续，排大气
					1.90kg/h		
				NO_x	112mg/m^3		
					38.44kg/h		
	G2	开工锅炉烟气	39164m^3/h	SO_2	7.4mg/m^3	H：30m	非正常排放开车时排放排大气
					0.29kg/h		
				NO_x	150mg/m^3		
					5.87kg/h		
	G3	火炬		NO_x 等		H：60m	间断，排大气
	G4	无组织排放		甲醇	储运系统 170.5t/a 工艺装置：333t/a 合计 489.5t/a		间断，排大气

续表

种类	污染源编号	污染源名称	排放量	污染物		治理措施	排放方式去向
				名称	浓度/速率		
废水	W1	设备/地面冲洗水	0.3t/h	pH	6.9	送污水处理装置COD去除率75%	间断处理后排放
				COD	300mg/L		
				SS	10mg/L		
				石油类	100mg/L		
	W2	分析化验排水	0.5t/h	pH	6～9	送污水处理装置COD去除率75%	间断处理后排放
				COD	120mg/L		
				SS	50mg/L		
				石油类	10mg/L		
	W3	生活污水	1.0t/h	pH	6～9	送污水处理装置COD去除率75%	间断处理后排放
				COD	250mg/L		
				SS	200mg/L		
				石油类	50mg/L		
危险废物	S1	镍钼加氢槽废催化剂	45.6t/次	Ni-Mo		回收	三年一次，送厂家
	S2	脱硫槽废脱硫剂	96t/次	ZnO		危废填埋场	一年一次，送危废处理中心
				ZnS			
	S3	需转化炉废催化剂	29.3t/次	NiO,NiS		回收	三年一次，送厂家
	S4	转化炉废催化剂	61.6t/次	NiO,NiS		回收	三年一次，送厂家
	S5	甲醇合成塔废催化剂	120t/次	Cu-Zn		回收	三年一次，送厂家
一般固废	S6	污水处理厂污泥	1.2t/次			脱水干化，用于绿化	间断

4. 污染物排放总量核算

实施污染物防治措施后，60×10^4 t/a 甲醇项目污染物产生量、削减量和排放量见表 2-23。

表 2-23　拟建项目污染物排放量核算

类别	项目	产生量	削减量	最终排放量
废气	废气排放量/(10^4 m³/a)	305913.6	0	305913.6
	SO_2/(t/a)	17.52	0	17.52
	废水排放量/(10^4 t/a)	106.24	0	106.24
废水	COD/(t/a)	40.92	−2.28	38.64
	石油类/(t/a)	0.24	−0.19	0.05
固废	工业固体废物/(t/a)	产生量	综合利用	处理/处置
		447.6	447.6	0

习题

1. 简述工程分析的方法。

2. 污染型项目的工程分析的主要内容是什么?

3. 对于改、扩建项目,工程分析应注意什么?

4. 某装置产生浓度为 5% 的氨水 1000t,经蒸氨塔回收浓度为 15% 氨水 300t,蒸氨塔氨气排气约占氨总损耗量的 40%,进入废水中的氨是(   )。(2010 年真题)

A. 2t/a   B. 3t/a   C. 5t/a   D. 15t/a

5. 某锅炉燃煤量 100t/h,煤含硫量 1%,硫进入灰渣中的比例为 20%,烟气脱硫设施的效率为 80%,则排入大气中的 SO_2 量为(   )。

A. 0.08t/h   B. 0.16t/h   C. 0.32t/h   D. 0.40t/h

6. 某印刷厂上报的统计资料显示新鲜工业用水 0.8 万吨,但其水费单显示新鲜工业用水 1 万吨,无监测排水流量,排污系数取 0.7,其工业废水排放(   )万吨。

A. 1.26   B. 0.56   C. 0.75   D. 0.7

7. 某工业车间工段的水平衡图如下(单位:m^3/d),该车间的重复水利用率是(   )。

A. 44.4%   B. 28.6%   C. 54.5%   D. 40%

8. 甲企业年排放废水 600 万吨,废水中氨氮浓度为 20mg/L,排入Ⅲ类水体,拟采用废水处理方法的氨氮去除率为 60%,Ⅲ类水体氨氮浓度的排放标准 15mg/L。

① 甲企业废水处理前氨氮年排放量为(   )t。

A. 12   B. 120   C. 1200   D. 1.2

② 甲企业废水处理后氨氮年排放量为(   )t。

A. 48   B. 72   C. 4.8   D. 7.2

③ 甲企业废水氨氮达标年排放量为(   )t。

A. 60   B. 80   C. 70   D. 90

④ 甲企业废水氨氮排放总量控制建议指标值为(   )t/a。

A. 120   B. 48   C. 80   D. 90

第三章 大气环境影响评价

【内容提要】

　　大气环境影响评价工作的内容与深度取决于环境评价工作等级，而工作等级的确定依据于建设项目大气污染物的排放工况、环境因素及环境管理要求。目前主要通过估算模式计算的占标率、$D_{10}\%$，并综合考虑污染源与厂界的距离关系确定大气环境影响评价等级。大气环境影响评价以数学模型的计算结果为基础。首先，系统介绍大气环境影响评价理论和技术，包括大气污染和大气扩散、大气扩散预测模型、大气环境容量与总量控制、大气环境防护距离等。然后依据大气环境影响评价技术导则，介绍了大气环境影响评价的任务、评价等级和评价范围确定、污染源调查与分析、现状调查与评价、影响预测与评价等。其次，介绍了大气污染防治对策及大气环境影响评价的结论和建议。最后，结合实例阐述了大气环境影响评价方法和技术的具体运用。

第一节 大气污染与大气扩散

一、大气污染

　　关于大气污染的定义起源于对有害影响的观察，也就是说，如果大气污染物达到一定浓度，并持续足够的时间，达到对公众健康、动物、植物、材料、大气特性或环境美学因素产生可以测量的影响，这就是大气污染。从环境影响评价的角度，大气污染是指由于自然或者人类活动向大气中排放的大气污染物过多，使大气中有害物质的数量、浓度和存留时间超过环境空气质量标准的允许限值或其自然状态下的平均含量，或者大气中出现新的污染物，从而造成大气环境质量恶化，给人类和生态环境带来直接或间接不良影响的现象。

　　1. 大气污染源

　　（1）定义与分类

　　大气污染源是指造成大气污染的空气污染物的发生源。可分为自然源和人为源两大类。自然源包括风吹扬尘、火山爆发产生的气体与尘粒、闪电产生的气体（如臭氧和氮氧化物）、植物与动物腐烂产生的臭气、森林火灾造成的烟气与飞灰、自然放射性源和其他产生有害物质并向大气排放的源。人为源是在人们的生产和生活过程中产生的，是形成日常的大气污染问题的主要原因，其分类方式有很多。按运动形式，分为固定源和移动源；按人们的活动方式，分为工业源、生活源、交通源、农业源等；按污染影响的范围，分为局地源和区域源；按污染源排放的空间形式，分为点源、线源、面源、体源；按污染源排放的时间特征，分为连续源、间歇源、瞬时源等。

　　按大气环境影响评价技术导则的规定，大气污染源分为点源、线源、面源和体源四类，该定义的主要出发点是基于导则推荐模式中参数输入的格式。点源是指通过某种装置集中排放的固定点状源，如烟囱、集气筒等；面源是指在一定区域范围内，以低矮密集的方式自地面或近地面的高度排放污染物的源，如工艺过程中的无组织排放、储存堆、渣场等排放源；线源是指污染物呈线状排放或者由移动源构成线状排放的源，如道路的机动车排放源；体源是指由源本身或附近建筑物的空气动力学作用使污染物呈一定体积向大气排放的源，如焦炉炉体、屋顶天窗等。

（2）源强

源强是指污染源排放污染物数量的强度。点源源强是以单位时间排放的污染物数量表示，其单位可以为 t/a、kg/h、g/s 或者 mg/s 等；线源源强是以单位时间、单位长度排放的污染物数量表示，其单位可以为 kg/(km·h) 或 mg/(m·s) 等；面源源强是以单位时间、单位面积上所排放的污染物数量表示，其单位可以为 t/(km²·a) 或 mg/(m²·s) 等；体源源强则是以单位时间、单位体积所排放的污染物数量表示，其单位可以为 g/(m³·h) 或 mg/(m³·s) 等。上述源强形式一般指连续性排放的污染源，对于瞬时源，其源强为一次性释放的污染物总量，其单位为 t、kg 或 g 等。

2. 大气污染物

（1）大气污染物的分类

大气中的污染物种类很多。按其主要化学成分，可分为以下几类。

① 含硫化合物　如二氧化硫、硫酸盐、二硫化碳、二甲基硫以及硫化氢等。其中二氧化硫是一种常规大气污染物，也是形成酸性降水的主要成分之一。

② 含氮化合物　如一氧化二氮、一氧化氮、二氧化氮、氨、铵盐以及硝酸盐等。其中常把一氧化氮和二氧化氮统称为氮氧化物，它们不但是一种常规氮气污染物，也是形成酸性降水的主要成分之一。

③ 含碳化合物　如一氧化碳、烃类，包括烷烃、烯烃、炔烃、脂肪烃和芳香烃等。其中常把除甲烷以外的所有可挥发的碳氢化合物（其中主要是 $C_2 \sim C_8$）称为非甲烷总烃，用 nMHC 表示。nMHC 与甲烷不同，有较大的光化学活性。大气中的 nMHC 超过一定浓度时，除直接对人体健康有害外，在一定条件下经日光照射还能产生光化学烟雾，对环境和人类健康造成危害。

④ 卤代化合物　烃分子中的氢原子被卤素原子（氟、氯、溴、碘）取代后形成的化合物，简称卤代烃。许多卤代烃可用作灭火剂（如四氯化碳）、冷冻剂（如氟利昂）、麻醉剂（如氯仿，现已不使用）、杀虫剂（如六六六，现已禁用），以及高分子工业的原料（如氯乙烯、四氟乙烯）等。卤代烃大都具有一种特殊气味，多卤代烃一般都难燃或不燃。这类污染物一般具有一定的生态毒理特性。另外，卤代烃还具有通过光化学过程破坏臭氧层的作用。

⑤ 放射性污染物和其他有毒物质　如苯并芘、过氧乙酰基硝酸酯（PAN）。一些放射性物质和其他有毒物质通过在大气中形成气溶胶或者进一步在大气中发生化学反应对生态环境和人体健康造成危害。

根据大气中污染物的形成方式，可以分为一次污染物和二次污染物。前者从污染源直接生成并排放进入大气环境中，在大气中保持其原有的物理化学性质；后者则是在一次污染物之间或一次污染物与大气中组分之间发生化学反应而形成的。例如二氧化硫、氮氧化物和颗粒物往往从污染源直接释放进入大气环境，视为一次污染物，而光化学烟雾中形成的臭氧、PAN 以及酸沉降中形成的硫酸盐等则经常被视为二次污染物。

（2）大气环境影响评价中对大气污染物的分类

根据大气环境影响评价技术导则，大气中的污染物可以分为以下几类。

① 常规污染物　指 GB 3095 中所规定的二氧化硫（SO_2）、颗粒物（TSP、PM_{10}）、二氧化氮（NO_2）、一氧化碳（CO）等污染物。

② 特征污染物　特征污染物跟项目具体情况有关，例如氯碱项目的特征污染物为 HCl、Cl_2 等，合成氨项目的特征污染物为 NH_3，H_2S 等。

另外，在大气环境影响评价中，利用预测模式进行计算时，从污染物的空气动力学特征看，大气污染物按存在形态分为颗粒物污染物和气态污染物，其中粒径小于 $15\mu m$ 的颗粒污染物亦可划为气态污染物。

3. 常规大气污染物排放源强的估算

产生常规大气污染物的燃料主要有煤、油、天然气、液化气等。常规大气污染物的排放源主要有锅炉、交通车辆等。由于大气污染源的工艺、规模、设备技术水平、运行特征等的多样性，使得对污染源强的精确确定非常困难。所以通常所说的污染源强一般是指在某些条件下的平均值。对污染源强的估算可以采用实测、理论计算或者经验公式进行。

（1）理论计算

可以根据燃料的热力学参数以及锅炉生产的热量估算需要的燃料量。例如对于产生饱和蒸汽的锅炉，其燃料需要量为：

$$Y = W(H_g - H_w)/(Q_{低}E) \qquad (3-1)$$

式中　E——锅炉的热效率，%；

$Q_{低}$——燃料的低位发热值，kJ/kg；

H_w——锅炉给水热焓，kJ/kg；

H_g——锅炉在某工作压力下饱和蒸汽热焓，kJ/kg；

W——锅炉产气量，kg/h；

Y——燃料需要量，kg/h。

① 燃料燃烧过程中烟尘量的计算。煤在燃烧过程中产生的烟尘主要包括黑烟和飞灰。黑烟是烟气中未完全燃烧的炭粒，飞灰是指烟气中不可燃烧的矿物质的细小固体颗粒。飞灰的计算可以用烟尘实测浓度核算：

$$G = Qc_0 \qquad (3-2)$$

式中　c_0——烟尘实测浓度，mg/Nm³；

Q——烟气排放量，Nm³/h；

G——烟尘排放量，mg/h。

如果没有飞灰的实测浓度，可以用煤的灰分含量进行估算：

$$G = BAd_{ash}(1-\eta) \qquad (3-3)$$

式中　η——除尘装置的总效率，%；

d_{ash}——烟气中烟尘占煤灰量的分数，%，取值与燃烧方式有关；

A——煤的灰分含量，%；

B——耗煤量，kg/h；

G——烟尘排放量，kg/h。

② 燃烧过程中排放二氧化硫的计算。一般，煤中可燃性硫占全硫的 70%～90%。燃烧过程中，可燃性硫和氧气反应生成 SO_2，根据 S 和 SO_2 的摩尔质量关系，1kg 的可燃性 S 产生 2kg 的 SO_2。因此燃煤产生的 SO_2 可用下式计算：

$$G_{SO_2} = 2 \times 80\% \times BS \qquad (3-4)$$

式中　80%——煤中可燃性硫占全硫分比例；

B——耗煤量，kg/h；

G_{SO_2}——SO_2 排放量，kg/h；

S——燃料的含硫率，%。

燃油过程中，其中的硫可以全部考虑为可燃性硫，因此其 SO_2 产生量可用下式计算：

$$G_{SO_2} = 2 \times BS \qquad (3-5)$$

另外，燃烧中气态污染物的产生量可以根据燃料的主要元素成分核算。以下举例说明。

【例 3-1】 已知油品中元素含量，C 85.5%，H 11.3%，O 2.0%，N 0.2%，S 1.0%。计算：(1) 燃烧 1kg 油需标态空气体积及产生的标态烟气体积（标态干空气，O_2：N_2（体积比）=21%：79%（假设大气中的 N_2 和 O_2 不反应）；(2) 干烟气中二氧化硫浓度；(3) 实际燃烧中，空气过剩量为 10% 时，所需要的空气量及产生烟气量。

解 由已知条件以及各种物质元素的分子量，假设燃烧后形成产物见表 3-1，则其耗氧量见表 3-1。

表 3-1 1kg 油品含各种物质元素数量及其完全燃烧需氧量

元素	质量/g	元素物质的量/mol	燃烧形成污染物	燃烧需要氧气量(O_2)/mol	备注
C	855	71.25	CO_2	71.25	利用大气中的氧
S	10	0.3125	SO_2	0.3125	利用大气中的氧
N	2	0.143	NO	0.0715	利用大气中的氧
O	20	1.25	H_2O	0	油中氢氧化合得 H_2O 1.25mol
H	113	$113/1-2\times1.25=110.5$	H_2O	27.625	利用油中氧合成 H_2O 后剩余的 H 需要大气氧

所以，理论需氧气量：$G_{O_2}=71.25+27.625+0.3125+0.0715=99.26$（$molO_2$/kg 油）

标态状况下需要 O_2 体积：$V_{O_2}=99.26mol\ O_2$/kg 油 $\times22.4L/mol\ O_2=2223.40L\ O_2$/kg 油

标态下需空气体积：$V_{空气}=2223.40\ L\ O_2$/kg 油 $/0.21=10.59m^3$/kg 油

烟气中各成分：CO_2 71.25mol；H_2O：$27.625\times2+1.25=56.5$（mol）；SO_2：0.3125mol；NO：$0.0715\times2=0.143$（mol）；N_2：$10590L\times79\%/22.4L/mol=373.487mol$

所以理论烟气量：$G_{烟}=71.25+56.5+0.3125+0.143+373.487=501.6925$（mol/kg 油）

标态下理论烟气体积：$V_{烟}=501.6925mol\times22.4L/mol=11.24m^3$/kg 油

烟气中扣除水分后的干烟气量：$G_{干烟}=501.6925mol-56.5mol=445.1925mol$

SO_2 百分含量：$CH_{SO_2}=0.3125mol/445.1925mol\times100\%=0.07\%$。

SO_2 质量浓度：$\rho_{SO_2}=0.3125mol\times64g/mol/(445.1925mol\times22.4L/mol)=2006mg/m^3$

空气过剩 10% 所需空气量：$VG_{空气}=1.1\times10.59m^3=11.65m^3$/kg 油

空气过剩时产生烟气量：$VG_{烟气}=11.24+0.1\times10.59=12.30$（$m^3$/kg 油）

(2) 经验估算

主要根据相关文献中获得的不同燃料的平均排污系数进行估算。

① 锅炉燃烧废气 锅炉使用燃料主要有煤、油、液化气、天然气或焦炉煤气等。不同锅炉燃煤污染物排放系数如表 3-2 所示，其他不同燃料燃烧的污染物排放系数见表 3-3。

表 3-2 锅炉燃煤污染物排放系数 　　　　单位：kg 污染物/t 煤

锅炉种类	燃煤种类	TSP	PM_{10}	SO_2	NO_x	CO	C_mH_n
≥20t/h	低硫煤	1.48	1.21	4.05	3.44	7.71	3.11
	大同煤	2.14	1.61	8.85	4.24	3.12	2.16
<20t/h	低硫煤	1.59	1.28	6.18	2.76	8.62	5.10
	大同煤	2.70	1.96	11.06	3.94	5.26	4.53
茶浴炉	低硫煤	3.38	2.33	5.54	3.83	9.45	4.08

注：1. 低硫煤指标，全水分 9.1%，灰分 8.4%，挥发分 28.29%，含硫 0.30%，发热量 26.55MJ/kg；大同煤指标，全水分 9.0%，灰分 13.0%，挥发分 26.3%，含硫 0.77%，发热量 25.10MJ/kg。

2. 资料来源：环保部环评工程师执业资格登记管理办公室. 社会区域类环境影响评价. 北京：中国环境科学出版社，2007。

表 3-3　油、气燃料的污染物排放系数

燃料种类	单位	TSP	PM$_{10}$	SO$_2$	NO$_x$	CO	C$_m$H$_n$
重油	kg 污染物/t 燃料	3.94	1.60	2.75	6.03	0.86	3.34
柴油	kg 污染物/t 燃料	0.31	0.31	2.24	2.92	0.78	2.13
液化气	kg 污染物/km^3 燃料	0.22	0.22	0.18	2.10	0.42	0.34
天然气	kg 污染物/km^3 燃料	0.14	0.14	0.18	1.76	0.35	—
焦炉煤气	kg 污染物/km^3 燃料	0.24	0.24	0.08	0.80	0.16	—

注：环保部环评工程师执业资格登记管理办公室．社会区域类环境影响评价．北京：中国环境科学出版社，2007．

② 餐饮废气　餐饮废气污染主要来自两部分，其一是炉灶使用燃料燃烧过程排放污染物，可以根据表 3-3 估算；其二是炊事使用的食用油排放污染的，可以根据表 3-4 估算。

表 3-4　餐饮和居民炊事油烟等污染物排放系数

单位：kg 污染物/t 食用油

餐饮类型	污染防治设施	油烟	TSP	PM$_{10}$	PM$_{2.5}$
餐饮业	未安装油烟净化器	3.815	4.829	4.778	4.196
	已安装油烟净化器	0.543	0.654	0.646	0.544
居民炊事		1.035	1.278	1.180	0.701

注：环保部环评工程师执业资格登记管理办公室．社会区域类环境影响评价．北京：中国环境科学出版社，2007．

③ 停车场废气　停车场有两种类型，其一为地下车库，其二为地面停车场。

地下车库的废气污染物排放根据下式进行计算：

$$Q_{车库} = SHNc \times 10^{-6} \tag{3-6}$$

式中　$Q_{车库}$——车库污染物排放量，kg/h；

S——车库面积，m^2；

H——车库高度，m；

N——换气频次，次/h；

c——车库中污染物平均浓度，mg/m^3。

对于地下车库中的公建类车库，根据《社会区域类环境影响评价》（中国环境科学出版社，2007），其中 c 的取值可参考如下数据：不开车库风机时，交通高峰时段（早 8:00—10:00，晚 18:00—19:30）污染物浓度平均值 NO$_2$ 为 0.097mg/m^3、NO$_x$ 为 0.740mg/m^3、CO 为 18.06mg/m^3、THC 为 4.14mg/m^3。车库风机打开时；交通高峰时段污染物浓度平均值，NO$_2$ 为 0.124mg/m^3、NO$_x$ 为 0.402mg/m^3、CO 为 6.20mg/m^3、THC 为 2.60mg/m^3。

对于地下车库中的住宅类车库，根据《社会区域类环境影响评价》（中国环境科学出版社，2007），其中 c 的取值可参考如下数据：交通高峰时段（早 8:00—10:00，晚 18:00—19:30）污染物浓度平均值，NO$_2$ 为 0.181mg/m^3、NO$_x$ 为 0.457mg/m^3、CO 为 13.1mg/m^3、THC 为 3.40mg/m^3。

地面停车场车库的废气污染物排放根据下式进行计算：

$$Q_{车场} = \sum_{i=1}^{n} C_i N_i K_i \times 10^{-3} \tag{3-7}$$

式中　$Q_{车场}$——停车场汽车尾气源强，kg/h；

n——汽车类型数；

C_i——i 类车尾气污染物平均排放系数，g/(km·辆)；

N_i——i 类型车的车流量，辆/h；

K_i——i 类型车平均行驶距离，km。

部分轻型机动车尾气污染物排放系数如表 3-5 所示。

表 3-5　部分轻型机动车尾气污染物排放系数　　　　　单位：g/km

车辆种类（发动机）	环保措施	THC	CO	NO$_x$
奥拓（化油）	电控补气＋三元催化剂	0.39	2.69	2.23
奥拓（电喷）	三元催化剂	0.13	0.78	0.43
夏利（化油）	电控补气＋三元催化剂	0.79	2.87	0.95
松花江（化油）	无	0.97	13.05	0.38
富康（化油）	电控补气＋三元催化剂	1.05	0.91	1.34
捷达（化油）	无	3.79	33.77	0.65
捷达（电喷）	三元催化剂	0.36	2.28	0.54
桑塔纳（化油）	无	2.72	25.57	1.26
帕萨特（电喷）	三元催化剂	0.45	4.36	0.49
奥迪（化油）	马哥马-300N 燃料燃烧催化净化器	1.77	12.05	1.70
奥迪（电喷）	三元催化剂	0.15	2.11	0.06

注：环保部环评工程师执业资格登记管理办公室. 社会区域类环境影响评价. 北京：中国环境科学出版社，2007.

④ 道路交通废气：道路交通废气的污染物主要有一氧化碳、二氧化氮、碳氢化合物等，目前道路交通废气的排放源强一般采用单车污染物排放因子法：

$$Q = \frac{1}{3600} \sum_{i=1}^{n} \lambda_i K_i A_i \tag{3-8}$$

式中　Q——单位时间、单位长度公路上各种机动车产生的某种污染物排放源强，g/(km·s)；

　　　A_i——i 型机动车（一般分为轻型车、中型车和重型车 3 类）交通流量，辆/h；

　　　λ_i——i 型机动车污染物排放因子的车速订正系数；

　　　K_i——机动车单车污染物排放因子，g/(km·辆)（按表 3-6 取值）。

该方法的关键是如何确定单车排放因子 K_i，主要优点是适用性强，可以推广到不同等级公路的大气环境影响评价工作中，不足之处是各类型车的单车排污因子值离散性较大，利用其平均值计算出的排放源强和实际源强之间有一定差别。

车速订正系数按如下公式计算：

$$\lambda_i = a_i + b_i v + c_i v^2 \tag{3-9}$$

式中　a_i，b_i，c_i——常数（按表 3-6 取值）；

　　　v——平均车速，km/h。

表 3-6　公路机动车污染物排放因子及车速订正系数

车型	CO				HC				NO$_2$			
	K_i/[g/(km·辆)]	a_i	b_i	c_i	K_i/[g/(km·辆)]	a_i	b_i	c_i	K_i/[g/(km·辆)]	a_i	b_i	c_i
摩托	20.007	3.6169	−0.0734	0.0004	3.486	2.7392	−0.0466	0.0003	0.148	1.1688	−0.0089	0.0001
轻型	36.291				3.310				2.881			
中型	38.249	2.1398	−0.0291	0.0094	4.519	4.2211	−0.0918	0.0176	4.671	0.7070	−0.0024	0.0041
重型	17.830				2.860				13.759			

注：邓顺熙. 公路与长隧道空气污染影响分析方法. 北京：科学出版社，2004。

二、大气扩散及其影响因素

进入大气中的污染物，由于风的平流输送以及大气湍流作用逐渐分散开来，这种现象称为大气扩散。大气扩散的理论和试验研究表明，在不同的气象条件下，同一污染源所造成的地面污染物浓度可以相差几十倍甚至几百倍。这是由于大气对污染物的稀释扩散能力随气象条件的不同而发生巨大变化的原因所致。因此大气扩散过程对环境空气污染程度影响很大。下面简要介绍大气扩散过程的一些基本概念。

1. 大气湍流

湍流是一种不规则的运动，其特征量是时空随机变量。在大气中，由于受各种大气尺度的影响，导致三维空间的风向、风速发生连续的随机涨落，这种涨落是大气中污染物扩散过程的一种特征。引起大气湍流的驱动原因主要有两个方面：其一是机械或动力的原因形成的所谓机械湍流，如近地面空气受到下垫面的机械阻挡所产生的风切变；其二是由各种热力因子诱生的热力湍流，如地表受热不均或气层不稳定所引起的热力湍流。研究大气湍流时，把它作为一种叠加在平均风之上的脉动变化，由一系列不规则的大气涡旋运动组成，这种涡旋称为湍涡。湍涡的尺度差异很大，边界层内最大的湍涡尺度大约和边界层的厚度相当，最小的湍涡尺度只有几个毫米。

如果大气中只有某一方向的风而没有湍流，则烟团仅靠分子扩散进行增大，其污染物稀释速度很慢。实际上，大气中总是存在着剧烈的湍流运动，使得烟团和周围空气之间能够快速进行混合和交换，大大加强了烟团的扩散。根据研究，湍流扩散比分子扩散速率快 $10^5 \sim 10^6$ 倍。但在烟团的平均运动方向上，风的平流输送仍起到重要作用。在大气湍流扩散过程中，湍涡尺度和烟团尺度之间的差异对烟团的扩散影响很大。如果湍涡尺度比烟团尺度小，则烟团在主导风向移动的同时，烟团边缘受到湍涡的扰动而不断与周围空气混合，烟团缓慢地扩张，其中的污染物浓度逐渐降低。如果湍涡尺度比烟团尺度大，则烟团在运动中整体被湍涡挟持，其本身增大不快。若湍涡尺度和烟团尺度相近，则烟团在随主导风向移动过程中，快速被湍涡拉开撕裂，扩散过程比较剧烈，其中污染物浓度能够快速降低。实际大气中，上述三种情形均存在。

2. 污染气象要素

对大气状态和物理现象给予定性或定量描述的物理量称为气象要素。气象要素是影响污染物在大气中稀释、扩散、迁移和转化的重要因素。与大气污染有关的气象要素有很多，通常把与大气扩散过程密切相关的称为污染气象要素。常用的气象要素有气温、气压、湿度、风向、风速、云况、云量、能见度、降水、蒸发、日照时数、太阳辐射、地面及大气辐射等。

（1）气温

通过气象观测获得的地面气温一般指离地面 1.5m 高度处的百叶箱中观测到的空气温度。一般用摄氏度（℃）表示，理论计算中常用热力学温度（K）表示。

（2）气压

大气的压强。静止大气中，任一点的气压值等于该点以上单位面积上的大气柱重量。高度越高，气柱所含大气越少，气压越低。气象上常以百帕（hPa）为法定单位。

（3）湿度

反映空气中水汽含量多少和空气潮湿程度的一个物理量。常用绝对湿度或相对湿度表示。

（4）风

气象上把空气质点在水平方向的运动称为风，在垂直方向的运动称为对流。风是一个矢量，用风向和风速描述其特征。风向常用 16 个方位表示，风速指单位时间内空气在水平方向的移动距离。风向和风速是随时间发生脉动的物理量。通常所说地面风向、风速是指安装于距地面 10m 高度处的测风仪器所观测到的一定时间内的平均值。

（5）云

云是由飘浮在空气中的大量小水滴、小冰晶或者二者的结合物构成的。在污染预测中需用云高、云量等确定大气的稳定度。云高指云底距地面的高度，一般分为高云（5000m 以上）、中云（2500～5000m）和低云（2500m 以下）三类。云量是指云遮蔽天空视野的成数，将视野能见的天空分为 10 等分，云遮蔽了几分，云量就是几。

（6）能见度

正常人的眼睛所能看到的最大水平距离称为能见度。能见度的大小反映了大气的浑浊程度。

3. 大气边界层温度场

受下垫面影响的低层大气（厚度约 1～2km）称为大气边界层。下垫面以上 100m 左右的一层大气称为近地层或摩擦边界层。近地层到大气边界层顶的一层大气称为过渡区，大气污染扩散过程主要发生在这一层，因此其中的温度场和风场对大气污染扩散的影响至关重要。

（1）气温垂直递减率

定义为单位高差（通常 100m）内气温变化速率的负值，表示为 $\gamma = -dT/dz$。如果气温随高度增高而降低，$\gamma > 0$；如果气温随高度增高而增加，$\gamma < 0$。正常大气中 $\gamma = 0.65℃/100m$。

（2）干绝热递减率

干空气在绝热升降过程中，每升降单位距离（通常 100m）引起气温变化速率的负值称为干绝热递减率，通常用 γ_d 表示。一般情况下，$\gamma_d = 0.98K/100m$。

（3）大气温度层结

大气温度在垂直方向的分布称为温度层结。通常有四种情况：①正常，气温随高度增加而降低，$\gamma > 0$，$\gamma > \gamma_d$，有利于污染扩散；②中性，气温随高度增加而降低，$\gamma > 0$，$\gamma \approx \gamma_d$，相对有利于污染扩散；③稳定，气温不随高度变化，$\gamma \approx 0$，$\gamma < \gamma_d$，不利于污染扩散；④逆温，气温随高度增加而升高，$\gamma < 0$，$\gamma < \gamma_d$，非常不利于污染物扩散。

（4）温度层结与烟羽形状

受温度层结的影响，烟羽扩散状态变化很大。一般分为五种类型。

① 波浪型（翻卷型）：$\gamma - \gamma_d > 0$，大气处于不稳定状态，污染物扩散良好，最大落地浓度落地点距烟囱最近。

② 锥型：$\gamma \approx \gamma_d$，污染物扩散比波浪型差，发生在中性大气温度层结中。最大落地浓度及其出现距离和高浓度范围均比波浪形大。

③ 平展型（长带型或扇型）　烟羽在垂直方向扩散很小，像一条带子飘向远方，俯视时，烟羽像一般展开的扇子。它发生在烟囱出口位于逆温层中，即 $\gamma - \gamma_d < -0.98$。其污染情况随烟囱有效高度的不同而不同。有效源高很大时，在近距离内地面污染物浓度很小。烟囱有效源高很小时，在近距离会造成严重污染。

④ 屋脊型（爬升型或上扬型）　在排放口上方：$\gamma - \gamma_d > 0$，大气处于不稳定状态；排放口下方：$\gamma - \gamma_d < -0.98$，大气是稳定的。一般在日落前后，地面有辐射逆温，高空受冷空气影响大气不稳定时出现。

⑤ 漫烟型（熏烟型）　排放口上方：$\gamma - \gamma_d < -0.98$，大气是稳定的；排放口下方：$\gamma - \gamma_d > 0$，大气是不稳定的。一般出现在日出以后，由于地面增温，低层空气被加热，使逆温层从地面向上逐渐破坏，不稳定大气从地面逐渐向上发展，当不稳定大气发展到烟羽的下边缘或更高一点时，发生烟羽向下的剧烈扩散，把大量的污染物带到地面，而烟羽的上边缘仍处在逆温层中。

4. 大气边界层风场

（1）风的形成

大气的水平运动是因为大气受水平方向的作用力所形成的。作用于大气的水平力有四种。

① 水平气压梯度力：由于水平方向气压差所形成的作用于单位质量空气上的力，其方向从高压指向低压。

② 地球自转偏向力：由地球自转所引起的空气偏离气压梯度力方向的力，北半球向右偏，南半球向左偏。

③ 惯性离心力：以曲率半径作曲线运动的单位质量空气所受到的离心力。

④ 摩擦力：包括空气与空气之间因黏性而产生的摩擦力，以及空气与下垫面之间的摩擦力。水平气压梯度力是空气运动的直接原动力，其他三个力是在空气开始运动后才产生并起作用的。

（2）风速廓线

风速随高度的变化曲线。一般气象资料中的风速只是地面风速（10m 高度），用风速廓线公式可推算不同高度处的风速。我国常用的风速廓线公式为：

$$u_z = u_{10}(z/10)^p \tag{3-10}$$

式中 u_z——z（m）高度处的风速，m/s；

u_{10}——地面以上 10m 处的风速，m/s；

p——风速廓线指数（取值见表 3-7）。

表 3-7　不同稳定度下的风速廓线指数值

地区分类	A	B	C	D	E/F
城市	0.10	0.15	0.20	0.25	0.30
乡村	0.07	0.07	0.10	0.15	0.25

第二节　大气环境影响评价工作程序和评价等级

一、评价工作程序

大气环境影响评价的整个过程分为三个阶段。

第一阶段为准备阶段。主要工作包括研究有关文件、环境空气质量现状调查、初步工程分析、环境空气敏感区调查、评价因子筛选、评价标准确定、气象特征调查、地形特征调查、编制工作方案、确定评价工作等级和评价范围等。

第二阶段为正式工作阶段。主要工作包括污染源的调查与核实、环境空气质量现状监测、气象观测资料调查与分析、地形数据收集和大气环境影响预测与评价等。

第三阶段为报告书编制阶段。主要工作包括给出大气环境影响评价结论与建议、完成环境影响评价文件的编写等。

这三个阶段是相互联系的，目的是提供一份符合环境保护要求和相关规范的报告书。其评价工作程序如图 3-1 所示。

二、评价工作等级的确定

按照大气环境影响评价导则的要求识别大气环境影响因素，并筛选出大气环境评价因子，然后确定评价标准，并说明各评价因子采用标准的依据。

选择推荐模式中的估算模式对项目的大气环境评价工作进行分级。结合项目的初步工程分析结果，选择正常排放的主要污染物及排放参数，采用估算模式计算各污染物在简单平坦地形、全气象组合情况条件下的最大影响程度和最远影响范围，然后按评价工作分级判据进行分级。

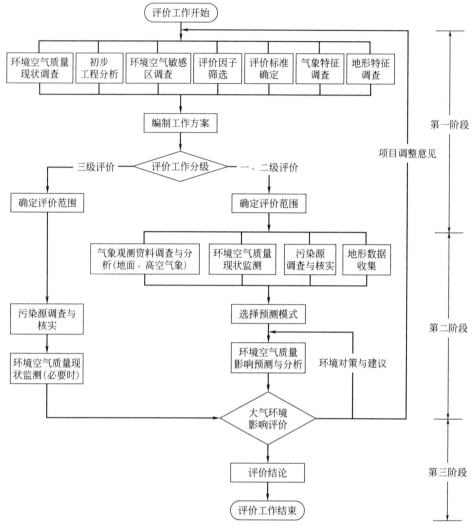

图 3-1 大气环境影响评价工作程序

根据项目的初步工程分析结果，选择 1～3 种主要污染物，分别计算每一种污染物的最大地面质量浓度占标率 P_i（第 i 个污染物），以及第 i 个污染物的地面质量浓度达标准限值 10% 时所对应的最远距离 $D_{10\%}$。其中 P_i 定义为：

$$P_i = \frac{c_i}{c_{0i}} \times 100\%$$ (3-11)

式中 P_i——第 i 个污染物的最大地面质量浓度占标率，%；

　　c_i——采用估算模式计算出的第 i 个污染物的最大落地浓度，mg/m^3；

　　c_{0i}——第 i 个污染物的环境空气质量标准，mg/m^3。

c_{0i} 一般选用 GB 3095《环境空气质量标准》中 1h 平均取样时间的二级标准的质量浓度限值；对于没有小时浓度限值的污染物，可取日平均浓度限值的三倍值；对该标准中未包含的污染物，可参照《工业企业设计卫生标准》（TJ 36—79）中的居住区大气中有害物质的最高容许浓度的一次浓度限值。如已有地方标准，应选用地方标准中的相应值。对某些上述标准中都未包含的污染物，可参照国外有关标准，但应作出说明，报环保主管部门批准后执行。

评价工作等级按表 3-8 的分级判据进行划分。最大地面浓度占标率 P_i 按式（3-11）计算，如污染物数目大于 1，取 P_i 中最大者（P_{max}）和其对应的 $D_{10\%}$。

表 3-8 评价工作等级与分级依据

评价工作等级	评价工作分级判据
一级	$P_{max} \geqslant 80\%$，且 $D_{10\%} \geqslant 5km$
二级	其他
三级	$P_{max} < 10\%$ 或 $D_{10\%} <$ 污染源距厂界最近距离

此外，评价工作等级的确定还应符合下面的规定。

① 同一项目有多个（两个以上，含两个）污染源排放同一种污染物时，则按各污染源分别确定其评价等级，并取评价级别最高者作为项目的评价等级。

② 对于高耗能行业的多源（两个以上，含两个）项目，评价等级应不低于二级。

③ 对于建成后全厂的主要污染物排放总量都有明显减少的改、扩建项目，评价等级可低于一级。

④ 如果评价范围内包含环境空气质量一类功能区，或者评价范围内主要评价因子的环境质量已接近或超过环境质量标准，或项目排放的污染物对人体健康或生态环境有严重危害的特殊项目，评价等级一般不低于二级。

⑤ 对于以城市快速路、主干路等城市道路为主的新建、扩建项目，应考虑交通线源对道路两侧的环境保护目标的影响，评价等级应不低于二级。

⑥ 对于公路、铁路等项目，应分别按项目沿线主要集中式排放源（如服务区、车站等大气污染源）排放的污染物计算其评价等级。

⑦ 一、二级评价应选择导则推荐模式清单中的进一步预测模式进行大气环境影响预测工作，三级评价可不进行大气环境影响预测工作，直接以估算模式的计算结果作为预测与分析依据。

⑧ 确定评价工作等级的同时应说明估算模式的计算参数和选项。

⑨ 可以根据项目的性质，评价范围内环境空气敏感区的分布情况，以及当地大气污染程度，对评价工作等级做适当调整，但调整幅度上下不应超过一级。调整结果应征得环保主管部门同意。

三、评价范围

评价工作等级划分和评价范围确定必须是统一的，根据估算模式计算建设项目排放大气污染物的地面浓度达到标准限值 10% 时所对应的最远距离 $D_{10\%}$，既是确定评价工作等级的判据之一，也是确定评价范围具体大小的判据之一。

根据项目排放污染物的最远影响范围确定项目的大气环境影响评价范围。即以排放源为中心点，以 $D_{10\%}$ 为半径的圆或 $2 \times D_{10\%}$ 为边长的矩形作为大气环境影响评价范围；当最远距离超过 25km 时，确定评价范围为半径 25km 的圆形区域，或边长 50km 矩形区域。评价范围的直径或边长一般不应小于 5km。对于以线源为主的城市道路等项目，评价范围可设定为线源中心两侧各 200m 的范围。

在实际评价中，还应考虑项目邻近区域是否有大中城区、自然保护区、风景名胜区等环境保护敏感区。如有评价范围应将其包括在内。

区域大气环境影响评价范围，可参照区域主要拟建污染源的 $D_{10\%}$ 涵盖范围，并应包括区域行政边界内的整个范围。如果区域行政界外有环境空气敏感区，则环评范围还应包括界外的环境敏感区。如区域评价范围的边长超过 50km，应选择合适的模式进行预测。

在大气环境影响评价的范围内，应调查所有环境空气敏感目标，在评价范围图中给予标识，并列表给出主要环境保护目标的名称、大气环境功能区划级别和与项目的相对距离、方位以及保护对象的范围和数量。

第三节　大气污染源和区域气象调查与分析

一、大气污染源调查与分析对象

1. 一、二级评价项目的大气污染源调查与分析对象

根据大气环境影响评价技术导则的要求，对于一、二级评价项目，应调查分析项目的所有污染源（对于改、扩建项目应包括新、老污染源）、评价范围内与项目排放污染物有关的其他在建项目、已批复环境影响评价文件的拟建项目等污染源。如有区域替代方案，还应调查评价范围内所有的拟替代的污染源。即包括与拟建项目投产后共同造成评价范围内环境空气质量变化的所有相关污染源。

实际工作中，鉴于环境空气质量现状监测值中，已能够反映评价范围内除评价项目外的现状污染源的贡献值，因此，对评价范围内现有已建成并正常运行的非评价项目有关的污染源，原则上可以不做调查。也有学者建议，可对拟建项目近距离范围内的污染源，尤其是排放特征污染物的现状污染源进行补充调查，以充分论述项目所在区域的环境质量现状及未来的变化。

对于技改项目或者分期实施的建设项目，如果现状监测期间有一些工艺或设备未运行、没有排放污染物的，应详细调查这些污染源的实际运行工况，在进一步预测过程中将监测期间本项目现有未排放的污染源作为新增污染源参与环境影响预测，并叠加监测背景浓度进行评价。

对各类污染源的调查结果，应充分结合图、表、文字说明等方式分类清晰地简明表述。可列表给出项目新增污染源、削减污染源、被取代污染源、相关的其他在建和拟建污染源的具体参数、位置坐标、海拔高度等。其中新增污染源分为正常排放和非正常排放两种情况。并结合报告书基本附图（如污染源点位及环境空气敏感区分布图、复杂地形示意图、污染物浓度等值线分布图等）的要求，明确各污染源的相对位置及属性（如分类、海拔、高度等），给出污染源的相对位置分布图，并同时在图上叠加评价范围、地面气象站、探空气象台站、环境空气保护目标、环境空气质量现状监测点等。

2. 三级评价项目的大气污染源调查与分析对象

根据大气环境影响评价技术导则的要求，三级评价项目可只调查分析项目本身污染源。但对排放特征污染因子的项目，应补充调查与项目有关的排放特征污染物的污染源。

对自身即为环境敏感保护目标的建设项目，如学校、医院、房地产开发等，尽管其大气环境影响评价工作等级一般为三级，但必须调查评价范围内及邻近区域的所有污染源。尤其是项目近距离范围内的废气污染源、风险源等，以及这些企业必须执行的卫生防护距离或环境防护距离、安全防护距离、爆破安全允许距离等强制性要求。分析它们对学校、医院、房地产项目等可能的制约因素，并提出相应的解决方案。

二、污染源调查与分析

对于新建项目的污染源调查，可通过类比调查、物料衡算或设计资料确定。对于新建项目且工艺较独特的，一般在设计资料、物料衡算方法确定污染源的基础上，应结合工艺原理分析、小试和中试运行记录及监测数据等，尽量采用类比调查进行复核，论证工艺的可行性。例如，某年产 1.2 万吨吡啶项目对各有机废气、废液、废水、废渣等均收集统一采用危废焚烧炉，焚烧后经排气筒排放，则应对同类工艺的技术原理、设计参数、治理措施与处理效果、污染源监测数据（如臭气浓度、氮氧化物浓度等）类比调查，论证该工艺的可行性、治理措施和净化效率的可靠性、污染源参数的可信性等。确保正常、非正常工况下的有组

织、无组织污染源达标排放。

对于评价范围内的在建和拟建项目的污染源调查，可使用已批准的环境影响报告书中的资料，但应注意复核其中不合理的污染源数据，并论证调整。

对于现有项目和改、扩建项目的现状污染源调查，可利用已有有效数据或进行实测，而对于未批先建且已生产的项目，应采用实测数据并结合设计资料、物料衡算等方法综合确定污染源参数。

对于分期实施的工程项目，可利用前期工程最近 5 年内的验收监测资料、年度例行监测资料或进行实测。

评价范围内拟替代的污染源调查方法参考项目的污染源调查方法。

三、污染源调查内容

1. 一级评价项目污染源调查内容

（1）污染源排污概况调查

在满负荷排放下，按分厂或车间逐一统计各有组织排放源和无组织排放源的主要污染物排放量；对改、扩建项目应给出现有工程排放量、扩建工程排放量，以及现有工程经改造后的污染物预测削减量，并按上述三个量计算最终排放量；对于毒性较大的污染物应估计其非正常排放量；对于周期性排放的污染源，应给出周期性排放系数，周期性排放系数取值为 0～1，一般可按季节、月份、星期、日、小时等给出周期性排放系数。

（2）点源调查内容

包括：排气筒底部中心坐标以及排气筒底部的海拔高度（m）；排气筒几何高度（m）及排气筒出口内径（m）；烟气出口速率（m/s）；排气筒出口处烟气温度（K）；各主要污染物正常排放速率（g/s），排放工况，年排放小时数（h）；毒性较大污染物的非正常排放速率（g/s），排放工况，年排放小时数（h）。列出排放源（包括正常排放和非正常排放）参数调查清单表。

（3）面源调查内容

包括：面源起始点坐标，以及面源所在位置的海拔高度（m）；面源初始排放高度（m）；各主要污染物正常排放速率 [g/(m² · s)]，排放工况，年排放小时数（h）；矩形面源的初始点坐标，面源的长度（m），面源的宽度（m），与正北方向逆时针的夹角；多边形面源的顶点数或边数以及各顶点坐标；近圆形面源的中心点坐标，近圆形半径（m），近圆形顶点数或边数。列出各类面源参数调查清单表。

（4）体源调查内容

包括体源中心点坐标以及体源所在位置的海拔高度（m）；体源高度（m）；体源排放速率（g/s），排放工况，年排放小时数（h）；体源的边长（m）（把体源划分为多个正方形的边长）；初始横向扩散参数（m），初始垂直扩散参数（m）。列出体源调查清单表。

（5）线源调查内容

包括线源几何尺寸（分段坐标），线源距地面高度（m），道路宽度（m），街道街谷高度（m）；各种车型的污染物排放速率 [g/(km · s)]；平均车速（km/h），各时段车流量（辆/h），车型比例。最后列出线源参数调查清单表。

（6）其他需调查的内容

① 建筑物下洗参数：在考虑由于周围建筑物引起的空气扰动而导致地面局部高浓度现象时，需调查建筑物下洗参数。建筑物下洗参数应根据所选预测模式的需要，按相应要求内容进行调查。

② 颗粒物的粒径分布：颗粒物粒径分级（最多不超过 20 级）、颗粒物的分级粒径（μm）、各级颗粒物的质量密度（g/cm³）以及各级颗粒物所占的质量比（0～1）。最后列出

颗粒物粒径分布调查清单表。

2. 二级评价项目污染源调查内容

二级评价项目污染源调查内容参照一级评价项目执行，可适当从简。

3. 三级评价项目污染源调查内容

三级评价项目可只调查污染源排污概况，并对估算模式中的污染源参数进行核实。

应当指出的是，在具体项目的环评中，评价工作等级的确定、污染源强的确定、厂界浓度达标分析、大气环境防护距离的确定以及非正常工况环境影响分析等工作是全面和动态调整的一个过程。如果仅调查项目排污概况（污染物排放量、"三本账"、毒性较大的非正常工况、周期性排放系数等）和采用估算模式中的污染源参数，可能会造成主要污染源及特征污染物的遗漏，不利于全面、客观评价项目的大气环境影响特点。因此，对三级评价项目一般也应参照一、二级评价项目污染源调查的内容，对点源、线源、面源、体源等的各详细参数一并调查并列表给出，以利于污染源的核实及相关评价工作的开展。

四、气象观测资料调查与分析

1. 气象观测资料调查的基本原则

气象观测资料的调查要求与项目的评价等级有关，还与评价范围内地形复杂程度、水平流场是否均匀一致、污染物排放是否连续稳定有关。常规气象观测资料包括常规地面气象观测资料和常规高空气象探测资料。对于各级评价项目，均应调查评价范围内 20 年以上的主要气候统计资料。包括年平均风速和风向玫瑰图、最大风速与月平均风速、年平均气温、极端气温与月平均气温、年平均相对湿度、年均降水量、降水量极值、日照等。

2. 气象观测资料调查的要求

（1）一级评价的气象观测资料要求

当评价范围小于 50km 时，须调查地面气象观测资料，并按选取的模式要求和地形条件，补充调查必需的常规高空气象探测资料；当评价范围大于 50km 时，须调查地面气象观测资料和常规高空气象探测资料。

对地面气象观测资料，要调查距离项目最近的地面气象观测站近 5 年内至少连续 3 年的常规地面气象观测资料。如果地面气象观测站与项目的距离超过 50km，并且地面站与评价范围的地理特征不一致，还需按导则要求对地面气象观测进行补充。

对常规高空气象探测资料，要调查距离项目最近的高空气象探测站近 5 年内的至少连续 3 年的常规高空气象探测资料。如果高空气象探测站与项目的距离超过 50km，高空气象资料可采用中尺度气象模式模拟的 50km 内的格点气象资料。

（2）二级评价项目的气象观测资料要求

其气象观测资料调查基本要求同一级评价项目。

对地面气象观测资料和常规高空气象探测资料，要分别调查距离项目最近的地面气象观测站和常规高空气象探测站近 3 年内至少连续 1 年的资料。其他要求同一级。

3. 气象观测资料调查内容

（1）地面气象观测资料

常规调查项目：时间（年、月、日、时），风向（以角度或按 16 个方位表示），风速，干球温度，低云量，总云量。可选择调查的项目：湿球温度，露点温度，相对湿度，降水量，降水类型，海平面气压，观测站地面气压，云底高度，水平能见度。

（2）常规高空气象探测资料

调查项目：时间（年、月、日、时），探空数据层数，每层的气压，高度，气温，风速，风向，（以角度或按 16 个方位表示）。

4. 常规气象资料的分析

温度：统计长期地面气象资料中每月平均温度的变化情况，并绘制年平均温度月变化曲线图。

温廓线：对于一级评价项目，需酌情对污染较严重时的高空气象探测资料作温廓线的分析，分析逆温层出现的频率、平均高度范围和强度。

风速：统计多年的月平均风速随月份的变化和季小时平均风速的日变化。即根据长期气象资料统计多年每月平均风速、各季每小时的平均风速日变化情况，并绘制相应变化曲线。

风廓线：对于一级评价项目，需酌情对污染较严重时的高空气象探测资料作风廓线的分析，分析不同时间段大气边界层内的风速变化规律。

风频：按照16个风向方位和1个静风方位统计所收集的长期地面气象资料中，每月、各季及长期平均各风向风频变化情况。

风向玫瑰图：统计长期地面气象资料中各风向出现的频率，静风频率单独统计。在极坐标中按各风向标出其频率的大小，绘制各季及年平均风向玫瑰图。

主导风向：指风频最大的风向角范围。风向角范围一般在连续45°左右，对于以16方位角表示的风向，主导风向一般是指连续2~3个风向角的范围。主导风向应有明显优势，其主导风向角风频之和应≥30%，否则可称该区域没有主导风向或主导风向不明显。在没有主导风向的地区，应考虑项目对全方位的环境空气敏感区的影响。

第四节　环境空气质量现状调查与评价

一、环境空气质量现状调查与分析

环境空气质量现状调查的目的在于收集评价范围内的环境现状数据，并分析数据的有效性。通过对数据资料的分析，了解评价区域内环境空气质量现状水平及变化趋势。

① 现状调查资料来源：a. 评价范围内及邻近评价范围的各例行空气质量监测点的近3年与项目有关的监测资料；b. 收集近3年与项目有关的历史监测资料；c. 现场监测资料。

② 监测资料有效性规定：凡涉及GB 3095中污染物的各类监测资料的统计内容与要求，均应满足该标准中各项污染物数据统计的有效性规定。凡涉及GB 3095中各项污染物的分析方法应符合GB 3095对分析方法的规定。对GB 3095中没有涉及的污染指标，应首先选用国家环保主管部门发布的标准监测方法。对尚未制定环境标准的非常规大气污染物，应尽可能参考ISO等国际组织和国内外相应的监测方法，在环评文件中详细列出监测方法、适用性及其引用依据，并报请环保主管部门批准。对选择的监测方法，应满足项目的监测目的，并注意其适用范围、检出限、有效检测范围等监测要求。

③ 对监测资料的分析：对照各污染物有关的环境质量标准，分析其长期质量浓度（年平均质量浓度、季平均质量浓度、月平均质量浓度）、短期质量浓度（日平均质量浓度、小时平均质量浓度）的达标情况。若监测结果出现超标，应分析其超标率、最大超标倍数以及超标原因。此外，还应分析评价范围内的污染水平和变化趋势。

④ 如无法取得必要的监测资料，一次、日、月、季、年浓度平均值可按照1、0.33、0.20、0.14、0.12的比例关系换算。即如果知道一次取样浓度为1.0mg/m³，则日、月、季、年的浓度平均值可分别取值为0.33mg/m³、0.20mg/m³、0.14mg/m³、0.12mg/m³。

二、环境空气质量现状监测

1. 监测因子

凡项目排放的污染物属于常规污染物的应筛选为监测因子。凡项目排放的特征污染物有国家或地方环境质量标准的，或者有TJ 36—79《工业企业设计卫生标准》中的居住区大气中有害物质的最高容许浓度的，应筛选为监测因子；对于没有相应环境质量标准的污染物，且属于毒性较大的，应选取有代表性的污染物作为监测因子，同时应给出参考标准值和出处。

2. 监测制度

一级评价应进行 2 期（冬季、夏季）监测；二级评价项目可取 1 期不利季节进行监测，必要时作 2 期监测；三级评价项目必要时可作 1 期监测。每期监测时间，至少应取得有季节代表性的 7d 有效数据，采样时间应符合监测资料统计要求。对于评价范围内没有排放同种特征污染物的项目，可减少监测天数。

监测时间和监测手段应能同时满足环境空气质量现状调查、污染源资料验证及预测模式需要。监测时应使用空气自动监测设备，在不具备自动连续监测条件时，1h 质量浓度监测值应遵循如下原则：一级评价项目每天应至少获取当地时间 02、05、08、11、14、17、20、23 时 8 个小时质量浓度值，二级和三级评价项目每天至少获取当地时间 02、08、14、20 时 4 个小时质量浓度值。日平均质量浓度监测值应符合 GB 3095 对数据的有效性规定。对于部分无法进行连续监测的特殊污染物，可监测其一次质量浓度值，监测时间须满足所用评价标准值的取值时间要求。

3. 监测布点

依项目评价等级和污染源布局的不同，按照表 3-9 进行监测布点。

环境空气质量监测点位置的周边环境应符合相关环境监测技术规范的规定。监测点周围空间应开阔，采样口水平线与周围建筑物的高度夹角小于 30°；监测点周围应有 270°采样捕集空间，空气流动不受任何影响；避开局地污染源的影响，原则上 20m 范围内应没有局地排放源；避开树木和吸附力较强的建筑物，一般在 15～20m 范围内没有绿色乔木、灌木等。

4. 监测结果统计分析

以列表的方式给出各监测点大气污染物的不同取值时间的质量浓度变化范围，计算并列表给出各取值时间最大质量浓度值占相应标准质量浓度限值的百分比和超标率，并评价达标情况。分析大气污染物质量浓度的日变化规律以及大气污染物质量浓度与地面风向、风速等气象因素及污染源排放的关系。分析重污染时间分布情况及其影响因素。

表 3-9　现状监测布点原则

评价等级	一级评价	二级评价	三级评价
监测点数	≥10	≥6	2～4
布点方法	极坐标布点法	极坐标布点法	极坐标布点法
布点方位	在约 0°、45°、90°、135°、180°、225°、270°、315°等方向布点并在下风向加密，也可根据局地地形条件、风频分布特征以及环境功能区、环境空气保护目标所在方位做适当调整	至少在约 0°、90°、180°、270°等方向布点，并在下风向加密，也可根据地形条件、风频分布特征以及环境功能区、环境空气保护目标所在方位做适当调整	至少在约 0°、180°等方向布点，并在下风向加密，也可根据局地地形条件、风频分布特征以及环境功能区、环境空气保护目标所在方位做适当调整
布点要求	各个监测点要有代表性，环境监测值能反映各环境敏感区域、各环境功能区的环境质量，以及预计受项目影响的高浓度区的环境质量		
公路铁路	分别在各主要集中式排放源(如服务区、车站等大气污染源)评价范围内选择有代表性的环境空气保护目标设置监测点位		
城市道路	根据道路布局和车流量状况，并结合环境空气保护目标分布情况，选择有代表性的环境空气保护目标设置监测点位		

三、环境空气质量现状评价

1. 评价目的

结合前述的污染源调查、环境空气质量调查，通过分析比较，确定主要污染物和主要污染源以及区域环境空气质量的现状和变化趋势，为污染治理和区域治理规划提供依据。

2. 评价方法

(1) 污染源评价

① 等标污染负荷法 污染物的等标污染负荷：

$$P_i = Q_i / c_{0i} \times 10^9 \qquad (3\text{-}12)$$

式中 P_i——第 i 种污染物的等标污染负荷，m^3/h；

Q_i——第 i 种污染物的单位时间排放量，t/h；

c_{0i}——第 i 种污染物的环境空气质量浓度标准，mg/m^3。

则根据式（3-12），某污染源的等标污染负荷（PG）等于该污染源所排放的 n 种污染物等标污染负荷之和：

$$PG = \sum_{i=1}^{n} P_i \qquad (3\text{-}13)$$

若评价区域有 m 个污染源，则地区的总等标污染负荷为：

$$PT = \sum_{j=1}^{m} PG_j \qquad (3\text{-}14)$$

对第 j 污染源而言，其第 i 种污染物的等标污染负荷比为：

$$K_{ij} = P_i / PG_j \qquad (3\text{-}15)$$

第 j 污染源占地区的总等标污染负荷比为：

$$K_j = PG_j / PT \qquad (3\text{-}16)$$

第 i 污染物占地区的总等标污染负荷比为：

$$K_i = P_i / PT \qquad (3\text{-}17)$$

根据上述计算，将调查区域内污染物等标污染负荷比由大到小排列，然后计算累积污染负荷比，累积等标污染负荷比等于 80% 左右所包含的污染物被确定为该区域的主要污染物。按调查区域内污染源等标污染负荷比由大到小排列，其累积污染负荷比等于 80% 左右所包含的污染源被确定为该区域的主要污染源。

② 环境空气污染源特征指数法 污染源特征指数法计算公式为

$$AP_i = \frac{Q_i}{c_{0i} H^2} \times 10^9 \qquad (3\text{-}18)$$

式中 AP_i——第 i 种污染物的污染源特征指数，m/h；

H——排气筒高度，m；

其余符号同式（3-12）。

该指数考虑了排气筒高度，比等标污染负荷能更好地反映污染源对地面浓度的贡献。

(2) 环境空气质量评价方法

① 单因子指数法 单因子指数法是目前进行环境空气质量现状评价的主要方法，其计算公式为：

$$I_i = \frac{c_i}{c_{0i}} \qquad (3\text{-}19)$$

式中 I_i——i 因子的评价指数，无量纲；

c_i——i 因子的实测浓度，mg/m^3；

其余符号同前。

可见，当 $I_i > 1$ 时，表明第 i 种污染物的实测浓度已大于评价标准，说明环境空气已受到明显的污染影响。

② 我国城市环境空气质量污染指数法（API） 我国城市空气质量公报是根据国家环保部提出的空气污染指数 API（Air Pollution Index）评价标准进行的。按我国《城市空气质

量日报技术规定》，重点确定了 SO_2、NO_2、PM_{10} 三个评价因子，有监测条件的城市还参考其他污染指标作为评价因子。

API的计算选取评价因子的日均浓度或小时浓度均值作为计算参数，i 评价因子的评价指数按下述线性插值公式计算：

$$API_i = \frac{c_i - c_{i,j}}{c_{i,j+1} - c_{i,j}}(API_{i,j+1} - API_{i,j}) + API_{i,j} \qquad (3-20)$$

式中　API_i——i 因子的污染分指数，无量纲；

　　　　$c_{i,j}$——i 因子第 j 转折点的浓度限值，mg/m^3；

　　$API_{i,j}$——i 因子第 j 转折点的污染分指数，无量纲；

　　其余符号同式（3-19）。

API的计算结果只保留整数。上式中的 $c_{i,j}$ 和 $API_{i,j}$ 可根据表 3-10 确定。

计算出 n 个污染物的污染分指数后，取其中最大者为该区域的空气污染指数API，该污染物即为区域空气中的首要污染物。

$$API = \max(API_1, API_2, \cdots, API_n) \qquad (3-21)$$

根据 API 的计算结果，对照表 3-11 可判别相应的环境空气质量级别。

表 3-10　API 指数对应的污染物浓度限值

$API_{i,j}$	污染物浓度/(mg/m^3)							
	SO_2（日均值）	NO_2（日均值）	PM_{10}（日均值）	TSP（日均值）	SO_2（小时均值）	NO_2（小时均值）	CO（小时均值）	O_3（小时均值）
50	0.050	0.080	0.050	0.120	0.25	0.12	5	0.120
100	0.150	0.120	0.150	0.300	0.50	0.24	10	0.200
200	0.800	0.280	0.350	0.500	1.60	1.13	60	0.400
300	1.600	0.565	0.420	0.625	2.40	2.26	90	0.800
400	2.100	0.750	0.500	0.875	3.20	3.00	120	1.000
500	2.620	0.940	0.600	1.000	4.00	3.75	150	1.200

表 3-11　API 及其对应的环境空气质量级别

API	空气质量级别	空气质量表述	对应空气质量功能的范围
0～50	I	优	自然保护区、风景名胜区和其他需要特殊保护的地区
51～100	II	良	居住区、商业交通居民混合区、文化区、一般工业区和农村地区
101～200	III	轻度污染	特定工业区
201～300	IV	中度污染	
>300	V	重度污染	

③ 空气质量指数 AQI（Air Quality Index），报告空气质量的参数，主要包括五个参数：O_3、PM_{10}、$PM_{2.5}$、SO_2、NO_2，针对单项污染物还规定了空气质量分指数（Individual Air Quality Index，IAQI），具体浓度限值和相关信息见表 3-12 和表 3-13。

污染物项目 P 的空气质量分指数按下式计算：

$$IAQI_P = \frac{IAQI_{Hi} - IAQI_{Lo}}{BP_{Hi} - BP_{Lo}}(c_P - BP_{Lo}) + IAQI_{Lo}$$

式中　$IAQI_P$——污染物项目 P 的空气质量分指数；

　　　　c_P——污染物项目 P 的质量浓度值；

　　　BP_{Hi}——表 3-12 中与 c_P 相近的污染物浓度限值的高位值；

　　　BP_{Lo}——表 3-12 中与 c_P 相近的污染物浓度限值的低位值；

　　$IAQI_{Hi}$——表 3-12 中与 BP_{Hi} 对应的空气质量分指数；

　　$IAQI_{Lo}$——表 3-12 中与 BP_{Lo} 对应的空气质量分指数。

表 3-12 空气质量分指数及对应的污染物项目浓度限值

空气质量分指数（IAQI）	污染物项目浓度限值									
	二氧化硫（SO_2）24h平均 /($\mu g/m^3$)	二氧化硫（SO_2）1h平均 /($\mu g/m^3$)①	二氧化氮（NO_2）24h平均 /($\mu g/m^3$)	二氧化氮（NO_2）1h平均 /($\mu g/m^3$)①	颗粒物（粒径小于等于$10\mu m$）24h平均 /($\mu g/m^3$)	一氧化碳（CO）24h平均 /(mg/m^3)	一氧化碳（CO）1h平均 /(mg/m^3)①	臭氧（O_3）1h平均 /($\mu g/m^3$)	臭氧（O_3）8h滑动平均 /($\mu g/m^3$)	颗粒物（粒径小于等于$2.5\mu m$）24h平均 /($\mu g/m^3$)
0	0	0	0	0	0	0	0	0	0	0
50	50	150	40	100	50	2	5	160	100	35
100	150	500	80	200	150	4	10	200	160	75
150	475	650	180	700	250	14	35	300	215	115
200	800	800	280	1200	350	24	60	400	265	150
300	1600	②	565	2340	420	36	90	800	800	250
400	2100	②	750	3090	500	48	120	1000	③	350
500	2620	②	940	3840	600	60	150	1200	③	500

① 二氧化硫（SO_2）、二氧化氮（NO_2）和一氧化碳（CO）的1h平均浓度限值仅用于实时报，在日报中需使用相应污染物的24h平均浓度限值。

② 二氧化硫（SO_2）1h平均浓度值高于$800\mu g/m^3$的，不再进行其空气质量分指数计算，二氧化硫（SO_2）空气质量分指数按24h平均浓度计算的分指数报告。

③ 臭氧（O_3）8h平均浓度值高于$800\mu g/m^3$的，不再进行其空气质量分指数计算，臭氧（O_3）空气质量分指数按1h平均浓度计算的分指数报告。

表 3-13 空气质量指数及相关信息

空气质量指数	空气质量指数级别	空气质量指数类别及表示颜色		对健康影响情况	建议采取的措施
0～50	一级	优	绿色	空气质量令人满意，基本无空气污染	各类人群可正常活动
51～100	二级	良	黄色	空气质量可接受，但某些污染物可能对极少数异常敏感人群健康有较弱影响	极少数异常敏感人群应减少户外活动
101～150	三级	轻度污染	橙色	易感人群症状有轻度加剧，健康人群出现刺激症状	儿童、老年人及心脏病、呼吸系统疾病患者应减少长时间、高强度的户外锻炼
151～200	四级	中度污染	红色	进一步加剧易感人群症状，可能对健康人群心脏、呼吸系统有影响	儿童、老年人及心脏病、呼吸系统疾病患者避免长时间、高强度的户外锻炼，一般人群适量减少户外运动
201～300	五级	重度污染	紫色	心脏病和肺病患者症状显著加剧，运动耐受力降低，健康人群普遍出现症状	儿童、老年人和心脏病、肺病患者应停留在室内，停止户外运动，一般人群减少户外运动
>300	六级	严重污染	褐红色	健康人群运动耐受力降低，有明显强烈症状，提前出现某些疾病	儿童、老年人和病人应当留在室内，避免体力消耗，一般人群应避免户外活动

第五节　大气环境影响预测与评价

大气环境影响预测用于判断项目建成后对评价范围大气环境质量影响的程度和范围。常用的预测方法是通过建立数学模型来模拟各种气象条件、地形条件下的污染物在大气中输送、扩散、转化和清除等物理、化学机制。

一、预测的总体步骤

大气环境影响预测的步骤一般为：确定预测因子；确定预测范围；确定计算点；确定污染源计算清单；确定气象条件；确定地形数据；确定预测内容和设定预测情景；选择预测模式；确定模式中的相关参数；进行大气环境影响预测与评价。

二、预测因子与预测范围

预测因子应根据评价因子确定，选取有环境空气质量标准的评价因子作为预测因子。

预测范围应覆盖评价范围，同时还应考虑污染源的排放高度、评价范围的主导风向、地形和周围环境空气敏感区的位置等，并进行适当调整。计算污染源对评价范围的影响时，一般取东西向为 X 坐标轴、南北向为 Y 坐标轴，项目位于预测范围的中心区域。

三、计算点

计算点包括环境空气敏感区、预测范围内的网格点以及区域最大地面浓度点。

预测网格点的设置应具有足够的分辨率以尽可能精确预测污染源对评价范围的最大影响，预测网格应覆盖整个评价范围。区域最大地面浓度点的预测网格设置，应依据计算出的网格点质量浓度分布而定，在高浓度分布区，计算点间距应不大于 50m。对于临近污染源的高层住宅楼，应适当考虑不同高度上的预测受体。

预测网格点设置方法见表 3-14。

表 3-14 预测网格点设置方法

预测网格方法		直角坐标网格	极坐标网格
布点原则		网格等间距或近密远疏法	径向等间距或距源中心近密远疏法
预测网格点网格距	距离源中心≤1000m	50～100m	50～100m
	距离源中心>1000m	100～500m	100～500m

四、气象条件和地形数据

计算小时平均（日平均）浓度需要采用长期气象条件，进行逐时或逐次计算（逐日平均计算）。选择污染最严重的（针对所有计算点）小时（日）气象条件和对各大气环境保护目标影响最大的若干个小时（日）气象条件作为典型小时（日）气象条件。

在非平坦的评价范围内，地形的起伏对污染物的传输、扩散会有一定的影响。对于复杂地形下的污染物扩散模拟需要输入地形数据。对地形数据的来源需要予以说明，地形数据的精度应结合评价范围及预测网格点的设置进行合理选择。

五、预测内容、预测情景及大气环境防护距离

1. 确定预测内容

① 一级评价项目预测内容一般包括以下几条。

a. 全年逐时或逐次小时气象条件下，环境空气保护目标、网格点处的地面浓度和评价范围内的最大地面小时浓度；

b. 全年逐日气象条件下，环境空气保护目标、网格点处的地面浓度和评价范围内的最大地面日平均浓度；

c. 长期气象条件下，环境空气保护目标、网格点处的地面浓度和评价范围内的最大地面年平均浓度；

d. 非正常排放情况，全年逐时或逐次小时气象条件下，环境空气保护目标的最大地面小时浓度和评价范围内的最大地面小时浓度；

e. 对于施工期超过一年、并且施工期排放的污染物影响较大的项目，还应预测施工期间的大气环境质量。

② 二级评价项目预测内容为①中的 a、b、c、d 项内容。

③ 三级评价项目可不进行上述预测。

2. 设定预测情景

一般考虑五个方面的内容：污染源类别、排放方案、预测因子、气象条件、计算点。常规预测的情景组合见表 3-15。

表 3-15　常规预测的情景组合

污染源类别	排放方案	预测因子	计算点	常规预测内容
新增污染源（正常排放）	现有方案/推荐方案	所有预测因子	环境空气保护目标、网格点、区域最大地面浓度点	小时浓度 日均浓度 年均浓度
新增污染源（非正常排放）	现有方案/推荐方案	主要预测因子	环境空气保护目标 区域最大地面浓度点	小时浓度
削减污染源（若有）	现有方案/推荐方案	主要预测因子	环境空气保护目标	日均浓度 年均浓度
被取代污染源（若有）	现有方案/推荐方案	主要预测因子	环境空气保护目标	日均浓度 年均浓度
其他在建、拟建项目相关污染源（若有）		主要预测因子	环境空气保护目标	日均浓度 年均浓度

3. 大气环境防护距离

对于无组织排放源需要设置大气环境防护距离。通过推荐模式计算出的距离是以污染源中心点为起点的控制距离，并结合厂区平面布置图确定控制距离范围，超出厂界以外的范围，即为大气环境防护区域。

当无组织源排放多种污染物时，应分别计算，并按计算结果的最大值确定其大气环境防护距离。对于属于同一生产单元（生产区、车间或工段）的无组织排放源，应合并为单一面源计算并确定其大气环境防护距离。

有场界排放浓度标准的，大气环境影响预测结果应首先满足场界排放标准。如预测结果在场界监控点处（以标准规定为准）出现超标，应要求削减排放源强。计算大气环境防护距离的污染物排放源强应采用削减达标后的源强。

在大气环境防护距离内不应有长期居住的人群。若大气环境防护区域内存在长期居住的人群，应给出相应的搬迁建议或优化调整项目布局的建议。

六、预测模式

《环境影响评价技术导则　大气环境》（HJ2.2—2008）（简称"2008 导则"）推荐了估算模式和进一步预测模式。估算模式（SCREEN3）以及相关的进一步预测模式的源代码、执行文件等可到环保部环境工程评估中心环境质量模拟重点实验室网站（http://www.lem.org.cn/）下载。

为对大气环境预测计算有更直观的了解，本节也介绍了"93 导则"中推荐的高斯模式。

1. 估算模式

估算模式是一种单源预测模式，可计算点源、面源和体源等污染源的最大地面浓度，以及建筑物下洗和熏烟等特殊条件下的最大地面浓度。估算模式中嵌入了多种预设的气象组合条件，包括一些最不利的气象条件，此类气象条件在某个地区有可能发生，也有可能不发生。经估算模式计算出的最大地面浓度大于进一步预测模式的计算结果。对于小于 1 小时的短期非正常排放，可采用估算模式进行预测。估算模式适用于评价等级及评价范围的确定。

采用估算模式计算结果见表 3-16。

表 3-16 估算模式计算结果表（污染物 i）

距源中心下风向距离 D/m	污染源 1		污染源 2		污染源 3
	下风向预测浓度 c_{i1}/(mg/m³)	浓度占标率 P_{i1}/%	下风向预测浓度 c_{i2}/(mg/m³)	浓度占标率 P_{i2}/%	…
50					
75					
100					
…					
25000					
下风向最大浓度					
占标率 10% 距源最远距离 $D_{10\%}$/m					

2. 进一步预测模式

（1）AERMOD 模式系统

AERMOD 是一个稳态烟羽扩散模式，可基于大气边界层数据特征模拟点源、面源、体源等排放出的污染物在短期（小时平均、日均）、长期（年均）的浓度分布，适用于农村或城市地区、简单或复杂地形。AERMOD 考虑了建筑物尾流的影响，即烟羽下洗。模式使用每小时连续预处理气象数据模拟大于等于 1h 平均时间的浓度分布。AERMOD 包括两个预处理模式，即 AERMET 气象预处理和 AERMAP 地形预处理模式。AERMOD 适用于评价范围小于等于 50km 的一/二级评价项目。AERMOD 具有下述特点。

a. 以行星边界层湍流结构及理论为基础，按空气湍流结构和尺度概念，湍流扩散由参数化方程给出，稳定度用连续参数表示；

b. 中等浮力通量对流条件采用非正态的概率分布函数模式；

c. 考虑了对流条件下浮力烟羽和混合层顶的相互作用；

d. 对简单/复杂地形进行一体化处理，可处理地面/高架源、平坦/复杂地形和城市边界层；

e. 包括了处理夜间城市边界层的算法。

（2）ADMS 模式系统

ADMS 可模拟点源、面源、线源和体源等排放出的污染物在短期（小时平均、日均）、长期（年均）的浓度分布，还包括一个街道窄谷模型，适用于农村或城市地区、简单或复杂地形。模式考虑了建筑物下洗、湿沉降、重力沉降和干沉降以及化学反应等过程。化学反应模块包括计算一氧化氮、二氧化氮和臭氧等之间的反应。ADMS 有气象预处理程序，可以用地面的常规观测资料、地表状况以及太阳辐射等参数模拟基本气象参数的廓线值。在简单地形条件下，使用该模型模拟计算时，可以不调查探空观测资料。

ADMS-EIA 版适用于评价范围小于等于 50km 的一/二级评价项目。

（3）CALPUFF 模式系统

CALPUFF 是一个烟团扩散模型系统，可模拟三维流场随时间和空间发生变化时污染物的输送、转化和清除过程。CALPUFF 适用于从 50km 到几百公里范围内的模拟尺度。包括了近距离模拟的计算功能，如建筑物下洗、烟羽抬升、排气筒雨帽效应、部分烟羽穿透、次层网格尺度的地形和海陆相互影响等；还包括长距离模拟的计算功能，如污染物的干、湿沉降、化学转化、垂直风切变效应、跨越水面的传输、熏烟效应以及颗粒物浓度对能见度的影响等。适合于特殊情况，如稳定状态下的持续静风、风向逆变、在传输和扩散过程中气象场时空变化情况下的模拟。

　　CALPUFF 适用于评价范围大于 50km 的一级评价项目，以及复杂风场条件下的一/二级评价项目，也适用于区域和规划环境影响评价。

　　3. 大气环境防护距离计算模式

　　大气环境防护距离计算模式是基于估算模式开发的，此模式主要用于确定无组织排放源的大气环境防护距离。主要输入参数包括面源有效高度、面源宽度、面源长度、污染物排放速率和小时评价标准，计算结果有直接给出大气环境防护距离、不需设置大气环境防护距离和源强可能超标削减后重新计算三种。例如，面源有效长、宽、高分别为 15m、100m、100m，小时评价标准为 $0.5mg/m^3$，源强为 10g/s 时，采用大气防护距离计算模式计算，计算结果为大气环境防护距离 1100m，详见图 3-2（a）；源强为 75g/s 时，计算结果为核实或采取削减源强［图 3-2（b）］，源强为 1g/s 时，计算结果为无超标点，即无须设置大气环境防护距离［图 3-2（c）］。

　　大气环境防护距离计算模式的执行文件及使用说明可到环保部环境工程评估中心环境质量模拟重点实验室网站（http://www.lem.org.cn/）下载。

　　4. 卫生防护距离计算模式

　　无组织排放的有害物质浓度超过排放限值（环保措施无法达到），无组织排放源所在的生产单元（生产区、车间或工段）与居民区之间应按下式计算设置卫生防护距离。

$$Q_c/c_m = \frac{1}{A}(BL^C + 0.25R^2)^{0.5}L^D \tag{3-22}$$

式中　　Q_c——有害气体无组织排放量可以达到的控制水平，kg/h；

　　　　c_m——标准浓度限值，mg/m^3；

　　　　L——所需卫生防护距离，m；

　　　　R——有害气体无组织排放源所在生产单元的等效半径，m，根据该生产单元占地面积（m^2）计算 $r=(S/\pi)^{0.5}$；

$A，B，C，D$——卫生防护距离计算系数（无量纲），依据表 3-17 中选取。

　　Q_c 取同类企业中生产工艺流程合理、生产管理与设备维护处于先进水平的工业企业，在正常运行时的无组织排放量。当按式计算的 L 值在两级之间时，取偏宽的一级。

　　工业企业大气污染源构成分为如下三类。

　　Ⅰ类：与无组织排放源共存的排放同种有害气体的排气筒的排放量，大于标准规定的允许排放量的 1/3 者；

　　Ⅱ类：与无组织排放源共存的排放同种有害气体的排气筒的排放量，小于标准规定的允许排放量的 1/3，或者无排放同种大气污染物之排气筒共存，但无组织排放的有害物质的容许浓度是按急性反应指标确定者；

　　Ⅲ类：无排放同种有害气体的排气筒与无组织排放源共存，且无组织排放的有害物质的容许浓度是按慢性反应指标确定者。

　　根据 GB/T 3840—91《制定地方大气污染物排放标准的技术方法》的规定（卫生防护距离在 100m 以内，级差为 50m；超过 100m 但小于 1000m 时，级差为 100m；超过 1000m 以上时，级差为 200m），将卫生防护距离的计算结果取整。

　　5. 基于高斯模型的大气污染预测模式

　　（1）有风（$u_{10} \geq 1.5m/s$）点源扩散模式

　　对于连续均匀排放的点源，源强为 Q，离地面的有效排放高度为 H_e，假定平均风速 u 沿 x 轴方向，在 y、z 方向上浓度 c 成正态分布，则稳态高架连续点源空间浓度为：

$$c(x,y,z) = \frac{Q}{2\pi u\sigma_y\sigma_z}\exp\left(-\frac{y^2}{2\sigma_y^2}\right)\left\{\exp\left[-\frac{(H_e+z)^2}{2\sigma_z^2}\right] + \exp\left[-\frac{(H_e-z)^2}{2\sigma_z^2}\right]\right\} \tag{3-23}$$

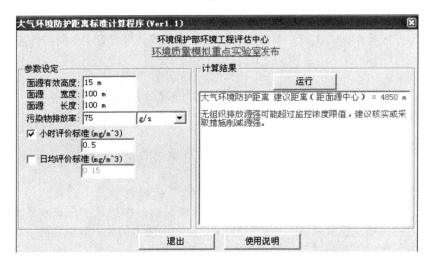

(a) 源强为10g/s时大气防护距离计算模式计算结果

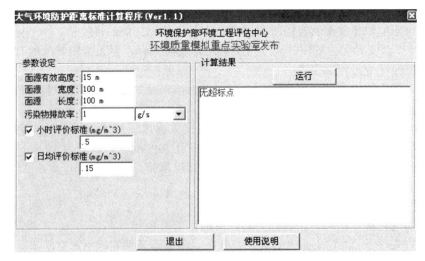

(b) 源强为75g/s时大气防护距离计算模式计算结果

(c) 源强为1g/s时大气防护距离计算模式计算结果

图 3-2　大气环境防护距离计算模式计算结果截屏图

表 3-17　卫生防护距离计算系数

计算系数	工业企业所在地区近五年平均风速/(m/s)	卫生防护距离 L/m								
		$L \leqslant 1000$			$1000 < L \leqslant 2000$			$L > 2000$		
		工业企业大气污染源构成类别								
		Ⅰ	Ⅱ	Ⅲ	Ⅰ	Ⅱ	Ⅲ	Ⅰ	Ⅱ	Ⅲ
A	<2	400	400	400	400	400	400	80	80	80
	2~4	700	470	350	700	470	350	380	250	190
	>4	530	350	260	530	350	260	290	190	140
B	<2	0.01			0.015			0.015		
	>2	0.021			0.036			0.036		
C	<2	1.85			1.79			1.79		
	>2	1.85			1.77			1.77		
D	<2	0.78			0.78			0.57		
	>2	0.84			0.84			0.76		

式中　$c_{(x,y,z)}$——下风向（x，y，z）处的污染物浓度，mg/m³；

Q——污染源强，mg/s；

H_e——排气筒有效高度，$H_e = H + \Delta H$，m；

H——烟囱几何高度，m；

ΔH——烟气抬升高度，m；

u——排气筒出口处平均风速，m/s；

y——计算点与通过排气筒的平均风向轴线在水平面上的垂直距离，m；

z——计算点距地面高度，m；

x——计算点在下风向距离，m；

σ_y，σ_z——横向和纵向浓度分布的标准差，即扩散参数，m。

考虑混合层的高架点源地面浓度为

$$c(x,y,o) = \frac{Q}{2\pi u \sigma_y \sigma_z} \exp\left(-\frac{y^2}{2\sigma_y^2}\right) F \tag{3-24}$$

式中　$F = \sum_{n=-k}^{+k} \left\{ \exp\left[-\frac{(2nh - H_e)^2}{2\sigma_z^2}\right] + \exp\left[-\frac{(2nh + H_e)^2}{2\sigma_z^2}\right] \right\}$

h——混合层厚度，m；

n——反射次数。

根据式（3-23）可推导出，高架连续点源地面轴线下风向地面最大浓度及其出现距离为：

$$c_{\max} = \frac{2Q}{\pi e u H_e^2 p_1} \tag{3-25}$$

$$x_m = \left[\frac{H_e}{\gamma_2}\right]^{1/\alpha_2} \left[1 + \frac{\alpha_1}{\alpha_2}\right]^{-1/2\alpha_2} \tag{3-26}$$

$$p_1 = \frac{2\gamma_1 \gamma_2^{-\alpha_1/\alpha_2}}{(1 + \alpha_1/\alpha_2)^{\frac{1}{2}(1 + \alpha_1/\alpha_2)} H_e^{(1 - \alpha_1/\alpha_2)} e^{\frac{1}{2}(1 - \alpha_1/\alpha_2)}} \tag{3-27}$$

式中　α_1，γ_1，α_2，γ_2——有风横向和垂向扩散参数的回归系数（$\sigma_y = \gamma_1 x^{\alpha_1}$，$\sigma_z = \gamma_2 x^{\alpha_2}$）。

（2）小风（1.5m/s＞u_{10}≥0.5m/s）和静风（u_{10}＜0.5m/s）点源扩散模式

静风污染具有各向同性和近距离污染特点。而小风污染具有风向多变和近距离污染的特点，因此必须考虑在顺风方向的扩散。以排气筒地面位置为原点，平均风向为 x 轴，地面

任一点 (x, y) 小于 24h 取样时间的浓度 c_L（mg/m^3）按下式计算：

$$c_L(x,y,0) = \frac{2Q}{(2\pi)^{3/2}\gamma_{02}\eta^2}G \tag{3-28}$$

$$\eta^2 = \left(x^2 + y^2 + \frac{\gamma_{01}^2}{\gamma_{02}^2}H_e^2\right) \tag{3-29}$$

$$G = e^{-u^2/2\gamma_{01}^2}\left[1 + \sqrt{2\pi}\,s\,e^{\frac{s^2}{2}}\Phi(s)\right] \tag{3-30}$$

$$\Phi(s) = \frac{1}{\sqrt{2\pi}}\int_{-\infty}^{s}e^{-t^2/2}dt \tag{3-31}$$

$$s = \frac{ux}{\gamma_{01}\eta} \tag{3-32}$$

式中　$\Phi(s)$——正态概率积分函数，可由数学手册查得，或由计算机近似计算；

γ_{01}，γ_{02}——静小风水平和垂直方向扩散参数的回归系数（$\sigma_y = \sigma_x = \gamma_{01}T$，$\sigma_z = \gamma_{02}T$）；

T——扩散时间。

（3）封闭扩散模式

在上部逆温层存在时的扩散（或者说限制在混合层以内的扩散）称为封闭型扩散。在近距离内，烟流的垂直扩散尚未到达逆温层底，它的扩散未受逆温层影响，在此距离内可用一般的高斯扩散公示；在离源充分远后，污染物在地面和上部逆温层间经过多次反射，可以认为浓度在垂直方向趋于均匀。在扩散图像上，封闭型扩散可分为正态区、过渡区和均匀区。封闭型扩散的地面轴线浓度公式为

$$c = \frac{Q}{\pi u\sigma_y\sigma_z}\sum_{n=-\infty}^{+\infty}\exp\left[-\frac{(H_e - 2nD)^2}{2\sigma_z^2}\right] \tag{3-33}$$

式中　D——逆温层到地面的高度，m；

n——反射次数。

实际工作中，主要是确定开始受到逆温层影响和达到均匀分布两个距离转折点的位置（分别记为 x_d，x_u）及其对应的浓度。由 $\sigma_z = D/2.15 = \gamma_2 x_d^{\alpha_2}$ 可以确定 x_d，然后由前述的高斯模式求得相应的浓度 $c(x \leqslant x_d)$；由 $\sigma_z = (4D - H)/2.15 = \gamma_2 x_u^{\alpha_2}$ 确定 x_u，其浓度计算公式为：

$$c(x \geqslant x_u) = \frac{Q}{\sqrt{2\pi}\,uD\sigma_y}\exp\left(-\frac{y^2}{2\sigma_y^2}\right) \tag{3-34}$$

至于 $x_d \leqslant x \leqslant x_u$ 之间的浓度分布，则由 x_d 和 x_u 处的浓度内插求得。

（4）熏烟模式

当夜间产生贴地逆温，日出后，逆温将逐渐自下而上消失，形成一个不断增厚的混合层。原来在逆温层中处于稳定状态的烟羽进入混合层后，由于其本身的下沉和垂直方向的强扩散作用，污染物在垂直方向将接近于均匀分布，出现所谓熏烟现象。此时在熏烟高度 z_f 以下的浓度在垂直方向接近于均匀分布，其浓度值 c_f 可采用如下公式计算。

$$c_f = \frac{Q}{\sqrt{2\pi}\,uz_f\sigma_{yf}}\exp\left(-\frac{y^2}{2\sigma_{yf}^2}\right)\Phi(p) \tag{3-35}$$

$$p = \frac{z_f - H_e}{\sigma_z} \tag{3-36}$$

$$\sigma_{yf} = \sigma_y + H_e/8 \tag{3-37}$$

$\Phi(p)$ 的确定方法与式（3-31）中 $\Phi(s)$ 的确定方法相同，$\Phi(p) = \dfrac{1}{\sqrt{2\pi}}\displaystyle\int_{-\infty}^{p}e^{-p^2/2}dp$，代表在

某时刻下风向 x 处已进入混合层的烟羽占总烟羽的比例。

当稳定层消退到烟流层顶高度 h_f 时，全部扩散物质已向下混合，地面浓度计算公式为

$$c_f = \frac{Q}{\sqrt{2\pi}\, u h_f \sigma_{yf}} \exp\left(-\frac{y^2}{2\sigma_{yf}^2}\right) \tag{3-38}$$

$$h_f = H_e + 2.15\sigma_z \tag{3-39}$$

（5）线源预测模式

无限长线源，风向与线源垂直，下风向地面浓度公式为

$$c(x, y, 0) = \frac{2Q_l}{\sqrt{2\pi}\, u\sigma_z} \exp\left(-\frac{H_e^2}{2\sigma_z^2}\right) \tag{3-40}$$

式中　Q_l——单位长线源的源强，mg/(s·m)。

无限长线源，风向与线源交角为 $\theta \geqslant 45°$，下风向地面浓度公式为

$$c(x, y, 0) = \frac{\sqrt{2}\, Q_l}{\sqrt{\pi}\, u\sigma_z \sin\theta} \exp\left(-\frac{H_e^2}{2\sigma_z^2}\right) \tag{3-41}$$

有限长线源，风向与线源垂直，下风向地面浓度公式为

$$c(x, y, 0) = \frac{2Q_l}{\sqrt{2\pi}\, u\sigma_z} \exp\left(-\frac{H_e^2}{2\sigma_z^2}\right) \int_{p_1}^{p_2} \frac{1}{\sqrt{2\pi}} \exp\left(-\frac{p^2}{2}\right) \mathrm{d}p \tag{3-42}$$

式中，$p_1 = y_1/\sigma_y$，$p_2 = y_2/\sigma_y$；y_1 和 y_2 为线源起始端的纵坐标。

（6）颗粒物地面浓度模型（粒径 $d \geqslant 15\mu m$）

$$c_p = \frac{(1+\alpha)Q}{2\pi u\sigma_y\sigma_z} \exp\left(-\frac{y^2}{2\sigma_y^2}\right) \exp\left[-\frac{\left(H_e - \dfrac{V_g x}{u}\right)^2}{2\sigma_z^2}\right] \tag{3-43}$$

式中　V_g——尘粒子的沉降速度，m/s，可采用 Stocks 公式计算；

　　　α——尘粒子的地面反射系数。

（7）长期平均浓度预测模式

对于孤立点源，以排气筒地面位置为原点，下风方季（期）或年长期平均浓度为

$$\bar{c} = \sum_i \sum_j \sum_k c_{ijk} f_{ijk} \tag{3-44}$$

式中　f_{ijk}——i 风向、j 稳定度、k 风速段的联合频率；

　　　c_{ijk}——对应于 f_{ijk} 的小时浓度值。

七、模型参数的选择与计算

在利用模式进行环境空气影响预测时，应说明预测模式中有关参数的选取过程。由于"2008 导则"推荐的各个进一步预测模式中参数众多，因此本节并不对其进行分别说明。本节仅对一些通用的参数及其选取过程进行说明。

1. 有关进一步预测模型中参数的选取

在计算小时平均浓度时，可不考虑二氧化硫的转化；在计算日平均或更长时间平均浓度时，应考虑其化学转化，二氧化硫在大气中的半衰期可取 4h。

对于一般的燃烧设备，在计算小时或日平均浓度时，可以假定 $NO_2：NO_x$ 为 0.9；在计算年平均浓度时，可以假定 $NO_2：NO_x$ 为 0.75；在计算机动车排放的氮氧化物时，其比例关系应根据不同的车型确定。

在计算颗粒物浓度时，应考虑重力沉降的影响。

2. 大气稳定度

大气稳定度可采用 Pasquill 稳定度分级法（简记 PS）划分，分为强不稳定、不稳定、弱不稳定、中性、较稳定和稳定六级，分别表示为 A、B、C、D、E、F。确定等级时首先

计算太阳高度角，然后按表 3-18 查出太阳辐射等级，再由太阳辐射等级与地面风速按表 3-19 查找稳定度等级。太阳高度角 h_0 使用下式计算：

$$h_0 = \arcsin\left[\sin\psi\sin\sigma + \cos\psi\cos\sigma\cos(15t + \lambda - 300)\right] \qquad (3\text{-}45)$$

式中 h_0 —— 太阳高度角，deg；

       ψ —— 当地地理纬度，deg；

       λ —— 当地地理经度，deg；

       t —— 进行观测时的北京时间；

       σ —— 太阳倾角，deg，可按下式计算：

$$\sigma = [0.006918 - 0.39912\cos\theta_0 + 0.070257\sin\theta_0 - 0.006758\cos2\theta_0$$
$$+ 0.000907\sin2\theta_0 - 0.002697\cos3\theta_0 + 0.001480\sin3\theta_0] \times 180/\pi \qquad (3\text{-}46)$$

式中 θ_0 —— $360d_n/365$，（°）；

       d_n —— 一年中日期序数，0、1、2、…、364。

表 3-18 太阳辐射等级

总云量 /低云量	夜间	太阳高度角 $h_{0\odot}$			
		$h_0 \leqslant 15°$	$15° < h_0 \leqslant 35°$	$35° < h_0 \leqslant 65°$	$h_0 > 65°$
≤4/≤4	−2	−1	+1	+2	+3
5～7/≤4	−1	0	+1	+2	+3
≥8/≤4	−1	0	0	+1	+1
≥5/5～7	0	0	0	+1	+1
≥8/≥8	0	0	0	0	0

注：云量（全天空十分制）观测规则与现国家气象局编订的《地面气象观测规范》相同。

表 3-19 大气稳定度等级

地面风速 U_{10}/(m/s)	太阳辐射等级 R					
	+3	+2	+1	0	−1	−2
≤1.9	A	A-B	B	D	E	F
2～2.9	A-B	B	C	D	E	F
3～4.9	B	B-C	C	D	D	E
5～5.9	C	C-D	D	D	D	D
≥6.0	D	D	D	D	D	D

注：地面风速（m/s）系指距地面 10m 高度处 10min 平均风速，如使用气象台（站）资料，其观测规则与国家气象局编订的《地面气象观测规范》相同。

3. 扩散参数

用高斯模式估算污染物浓度的分布，关键在于确定扩散参数 σ_y、σ_z 与下风距离 x 的关系。

（1）有风条件下的扩散参数

有风条件下，主要使用 Pasquill-Gifford 扩散曲线确定的指数表达式求取扩散参数，即：

$$\sigma_y = \gamma_1 x^{\alpha_1} \qquad (3\text{-}47)$$

$$\sigma_z = \gamma_2 x^{\alpha_2} \qquad (3\text{-}48)$$

当取样时间小于 0.5h，不同距离 x 处各稳定度下的系数 γ 和指数 α 取值见表 3-20。

① 平原地区农村及城市远郊区 A、B 和 C 级稳定度由表 3-20 直接查算。D、E 和 F 级稳定度则需向不稳定方向提半级后查算。

② 城市工业区中的点源 A、B 级不提级，C 级提到 B 级，D、E 和 F 级向不稳定方向提一级后，按表 3-20 查算。非工业区的城区 A、B 级不提级，C 级提到 B～C 级，D、E、F 级向不稳定方向提一级，按表 3-20 查算。

③ 丘陵山区的农村或城市，其扩散参数选取方法同城市工业区。

当取样时间大于 0.5h，垂直方向扩散参数不变，横向扩散参数按下式计算：

$$\sigma_{y\tau_2}=\sigma_{y\tau_1}\left(\frac{\tau_2}{\tau_1}\right)^q \tag{3-49}$$

式中　$\sigma_{y\tau_1}$——取样时间为 τ_1 时的横向扩散参数，m；

　　　$\sigma_{y\tau_2}$——取样时间为 τ_2 时的横向扩散参数，m；

　　　q——时间稀释指数，当 $0.5h<\tau<1h$ 时，$q=0.2$，当 $1h\leqslant\tau<100h$ 时，$q=0.3$。

表 3-20　横/垂向扩散参数幂函数表达式的系数值（取样时间 0.5h）

稳定度	$\sigma_y=\gamma_1 x^{\alpha_1}$			$\sigma_z=\gamma_2 x^{\alpha_2}$		
	α_1	γ_1	下风距离/m	α_2	γ_2	下风距离/m
A	0.901074	0.425809	0～1000	1.12154	0.0799904	0～300
	0.850934	0.602052	>1000	1.52360	0.00854771	300～500
				2.10881	0.000211545	>500
B	0.914370	0.281846	0～1000	0.964435	0.127190	0～500
	0.865014	0.396353	>1000	1.09356	0.0570251	>500
B～C	0.919325	0.229500	0～1000	0.941015	0.114682	0～500
	0.875086	0.314238	>1000	1.00770	0.0757182	>500
C	0.924279	0.177154	1～1000	0.917595	0.106803	>0
	0.885157	0.232123	>1000			
C～D	0.926849	0.143940	1～1000	0.838628	0.126152	0～2000
	0.886940	0.189396	>1000	0.756410	0.235667	2000～10000
				0.815575	0.136659	>10000
D	0.929418	0.110726	1～1000	0.826212	0.104634	1～1000
	0.888723	0.146669	>1000	0.632023	0.400167	1000～10000
				0.555360	0.810763	>10000
D～E	0.925118	0.0985631	1～1000	0.776864	0.111771	0～2000
	0.892794	0.124308	>1000	0.572347	0.528992	2000～10000
				0.499149	1.03810	>10000
E	0.920818	0.0864001	1～1000	0.788370	0.0927529	0～1000
	0.896864	0.101947	>1000	0.565188	0.433384	1000～10000
				0.414743	1.73421	>10000
F	0.929418	0.0553634	0～1000	0.784400	0.0620765	0～1000
	0.888723	0.0733348	>1000	0.525969	0.370015	1000～10000
				0.322659	2.40691	>10000

（2）静风与小风条件下的扩散参数

小风与静风条件下，扩散参数与有风条件下的不同，扩散参数值与烟团扩散时间成比例关系，扩散参数（$\sigma_y=\sigma_x=\gamma_{01}T$，$\sigma_z=\gamma_{02}T$）的系数可参见表 3-21。

表 3-21　小风与静风条件下的扩散参数系数

稳定度	γ_{01}		γ_{02}	
	$U_{10}<0.5m/s$	$1.5m/s>U_{10}\geqslant0.5m/s$	$U_{10}<0.5m/s$	$1.5m/s>U_{10}\geqslant0.5m/s$
A	0.93	0.76	1.57	1.57
B	0.76	0.56	0.47	0.47
C	0.55	0.35	0.21	0.21
D	0.47	0.27	0.12	0.12
E	0.44	0.24	0.07	0.07
F	0.44	0.24	0.05	0.05

4. 混合层高度

(1) 当大气稳定度为不稳定和中性时（A、B、C、D），

$$h = a_s U_{10}/f \tag{3-50}$$

当 $U_{10} > 6m/s$ 时，取为 6m/s。

(2) 当大气稳定度为稳定时（E、F），

$$h = b_s \sqrt{U_{10}/f} \tag{3-51}$$

$$f = 2\Omega \sin\varphi \tag{3-52}$$

式中　h ——混合层厚度，m;

　　　φ ——地理纬度，(°);

　　　Ω ——地转角速度，取为 7.29×10^{-5} rad/s;

　　　f ——地转参数;

　a_s，b_s ——边界层系数（表 3-22）。

表 3-22　我国各地区的混合层系数值

地区	a_s				b_s	
	A	B	C	D	E	F
上海、广东、广西、湖南、湖北、江苏、浙江、安徽、海南、台湾、福建、江西	0.056	0.029	0.020	0.012	1.66	0.70
黑龙江、吉林、辽宁、内蒙古、北京、天津、河北、河南、山东、山西、陕西(秦岭以北)、宁夏、甘肃(渭河以北)	0.073	0.060	0.041	0.019	1.66	0.70
云南、贵州、四川、甘肃(渭河以南)、陕西(秦岭以南)	0.073	0.048	0.031	0.022	1.66	0.70
新疆、西藏、青海	0.090	0.067	0.041	0.031	1.66	0.70

5. 烟气抬升公式

(1) 有风时，中性和不稳定条件下抬升公式

① 烟气热释放率 $Q_h \geqslant 2100kJ/s$，且烟气温度与环境温度的差值 $\Delta T \geqslant 35K$ 时，

$$\Delta H = n_0 \times Q_h^{n_1} \times H^{n_2}/u \tag{3-53}$$

$$Q_h = 0.35 p_a Q_v \Delta T/T_s \tag{3-54}$$

$$\Delta T = T_s - T_a \tag{3-55}$$

式中　n_0 ——烟气热状况及地表状况系数，见表 3-23;

　　n_1，n_2 ——烟气热释放率指数及排气筒高度指数，见表 3-23;

　　　Q_h ——烟气热释放率，kJ/s;

　　　H ——排气筒距地面几何高度，m，超过 240m 时，取 $H = 240m$;

　　　p_a ——大气压力，hPa，如无实测值，可取邻近气象台（站）的季或年平均值;

　　　Q_v ——实际排烟率，m^3/s;

　　　T_s ——烟气出口温度，K;

　　　T_a ——环境大气温度，K，如无实测值，可取邻近气象台（站）的季或年平均值;

　　　u ——排气筒出口处平均风速，m/s。

② 当 $1700kJ/s < Q_h < 2100kJ/s$ 时，

$$\Delta H = \Delta H_1 + (\Delta H_2 - \Delta H_1) \times \frac{Q_h - 1700}{400} \tag{3-56}$$

$$\Delta H_1 = 2 \times (1.5 V_s d + 0.01 Q_h)/u - 0.048(Q_h - 1700)/u \tag{3-57}$$

式中　V_s ——排气筒出口处烟气排出速度，m/s;

　　　d ——排气筒出口直径，m;

ΔH_2——按式（3-53）计算的烟气抬升高度，m。

③ 当 $Q_h \leqslant 1700kJ/s$ 或者 $\Delta T < 35K$ 时，

$$\Delta H = 2 \times (1.5V_s d + 0.01Q_h)/u \tag{3-58}$$

表 3-23 n_0、n_1、n_2 选取

$Q_h/(kJ/s)$	地表状况（平原）	n_0	n_1	n_2
$Q_h \geqslant 21000$	农村或城市远郊区	1.427	1/3	2/3
	城市及近郊区	1.303	1/3	2/3
$2100 \leqslant Q_h < 21000$	农村或城市远郊区	0.332	3/5	2/5
且 $\Delta T \geqslant 35K$	城市及近郊区	0.292	3/5	2/5

（2）有风时，稳定条件下烟气抬升公式

$$\Delta H = Q_h^{1/3}(dT_a/dz + 0.0098)^{-1/3} u^{-1/3} \tag{3-59}$$

式中 dT_a/dz——排气筒几何高度以上的大气温度梯度，K/m。

（3）静风和小风时（$U_{10} < 1.5m/s$）的烟气抬升公式

$$\Delta H = 5.50Q_h^{1/4}(dT_a/dz + 0.0098)^{-3/8} \tag{3-60}$$

式中，dT_a/dz 取值宜小于 $0.01K/m$。当 $-0.0098K/m < dT_a/dz < 0.01K/m$ 时，取 $dT_a/dz = 0.01K/m$；当 $dT_a/dz < -0.0098K/m$ 时，ΔH 的计算采用式（3-53），但计算风速所用的 U_{10} 取 $1.5m/s$。

八、环境空气影响预测分析和评价

1. 环境空气影响预测分析和评价内容

按设计的各种预测情景分别进行模拟计算，并对预测结果进行分析评价。

① 对环境空气敏感区的环境影响分析，应考虑预测值和同点位处的现状背景值的最大值的叠加影响；对最大地面浓度点的环境影响分析可考虑预测值和所有现状背景值的平均值的叠加影响。

② 叠加现状背景值，分析项目建成后最终的区域环境质量状况，即：新增污染源预测值＋现状监测值－削减污染源计算值（如果有）－被取代污染源计算值（如果有）＝项目建成后最终的环境影响。若评价范围内还有其他在建项目、已批复环境影响评价文件的拟建项目，也应考虑其建成后对评价范围的共同影响。

③ 分析典型小时气象条件下，项目对环境空气敏感区和评价范围的最大环境影响，分析是否超标、超标程度、超标位置，分析小时浓度超标概率和最大持续发生时间，并绘制评价范围内出现区域小时平均浓度最大值时所对应的浓度等值线分布图。

④ 分析典型日气象条件下，项目对环境空气敏感区和评价范围的最大环境影响，分析是否超标、超标程度、超标位置，分析日平均浓度超标概率和最大持续发生时间，并绘制评价范围内出现区域日平均浓度最大值时所对应的浓度等值线分布图。

⑤ 分析长期气象条件下，项目对环境空气敏感区和评价范围的环境影响，分析是否超标、超标程度、超标范围及位置，并绘制预测范围内的浓度等值线分布图。

⑥ 分析评价不同排放方案对环境的影响，即从项目的选址、污染源的排放强度与排放方式、污染控制措施等方面评价排放方案的优劣，并针对存在的问题（如果有）提出解决方案。

⑦ 对解决方案进行进一步预测和评价，并给出最终的推荐方案。

2. 环境空气影响预测分析和评价方法

（1）指数法

同第四节的单因子指数法，其计算公式为式（3-19）。

（2）容许排放量判断法

容许排放量是一个较长时段内的统计平均值，它随所在地区污染源的位置、排放形式、风向、风速、大气稳定度以及地形条件的不同而有很大变化。

区域的总容许排放量一般是在区域环境规划中确定的，而对一个具体的建设项目而言，其容许排放量则由地方环境保护行政主管部门依据区域总容许排放量、现状排放量以及当地的环境状况具体确定。如果项目排放量超过了容许排放量，则表明项目的建设可能会对区域环境空气质量产生重大影响。

（3）污染分担率判别法

一个拟建项目或一个评价区域内往往会有排放形式不同的多个污染源。在给定源强及相应气象条件的情况下，可根据污染源的类型选择扩散模型，计算第 i 个污染在第 j 个控制点上的浓度 c_{ij}。然后计算所有源对第 j 个控制点形成的总浓度 c_j，最后，计算第 i 个污染对第 j 个控制点影响浓度的分担率 K_{ij}：

$$K_{ij} = \frac{c_{ij}}{c_j} = c_{ij} / \sum_{i=1}^{n} c_{ij} \tag{3-61}$$

根据污染源对控制点浓度影响值的分担率，判断拟建项目的影响程度，如果 $K_{ij} > 50\%$，则一般认为拟建项目可能会对区域环境空气质量产生重大影响。

（4）图形叠置法

将预测结果（如浓度值、占标率值）形成的等值线图叠加到区域人口分布、敏感点分布等专项地图上，由此判断项目建设可能会造成对区域范围内的环境空气影响状况。

3. 拟建项目选址与总图布置的环境合理性评价

项目选址及其总平面布置对其产生的大气环境影响有直接的作用，因此通过影响预测对拟建项目选址和总平面布局的合理性进行评价是必要的。

① 根据拟建项目各主要污染因子的全部排放源在超标区或关心点的污染分担率，并结合评价区的环境特点、工业生产现状和发展规划以及环境质量水平和可能的改造措施等因素，从环境空气质量保护的角度对选址合理性进行评价和提出建议。

② 根据建设项目各个污染源在评价区域（主要指超标区和关心点）以及本项目的厂区、办公区、职工生活区的污染分担率，同时结合环境、经济等因素，从环境空气质量保护的角度进行评价和提出建议。

③ 如果在评价区域内有几种选址方案或总平面布局方案，则应给出各个方案下的预测结果（包括影响浓度分布图和污染分担率），再结合环境、经济等方面的因素进行评价并提出建议。

第六节　环境空气质量评价主要标准

一、环境空气质量标准

1. 《环境空气质量标准》（GB 3095—1996）

该标准于 1996 年实施，2000 年发布修改单。该标准将环境空气质量功能区分为三类：一类区为自然保护区、风景名胜区和其他需要特殊保护的地区；二类区为城镇规划中确定的居民区、商业交通居民混合区、文化区、一般工业区和农村地区；三类区为特定工业区。空气质量分为三级，一类区执行一级标准，二类区执行二级标准，三类区执行三级标准。标准浓度限值见表 3-24。

2. 《环境空气质量标准》（GB 3095—2012）

本标准规定了环境空气功能区分类、标准分级、污染物项目、平均时间及浓度限值、监测方法、数据统计的有效性规定及实施与监督等内容，适用于环境空气质量评价与管理。该

表 3-24 各项污染的浓度限值

污染物名称	取值时间	浓度限值/(mg/m³)		
		一级标准	二级标准	三级标准
二氧化硫 SO₂	年平均	0.02	0.06	0.10
	日平均	0.05	0.15	0.25
	1 小时平均	0.15	0.50	0.70
总悬浮颗粒物 TSP	年平均	0.08	0.20	0.30
	日平均	0.12	0.30	0.50
可吸入颗粒物 PM₁₀	年平均	0.04	0.10	0.15
	日平均	0.05	0.15	0.25
二氧化氮 NO₂	年平均	0.04	0.08	0.08
	日平均	0.08	0.12	0.12
	1 小时平均	0.12	0.24	0.24
臭氧 O₃	小时平均	0.16	0.20	0.20

标准 2012 年在京津冀、长三角、珠三角等重点区域以及直辖市和省会城市实施；之后逐年在重点城市、地级城市推广；2016 年 1 月 1 日，全国实施新标准。

（1）环境空气功能区分类

一类区为自然保护区、风景名胜区和其他需要特殊保护的区域；

二类区为居住区、商业交通居民混合区、文化区、工业区和农村地区。

（2）环境空气功能区质量要求

一类区适用一级浓度限值，二类区适用二级浓度限值。一、二类功能区环境空气质量要求见表 3-25 和表 3-26。

表 3-25 环境空气污染物基本项目浓度限值

序号	污染物项目	平均时间	浓度限值		单位
			一级	二级	
1	二氧化硫（SO₂）	年平均	20	60	μg/m³
		24h 平均	50	150	
		1h 平均	150	500	
2	二氧化氮（NO₂）	年平均	40	40	
		24h 平均	80	80	
		1h 平均	200	200	
3	一氧化碳（CO）	24h 平均	4	4	mg/m³
		1h 平均	10	10	
4	臭氧（O₃）	日最大 8h 平均	100	160	μg/m³
		1h 平均	160	200	
5	颗粒物（粒径小于等于 10μm）	年平均	40	70	μg/m³
		24h 平均	50	150	
6	颗粒物（粒径小于等于 2.5μm）	年平均	15	35	
		24h 平均	35	75	

二、《工业企业设计卫生标准》

《工业企业设计卫生标准》（TJ 36—79）规定产生危害较大的有害气体、烟、雾、粉尘等有害物质的工业企业，不得在居住区内修建。向大气排放有害物质的工业企业，应布置在

表 3-26   环境空气污染物其他项目浓度限值

序号	污染物项目	平均时间	浓度限值		单位
			一级	二级	
1	总悬浮颗粒物(TSP)	年平均	80	200	
		24h平均	120	300	
2	氮氧化物(NO$_x$)	年平均	50	50	
		24h平均	100	100	
		1h平均	250	250	μg/m³
3	铅(Pb)	年平均	0.5	0.5	
		季平均	1	1	
4	苯并[a]芘(BaP)	年平均	0.001	0.001	
		24h平均	0.0025	0.0025	

居住区夏季最小频率风向的上风侧。产生有害物质的工业企业,在生产区内除值班室外,不得设置其他居住房屋。同时还规定了居住区大气中有害物质的最高容许浓度,部分污染物浓度限值见表 3-27。

表 3-27   居住区大气中有害物质的最高容许浓度 (部分)

编号	物质名称	最高容许浓度/(mg/m³)		编号	物质名称	最高容许浓度/(mg/m³)	
		一次	日平均			一次	日平均
1	乙醛	0.01		13	苯乙烯	0.01	
2	二甲苯	0.30		14	酚	0.02	
3	二硫化碳	0.04		15	铬(六价)	0.0015	
4	五氧化二磷	0.15	0.05	16	汞		0.0003
5	丙烯腈		0.05	17	砷化物(以砷计)		0.003
6	丙酮	0.80		18	氟化物(以氟计)	0.02	0.007
7	甲基对硫磷	0.01		19	硫酸	0.30	0.10
8	甲醇	3.00	1.00	20	氯	0.10	0.03
9	甲醛	0.05		21	氯化氢	0.05	0.015
10	苯	2.40	0.80	22	硫化氢	0.01	
11	硝基苯	0.01		23	氨	0.20	
12	苯胺	0.10	0.03	24	敌百虫	0.10	

第七节   大气环境污染防治对策

从大气污染控制的角度,可以将大气污染物分为颗粒态和气态。本节拟分别对其防治对策进行阐述,以便在环境影响评价工作中提出针对性的大气污染防治技术对策。

一、颗粒污染物的大气环境污染防治对策

1. 颗粒污染物

大气颗粒物是指分散在大气中的固态或液态颗粒状物体,是影响城市环境空气质量的重要因素。对颗粒污染物可作出如下分类。

① 尘粒　一般是指粒径大于 $75\mu m$ 的颗粒物。这类颗粒物由于粒径较大，在气体分散介质中具有一定的沉降速度，因而易于沉降到地面。

② 粉尘　在固体物料的输送、粉碎、分级、研磨、装卸等机械过程中产生的颗粒物，或由于岩石、土壤的风化等自然过程中产生的颗粒物，悬浮于大气中称为粉尘，其粒径一般小于 $75\mu m$。在这类颗粒物中，粒径大于 $10\mu m$，靠重力作用能在短时间内沉降到地面者，称为降尘；粒径小于 $10\mu m$，不易沉降，能长期在大气中飘浮者，称为飘尘（ PM_{10} ）；粒径小于 $2.5\mu m$ 的颗粒容易进入呼吸系统，对人体健康造成危害，称为 $PM_{2.5}$。

③ 烟尘　在燃料的燃烧、高温熔融和化学反应等过程中所形成的颗粒物，飘浮于大气中称为烟尘。烟尘的粒子粒径很小，一般均小于 $1\mu m$。它包括了因升华、焙烧、氧化等过程所形成的烟气，也包括了燃料不完全燃烧形成的黑烟及蒸汽凝结所形成的烟雾。

④ 雾尘　小液体粒子悬浮于大气中的悬浮体的总称。这种小液体粒子一般是由于蒸汽的凝结、液体的喷雾、雾化以及化学反应过程所形成。粒子粒径小于 $100\mu m$。水雾、酸雾、碱雾、油雾等都属于雾尘。

⑤ 煤尘　燃烧过程中未被燃烧的煤粉尘，以及大、中型煤码头的煤扬尘和露天煤矿的煤扬尘等。

统计数据表明，目前我国烟尘和粉尘排放量有逐年下降的趋势，但影响城市空气质量的主要污染物仍是颗粒物。

2. 环境评价中颗粒污染物防治的技术性对策

（1）区域生态环境整治

① 水域生态工程方案　水域是唯一不起尘的地域，而且还具有吸尘、降尘和调节区域气候的重要作用。充分利用地形条件，保持并扩大现有水域面积，积极开发新的水域，提高水域覆盖率。

② 绿色生态工程方案　绿化可以调节气候、减少污染、净化空气、防风固沙，是非常经济的生物防治措施。结合项目周围自然、社会环境现状，提高绿化覆盖率，可有效降低颗粒污染物的环境影响。

（2）工业大气污染防治技术

对于大气颗粒污染物的去除，其实就是除尘技术，更广义地说是非均相分离技术，它涉及粉尘的捕集、净化、回收等问题。

① 机械除尘　机械除尘是借助质量力的作用达到除尘目的的方法，相应的除尘装置称为机械式除尘器。

a. 重力沉降：利用颗粒物与气体密度不同，使颗粒物在重力作用下自然沉降下来，与气体分离的过程。重力沉降室结构简单，造价低，压力损失小，便于维护，且可以处理高温气体。主要缺点是只能捕集粒径较大的颗粒物，仅对 $50\mu m$ 以上的颗粒物具有较好的捕集作用，因而效率低，只能作为初级除尘手段，主要用于高效除尘装置的前级除尘器。

b. 惯性除尘：利用颗粒物与气体在运动中惯性力不同，使颗粒物从气体中分离出来的过程。通常是使气流冲击在挡板上，气流方向发生急剧改变，气流中的颗粒物惯性较大，不能随气流急剧转弯，便从气流中分离出来。

c. 离心除尘：利用旋转的气流所产生的离心力，将颗粒物从气体中分离处理的过程。离心除尘器也称为旋风除尘器，具有结构简单、占地面积小、投资低、操作维修方便、压力损失中等、动力消耗不大、可用各种材料制造、能用于高温或高压及腐蚀性气体、并可直接回收干颗粒的优点。一般用来捕集 $5\sim15\mu m$ 以上的颗粒物，除尘效率可达 80% 左右，是机械式除尘器中效率最高的。主要缺点是对 $5\mu m$ 以下的细小颗粒物去除效果不理想。

② 过滤除尘　过滤除尘是使气流通过多孔滤料，将气流中颗粒物截留下来，使气体得

到净化的过程。

a. 袋滤除尘：利用棉、毛或人造纤维等加工的滤布捕集颗粒物的方法，主要通过筛分、惯性碰撞、扩散、静电、重力沉降等作用机制，依靠滤料表面来捕集颗粒污染物，属于外部过滤。该方法除尘效率高，一般可达 99％ 以上，适应性强，能够处理不同类型的颗粒污染物，操作弹性大，除尘效率对入口颗粒污染物浓度及气流速度变化具有一定稳定性，结构简单，使用灵活，便于回收干料，不存在污泥处理。但袋式除尘器的应用受到滤布的耐温、耐腐蚀等操作性能的限制，一般使用温度应低于 300℃。

b. 颗粒层过滤除尘：通过将松散多孔的滤料填充在框架内作为过滤层，颗粒物在滤层内部被捕集的一种除尘方法，属内部过滤方式。除尘过程中大颗粒污染物主要借助惯性力，小于 $0.5\mu m$ 的颗粒物主要靠滤料及被过滤下来的颗粒表面的拦截和附着作用过滤下来，净化效率随颗粒层厚度增高而提高。颗粒层除尘器按其功能可分为单颗粒层除尘器和组合颗粒层除尘器两种。

③ 静电除尘　利用高压电场产生的静电力（库仑力）的作用从气流中分离悬浮粒子（尘粒或液滴）的一种方法。静电除尘主要通过粒子荷电、沉降和清除三个阶段实现颗粒污染物与气流的分离。静电除尘常用的设备为电除尘器，工业上应用最广泛的是单区电除尘器，即使粒子带电的电离作用与带电粒子的集尘作用在同一电场中进行。电除尘器是一种高效除尘装置，对细微尘粒及雾状液滴捕集性能优异，除尘效率达 99％ 以上，对 $0.1\mu m$ 以下的尘粒，仍有较高的去除效率。由于气流通过阻力小，所消耗的电能通过静电力直接作用于尘粒上，因此能耗低，处理气量大，可应用于高温、高压场所，广泛应用于工业除尘。电除尘器的主要缺点是设备庞大、占地面积大、一次性投资费用高。

④ 湿式除尘　也称为洗涤除尘。该方法是用液体洗涤含尘气流，使尘粒与液膜、液滴或气泡碰撞而被吸附，凝聚变大，尘粒随液体排出，气体得到净化。由于洗涤液对多种气态污染物具有吸收作用，因此它能净化气体中的固体颗粒物，又能同时脱除气体中的气态有害物质，某些洗涤器也可以单独充当吸收器使用。湿式除尘主要通过惯性碰撞、扩散、凝聚、黏附等作用来捕获尘粒。湿式除尘常用的有喷淋塔、填料塔、泡沫塔、卧式旋风水膜除尘器、中心喷雾旋风除尘器、水浴式除尘器、射流洗涤除尘器、文丘里洗涤除尘器等。

湿式除尘器：除尘的同时也能清除废气中气态污染物；捕集的粉尘不会产生飞扬；设备结构简单、阻力小（喷淋式和旋风式）、操作方便；能够处理高湿和有爆炸危险的气体。缺点是设备庞大、效率较低，对高温烟气中的热能不能进行回收利用，造成能源的浪费，并且洗涤除尘后排放大量的含尘污水，需要进行妥善处理；另外，还存在设备腐蚀问题和冬季防冻问题。

二、气态污染物的大气环境污染防治对策

1. 气态污染物

以气体形态进入大气的污染物称为气态污染物。气态污染物种类极多，按其主要成分，有五种类型的气态污染物是主要污染物见本章第一节。

2. 气态污染物防治对策

（1）源头减排

① 改善能源结构，采用清洁能源（如太阳能、风力、水力）和低污染能源（如天然气、煤气、沼气、酒精）。

② 对燃料进行预处理（如燃料脱硫、煤的液化和气化）。

③ 改进燃烧装置和燃烧技术（如改革炉灶、采用沸腾炉、安装低氮燃烧器等）以提高燃烧效率和降低有害气体排放量。

④ 推行清洁生产工艺（如不用和少用易引起污染的原料，采用闭路循环工艺等）。节约

能源和开展资源综合利用。加强企业管理，减少事故性排放和逸散。

⑤ 及时清理和妥善处置工业、生活和建筑废渣，减少地面扬尘。

（2）对排放源的治理

① 采用气体吸收塔处理有害气体（如用氨水、氢氧化钠、碳酸钠等碱性溶液吸收废气中二氧化硫；用碱吸收法处理排烟中的氮氧化物）；

② 应用其他物理的（如冷凝）、化学的（如催化转化）、物理化学的（如分子筛、活性炭吸附、膜分离）方法回收利用废气中的有用物质，或使有害气体无害化。

（3）通过绿化建设加强对环境空气中气态污染物的治理

植物具有美化环境、调节气候、吸收大气中有害气体等功能，可以在大范围内长时间地、连续地净化大气。尤其是大气中污染物影响范围广、浓度比较低的情况下，植物净化是行之有效的方法。在城市和工业区有计划地、有选择地扩大绿地面积是大气污染综合防治的有效措施。

（4）充分利用气象条件和环境的自净能力

大气环境的自净有物理、化学作用和生物作用，如扩散、稀释、氧化、还原、降水洗涤等。在排出的污染物总量恒定的情况下，大气污染状况主要取决于气象条件。利用气象条件来制约污染源是防治大气污染现实而又有效的途径，能有效避免或减少大气污染危害。例如，以不同地区、不同高度的大气层的空气动力学和热力学的变化规律为依据，可以合理地确定不同地区的烟囱高度，使经烟囱排放的大气污染物能在大气中迅速地扩散稀释。

第八节　大气环境影响评价结论与建议

一、大气环境影响评价结论

在环境影响报告书中，关于大气环境影响评价章节的结论应包括如下几个方面。

① 项目选址及总图布置的合理性和可行性　根据大气环境影响预测结果及大气环境防护距离计算结果，评价项目选址及总图布置的合理性和可行性，并给出优化调整的建议及方案。

② 污染源的排放强度与排放方式　根据大气环境影响预测结果，比较污染源的不同排放强度和排放方式（包括排气筒高度）对区域环境的影响，并给出优化调整的建议。

③ 大气污染控制措施　大气污染控制措施必须保证污染源的排放符合排放标准的有关规定，同时最终环境影响也应符合环境功能区划要求。根据大气环境影响预测结果评价大气污染防治措施的可行性，并提出对项目实施环境监测的建议，给出大气污染控制措施优化调整的建议及方案。

④ 大气环境防护距离与卫生防护距离设置　根据大气环境防护距离和卫生防护距离计算结果，结合厂区平面布置图，确定项目大气环境防护区域。若大气环境防护区域内存在长期居住的人群，应给出相应的搬迁建议或优化调整项目布局的建议。

⑤ 污染物排放总量控制指标的落实情况　评价项目运行后污染物排放总量控制指标能否满足环境管理要求，并明确总量控制指标的来源。

⑥ 大气环境影响评价结论　结合项目选址、污染源的排放强度与排放方式、大气污染控制措施以及总量控制等方面综合进行评价，明确给出大气环境影响可行与否的结论。

二、大气环境影响评价建议

1. 建设阶段的对策建议

主要是对施工扬尘污染的防治。包括场地洒水保持湿润，减少起尘；及时在裸土上覆盖植被或砂石、筛网，减少起尘；及时进行绿化、设置人工围栏使风速小于扬尘的启动风速；

及时对施工道路进行清扫、对施工车辆进行冲洗等。

2. 运行阶段的对策建议

① 对污染物排放量的控制。根据污染物浓度预测结果和污染物排放量分析，提出预防和削减污染物的对策，如实施清洁生产。

② 采用污染治理技术。根据建设项目污染物排放的特点，提出针对性的大气污染物治理技术对策。尤其是对于无组织排放源要提出针对性的治理对策和管理措施。

③ 能源利用的合理化建议。根据建设项目能源消耗的特点，提出合理利用能源、利用余热、节约能源的建议和措施。

3. 大气污染防治环境管理建议

对拟建项目环境管理机构、环境监测机构的设置和职能提出建议；对其污染控制设备的运行、维护和保养提出建议；对拟建项目大气污染防治的监测项目、监测仪器配置、监测频次、布点等提出要求；对其防治大气污染的绿化规划提出建议；从减轻环境空气污染的角度，对其选址及平面布局合理化提出建议。

案例分析

大气环境影响评价中，比较复杂的工作是进行环境空气影响预测。根据《大气环境影响评价技术导则》（HJ 2.2—2008）的规定，进行环境空气质量影响预测时，采用导则推荐的模式进行预测。本案例介绍使用 AERMOD 模式的预测过程。

一、AERMOD 模式及其输入输出介绍

1. AERMOD 模式介绍

作为新版大气导则推荐的大气扩散模式，AERMOD 将最新的大气边界层和大气扩散理论应用到空气污染扩散模式中。AERMOD 模式包括三个模块，分别是扩散模块（AERMOD）、地形预处理模块（AERMAP）和气象预处理模块（AERMET）。

AERMOD 适用于稳定场的烟羽模型，AERMOD 与其他模式的不同之处包括对垂直非均匀的边界层的特殊处理、不规则形状的面源的处理、对流层的三维烟羽模型、在稳定边界层中垂直混合的局限性和对地面反射的处理、在复杂地形上的扩散处理和建筑物下洗的处理。

AERMET 是 AERMOD 的气象预处理模型，输入数据包括每小时云量、地面气象观测资料和探空资料；输出文件包括地面气象观测数据和一些大气参数的垂直分布数据。

AERMAP 是 AERMOD 的地形预处理模型，仅需输入标准的地形数据。输入数据包括计算点地形高程数据。地形数据可以是数字化地形数据格式，美国地理观测数据使用这种格式。输出文件包括每一个计算点的位置和高度，计算点高度用于计算山丘对气流的影响。

AERMOD 系统以扩散统计理论为依据，假设污染物的浓度服从高斯分布。该系统可用于多种排放源（包括点源、面源和体源）的影响预测，也适用于乡村环境和城市环境、平坦地形和复杂地形、地面源和高架源等多种扩散情形的模拟和预测。该系统预测的污染物包括气态（如 SO_2、NO_2、CO 等）和颗粒态（PM_{10}、TSP 等）。

2. AERMOD 模式运行输入参数

① 污染源数据　排放速率、烟气温度、烟囱高度、烟气排放速率、烟囱出口内径。

② 气象数据　地面数据包括风速、风向、云量、气温；探空数据包括位势高度、温度、风向、风速、水平和垂直方向湍流脉动量等。

③ 地形数据　地理坐标、地形高程数据文件。地形高程包含范围应大于评价区域。

3. AERMOD 模式输出结果

包括典型小时/典型日/长期气象条件下，项目大气污染源对环境空气敏感区和评价范围的最大环境影响，得出是否超标、超标程度、超标位置；分析小时（日均）浓度超标概率和最大持续时间，并可绘制评价范围内小时（日）平均浓度最大值所对应的浓度分布等值线等。

二、大气污染源概况

某项目生产汽车内饰件过程中，需要进行面漆喷涂，即对烘干后的内饰件进行擦拭除尘后利用喷漆机器人在封闭的喷房内对内饰件进行表面喷漆和流平处理。产生的喷漆废气经过水幕吸收，排风管道内安装活性炭颗粒进行进一步吸收处理后排放。

排放废气中含有较多的挥发性苯系物（如苯、甲苯、二甲苯）。本处仅对二甲苯排放情况进行介绍。根据资料核算，喷漆废气总量为12950m³/h。废气中二甲苯产生量为9.9t/a（折合1.47kg/h，折合综合浓度114mg/m³），经过水幕吸收＋活性炭吸附处理后，最终排放喷漆废气中二甲苯量为1.09t/a（折合0.16kg/h，折合综合浓度12.4mg/m³）。

三、预测参数

1. 预测因子

选取挥发性苯系物（如苯、甲苯、二甲苯），本处仅选取二甲苯。

2. 预测范围

根据估算模式，本次评价等级确定为三级。根据 HJ 2.2—2008 中对三级评价的要求（评价范围的直径一般不小于5km）以及工程废气排放的实际情况、附近区域情况划定大气评价范围为19km²，即以排气筒为中心、半径2.5km的圆形区域内。

3. 计算点

包括环境敏感点、预测范围内网格点和最大地面浓度点。本处仅列出对环境敏感点的影响浓度。

4. 模型需要气象和地形数据的获取

① 地面气象数据　收集当地气象站2008年全年逐时气象资料。

② 高（探）空气象数据　根据预测地点的经纬度（N31度02分06.08秒，E121度36分27.73秒）从NOAA/ESRL探空气象数据网站下载项目最近气象站的高空气象数据。由于评价地区的海拔较低，因此站在5000m以下就有十几层有效数据。可以保证本次评价高空气象数据的有效性。

③ 地形数据　根据项目所在地区的全球地理坐标从美国地质调查局的网站上下载。

5. 预测内容

① 各类不同大气稳定度及风速条件下，在排气筒下风向二甲苯的最大落地浓度 c_{max} 及其出现距离 X_m。

② 大气污染物日均浓度和月均浓度分布情况。

③ 二甲苯对周边敏感点的影响情况；

6. 源强清单

预测中采用的废气污染源数据见表3-28。

表 3-28　预测中采用的废气污染源数据

污染源	污染物	排气量/(m³/h)	污染物排放 浓度/(mg/m³)	污染物排放 排放量/(kg/h)	排气温度/℃	排放方式
喷漆废气	二甲苯	12590	12.4	0.16	50	车间顶部15m高度排放（出口内径0.3m）

四、预测结果

项目对敏感目标的影响浓度计算结果见表3-29。

表 3-29　二甲苯对敏感目标的环境影响情况预测结果

序号	点名称	点坐标 (x,y)	地面高程/m	浓度类型	浓度/(mg/m³)	评价标准/(mg/m³)	占标率/%	是否超标
1	A	121,058	5.17	1h	0.000969	0.3	0.32	达标
				日平均	0.000201	0.3	0.07	达标
				月平均	0.00001	0.3	0	达标
2	B	−407,116	4	1h	0.001253	0.3	0.42	达标
				日平均	0.00058	0.3	0.19	达标
				月平均	0.000106	0.3	0.04	达标

序号	点名称	点坐标 (x,y)	地面高程 /m	浓度类型	浓度 /(mg/m³)	评价标准 /(mg/m³)	占标率 /%	是否超标
3	C	−930,−104	4.8	1h	0.000741	0.3	0.25	达标
				日平均	0.000269	0.3	0.09	达标
				月平均	0.000022	0.3	0.01	达标
4	D	−570,−849	7.08	1h	0.000713	0.3	0.24	达标
				日平均	0.000171	0.3	0.06	达标
				月平均	0.000013	0.3	0	达标
5	E	140,−128	5.51	1h	0.001631	0.3	0.54	达标
				日平均	0.000449	0.3	0.15	达标
				月平均	0.000087	0.3	0.03	达标
6	F	151,−674	6.11	1h	0.001173	0.3	0.39	达标
				日平均	0.00019	0.3	0.06	达标
				月平均	0.000013	0.3	0	达标
7	G	814,−477	4.95	1h	0.000863	0.3	0.29	达标
				日平均	0.000215	0.3	0.07	达标
				月平均	0.000018	0.3	0.01	达标
8	H	698,−663	4.04	1h	0.000818	0.3	0.27	达标
				日平均	0.000155	0.3	0.05	达标
				月平均	0.000015	0.3	0	达标
9	I	8021,942	4.7	1h	0.000708	0.3	0.24	达标
				日平均	0.000138	0.3	0.05	达标
				月平均	0.000003	0.3	0	达标
10	J	−9302,430	5.97	1h	0.000702	0.3	0.23	达标
				日平均	0.000141	0.3	0.05	达标
				月平均	0.000009	0.3	0	达标

可见本项目喷漆废气中的二甲苯在各个环境保护敏感目标能够达到《工业企业设计卫生标准》（TJ 36—79）中的居住区大气中有害物质最高容许浓度的要求。影响浓度的最大占标率为 0.77%。

▉ 习题

1. 如何划分大气环境影响评价的等级和评价范围？
2. 大气污染源的分类有哪些？
3. 大气污染源的调查与评价内容有哪些？
4. 影响大气污染的主要因素有哪些？
5. 影响大气环境预测准确度的因素有哪些？
6. 设有某污染源由烟囱排入大气的 SO_2 源强为 80g/s，有效源高为 60m，烟囱出口处平均风速为 6m/s，当时气象条件下，正下风方向 500m 处的 $\sigma_z = 18.1$m，$\sigma_y = 35.3$m；计算 $x = 500$m、$y = 50$m 处的 SO_2 地面浓度。
7. 某工厂烟囱高 $H_s = 45$m，内径 $D = 1.0$m，烟温 $T_s = 100$℃，烟速 $V_s = 5.0$m/s，耗煤量 180kg/h，硫分 1%，水膜除尘脱硫效率取 10%，试求气温 20℃、风速 2.0m/s，中性大气条件下，距源 450m 轴线上

SO_2 的浓度。（大气压 $p_a = 101kPa$）

8. 地处平原某工厂，烟囱有效源高 100m，SO_2 产生量 180kg/h，烟气脱硫效率 70%，在正下风 1000m 处有一医院，试求中性大气稳定度条件下时，该工厂排放的 SO_2 对医院的平均浓度贡献值。（中性条件下，烟囱出口处风速 6.0m/s，距源 1000m，$\sigma_y = 100m$，$\sigma_z = 75m$）。

9. 设某电厂烧煤 15t/h，含硫量 3%，燃烧后有 90% 的 SO_2 由烟囱排入大气。若烟羽轴离地面高度为 200m，地面 10m 处风速为 3m/s，稳定度为 D 类，求风向下方 300m 处的地面浓度。

10. 某工厂烟囱有效源高 50m，SO_2 排放量 12kg/h，排气口风速 4.0m/s，求：

(1) SO_2 最大落地浓度是多少？

(2) 若使最大落地浓度下降至 0.010mg/m³，其他条件相同的情况下，有效源高应为多少？

11. 选择题

(1) （　　）评价可不进行大气环境影响评价预测工作，直接以估算模式的计算结果作为预测与分析依据。

A. 一级　　　　　　B. 二级　　　　　　C. 三级　　　　　　D. 四级

(2) 大气环境防护距离计算模式主要输入参数包括（　　）。

A. 面源有效高度、宽度、长度　　　　　B. 污染物排放速率

C. 污染物排放浓度　　　　　　　　　　D. 小时评价标准

第四章　水环境影响评价

【内容提要】

　　地表水环境影响评价是环境影响评价中重要篇章和评价重点，本章阐述了与地表水环境影响评价相关的污染物迁移转化的基础理论知识，介绍了地表水和地下水环境影响评价等级划分与范围确定及环境现状调查与评价和影响预测与评价的基本要求与方法；重点介绍完全混合模型、S-P 模型，以及点源的主要预测模型，面源源强确定方法等；以案例进一步说明地表水环境影响评价的过程。

第一节　水环境与水体污染

一、水环境概念

　　地球表面，水体面积约占表面积的 71%。水体是由海洋水和陆地水两部分组成，分别占总水量的 97.28% 和 2.72%。后者所占总量比例很小，且所处空间环境十分复杂。水在地球上处于不断循环的动态平衡状态。天然水的基本化学成分和含量，反映了它在不同自然环境循环过程中的原始物理化学性质，是研究水环境中元素存在、迁移和转化，以及环境质量（或污染程度）与水质评价的基本依据。

　　水环境是指自然界中水的形成、分布和转化所处空间的环境。是指围绕人群空间及可直接或间接影响人类生活和发展的水体，和影响水体正常功能的各种自然因素和有关的社会因素的总体。水环境是构成环境的基本要素之一，是人类社会赖以生存和发展的重要场所，也是受人类干扰和破坏最严重的领域。水体污染已成为当今世界主要的环境问题之一。

　　按照环境要素的不同，水环境可以分为海洋环境、湖泊环境、河流环境等。按照水体所处的位置，水环境可分为地表水环境和地下水环境两部分。地表水环境包括河流、湖泊、水库、海洋、池塘、沼泽、冰川等；地下水环境包括泉水、浅层地下水、深层地下水等。

二、水体污染

　　水体污染是指排入水体的污染物在数量上超过了该物质在水体中的本底含量和自净能力即水体的环境容量，破坏了水中固有的生态系统，破坏了水体的功能及其在人类生活和生产中的作用，降低了水体的使用价值和功能的现象。

　　水体污染分为两类：一类是人为水体污染，另一类是自然水体污染。其中水体污染的最主要的原因是人为污染。

　　凡对环境质量可以造成影响的物质和能量统称污染源；对环境质量造成影响的物质和能量，称为污染物或污染因子。影响地表水环境质量的污染物按排放方式可分为点源和面源，按污染性质可分为持久性污染物、非持久性污染物、水体酸碱度（pH 值）和热效应四类，根据国家水环境质量标准把水质参数分为以下几类。

　　① 物理参数　包括温度、嗅、味、色、浊度、固体（总固体、悬浮性固体、溶解性固体等）。

　　② 化学参数　有机成分和无机成分。无机指标有全盐量、硬度、pH 值、酸度、碱度、

铁、锰及氯化物、硫酸盐、硫化物、重金属类、氮、磷等。有机指标有 BOD_5、COD、DO、酚、油等。

③ 生化参数　大肠杆菌等。

三、水环境影响评价概念

水环境影响评价是通过一定的方法，确定建设项目或开发活动耗用的水资源量和环境供给水平以及排放的主要污染物对环境可能造成的影响范围和程度，提出避免或减轻影响的对策和措施，为建设项目或开发行动方案的优化决策提供科学的依据。水环境质量评价又称水质评价，是根据水的用途，按照一定的评价标准、评价参数和评价方法，对水域的水质或水域综合体的质量进行定性或定量的评定。

第二节　地表水环境影响评价等级

地表水指存在于陆地表面的各种河流（包括河口）、湖泊、水库。考虑到地表水与海洋之间的联系，《环境影响评价技术导则　地面水环境》（HJ/T 2.3—93）还包括了有关海湾（包括海岸带）的部分内容。

一、评价工作程序

地表水环境影响评价的工作程序见图 4-1。

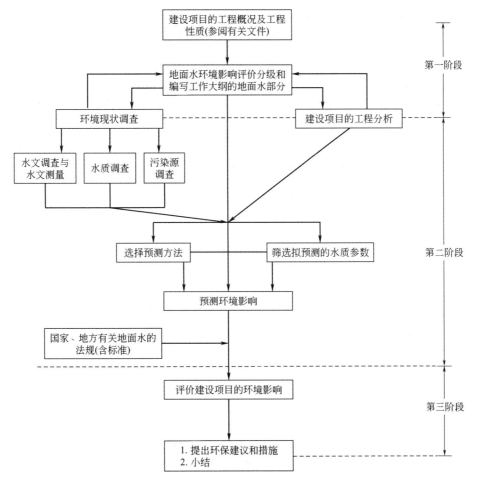

图 4-1　地表水环境影响评价的工作程序

二、评价工作分级方法

1. 地表水评价工作等级的划分依据

地表水环境影响评价工作分为三级。其工作级别的划分（以后简称地表水环境影响评价分级），根据下列条件进行，即：建设项目的污水排放量、污水水质的复杂程度，各种受纳污水的地表水域（以后简称受纳水域）的规模以及对它的水质要求。分级判据见表4-1；海

表 4-1 地表水环境影响评价分级判据

建设项目污水排放量 /(m³/d)	建设项目污水水质的复杂程度	一级		二级		三级	
		地表水域规模（大小规模）	地表水水质要求（水质类别）	地表水域规模（大小规模）	地表水水质要求（水质类别）	地表水域规模（大小规模）	地表水水质要求（水质类别）
≥20000	复杂	大	Ⅰ～Ⅲ	大	Ⅳ、Ⅴ		
		中、小	Ⅰ～Ⅳ	中、小	Ⅴ		
	中等	大	Ⅰ～Ⅲ	大	Ⅳ、Ⅴ		
		中、小	Ⅰ～Ⅳ	中、小	Ⅴ		
	简单	大	Ⅰ、Ⅱ	大	Ⅲ～Ⅴ		
		中、小	Ⅰ～Ⅲ	中、小	Ⅳ、Ⅴ		
<20000 ≥10000	复杂	大	Ⅰ～Ⅲ	大	Ⅳ、Ⅴ		
		中、小	Ⅰ～Ⅳ	中、小	Ⅴ		
	中等	大	Ⅰ、Ⅱ	大	Ⅱ、Ⅳ	大	Ⅴ
		中、小	Ⅰ、Ⅱ	中、小	Ⅱ～Ⅴ		
	简单			大	Ⅰ～Ⅲ	大	Ⅳ、Ⅴ
		中、小	Ⅰ	中、小	Ⅱ～Ⅳ	中、小	Ⅴ
<10000 ≥5000	复杂	大、中	Ⅰ、Ⅱ	大、中	Ⅲ、Ⅳ	大、中	Ⅴ
		小	Ⅰ、Ⅱ	小	Ⅲ、Ⅳ	小	Ⅴ
	中等			大、中	Ⅰ～Ⅲ	大、中	Ⅳ、Ⅴ
		小	Ⅰ	小	Ⅱ～Ⅳ	小	Ⅴ
	简单			大、中	Ⅰ、Ⅲ	大、中	Ⅲ～Ⅴ
				小	Ⅰ～Ⅱ	小	Ⅳ、Ⅴ
<5000 ≥1000	复杂			大、中	Ⅰ～Ⅲ	大、中	Ⅳ、Ⅴ
		小	Ⅰ	小	Ⅱ～Ⅳ	小	Ⅴ
	中等			大、中	Ⅰ、Ⅱ	大、中	Ⅲ～Ⅴ
				小	Ⅰ～Ⅲ	小	Ⅳ、Ⅴ
	简单					大、中	Ⅰ～Ⅳ
				小	Ⅰ	小	Ⅱ～Ⅴ
<1000 ≥200	复杂					大、中	Ⅰ～Ⅳ
						小	Ⅰ～Ⅴ
	中等					大、中	Ⅰ～Ⅳ
						小	Ⅰ～Ⅴ
	简单					中、小	Ⅰ～Ⅳ

湾环境影响评价分级判据见表 4-2。低于第三级地表水环境影响评价条件的建设项目,不必进行地表水环境影响评价,只需按照环境影响报告表的有关规定,简要说明所排放的污染物类型和数量、给排水状况、排水去向等,并进行一些简单的环境影响分析。

表 4-2　海湾环境影响评价分级判据

污水排放量	污水水质的复杂程度	一 级	二 级	三 级
≥20000	复杂	各类海湾		
	中等	各类海湾		
	简单	小型封闭海湾	其他各类海湾	
<20000 ≥5000	复杂	小型封闭海湾	其他各类海湾	
	中等		小型封闭海湾	其他各类海湾
	简单		小型封闭海湾	其他各类海湾
<5000 ≥1000	复杂		小型封闭海湾	其他各类海湾
	中等或简单			各类海湾
<1000≥500	复杂			各类海湾

2. 分级参数依据

污水排放量中不包括间接冷却水、循环水以及其他含污染物极少的清净下水的排放量,但包括含热量大的冷却水的排放量。

对于表 4-1 和表 4-2 中污染物类型、受纳水域大小规模和水质复杂程度等分级参数依据具体见表 4-3。

表 4-3　地表水及海湾环境影响评价分级参数依据

项目	名称	说　明				
污染物类型	持久性污染物	包括在环境中难降解、毒性大、易长期累积的有毒物质,如重金属和有机氯农药等				
	非持久性污染物	如易降解有机物,挥发酚等				
	酸和碱	以 pH 表示				
	热污染	以温度表示				
污水水质复杂程度	复杂	污染物类型数≥3,或者只含有两类污染物,但需预测其浓度的水质参数数目≥10				
	中等	污染物类型数=2,且需预测其浓度的水质参数数目<10;或者只含有一类污染物,但需预测其浓度的水质参数数目≥7				
	简单	污染物类型数=1,需预测浓度的水质参数数目<7				
受纳水域的规模	河流与河口	大河	≥150m³/s	中河	15~150m³/s	小河	<15m³/s
	湖泊和水库　平均水深≥10m	大湖(库)	≥25km²	中湖(库)	2.5~25km²	小湖(库)	<2.5km²
	湖泊和水库　平均水深<10m	大湖(库)	≥50km²	中湖(库)	5~50km²	小湖(库)	<5km²

拟进行地表水环境影响评价的厂矿企业、事业单位建设项目,其所排污水的水质、水量应符合 GB 8978 或其他有关排放标准。对地表水域的水质要求(即水质类别)以 GB 3838 为依据。根据标准,地表水环境质量分为五类。如受纳水域的实际功能与该标准的水质分类不一致时,由当地环保都门对其水质提出具体要求。

在具体应用上述划分原则时，可根据我国南、北方以及干旱、湿润地区的特点进行适当调整。

第三节 地表水环境现状调查和评价

一、环境现状的调查范围

环境现状调查范围，应能包括建设项目对周围地表水环境影响较显著的区域，在此区域内进行的调查，能全面说明与地表水环境相联系的环境基本情况，并能充分满足环境影响预测的要求。在确定某项具体工程的地表水环境调查范围时，应尽量按照将来污染物排放后可能的达标范围，参考表 4-4、表 4-5，并考虑评价等级的高低（评价等级高时可取调查范围略大，反之可略小）后决定。

表 4-4 河流环境现状调查范围① 单位：km

污水排放量/(m³/d)	大河	中河	小河
>50000	15～30	20～40	30～50
50000～20000	10～20	15～30	25～40
20000～10000	5～10	10～20	15～30
10000～5000	2～5	5～10	10～25
<5000	<3	<5	5～15

① 指排污口下游应调查的河段长度。

表 4-5 湖泊（水库）和海湾环境现状调查范围

污水排放量 /(m³/d)	湖泊(水库)调查范围		海湾调查范围	
	调查半径 /km	调查面积① (按半圆计算)/km²	调查半径/km	调查面积① (按半圆计算)/km²
>50000	4～7	25～80	5～8	400～100
50000～20000	2.5～4	10～25	3～5	15～40
20000～10000	1.5～2.5	3.5～10	1.5～3	3.5～15
10000～5000	1～1.5	2～3.5		
<5000	≤1	≤2	≤1.5	≤3.5

① 为以排污口为圆心，以调查半径为半径的半圆形面积。

二、环境现状的调查时间

根据当地的水文资料初步确定河流、河口、湖泊、水库的丰水期、平水期、枯水期，同时确定最能代表这三个时期的季节或月份，对于海湾，应确定评价期间的大潮期和小潮期。评价等级不同，对各类水域调查时期的要求也不同。表 4-6 列出了不同评价等级时各类水域的水质调查时期。

当调查区域面源污染严重，丰水期水质劣于枯水期时，一、二级评价的各类水域应调查丰水期，若时间允许，三级评价也应调查丰水期。冰封期较长的水域，且作为生活饮用水、食品加工用水的水源或渔业用水时，应调查冰封期的水质、水文情况。

三、水文调查与水文测量

1. 水文调查与水文测量的原则

应尽量收集邻近水文站既有水文年鉴资料和其他相关的有效水文观测资料。当上述资料不足时，应进行现场水文调查与水文测量，特别需要进行与水质调查同步的水文调查和水文

表 4-6 各类水域在不同评价等级时水质的调查时期

水域	一级	二级	三级
河流	一般情况,为一个水文年的丰水期、平水期和枯水期; 若评价时间不够,至少应调查平水期和枯水期	条件许可,可调查一个水文年的丰水期、平水期和枯水期; 一般情况,可只调查枯水期和平水期; 若评价时间不够,只调查枯水期	一般情况,可只在枯水期调查
河口	一般情况,为一个潮汐年的丰水期、平水期和枯水期; 若评价时间不够,至少应调查平水期和枯水期	一般情况,应调查平水期和枯水期; 若评价时间不够,可只调查枯水期	一般情况,可只在枯水期调查
湖泊(水库)	一般情况,为一个水文年的丰水期、平水期和枯水期; 若评价时间不够,至少应调查平水期和枯水期	一般情况,应调查平水期和枯水期; 若评价时间不够,可只调查枯水期	一般情况,可只在枯水期调查
海湾	一般情况,应调查评价工作期间的大潮期和小潮期	一般情况,应调查评价工作期间的大潮期和小潮期	一般情况,应调查评价工作期间的大潮期和小潮期

测量。

一般情况,水文调查与水文测量在枯水期进行,必要时,其他时期(丰水期、平水期、冰封期)可进行补充调查。调查范围应尽量按照将来建设项目可能影响的水域范围确定。

水文测量的内容应满足拟采用的水环境影响预测模式对水文参数的要求。在采用水数学模式时,应根据所选用的预测模式需输入的水文特征值及环境水力学参数决定水文测量内容。在采用物理模型法模拟水环境影响时,水文测量主要应取得足够的制作模型及模型试验所需的水文特征值和环境水力学参数。

与水质调查同步进行的水文测量,原则上只在一个时期内进行(水期)。水文测量的时间、频次和断面可不与水质调查完全相同,但应保证满足水环境影响预测所需的水文特征值及环境水力学参数的要求。

2. 水文调查与水文测量的内容

水文调查的内容根据评价等级和地表水域规模决定,详见表 4-7。需要预测建设项目的非点源污染时,应调查历年的降雨资料,并根据预测的需要对资料进行统计分析。

表 4-7 水文调查与水文测量的内容

水域	水文调查与水文测量的内容
河流	根据评价等级、河流的规模决定,其中主要有丰水期、平水期、枯水期的划分,河流平直及弯曲情况(如平直段长度或弯曲段的弯曲半径等)、横断面、纵断面(坡度)、水位、水深、河宽、流量、流速及其分布、水温、糙率及泥沙含量等,丰水期有无分流漫滩,枯水期有无浅滩、沙洲和断流,北方河流还应了解结冰、封冻、解冻等现象。河网地区应调查各河段流向、流速、流量的关系,了解流向、流速、流量的变化特点
感潮河口	根据评价等级、河流的规模决定调查和测量的内容,除与河流相同的内容外,还有:感潮河段的范围,涨潮、落潮及平潮时的水位、水深、流向、流速及其分布、横断面、水面坡度以及潮间隙、潮差和历时等
湖泊、水库	湖泊、水库的面积和形状(附平面图),丰水期、平水期、枯水期的划分,流入、流出的水量,停留时间,水量的调度和贮量,湖泊、水库的水深,水温分层情况及水流状况(湖流的流向和流速,环流的流向、流速及稳定时间)等
海湾	海岸形状,海底地形,潮位及水深变化,潮流状况(小潮和大潮循环期间的流流变化、平行于海岸线流动的落潮和涨潮),流入的河水流量、盐度和温度造成的分层情况,水温、波浪的情况以及内海水与外海水的交换周期等

四、水质调查

1. 水质调查的原则和水质参数的类型

水质调查的原则是水质调查时应尽量利用现有数据资料，如资料不足时应实测。水质调查时所选择的水质参数包括两类；一类是常规水质参数，它能反映水域水质一般状况；另一类是特征水质参数，它能代表建设项目将来排放的水质。

常规水质参数以 GB 3838 中所提出的 pH、溶解氧、高锰酸盐指数、五日生化需氧量、凯氏氮或非离子氨、酚、氰化物、砷、汞、铬（六价）、总磷以及水温为基础，根据水域类别、评价等级、污染状况适当删减。

特征水质参数根据建设项目特点、水域类别及评价等级选定。不同项目的特征水质参数不同，部分行业特征水质参数见表 4-8，选择时可适当删减。

表 4-8 特征水质参数（部分）

序号	建设项目	水质参数
1	生产区及生活娱乐设施	BOD$_5$、COD、pH、悬浮物、氨氮、磷酸盐、表面活性剂、水温、溶解氧
2	城市及城市扩建	BOD$_5$、COD、溶解氧、pH、悬浮物、氨氮、磷酸盐、表面活性剂、水温、油、重金属
3	黑色金属矿山	pH、悬浮物、硫化物、铜、铅、锌、镉、汞、六价铬
4	黑色冶炼、有色金属矿山及冶炼	pH、悬浮物、COD、硫化物、氟化物、挥发性酚、银化物、石油类、铜、锌、铅、砷、镉、汞
5	火力发电、热电	pH、悬浮物、硫化物、挥发性酚、砷、水温、铅、镉、铜、石油类、氟化物
6	焦化及煤制气	COD、BOD$_5$、水温、悬浮物、硫化物、挥发性酚、砷、氰化物、石油类、氨氮、苯类、多环芳烃、砷、溶解氧、BaP
7	石油开发与炼制	pH、COD、BOD$_5$、溶解氧、悬浮物、硫化物、水温、挥发性酚、氰化物、石油类、苯类、多环芳烃
8	染料、颜料及油漆	pH（或酸、碱度）、COD、BOD$_5$、悬浮物、挥发性酚、硫化物、氰化物、砷、铅、镉、锌、汞、六价铬、石油类、苯胺类、苯类、硝基苯类、水温
9	纺织、印染	pH、COD、BOD$_5$、悬浮物、水温、挥发性酚、硫化物、苯胺类、色度、六价铬

当受纳水域的环境保护要求较高（如自然保护区、饮用水源地、珍贵水生生物保护区、经济鱼类养殖区等），且评价等级为一、二级时，应考虑调查水生生物和底质。其调查项目可根据具体工作要求确定或从下列项目中选择部分内容。

① 水生生物方面 浮游动植物、藻类、底栖无脊椎动物的种类和数量、水生生物群落结构等。

② 底质方面 主要调查与拟建工程排水水质有关的易积累的污染物。

2. 各类水域布设水质取样断面及取样点的原则与方法

（1）河流

一般应布设对照断面、控制断面和削减断面。在调查范围的两端应布设取样断面，在拟建排污口上游 500m 处应设置对照断面；调查范围内重点保护水域、重点保护对象附近水域应布设取样断面，水文特征突然变化处（如支流汇入处等）、水质急剧变化处（如污水排入处等）、重点水工构筑物（如取水口、桥梁涵洞等）附近、水文站附近等应布设取样断面。调查范围下游边界处、水质例行监测断面处以及其他水质预测的地点等应布设控制断面；需掌握水质自净规律、通过实测水质数据来估算水质衰减（降解）系数时，应在恰当河段布设削减断面。河流取样断面及取样点的方法见表 4-9。

（2）河口

当排污口拟建于河口感潮段内时，其上游需设置取样断面的数目与位置，应根据感潮段的实际情况决定，其下游同河流。取样断面上取样点的布设及水样的对待同河流部分。

（3）湖泊、水库

湖泊、水库取样断面及取样点的原则与方法见表 4-10。

表 4-9　河流取样断面及取样点的方法

取样点的布设	取样垂线	小河	在取样断面的主流线上设一条取样垂线
		大、中河	河宽<50m:在取样断面上各距岸边 1/3 水面宽处,设一条取样垂线(垂线应设在有较明显水流处),共设两条取样垂线; 河宽>50m:在取样断面的主流线上及距两岸不少于 0.5m,并有明显水流的地方,各设一条取样垂线,即共设三条取样垂线
		特大河	取样断面上的取样垂线数应适当增加,而且主流线两侧的垂线数目不必相等,拟设置排污口一侧可以多一些。如断面形状十分不规则时,应结合主流线的位置,适当调整取样垂线的位置和数目
	取样水深	河流水深>5m	在水面下 0.5m 水深处及在距河底 0.5m 处,各取样一个
		河流水深 1～5m	只在水面下 0.5m 处取一个样
		河流水深<1m	取样点距水面不应小于 0.3m,距河底也不应小于 0.3
水样的对待	三级评价		需要预测混合过程段水质的场合,每次应将该段内各取样断面中每条垂线上的水样混合成一个水样。其他情况每个取样断面每次只取一个混合水样,即在该断面上,各处所取的水样混匀成一个水样
	二级评价		同三级评价
	一级评价		每个取样点的水样均应分析,不取混合样

注:1. 特大河,如长江、黄河、珠江、黑龙江、淮河、松花江、海河等。

2. 对于三级评价的小河不论河水深浅,只在一条垂线上一个点取一个样,一般情况下取样点应在水面下 0.5m 处,距河底不应小于 0.3m。

表 4-10　湖泊、水库取样断面及取样点的原则与方法

取样位置布设原则				在湖泊、水库中布设的取样位置应尽量覆盖表 4-5 推荐的整个调查范围,并且能切实反映湖泊、水库的水质和水文特点(如进水区、出水区、深水区、浅水区、岸边区等)。取样位置可以采用以建设项目的排放口为中心,沿放射线布设的方法。每个取样位置的间隔可参考下列数字
取样位置的布设方法和数目	大、中型湖泊、水库	污水排放量<50000m³/d	一级评价	每 1～2.5km² 布设一个取样位置
			二级评价	每 1.5～3.5km² 布设一个取样位置
			三级评价	每 2～4km² 布设一个取样位置
		污水排放量>50000m³/d	一级评价	每 3～6km² 布设一个取样位置
			二、三级评价	每 4～7km² 布设一个取样位置
	小型湖泊、水库	污水排放量<50000m³/d	一级评价	每 0.5～1.5km² 布设一个取样位置
			二、三级评价	每 1～2km² 布设一个取样位置
		污水排放量>50000m³/d	一、二、三级评价	每 0.5～1.5km² 布设一个取样位置
取样位置上取样点的确定	大、中型湖泊、水库	平均水深<10m		取样点设在水面下 0.5m 处,但此点距底不应小于 0.5m
		平均水深≥10m		根据现有资料查明此湖泊(水库)有无温度分层现象,如无资料可供调查,则先测水温。在取样位置水面下 0.5m 测水温,以下每隔 2m 水深测一个水温值,如发现两点间温度变化较大时,应在这两点间酌量加测几点的水温,目的是找到斜温层。找到斜温层后,在水面下 0.5m 及斜温层以下,距底 0.5m 以上处各取一个水样
	小型湖泊、水库	平均水深<10m		水面下 0.5m,并距底不小于 0.5m 处设一取样点
		平均水深≥10m		水面下 0.5m 处和水深 10m,并距不小于 0.5m 处各设一取样点
水样的对待	大、中型湖泊、水库			各取样位置上不同深度的水样均不混合
	小型湖泊、水库			水深小于 10m 时,每个取样位置取一个水样; 水深大于等于 10m 时则一般只取一个混合样,在上下层水质差距较大时,可不进行混合

（4）现有水质资料的搜集、整理

现有的水质资料主要向当地水质监测部门搜集。搜集的对象是有关的水质监测报表、环境质量报告书及建于附近的建设项目的环境影响报告书等技术文件中的水质资料。按照时间、地点和分析项目排列整理所搜集的资料，并尽量找出其中各水质参数间的关系及水质变化趋势，同时与可能找到的同步的水文资料一起，分析查找地表水环境对各种污染物的净化能力。

五、水环境功能的调查

1. 调查的意义

水利用状况是地表水环境影响评价的基础资料，一般应由环境保护部门规定。调查的目的是核对补充这个规定，若还没有规定则应通过调查明确之，并报环境保护部门认可。

2. 调查的内容

水资源利用、地表水环境功能、近岸海域环境功能的调查，可根据需要选择下述全部或部分内容：城市、工业、农业、渔业、水产养殖业等各类的用水情况，以及各类用水的供需关系、水质要求和渔业、水产养殖业等所需的水面面积等。此外，对用于排泄污水或灌溉退水的水体也应调查。在水资源利用及水环境功能状况调查时还应注意地表水与地下水之间的水力联系。

六、地表水环境现状评价

1. 评价的原则

评价水质现状主要采用文字分析与描述，并辅之以数学表达式。在文字分析与描述中，有时可采用检出率、超标率等统计值。数学表达式分两种：一种用于单项水质参数评价，另一种用于多项水质参数综合评价。

在水环境质量评价中，当有一项水质参数超过相应功能的标准值，就表示该水体已经不能完全满足该功能的要求，因此单项水质参数评价简单明了，可以直接了解该水质参数现状与标准的关系，一般均可采用。多项水质参数综合评价只在调查的水质参数较多时方可应用。此方法只能了解多个水质参数的综合现状与相应标准的综合情况之间的某种相对关系。

2. 评价依据

地表水环境质量标准和有关法规及当地的环保要求是评价的基本依据。地表水环境质量标准应采用 GB 3838 或相应的地方标准，海湾水质标准应采用 GB 3097，有些水质参数国内尚无标准，可参照国外标准或建立临时标准，所采用的国外标准和建立的临时标准应按国家环保部门规定的程序报有关部门批准。评价区内不同功能的水域应采用不同类别的水质标准。

3. 评价方法

（1）水质参数数值的确定

水质参数数值的确定在单项水质参数评价中，一般情况，某水质参数的数值可采用多次监测的平均值，但若该水质参数值变化甚大，为了突出高值的影响可采用内梅罗（Nemerow）平均值，或其他计入高值影响的平均值。下式为内梅罗平均值的表达式：

$$c = \left(\frac{c_{\max}^2 + c^{-2}}{2} \right)^{\frac{1}{2}} \tag{4-1}$$

式中，$c_{\max}$ 为该水质参数的最大值；c^- 为该水质参数的平均值。

（2）单项水质参数评价方法

水质评价方法主要采用单项水质参数评价法。

① 一般水质因子（随污染物本身浓度增加而使水质变差的水质因子）的标准指数法为：单项水质参数 i 在第 j 点的标准指数：

$$S_{i,j} = c_{i,j} / c_{si} \tag{4-2}$$

式中，$S_{i,j}$ 为单项水质参数 i 在第 j 点的标准指数；$c_{i,j}$ 为 i 污染物在 j 点的浓度，mg/L；c_{si} 为 i 污染物的水质评价标准，mg/L。标准指数值越小水质越好，大于 1 则超标，认为水质不能满足使用功能的要求。

② DO 的标准指数为

$$S_{DO,j} = \frac{|DO_f - DO_j|}{DO_f - DO_s} \qquad DO_j \geqslant DO_s \tag{4-3}$$

$$S_{DO,j} = 10 - 9 \frac{DO_j}{DO_s} \qquad DO_j < DO_s \tag{4-4}$$

$$DO_f = 468 / (31.6 + T) \tag{4-5}$$

式中　$S_{DO,j}$——溶解氧在第 j 点的标准指数；

DO_j——溶解氧在第 j 点的浓度，mg/L；

DO_f——饱和溶解氧的浓度，mg/L；

DO_s——溶解氧的地表水水质标准，mg/L；

T——水温，℃。

③ pH 的标准指数为

$$S_{pH,j} = \frac{7.0 - pH_j}{7.0 - pH_{sd}} \qquad pH_j \leqslant 7.0 \tag{4-6}$$

$$S_{pH,j} = \frac{pH_j - 7.0}{pH_{su} - 7.0} \qquad pH_j > 7.0 \tag{4-7}$$

式中　pH_j——地表水环境中 j 点的 pH 值；

pH_{sd}——地面水水质标准中规定的 pH 值下限；

pH_{su}——地面水水质标准中规定的 pH 值上限。

水质参数的标准指数>1，表明该水质参数超过了规定的水质标准，已经不能满足相应的水域功能要求。

第四节　地表水环境影响预测和评价

一、地表水环境影响预测工作的准备

1. 预测的基本原理

地表水环境影响的预测是以一定的预测方法为基础，而这种方法的理论基础是水体的自净特性。水体中的污染物在没有人工净化措施的情况下，它的浓度随时间和空间的推移而逐渐降低的特性即称为水体的自净特性。从机制方面可将水体自净分为物理自净、化学自净、生物自净三类。它们往往是同时发生而又相互影响。

（1）物理自净

物理自净作用主要指的是污染物在水体中的混合稀释和自然沉淀过程。沉淀作用指排入水体的污染物中含有的微小的悬浮颗粒，如颗粒态的重金属、虫卵等由于流速较小逐渐沉到水底。污染物沉淀对水质来说是净化，但对底泥来说则污染物反而增加。混合稀释作用只能降低水中污染物的浓度，不能减少其总量。水体的混合稀释作用主要由下面三部分作用所致。

① 紊动扩散作用　由水流的紊动特性引起水中污染物自高浓度向低浓度区转移的紊动扩散。

② 移流作用　由于水流的推动使污染物迁移的随流输移。

③ 离散作用　由于水流方向横断面上流速分布的不均匀而引起附加的污染物分散。

（2）化学自净

氧化还原反应和天然的混凝沉淀作用是水体化学净化的重要作用。流动的水流通过水面波浪不断将大气中的氧气溶入，这些溶解氧与水体中的污染物将发生氧化反应，如某些重金属离子可因氧化生成难溶物（如铁、锰等）而沉降析出；硫化物可氧化为硫代硫酸盐或硫而被净化。还原作用对水体净化也有作用，但这类反应多在微生物作用下进行。水体在不同的 pH 下，对污染物有一定的净化作用。某些元素在弱酸性环境中容易溶解得到稀释（如锶、钽、锌、镉、六价铬等），而另一些元素在中性或碱性环境中可形成难溶化合物而沉淀，例如 Mn^+、Fe^{2+} 形成难溶的氢氧化物沉淀而析出。因天然水体接近中性，所以酸碱反应在水体中的作用不大。天然水体中含有各种胶体，如硅、铝等的氢氧化物、黏土颗粒和腐殖质等，由于这些微粒既有较大的表面积，另有一些物质本身就是凝聚剂，从而使有些污染物随着这些作用从水中去除。

（3）生物自净

水中微生物在溶解氧充分的情况下，将一部分有机物当作食饵耗掉，将另一部分有机污染物氧化成无害的简单无机物。影响生物自净作用的关键是：溶解氧的含量，有机污染物的性质、浓度及微生物的种类、数量等。生物自净的快慢与有机污染物的数量和性质有关。生活污水、食品工业废水中的蛋白质、脂肪类是极易分解的。但大多数有机物分解缓慢，更有少数有机物极难分解，如造纸废水中的木质素、纤维素等，需经数月才能分解，另有不少人工合成的有机物极难分解并有剧毒，如滴滴涕、六六六等有机氯农药和多氯联苯等。水生物的状况对生物自净有密切关系，它们担负着分解绝大部分有机物的任务。蠕虫能分解河底有机污泥，并以之为食饵。原生动物除了因以有机物为食饵的自净作用外，还和轮虫、甲壳虫等一起维持着河道的生态平衡。藻类虽不能分解有机物，但与其他绿色植物一起在阳光下进行光合作用，吸收 CO_2 释放 O_2。其他如水体温度、水流状态、天气、风力等物理和水文条件以及水面有无影响复氧作用的油膜、泡沫等均对生物自净有影响。

2. 预测条件的确定

（1）筛选拟预测的水质参数

拟预测的水质参数应根据建设项目的工程分析和环境现状、评价等级、当地的环保要求筛选和确定。拟预测的水质参数的数目既要说明问题又不能过多，一般应少于环境现状调查水质参数的数目。建设过程、生产运行（包括正常和不正常排放两种情况）、服务期满后各阶段均应根据各自的具体情况决定其拟预测水质参数，彼此不一定相同。在环境现状调查水质参数中选择拟预测水质参数。对河流可按式（4-8）计算，将水质参数排序后从中选取。

$$\mathrm{ISE} = \frac{c_p Q_p}{(c_s - c_h) Q_h} \tag{4-8}$$

式中　ISE——污染物排序指标；

　　　c_p——污染物排放浓度，mg/L；

　　　Q_p——废水排放量，m^3/s；

　　　c_s——污染物排放标准，mg/L；

　　　c_h——河流上游污染物浓度，mg/L；

　　　Q_h——河流流量，m^3/s。

ISE 是负值或越大说明建设项目对河流中该项水质参数的影响越大。

（2）预测范围

地表水环境预测的范围与地表水环境现状调查的范围相同或略小（特殊情况也可以略大）。确定预测范围的原则与现状调查相同。

（3）预测点位

在预测范围内应布设适当的预测点，通过预测这些点所受的环境影响来全面反映建设项目对该范围内地表水环境的影响。预测点位的数量和预测点位选择，应根据受纳水体和建设项目的特点、评价等级以及当地的环保要求确定。

虽然在预测范围以外，但估计有可能受到影响的重要用水地点，也应选择水质预测点位。地表水环境现状监测点位应作为预测点位。水文特征突然变化和水质突然变化所处的上、下游，重要水工建筑物附近，水文站附近等应选择作为预测点位。当需要预测河流混合过程段的水质时，应在该段河流中选择若干预测点位。当拟预测水中溶解氧时，应预测最大亏氧点的位置及该点位的浓度，但是分段预测的河段不需要预测最大亏氧点。排放口附近常有局部超标水域，如有必要应在适当水域加密预测点位，以便确定超标水域的范围。

（4）建设项目环境影响的预测阶段划分

所有建设项目均应预测生产运行阶段对地表水环境的影响。该阶段的地表水环境影响应按正常排放和不正常排放两种情况进行预测。

大型建设项目应根据该项目建设过程阶段的特点和评价等级、受纳水体特点以及当地环保要求决定是否预测该阶段的环境影响。同时具备如下三个特点的大型建设项目应预测建设过程阶段的环境影响。a.地表水水质要求较高，如要求达到Ⅲ类以上；b.可能进入地表水环境的堆积物较多或土方量较大；c.建设阶段时间较长，如超过一年。建设过程阶段对水环境的影响主要来自水土流失和堆积物的流失。

根据建设项目的特点、评价等级、地表水环境特点和当地环保要求，个别建设项目应预测服务期满后对地表水环境的影响。矿山开发项目一般应预测此种环境影响。服务期满后地表水环境影响主要来源于水土流失所产生的悬浮物和以各种形式存在于废渣、废矿中的污染物。

（5）地表水环境影响预测时段

地表水环境预测应考虑水体自净能力不同的各个时段。通常可将其划分为自净能力最小、一般、最大三个时段。自净能力最小的时段通常在枯水期（结合建设项目设计的要求考虑水量的保证率），个别水域由于面源污染严重也可能在丰水期。自净能力一般的时段通常在平水期。冰封期的自净能力很小，情况特殊，如果冰封期较长可单独考虑。海湾的自净能力与时期的关系不明显，可以不分时段。评价等级为一、二级时应分别预测建设项目在水体自净能力最小和一般两个时段的环境影响。冰封期较长的水域，当其水体功能为生活饮用水、食品工业用水水源或渔业用水时，还应预测此时段的环境影响。评价等级为三级或评价等级为二级但评价时间较短时，可以只预测自净能力最小时段的环境影响。

（6）预测方法

① 数学模式法　数学模式法是最常用的预测方法，是利用表达水体净化机制的数学方程预测建设项目引起的水质变化。该法比较简便，能给出定量的预测结果，应首先考虑。但这种方法需要一定的计算条件和输入必要的参数，而且污染物在水中的净化机制，很多方面尚难用数学模式表达。

② 物理模型法　此方法是依据相似理论，在一定比例缩小的环境模型上进行水质模拟实验，以预测建设项目引起的水体水质变化。该法定量性较高、再现性较好，能反映出比较复杂的地表水环境的水力特征和污染物迁移的物理过程，但需要有合适的试验场所和条件以及必要的基础数据，制作这种模型需要较多的人力、物力和时间。在无法利用数学模式法预测而评价级别较高、对预测结果要求较严时，应选用此法。但污染物在水中的化学、生物净化过程难以在实验中模拟。

③ 类比分析（调查）法　用于调查与建设项目性质相似，且纳污水体的规模、水文特

征、水质状况也相似的工程。根据调查结果，分析、预估建设项目的水环境影响。此种预测只能做半定量或定性预测。对评价级别较低且评价时间短、无法取得足够的数据，不能利用数学模式法或物理模型法预测建设项目的环境影响时可采用此法。还可用类比分析（调查）法求得数学模式中所需的若干参数和数据。

④ 专业判断法　专业判断法只能做定性预测。建设项目对地表水环境的某些影响（如感官性状，有毒物质在底泥中的累积和释放等）以及某些过程（如 pH 的沿程恢复过程）等，目前尚无实用的定量预测方法，这种情况当没有条件进行类比调查法时，可以采用专业判断法。评价等级为三级且建设项目的某些环境影响不大而预测又费时费力时也可以采用此法预测。

（7）污染源和水体的简化

污染源简化包括排放形式的简化和排放规律的简化。根据污染源的具体情况，排放形式可简化为点源和面源，排放规律可简化为连续恒定排放和非连续恒定排放。地表水环境简化包括边界几何形状的规则化和水文、水力要素时空分布的简化等。这种简化应根据水文调查与水文测量的结果和评价等级等进行。污染源和水体的简化见表 4-11。

二、地表水环境影响预测模型和预测内容

1. 地表水影响预测的原则

① 对于已确定的评价项目，都应预测建设项目对受纳水域水环境产生的影响，预测的范围、时段、内容及方法均应根据其评价工作等级、工程与水环境特性和当地的环保要求而定。同时应尽量考虑预测范围内，规划的建设项目可能产生的叠加性水环境影响。

② 对于季节性河流，应依据当地环保部门所定的水体功能，结合建设项目的特性确定其预测的原则、范围、时段、内容及方法。

③ 当水生生物保护对地表水环境要求较高时（如珍贵水生生物保护区、经济鱼类养殖区等），应简要分析建设项目对水生生物的影响。分析时一般可采用类比调查法或专业判断法。

2. 点源的环境影响预测

（1）一般原则

① 预测范围内的河段可以分为充分混合段，混合过程段和上游河段。充分混合段是指污染物浓度在断面上均匀分布的河段。当断面上任意一点的浓度与断面平均浓度之差小于平均浓度的 5％时，可以认为达到均匀分布。混合过程段是指排放口下游达到充分混合以前的河段。上游河段是指排放口上游的河段。

② 在利用数学模式预测河流水质时，充分混合段可以采用一维模式或零维模式预测断面平均水质。大、中河流一、二级评价，且排放口下游 3～5km 以内有集中取水点或其他特别重要的环保目标时，均应采用二维模式（或弗-罗模式）预测混合过程段水质。其他情况可根据工程、环境特点、评价工作等级及当地环保要求，决定是否采用二维模式。

③ 解析模式适用于恒定水域中点源连续恒定排放，其中二维解析模式只适用于矩形河流或水深变化不大的湖泊、水库；稳态数值模式适用于非矩形河流，水深变化较大的浅水湖泊、水库形成的恒定水域内的连续恒定排放；动态数值模式适用于各类恒定水域中的非连续恒定排放或非恒定水域中的各类排放。

（2）河流常用数学模型

对于不同类型的河段（充分混合段、平直河流混合过程段、弯曲河流混合过程段和沉降作用明显的河流），不同的污染物类型（持久性污染物、非持久性污染物、酸碱污染物和热污染）以及不同的评价等级，可参照表 4-12 选用不同的数学模式进行预测。

（3）河流完全混合模式

表 4-11　污染源和水体的简化

污染源简化	排放形式的简化	点源	如一个单独的排放口
		面源	无组织排放可以简化成面源。从多个间距很近的排放口排水时,也可以简化为面源
	排放规律的简化	连续恒定排放	
		非连续恒定排放	
	排入河流的两排放口的间距较近时,可以简化为一个,其位置假设在两排放口之间,其排放量为两者之和。两排放口间距较远时,可分别单独考虑		
	排入小湖(库)的所有排放口可以简化为一个,其排放量为所有排放量之和。排入大湖(库)的两排放口间距较近时,可以简化成一个,其位置假设在两排放口之间,其排放量为两者之和。两排放口间距较远时,可分别单独考虑		
	当评价等级为一、二级并且排入海湾的两排放口间距小于沿岸方向差分网格的步长时,可以简化成一个,其排放量为两者之和,如不是这种情况,可分别单独考虑。评价等级为三级时,海湾污染源简化与大湖(库)相同		
	无组织排放可以简化成面源。从多个间距很近的排放口排水时,也可以简化为面源。在地表水环境影响预测中,通常可以把排放规律简化为连续恒定排放		

河流简化	矩形平直河流	河流的断面宽深比≥20 时,可视为矩形河流。小河可以简化为矩形平直河流	河流预测简化的分段考虑

接下来为河流简化的右侧分段考虑栏（河流预测简化的分段考虑）：

河流简化		河流预测简化的分段考虑
矩形平直河流	河流的断面宽深比≥20 时,可视为矩形河流。小河可以简化为矩形平直河流	大中河流预测河段的断面形状沿程变化较大时,可以分段考虑
		河流水文特征或水质有急剧变化的河段,可在急剧变化之处分段,各段分别进行环境影响预测
		河网应分段进行环境影响预测
矩形弯曲河流	大中河流中,预测河段弯曲较大(如其最大弯曲系数>1.3 时),可视为弯曲河流	评价等级为三级时,江心洲、浅滩等均可按无江心洲、浅滩的情况对待
		江心洲位于充分混合段,评价等级为二级时,可以按无江心洲对待;评价等级为一级且江心洲较大时,可以分段进行环境影响预测,江心洲较小时可不考虑
非矩形河流	大中河流断面上水深变化很大且评价等级较高(如一级评价)时,可以视为非矩形河流并应调查其流场	江心洲位于混合过程段,可分段进行环境影响预测,评价等级为一级时也可以采用数值模式进行环境影响预测
		人工控制河流根据水流情况可以视为水库,也可视其为河流,分段进行环境预测

河口简化	河流汇合部	河流汇合部可以分为支流、汇合前主流、汇合后主流三段分别进行环境影响预测。小河汇入大河时可以把小河看成点源
	河流感潮段	该段指受潮汐作用影响较明显的河段。可以将落潮时最大断面平均流速与涨潮时最小断面平均流速之差等于 0.05m/s 的断面作为其与河流的界限。除个别要求很高(如评价等级为一级)的情况外,河流感潮段一般可按潮周平均、高潮平均和低潮平均三种情况,简化为稳态进行预测
	河口外滨海段	河口外滨海段可视为海湾
	河流与湖泊、水库汇合部	河流与湖泊、水库汇合部可以按照河流和湖泊、水库两部分分别预测其环境影响
	河口断面沿程变化较大时,可以分段进行环境影响预测	

湖泊、水库简化	大湖(库)	评价等级为一级时,中湖(库)可以按大湖(库)对待	评价等级为三级时停留时间很长时中湖(库)也可以按大湖(库)对待
	小湖(库)	评价等级为一级时,中湖(库)停留时间较短时也可以按小湖(库)对待	评价等级为三级时,中湖(库)可以按小湖(库)对待
	分层湖库	水深>10m 且分层期较长(如>30d)的湖泊、水库可视为分层湖(库)	
	珍珠串湖泊可以分为若干区,各区分别按上述情况简化。不存在大面积回流区和死水区且流速较快,停留时间较短的狭长湖泊可简化为河流。其岸边形状和水要素变化较大时还可以进一步分段。不规则形状的湖泊、水库可根据流场的分布情况和几何形状分区。自顶端入口附近排入废水的狭长湖泊或循环利用湖水的小湖,可以分别按各自的特点考虑		

海湾简化	预测海湾水质时一般只考虑潮汐作用,不考虑波浪作用。评价等级为一级且海流(主要指风海流)作用较强时,可以考虑海流对水质的影响
	潮流可以简化为平面二维非恒定流场。当评价等级为三级时可以只考虑潮周期的平均情况
	较大的海湾交换周期很长,可视为封闭海湾
	在注入海湾的河流中,大河及评价等级为一、二级的中河应考虑其对海湾流场和水质的影响;小河及评价等级为三级的中河可视为点源,忽略其对海湾流场的影响

表 4-12 河流数学模式选择参照

污染物类型	河段类型	评价等级	数学模式
持久性污染物	充分混合段	一、二、三级	河流完全混合模式
	平直河流混合过程段	一、二、三级	二维稳态混合模式
	弯曲河流混合过程段	一、二、三级	稳态混合累积流量模式
	沉降作用明显的河流		目前尚无通用成熟的模式。混合过程段可以近似采用非持久性污染物的相应预测模式，但注意应将 K_1 改为 K_3；K_1 为耗氧系数，1/d；K_3 为污染物的沉降系数，1/d。充分混合段可以近似采用托马斯(Thomas)模式，但模式中的 K_1 为零
非持久性污染物	充分混合段	一、二、三级	S-P 模式，清洁河流和三级评价可以不预测溶解氧
	平直河流混合过程段	一、二、三级	二维稳态混合模式
	弯曲河流混合过程段	一、二、三级	稳态混合累积流量模式
	沉降作用明显的河流		目前尚无相应的模式。混合过程段可以近似采用沉降作用不明显河流相应的预测模式，但应将 K_1 改为综合削减系数 K。充分混合段可以采用托马斯模式
酸碱污染物	充分混合段	一、二、三级	河流 pH 值模式
	混合过程段		目前尚无相应的模式。可假设酸碱污染物在河流中只有混合作用，按照持久性污染物模式预测混合过程段各点的酸碱度浓度，然后通过室内试验找出该污染物浓度与 pH 的关系曲线，最后根据各点污染物的计算浓度查曲线以近似求得相应点的 pH
热污染	充分混合段	一、二、三级	一维稳态混合模式
	混合过程段		目前尚无成熟的简单模式。一、二级可参考水电部分采用的方法

废水排入一条河流时，废水污染物为持久性物质，不分解也不沉淀；河流是稳态的，定常排污，即河床截面积、流速、流量及污染物的输入量不随时间变化；污染物在整个河段内均匀混合，即该河段内各点污染物浓度相等；河流无支流和其他排污口废水进入；可用完全混合模型计算排放口下游某断面的浓度：

$$c = (c_p Q_p + c_h Q_h)/(Q_p + Q_h) \tag{4-9}$$

式中　c——废水与河水混合后的浓度，mg/L；

其他符号意义同前。

【例 4-1】 河边拟建一工厂，排放含氯化物废水，流量 283m³/h；含氯化物 1300mg/L。该河平均流速 0.46m/s，平均河宽 13.7m，平均水深 0.61m，上游来水含氯化物 180mg/L，该厂废水如排入河中能与河水迅速混合，问河水氯化物是否超标？（已知国家标准和地方标准分别为 250mg/L、200mg/L）。

解　废水流量　$Q_p = 283m^3/h = 0.0786m^3/s$

河流流量为　$Q_h = uWH = 0.46 \times 13.7 \times 0.61 = 3.84(m^3/s)$

根据完全混合模型，废水与河水充分混合后的氯化物的浓度为：

$$c = \frac{c_p Q_p + c_h Q_h}{Q_p + Q_h} = \frac{1300 \times 0.0786 + 180 \times 3.84}{0.0786 + 3.84}$$

$= 202.465$（mg/L）$< 250mg/L$，但 $> 200mg/L$

有地方标准的地区应按照地方标准执行，所以工厂建成后河水中的氯化物将超标。

（4）一维稳态模式

在河流的流量和其他水文条件不变的稳态情况下，废水排入河流并充分混合后，非持久性污染物或可降解污染物沿河下游 x 处的污染物浓度可按下式计算：

$$c = c_0 \exp\left[\frac{ux}{2E_x}\left(1 - \sqrt{1 + \frac{4KE_x}{u^2}}\right)\right] \qquad (4\text{-}10)$$

式中 c ——计算断面污染物浓度，mg/L；

     c_0 ——初始断面污染物浓度，mg/L；

     E_x ——废水与河流的纵向混合系数，m^2/d；

     K ——污染物降解系数，d^{-1}；

     u ——河水平均流速，m/s。

对于一般条件下的河流，推流形成的污染物迁移作用要比弥散作用大得多，弥散作用可以忽略，则有

$$c = c_0 \exp\left(-\frac{Kx}{86400u}\right) \qquad (4\text{-}11)$$

该式适用条件：非持久性污染物；河流为恒定流动；废水连续稳定排放；废水与河水充分混合后河段，混合过程段的长度由式（4-12）估算：

$$l = \frac{(0.4B - 0.6a)Bu}{(0.058H + 0.0065B)(gHI)^{1/2}} \qquad (4\text{-}12)$$

式中 l ——混合段长度，m；

     B ——河流宽度，m；

     a ——排放口到岸边的距离，m；

     H ——平均水深，m；

     u ——河流平均流速，m/s；

     I ——河流底坡，m/m。

【例 4-2】 一个改扩建工程拟向河流排放废水，废水量为 $0.15m^3/s$，苯酚浓度为 $30\mu g/L$，河流流量为 $5.5m^3/s$，流速为 $0.3m/s$，苯酚背景浓度为 $0.5\mu g/L$，苯酚降解系数为 $0.2d^{-1}$，纵向弥散系数 $E_x = 10m^2/s$。求排放点下游 10km 处的苯酚浓度。

解 计算起始点处完全混合后的苯酚初始浓度，由（式 4-9）可得：$c = \dfrac{c_p Q_p + c_h Q_h}{Q_p + Q_h} =$

$\dfrac{30 \times 0.15 + 0.5 \times 5.5}{0.15 + 5.5} = 1.28(\mu g/L)$

① 考虑纵向弥散条件的下游 10km 处的苯酚浓度：

$$c = 1.28 \exp\left[\frac{0.3 \times 10000}{2 \times 10}\left(1 - \sqrt{1 + \frac{4 \times (0.2/24/60/60) \times 10}{0.3^2}}\right)\right] = 1.18(\mu g/L)$$

② 忽略纵向弥散时的下游 10km 处的苯酚浓度：

$$c = 1.28 \exp\left(-\frac{0.2 \times 10000}{86400 \times 0.3}\right) = 1.18(\mu g/L)$$

由此看出，在稳定条件下，忽略纵向弥散系数与考虑纵向弥散系数的差异很小，常可以忽略。

（5）Streeter-Phelps 模式

建立斯特里特-菲利普（Streeter-Phelps，简称 S-P）模型有这些基本假设，假设河流中的 BOD 的衰减和溶解氧的复氧都是一级反应，反应速度是恒定的，河流中的耗氧是由 BOD 衰减引起的，而河流中的溶解氧则是大气复氧。

$$c = c_0 \exp\left(-K_1 \frac{x}{86400u}\right) \qquad (4\text{-}13)$$

$$D = \frac{K_1 c_0}{K_2 - K_1}\left[\exp\left(-K_1 \frac{x}{86400u}\right) - \exp\left(-K_2 \frac{x}{86400u}\right)\right] + D_0 \exp\left(-K_2 \frac{x}{86400u}\right)$$

$$(4\text{-}14)$$

$$x_c = \frac{86400u}{K_2 - K_1}\ln\left[\frac{K_2}{K_1}\left(1 - \frac{D_0}{c_0} \times \frac{K_2 - K_1}{K_1}\right)\right]$$

$$(4\text{-}15)$$

式中　c——预测污染物浓度，mg/L；

　　　c_0——完全混合计算的初始浓度，在此处是初始 BOD_5 的浓度 $[BOD_{5(0)}]$，mg/L；

　　　x——排污口到预测断面的距离，m；

　　　u——河水流速，m/s；

　　　K_1——耗氧系数，d^{-1}；

　　　D——亏氧量或称氧亏，即饱和溶解氧浓度（DO_f）与溶解氧浓度（DO）的差值，mg/L，$D = DO_f - DO$；

　　　K_2——复氧速率常数；

　　　D_0——计算初始断面亏氧量，mg/L；

　　　x_c——最大氧亏点到计算初始点的距离，m。

$dD/dt = K_1 c_0 - K_2 D$ 为复氧速率。

溶解速率与河水中的亏氧量 D 呈正比，因此得出，$c = c_0 \exp\left(-K_1 \frac{x}{86400u}\right)$，推导出 S-P 模式，主要用来计算 BOD_5。

当有机耗氧污染物排入河流后，根据耗氧作用和复氧作用的综合效益，沿河流纵断面形成一条溶解氧下垂曲线，见图 4-2。可以看出，在起始断面耗氧污染物排入河流后，耗氧速度最大，以后逐渐减少而趋向于零。复氧速度开始时为零，以后随氧亏值的增大而增大。水中溶解氧含量在某一时刻降至最低点，此点成为临界氧亏点 D_c。在临界氧亏点以后，复氧作用逐渐占优势，水中溶解氧含量开始上升。到达临界氧亏点 t_c 的时间为

$$t_c = \frac{1}{K_2 - K_1}\ln\frac{K_2}{K_1}\left[1 - \frac{D_0(K_2 - K_1)}{BOD_{5(0)}K_1}\right]$$

$$(4\text{-}16)$$

临界氧亏　　　　　　　　　$$D_c = \frac{K_1}{K_2}BOD_{5(0)}e^{-K_1 t_c}$$

$$(4\text{-}17)$$

自净速度　　　　　　　　　$$f = \frac{K_2}{K_1}$$

$$(4\text{-}18)$$

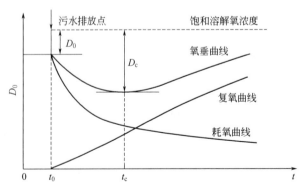

图 4-2　溶解氧沿程变化曲线

【例 4-3】　拟建一造纸厂位于某河右岸 500m 处，产生的废水通过岸边管网排入该河流。经计算废水与河水在排污口下游 1.8km 处完全混合，混合后的 BOD_5 质量浓度为 6.5mg/L，

亏氧值为 5.5mg/L，河流的平均流速为 1.2m/s。假设在 101kPa 压力下，混合后的水温为 12℃。经调查，在完全混合断面的下游 8.0km 处有一个城区饮用水取水口，水环境功能为 Ⅲ 类水体。河流 K_1 为 1.2d^{-1}，K_2 为 1.4d^{-1}。试分析该厂排污对水源的影响。

解 ① 在取水口处的 BOD$_5$ 浓度为：

$$BOD_{5(8km)} = BOD_{5(0)} \exp\left(-\frac{K_1 x}{86400u}\right) = 6.5 \exp\left(-\frac{1.2 \times 8000}{86400 \times 1.2}\right)$$
$$= 5.93 (mg/L)$$

② 在取水口处的亏氧量：

$$D = \frac{K_1 c_0}{K_2 - K_1}\left[\exp\left(-K_1 \frac{x}{86400u}\right) - \exp\left(-K_2 \frac{x}{86400u}\right)\right] + D_0 \exp\left(-K_2 \frac{x}{86400u}\right)$$
$$= \frac{1.2 \times 6.5}{1.4 - 1.2}\left[\exp\left(-1.2 \times \frac{8000}{86400 \times 1.2}\right) - \exp\left(-1.4 \times \frac{8000}{86400 \times 1.2}\right)\right] +$$
$$5.5 \exp\left(-1.4 \times \frac{8000}{86400 \times 1.2}\right)$$
$$= 4.94 (mg/L)$$

当水温为 12℃ 时的饱和溶解氧浓度为：

$$DO_f = 468/(31.6 + T) = 468/(31.6 + 12) = 10.73 (mg/L)$$

则在取水口处的溶解氧为 10.73 − 4.94 = 5.79 (mg/L)

在取水口处的 BOD$_5$ 浓度超过了《地表水环境质量标准》（GB 3838—2002）中Ⅲ类水质标准（≤4mg/L）要求，不能满足取水要求。而溶解氧可以满足Ⅲ类水质标准（≥5mg/L）要求。

（6）河流综合衰减模式和河流允许排放量计算

① 河流综合衰减模式　根据物质平衡原理，也可以对一个河段或一个水体，建立污染物沿水流方向的平衡方程式：

$$Q_1 c_1 + \sum_{i=1}^{n} q_i c_i - Q_2 c_2 = k\left(Q_1 c_1 + \sum_{i=1}^{n} q_i c_i\right) \tag{4-19}$$

式中　Q_1，c_1——上游流入的水量（m^3/s）和污染物浓度，mg/L；

q_i，c_i——排污口或支流的水量（m^3/s）和污染物浓度，mg/L；

Q_2，c_2——流出河段的水量（m^3/s）和污染物浓度，mg/L；

k——污染物消减综合系数。

当河中水流稳定时：

$$Q_2 = Q_1 + \sum_{i=1}^{n} q_i \tag{4-20}$$

下游流出断面污染物浓度为：

$$c_2 = \frac{(1-k)\left(Q_1 c_1 + \sum_{i=1}^{n} q_i c_i\right)}{Q_2} \tag{4-21}$$

如果流出断面污染物浓度为需要达到规定的水质标准，则 $c_s = c_2$。

其中 k 值的确定是演算的关键。可根据上、下断面水质监测资料，排污口和支流加入的水流的水质监测资料，以及相应的水量资料，反推 k 值：$k = 1 - \dfrac{Q_2 c_2}{Q_1 c_1 + \sum\limits_{i=1}^{n} q_i c_i}$

影响 k 值的主要因素是河流水量大小，河段划分的长短和污染物的种类等。

② 河流允许排放量　河流允许排放量计算，是按划定的水源保护区所规定的水质标准作为下断面的控制浓度，并把设计水量代入水质数学模型。

对于易降解物：

$$W = 86.4 \left[c_s (Q_h + q) - c_0 Q_h e^{-K_1 \frac{x}{u}} \right] \tag{4-22}$$

对于难降解物：

$$W = 86.4 \left[c_s (Q_h + q) - c_0 Q_h \right] \tag{4-23}$$

式中　W——河流允许排放量，kg/d；
　　　c_s——水源保护区所规定的水质标准，mg/L；
　　　Q_h——90%保证率月平均最枯流量，m^3/s；
　　　q——旁侧污水来量，m^3/s；
　　　c_0——上断面污染物浓度，mg/L；
　　　x——上、下断面间的距离，m；
　　　u——流速，m/s；
　　　K_1——自净（污染物降解）系数，d^{-1}。

（7）二维稳态混合模式（平直河段）

从理论上说，污染物在水体中的迁移、转化过程要用三维水质模型预测描述。但是，实际应用的是一维和二维模型。一维常用于污染物浓度在断面上比较均匀分布的中小型河流水质预测；二维模型常用于污染物浓度在垂向比较均匀，而在纵向和横向分布不均匀的大河。

岸边排放

$$c(x, y) = c_h + \frac{c_p Q_p}{H \sqrt{\pi M_y x u}} \left\{ \exp\left(-\frac{u y^2}{4 M_y x} \right) + \exp\left[-\frac{u (2B - y)^2}{4 M_y x} \right] \right\} \tag{4-24}$$

非岸边排放

$$c(x, y) = c_h + \frac{c_p Q_p}{2H (\pi M_y x u)^{1/2}} \left\{ \exp\left(-\frac{u y^2}{4 M_y x} \right) + \exp\left[-\frac{u (2a + y)^2}{4 M_y x} \right] + \exp\left[-\frac{u (2B - 2a - y)^2}{4 M_y x} \right] \right\} \tag{4-25}$$

式中　c_h——河流上游污染物浓度，mg/L；
　　　M_y——横向混合系数，m^2/s；
　　　x，y——笛卡儿坐标系的坐标，m；
　　　其他符号意义同前。

该式适用条件：平直、断面形状规则的混合过程段；持久性污染物；河流为恒定流动；废水连续稳定排放；对于非持久性污染物，需采用相应的衰减式。

（8）二维稳态混合衰减模式（平直河段）

岸边排放

$$c(x, y) = \exp\left(-K_1 \frac{x}{86400 u} \right) \left\{ c_h + \frac{c_p Q_p}{H (\pi M_y x u)^{1/2}} \left[\exp\left(-\frac{u y^2}{4 M_y x} \right) + \exp\left(-\frac{u (2B - y)^2}{4 M_y x} \right) \right] \right\} \tag{4-26}$$

非岸边排放

$$c(x, y) = \exp\left(-K_1 \frac{x}{86400 u} \right)$$

$$\left\{ c_h + \frac{c_p Q_p}{H (\pi M_y x u)^{1/2}} \left[\exp\left(-\frac{u y^2}{4 M_y x} \right) + \exp\left(-\frac{u (2a + y)^2}{4 M_y x} \right) + \exp\left(-\frac{u (2B - 2a - y)^2}{4 M_y x} \right) \right] \right\} \tag{4-27}$$

（9）河流 pH 模式

排放酸性物质

$$pH=pH_h+lg\left[\frac{c_{bh}(Q_p+Q_h)-c_{ap}Q_p}{c_{bh}(Q_p+Q_h)+Q_pc_{ap}K_{a1}10pH_h}\right] \tag{4-28}$$

排入碱性物质

$$pH=pH_h+lg\left[\frac{c_{bh}(Q_p+Q_h)+c_{ap}Q_p}{c_{bh}(Q_p+Q_h)-Q_pc_{bp}K_{a1}10pH_h}\right] \tag{4-29}$$

（本式适用于 pH≤9 的情况）

式中　pH_h——河流上游来水的 pH；

　　c_{bh}——河流中的碱度，mg/L；

　　c_{ap}——污水中的酸度，mg/L；

　　c_{bp}——污水中的碱度，mg/L；

　　K_{a1}——碳酸一级平衡常数，见表 4-13。

表 4-13　碳酸一级平衡常数 K_{a1}

温度/℃	0	5	10	15	20	25	30	40
$K\times10$	2.65	3.04	3.43	3.80	4.15	4.45	4.71	5.06

（10）一维日均水温模式

$$T=T_e+(T_0-T_e)\exp\left(-\frac{K_{TS}x}{\rho c_p Hu}\right) \tag{4-30}$$

$$T_e=T_d+\frac{H_s}{K_{TS}} \tag{4-31}$$

$$T_0=T_h+\frac{Q_p(T_p-T_h)}{Q_h+Q_p} \tag{4-32}$$

$$K_{TS}=15.7+[0.515-0.00425(T_s-T_d)+0.000051(T_s-T_d)^2](70+0.7W_z^2) \tag{4-33}$$

式中　T_s——表面水温，℃；

　　T_e——平衡水温，℃；

　　T_0——初始断面水温，℃；

　　T_d——露点温度，℃，一般北方地区 $T_d=5$℃；

　　T_h——上游河水水温，℃；

　　T_p——废水水温，℃；

　　ρ——水的密度，kg/m³；

　　K_{TS}——表面热交换系数，W/(m·℃)；

　　c_p——水的比热容，J/(kg·℃)，4.18×10^3J/(kg·℃)；

　　W_z——水面以上 10m 高处的风速，m/s；

　　H_s——太阳短波辐射，W/m²，一般取 600W/m²。

3. 河口数学模式

对于不同类型的河口（充分混合段、混合过程段），不同的污染物类型（持久性污染物、非持久性污染物、酸碱污染物和热污染）以及不同的评价等级，可参照表 4-14 选用不同的数学模式进行预测。

（1）一维动态混合模式（持久性污染物）

微分方程

表 4-14　河口数学模式选择参照表

污染物类型	河口类型	评价等级	数学模式
持久性污染物	充分混合段	一级	大河：一维非恒定流方程数值模式（偏心差分解法）计算流场，一维动态混合数值模式预测任意时刻的水质；中小河采用欧康那（Q'Connor）河口模式，计算潮周平均、高潮平均和低潮平均水质
		二级	欧康那（Q'Connor）河口模式
		三级	河流完全混合模式预测潮周平均、高潮平均和低潮平均水质
	混合过程段	一级	可采用二维动态混合数值模式预测水质。也可采用河流相应情况的模式预测潮周平均、高潮平均和低潮平均水质
		二级	可以采用河流相应情况的模式预测潮周平均情况
非持久性污染物	充分混合段	一级	大河可以采用一维非恒定流方程数值模式计算流场，采用一维动态混合衰减数值模式预测水质，中小河流可以采用欧康那河口衰减模式，预测均匀河口潮周平均、高潮平均和低潮平均水质
		二级	可以采用欧康那（Q'Connor）河口衰减模式预测潮周平均、高潮平均和低潮平均水质
		三级	可以采用 S-P 模式，预测潮周平均、高潮平均和低潮平均水质。可以不预测溶解氧
	混合过程段	一级	可以采用二维动态混合衰减模式预测水质。也可以采用河流相应情况的模式预测潮周平均、高潮平均和低潮平均水质
		二级	可以采用河流相应模式预测潮周平均、高潮平均和低潮平均水质
酸碱污染物	充分混合段	一、二、三级	采用河流相应情况的模式预测潮周平均、高潮平均和低潮平均水质
热污染	混合过程段	一、二、三级	可以采用河流一维日均温度模式近似地估算潮周平均、高潮平均和低潮平均的温度情况，或参照河流相关模式处理

$$\frac{\partial c}{\partial t}+u\frac{\partial c}{\partial x}=\frac{1}{F}\frac{\partial}{\partial x}\left(FM_l\frac{\partial c}{\partial x}\right)+S_p \qquad (4\text{-}34)$$

式中　c——污染物浓度，mg/L；

　　　u——河水流速，m/s；

　　　F——过水断面面积，m^2；

　　　S_p——污染源强；

　　　t——时间，s；

　　　M_l——断面纵向混合系数。

初值和边界条件可以根据实际情况确定。

① 源强

$$S_{pi}^{(l)}=\begin{cases}\dfrac{c_pQ_p}{\Delta xB(z+h)_i^{(l)}} & 排放口 \\ 0 & 非排放口\end{cases} \qquad (4\text{-}35)$$

式中　h——某点平均水面到水底的深度，m；

　　　Δx——相邻两断面距离，m；

　　　z——笛卡儿坐标系的坐标，m；

其他符号意义同前。

② 欧康那河口模式　均匀河口上溯时（$x<0$，自 $x=0$ 处排入）

$$c = c_h + \frac{c_p Q_p}{Q_h + Q_h} \exp\left(\frac{u}{M_l} x\right) \tag{4-36}$$

均匀河口下泄时 ($x > 0$)

$$c = \frac{c_p Q_p + c_h Q_h}{Q_h + Q_p} \tag{4-37}$$

（2）一维动态混合衰减模式

$$\frac{\partial c}{\partial t} + u \frac{\partial c}{\partial x} = \frac{1}{F} \frac{\partial}{\partial x}\left(F M_l \frac{\partial c}{\partial x}\right) - K_l c + S_p \tag{4-38}$$

采用数值方法求解上述微分方程时，需要确定初值、边界条件和源强。流速和过流断面面积随时间变化，需要通过求解一维非恒定流方程来获取。

该式适用条件：潮汐河口充分混合段；非持久性污染物；污染物连续稳定排放或非稳定排放；预测任何时刻的水质。

（3）欧康那河口衰减模式

预测均匀河口潮周平均、高潮平均和低潮平均水质：

上溯 ($x < 0$，自 $x = 0$ 处排入) $\quad c = \frac{c_p Q_p}{(Q_h + Q_p)M} \exp\left[\frac{ux}{2M_l}(1 + M)\right] + c_h \tag{4-39}$

下泄 ($x > 0$)

$$c = \frac{c_p Q_p}{(Q_h + Q_p)M} \exp\left[\frac{ux}{2M_l}(1 - M)\right] + c_h \tag{4-40}$$

式中　M——中间变量，$M = (1 + 4K_1 M_l / u^2)^{1/2}$。

该式适用条件：均匀的潮汐河口充分混合段；非持久性污染物；污染物连续稳定排放；只要求预测潮周平均、高潮平均和低潮平均的水质。

（4）二维动态混合衰减数值模式

$$\frac{\partial c}{\partial t} + u \frac{\partial c}{\partial x} = M_x \frac{\partial^2 c}{\partial x^2} + M_y \frac{\partial^2 c}{\partial y^2} - K_1 c \tag{4-41}$$

4. 湖泊水库数学模式及推荐

对于不同类型的湖库（小湖库、无风时的大湖库、近岸环流显著的大湖库、分层湖库），不同的污染物类型（持久性污染物、非持久性污染物和酸碱污染物）以及不同的评价等级，可参照表4-15选用不同的数学模式进行预测。

（1）湖泊完全混合平衡模式（持久性污染物）

$$c = \frac{W_0 + c_p Q_p}{Q_h} + \left(c_h - \frac{W_0 + c_p Q_p}{Q_h}\right) \exp\left(-\frac{Q_h}{r} t\right) \tag{4-42}$$

平衡时 $\quad\quad\quad\quad c = (W_0 + c_p Q_p)/Q_h$

式中　W_0——现有污染物的排入量，g/s；

$\quad\quad Q_h$——湖水的流出量，m^3/s；

$\quad\quad r$——排放口到预测点的距离（即极坐标中的径向坐标），m。

（2）卡拉乌舍夫模式

$$c_r = c_p - (c_p - c_{r0})\left(\frac{r}{r_0}\right)^{Q_p/\Phi H M_r} \tag{4-43}$$

式中　c_r——污染物弧面平均浓度，mg/L；

$\quad\quad c_{r0}$——r 点的污染物已知浓度，mg/L；

$\quad\quad M_r$——径向混合系数；

$\quad\quad \Phi$——混合角度，弧度。

（3）环流二维稳态混合模式

表 4-15　湖库数学模式选择参照

污染物类型	湖库类型	评价等级	数学模式
持久性污染物	小湖（库）	一、二、三级	均采用湖泊完全混合平衡模式
	无风时的大湖（库）	一、二、三级	一、二、三级均采用卡拉乌舍夫模式
	近岸环流显著的大湖（库）	一、二、三级	湖泊环流二维稳态混合模式
	分层湖（库）		分层湖（库）集总参数模式
非持久性污染物	小湖（库）	一、二、三级	湖泊完全混合衰减模式
	无风时的大湖（库）	一、二、三级	一、二、三级均采用湖泊推流衰减模式
	近岸环流显著的大湖（库）	一、二、三级	湖泊环流二维稳态混合模式
	分层湖（库）	一、二、三级	分层湖集总参数衰减模式
	顶端入口附近排入废水的狭长湖（库）	一、二、三级	狭长湖移流衰减模式
	循环利用湖水的小湖（库）	一、二、三级	部分混合水质模式
酸碱污染物	小湖		河流 pH 模式
	大湖（库）和近岸环流显著的大湖（库）		首先假设酸碱污染物在湖（库）中只有混合作用，并按照湖泊持久性污染物相关模式预测该污染物在湖（库）各点的浓度，然后通过室内试验找出该污染物浓度与 pH 的关系曲线，最后根据各点浓度曲线近似求得该点的 pH

岸边排放　　　　$c(x,y)=c_h+\dfrac{c_p Q_p}{H(\pi M_y xu)^{1/2}}\exp\left(-\dfrac{uy^2}{4M_y x}\right)$　　　　（4-44）

非岸边排放　　$c(x,y)=c_h+\dfrac{c_p Q_p}{2H(\pi M_y xu)^{1/2}}\left\{\exp\left(-\dfrac{uy^2}{4M_y x}\right)+\exp\left[-\dfrac{u(2a+y)^2}{4M_y x}\right]\right\}$

（4-45）

（4）湖泊完全混合衰减模式

$$c=\dfrac{c_p Q_p+W_0}{VK_h}+\left(c_h-\dfrac{c_p Q_p+W_0}{VK_h}\right)\exp(-K_h t)\qquad（4-46）$$

平衡时

$$c=\dfrac{c_p Q_p+W_0}{VK_h}\qquad（4-47）$$

中间变量　　　$K_h=(Q_h/V)+(K_1/86400)$　　　（4-48）

该式适用条件：小湖库；非持久性污染物；废水连续稳定排放；预测污染物浓度随时间变化时采用动态模式，预测长期浓度采用平衡模式。

（5）狭长湖移流衰减模式

$$c_l=\dfrac{c_p Q_p}{Q_h}\exp\left(-K_1\dfrac{V}{86400Q_h}\right)+c_h\qquad（4-49）$$

式中　c_l——狭长湖出口污染物平均浓度；

其他符号意义同前。

5. 海湾数学模式及推荐

不同的污染物类型（持久性污染物、非持久性污染物、酸碱污染物和热污染）以及不同的评价等级，可参照表 4-16 选用不同的数学模式进行预测。

表 4-16 海湾数学模式选择参照

污染物类型	评价等级	数学模式
持久性污染物	一、二级	建议采用 ADI 潮流模式计算流场,采用 ADI 水质模式预测水质;也可采用特征理论模式计算流场,采用特征理论水质模式预测水质
	三级	建议采用约瑟夫-新德那(Joseph-Sendner,简称约-新)模式
非持久性污染物	一、二、三级	由于海湾中非持久性污染物的衰减作用远小于混合作用,所以不同评价等级时,均可近似采用持久性污染物的相应模式预测
酸碱污染物		目前尚无通用成熟的数学模式。可先假设排入的酸碱污染物只有混合作用,并按照海湾持久性污染物相关模式预测该污染物各点的浓度,然后通过室内试验找出该污染物浓度与 pH 的关系曲线,最后根据某点该污染物的浓度曲线,即可近似求得该点的 pH
热污染	一级	可以采用特征理论潮流模式计算流场,采用特征理论温度模式预测水温
	二级	废水量较大且温度较高时,可以采用与一级相同的方法预测水温;废水量较小且温度较低时,可以采用与三级相同的方法
	三级	可以采用类比调查法分析废热对海湾水温的影响

(1) ADI 潮流模式

$$\frac{\partial z}{\partial t}+\frac{\partial}{\partial x}[(h+z)u]+\frac{\partial}{\partial y}[(h+z)v]=0 \tag{4-50}$$

$$\frac{\partial u}{\partial t}+u\frac{\partial u}{\partial x}+v\frac{\partial u}{\partial y}-fv+g\frac{\partial z}{\partial x}+g\frac{u(u^2+v^2)^{1/2}}{C_z^2(h+z)}=0 \tag{4-51}$$

$$\frac{\partial v}{\partial t}+u\frac{\partial v}{\partial y}+v\frac{\partial v}{\partial y}+fv+g\frac{\partial z}{\partial y}+g\frac{u(u^2+v^2)^{1/2}}{C_z^2(h+z)}=0 \tag{4-52}$$

式中 C_z——谢才系数,$\frac{1}{n}H^{1/6}$;

n——河床粗糙系数(糙率)。

(2) 约-新模式

$$c_r=c_h+(c_p-c_h)\left[1-\exp\left(-\frac{Q_p}{\Phi d M_v r}\right)\right] \tag{4-53}$$

式中 M_v——混合速度,m/s。

6. 水质模型参数的确定

(1) 耗氧系数 K_1 的单独估值方法

① 实验室测定法 $K_1=K_1'+(0.11+54I)u/H$ $\tag{4-54}$

实验数据的处理采用最小二乘法或作图法。对于湖泊、水库可以直接采用 K_1'。

② 现场实测法(上、下断面两点法)

$$K_1=\frac{86400u}{\Delta x}\ln\frac{c_A}{c_B} \tag{4-55}$$

式中 c_A,c_B——断面 A、B 的污染物平均浓度,mg/L。

(2) 复氧系数 K_2 的单独估值方法

复氧系数 K_2 的估算可采用实验测定,但费时费力,一般采用经验公式估算。

① 欧康那-道宾斯(O'Conner-Dobbins,简称欧-道)公式

$$K_{2(20℃)}=294\frac{(D_m u)^{1/2}}{H^{3/2}}, \quad C_z\geqslant17 \tag{4-56}$$

$$K_{2(20℃)}=824\frac{D_m^{0.5}I^{0.25}}{H^{1.25}}, \quad C_z<17 \tag{4-57}$$

式中 D_m——氧分子在水中的扩散系数,$1.774\times10^{-4}\times1.037^{(T-20)}$。

② 欧文斯等人（Owens, etal）经验式

$$K_{2(20℃)} = 5.34 \frac{u^{0.67}}{H^{1.85}} \quad 0.1m \leqslant H \leqslant 0.6m, u \leqslant 1.5m/s \tag{4-58}$$

③ 丘吉尔（Churchill）经验式

$$K_{2(20℃)} = 5.03 \frac{u^{0.696}}{H^{1.673}} \quad 0.6m \leqslant H \leqslant 8m, 0.6 \leqslant u \leqslant 1.8m/s \tag{4-59}$$

（3）K_1 和 K_2 的温度校正

$$K_{1或2(T)} = K_{1或2(20℃)} \theta^{(T-20)} \tag{4-60}$$

温度常数 θ 的取值范围

对 K_1，θ 为 1.02～1.06，一般取值 1.047；

对 K_2，θ 为 1.015～1.047，一般取值 1.024。

（4）混合系数的估算方法

混合系数的估算方法一般有实验测定和经验估算两种方法。

① 经验公式法

a. 泰勒（Taylor）法求 M_y（适用于河流）

$$M_y = (0.058H + 0.0065B)(gHI)^{1/2} \quad B/H \leqslant 100 \tag{4-61}$$

b. 爱尔德（Elder）法求 M_x（适用于河流）

$$M_x = 5.93H(gHI)^{1/2} \tag{4-62}$$

式中　M_y——横向混合系数，m^2/s；

　　　H——平均水深，m；

　　　I——河流底坡或地面坡度；

　　　B——河流宽度，m；

　　　M_x——纵向混合系数，m^2/s；

　　　g——重力加速度，m/s^2。

② 示踪实验测定法　示踪试验法是向水体中投放示踪物质，追踪测定其浓度变化，据以计算所需要的各环境水力学参数的方法。示踪物质有无机盐类（NaCl、LiCl）、荧光染料（如工业碱性玫瑰红）和放射性同位素等，示踪物质的选择应具有在水体中不沉降、不降解、不产生化学反应的特性；测定简单准确、经济并且对环境无害。示踪物质的投放方式有瞬时投放、有限时段投放和连续恒定投放。连续恒定投放时，其投放时间（从投放到开始取样的时间）应大于 $1.5x_m/u$（x_m 为投放点到最远取样点的距离）。瞬时投放具有示踪物质用量少，作业时间短，投放简单，数据整理容易等优点。

7. 非点源的环境影响预测

（1）一般原则

非点源主要是指建设项目在各生产阶段由于降雨径流或其他原因从一定面积上向地表水环境排放的污染源，建设项目面源主要有因水土流失而产生的面源；由露天堆放原料、燃料、废渣、废弃物等以及垃圾堆放场因冲刷和淋溶而产生的堆积物面源；由大气降尘直接落于水体而产生的降尘面源。

应预测面源环境影响的建设项目包括以下几类。

① 矿山开发项目应预测其生产运行阶段和服务期满后的面源环境影响。其影响主要来自水土流失所产生的悬浮物和以各种形式存在于废矿、废渣、废石中的污染物。建设过程阶段是否预测视具体情况而定。

② 某些建设项目（如冶炼、火力发电、初级建筑材料的生产）露天堆放的原料、燃料、废渣、废弃物（以下统称为堆积物）较多。这种情况应预测其堆积物面源的环境影响，该影

响主要来自降雨径流冲刷或淋溶堆积物产生的悬浮物及有毒有害成分。

③ 某些建设项目（如水泥、化工、火力发电）向大气排放的降尘较多。对于距离这些建设项目较近且要保持Ⅰ、Ⅱ、Ⅲ类水质的湖泊、水库、河流，应预测其降尘面源的环境影响。此影响主要来自大气降尘及其所含的有毒有害成分。

④ 需要进行建设过程阶段地表水环境影响预测的建设项目应预测该阶段的面源影响。

⑤ 水土流失面源和堆积物面源主要考虑一定时期内（例如一年）全部降雨所产生的影响，也可以考虑一次降雨所产生的影响。一次降雨应根据当地的气象条件、降雨类型和环保要求选择。所选择的降雨应能反映产生面源的一般情况，通常其降雨频率不宜过小。

（2）非点源源强预测方法

非点源源强预测方法一般采用机理模型法和概念模型法。非点源机理模型通常由水文子模型、土壤侵蚀子模型和污染物迁移转化子模型构成，需要大量的下垫面基础数据，并且需要污染物形成、迁移和转化过程相关参数的支持。在资料和技术条件能够得到较好满足的条件下，采用机理模型可以更加精细地预测非点源污染物的时空过程。

在资料有限的情况下，一般采用下列方法对各类非点源的污染物源强进行估算。

① 农村生活污染源　农村生活污染物产生量的估算，采用人均综合排污系数法计算，污染负荷量等于人口数量与人均污染物排放系数的乘积。污染物排放系数可以根据各地区的实际情况，采用现场调查确定，或者根据相关文献资料并结合专家经验预测得出。

② 化肥、农药流失污染物　化肥、农药流失量为单位面积流失量与农田面积的乘积。可以利用当地土地利用类型化肥、农药流失量的观测实验结果，或者参考类似区域的观测数据。

③ 畜禽养殖污染物　对于集约化、规模化畜禽养殖业养殖场和养殖区，可直接进行观测获得单位畜禽的排污系数，并根据养殖规模计算污染物排放量。对于分散式养殖，可通过典型调查资料或采用经验系数进行类比分析计算。

④ 城镇地表污染物　计算城镇地表径流中的污染物，可以采用以下公式计算。

$$W = R_h \times c \times A \times 10^{-6} \tag{4-63}$$

式中　W——年负荷量，kg；

$\quad R_h$——年径流深，mm；

$\quad c$——径流污染物平均浓度，mg/L；

$\quad A$——集水区面积，m^2。

径流污染物浓度可以从当地城市径流资料获得，由于不同地区的地表污染状况和气象条件存在差异，不同地区城市地表径流浓度的变化范围很大，因此在对待特定城镇的地表径流进行分析时，应慎重选择参数。

⑤ 土壤侵蚀及水土流失污染物　水土流失污染物负荷估算公式为

$$W = \sum W_i A_i \mathrm{ER}_i c_i 10^{-6} \tag{4-64}$$

式中　W——随泥沙运移输出的污染负荷，t；

$\quad W_i$——某种土地利用类型单位面积泥沙流失量，t/km^2；

$\quad A_i$——某种土地利用类型面积，km^2；

$\quad \mathrm{ER}_i$——污染物富集系数；

$\quad c_i$——土壤中总氮、总磷平均含量，mg/kg。总磷富集比为 2.0，总氮富集比为
　　　　2.0～4.0。

⑥ 堆积物淋溶污染物　可利用已有建设项目类似堆积物的实测资料获得单位体积淋溶流失系数，进行类比分析计算。淋溶污染物计算，应根据建设项目实际情况，既可考虑一定时期内全部降雨所产生的影响，也可以考虑一次降雨产生的影响。一次降雨应根据当地的气

象条件和环境保护要求选择，应能反映产生淋溶流失污染的一般情况，选择的降雨频率不宜过小。

⑦ 降尘淋溶污染物　降尘淋溶污染物一般直接采用大气环境影响预测的结果确定。

（3）非点源环境影响预测方法

目前尚无成熟实用的非点源预测方法。可以在拟建项目的面源污染物总量与拟建项目的点源污染物总量或现有的面源及点源的影响等方面进行综合比较，分析面源对地表水影响的程度和大小。

三、地表水环境影响评价内容

1. 评价的原则

评价建设项目的地表水环境影响是评定与估测建设项目各生产阶段对地表水的环境影响，它是环境影响预测的继续。

地表水环境影响的评价范围与其影响预测范围相同。确定其评价范围的原则与环境调查相同。

所有预测点和所有预测的水质参数均应进行各生产阶段不同情况的环境影响评价，但应有重点。空间方面，水文要素和水质急剧变化处、水域功能改变处、取水口附近等应作为重点；水质方面，影响较重的水质参数应作为重点。

多项水质参数综合评价的评价方法和评价的水质参数应与环境现状综合评价相同。

2. 评价的基本资料

水域功能是评价建设项目环境影响的基本资料。

评价建设项目的地表水环境影响所采用的水质标准应与环境现状评价相同，河道断流时应由环保部门规定功能，并据以选择标准，进行评价。

规划中几个建设项目在一定时期（如 5 年）内兴建并向同一地表水环境排污时，应由政府有关部门规定各建设项目的排污总量或允许利用水体自净能力的比例（政府有关部门未做规定的可以自行拟定并报环保部门认可）。

向已超标的水体排污时，应结合环境规划酌情处理或由环保部门事先规定排污要求。

3. 达标分析

环境质量达标分析的目的就是要查清哪一类污染指标是影响水质的主要因素，进而找到引起水质变化的主要污染物和污染指标，了解水体污染对水生生态和人群健康的影响，为水污染物综合防治和制定实施污染控制方案提供依据。我国河流、湖泊、水库等地表水域的水体流量及环境质量受季节变化影响较明显，因此，提出了水质达标率的概念。溶解氧、化学需氧量、挥发酚、氨氮、氰化物、总汞、砷、铅、六价铬、镉十项指标丰、平、枯水期水质达标率均应为 100%，其他各项指标丰、平、枯水期水质达标率均应达 80%。

判断环境质量是否达标，首先要根据水环境功能区划确定水质类别要求，明确水体质量具体目标，并根据水文等条件确定水质允许达标率。然后把各个单因子水质评价的结果汇总，分析各个因子的达标情况。达标分析的水期根据水质调查的水期对应进行。最后以最差水质指标为依据，确定水质。

4. 地表水环境影响评价

（1）评价基本要求

评价因子原则上同预测因子。确定主要评价因子及特征评价因子对水环境的影响范围和程度，以及最不利影响出现的时段（或时期）和频率。水环境影响评价的时期与水环境影响预测的时期对应。建设项目达标排入水质现状超标的水域，或者实现达标排放但叠加背景值后不能达到规定的水域类别及水质标准时，应根据水环境容量提出区域总量削减方案。向江河、湖库等水域排放水污染物，应符合流域水污染防治规划。

（2）评价方法

地表水环境影响评价采用的标准、评价方法等，与地表水环境现状评价基本相同。

① 水质影响评价方法　一般采用单因子标准指数法进行水质影响评价，具体评价方法详见本章地表水环境现状评价部分。对于水质超标的因子应计算超标倍数并说明超标原因。

规划中几个建设项目在一定时期（如 5 年）内兴建并且向同一地表水环境排污的情况可以采用自净利用指数法进行单项评价。

自净利用指数法

位于地表水环境中 j 点的污染物 i 来说，它的自净利用指数 $P_{i,j}$ 如式（4-63）。自净能力允许利用率 λ 应根据当地水环境自净能力的大小、现在和将来的排污状况以及建设项目的重要性等因素决定，并应征得有关单位同意。

$$P_{i,j} = \frac{c_{i,j} - c_{hi,j}}{\lambda(c_{si} - c_{hi,j})} \tag{4-65}$$

DO 的自净利用指数为

$$P_{DO,j} = \frac{DO_{hj} - DO_j}{\lambda(DO_{hj} - DO_s)} \tag{4-66}$$

pH 的自净利用指数为

排入酸性污染物时　　$$P_{pH,j} = \frac{pH_{hj} - pH_j}{\lambda(pH_{hj} - pH_{sd})} \tag{4-67}$$

排入碱性污染物时　　$$P_{pH,j} = \frac{pH_j - pH_{hj}}{\lambda(pH_{su} - pH_{hj})} \tag{4-68}$$

pH_{hj} ——地表水环境 j 点上游的 pH 值；

其他符号意义同前。

当 $P_{i,j} \leqslant 1$ 时说明污染物 i 在 j 点利用的自净能力没有超过允许的比例；否则说明超过允许利用的比例。这时 $P_{i,j}$ 的值即为允许利用的倍数。

② 水温影响分析方法　对于水温影响变化的评价，采用水温变化预测值和水温背景值以及环境所要求的最低（或最高）水温控制值进行对比分析的方法。

③ 水文情势及水动力影响分析方法　对于水温情势影响变化的评价，采用水文水力计算方法，对比说明建设项目实施前后评价水域的流量、水位等水文特征值的变化情况。对于水动力学影响变化的评价，采用水力学计算方法，对比说明建设项目实施前后评价水域水动力条件的变化情况。

④ 水体富营养化评价方法　对于水体富营养化的评价，根据水质预测结果，结合水域特征及其水温、水文情势和水动力条件的分析综合判断。

（3）评价内容

① 分析环境水文条件及水动力条件变化趋势与特征，评价水文要素及水动力条件的改变对水环境及各类用水对象的影响程度。

② 以评价确定的水文条件或最不利影响出现的时段（或水期），确定评价因子的影响范围和影响程度，明确对敏感用水对象及水环境保护目标的影响。

③ 对所有的预测点位、所有的预测因子，均应进行各建设阶段（施工期、运行期、服务期满后）、不同工况（正常、非正常、事故）的水环境影响评价，但应重点突出对水急剧变化处、水域功能改变处、敏感水域及特殊用水取水口等水域的环境影响评价。水环境影响评价应包括水文特征值和水环境质量、影响明显的水环境因子，且应作为评价重点。

④ 明确建设项目可能导致的水环境影响，应给出排污、水文情势变化对水质、水量影响范围和程度的定量或定性结论。

四、地表水环境保护措施

1. 污染削减措施

削减措施建议应尽量做到具体、可行，以便对建设项目的环境工程设计起指导作用。削减措施的评述，主要评述其环境效益（应说明排放物的达标情况），也可以做些简单的技术经济分析。在对项目进行排污控制方案比较之后，可以选择如下削减措施。

① 改革工艺，减少排污负荷量。对于排污量大或超标排污的生产装置，应提出相应的工艺改革措施，尽量采用清洁生产工艺，以满足达标排放。

② 节约水资源和提高水的循环利用率。对耗水量大的产品或生产工艺，应明确提出改换产品结构或生产工艺的替代方案。努力提高水循环利用率，大量减少废水排放量，有益于地表水环境保护，同时节约水资源，这对北方和其他缺水地区具有重要意义。

③ 对项目设计中所考虑的污水处理措施进行论证和补充，并特别注意点源非正常排放的应急处理措施和水质恶劣的降雨初期径流的处理措施。

④ 选择替代方案。靠近特殊保护水域的项目，通过其他措施难以充分克服其环境影响时，应根据具体情况提出改变排污口位置、压缩排放量以及重新选址等替代方案。

⑤ 重视面源控制措施。在项目建设期因清理场地和基坑开挖、堆土造成的裸土层应就地建雨水拦蓄池和种植速生植被，减少沉积物进入地表水体。使用农用化学品的项目，可通过安排好化学品施用时间、施用率、施用范围和流失到水体的途径等方面措施，将土壤侵蚀和进入水体的化学品减至最少。在有条件的地区可以利用人工湿地控制非点源（包括营养物、农药和沉积物污染等）。人工湿地必须精心设计，污染负荷与处理能力应匹配。

⑥ 在地表水污染负荷总量控制的流域，通过排污交易保持污染物总量不增长。

⑦ 工业废水和城市污水的处理。现代废水处理技术，按作用原理可分为物理法、化学法、物理化学法和生物法四大类。按处理程度，又可分为一级、二级和三级处理。工业废水中所含污染物质是多种多样的，一种废水处理往往要采用多种方法组合成的处理工艺系统，才能达到预期要求的处理效果。

2. 环境管理措施

① 环境监测计划，主要是建设项目施工期和运行期的监测计划，如有必要还可提出跟踪监测计划建议。监测计划应含监测点（断面）的布设、监测项目和监测频次等内容。

② 环境管理机构设置，主要包括环境管理机构、人员组成、职责范围以及相应的环境管理制度等内容。提出工程的水环境保护相关要求。

③ 环境监理措施，应提出工程施工期的环境监理要求。

④ 防治水环境污染事故发生的措施，主要包括污染控制、水污染事故风险防范措施、事故预报预警系统的实施等。

第五节　地下水环境影响评价

一、基本概念

1. 地下水污染

地下水是指以各种形式埋藏在地壳空隙中的水，包括包气带和饱水带中的水。包气带指地表与潜水面之间的地带，饱水带是地下水面以下、土层或岩层的空隙全部被水充满的地带，含水层都位于饱水带中。地下水污染指人为或自然原因导致地下水化学、物理、生物性质改变使地下水水质恶化的现象。

2. 潜水

地表以下，第一个稳定隔水层以上具有自由水面的地下水。

3. 承压水

充满于上下两个隔水层之间的地下水，其承受压力大于大气压力。

4. 建设项目分类

地下水环境影响评价中，根据建设项目对地下水环境影响的特征，将建设项目分为以下三类。

Ⅰ类：指在项目建设、生产运行和服务期满后的各个过程中，可能造成地下水水质污染的建设项目；

Ⅱ类：指在项目建设、生产运行和服务期满后的各个过程中，可能引起地下水流场或地下水水位变化，并导致环境水文地质问题的建设项目；

Ⅲ类：指同时具备Ⅰ类和Ⅱ类建设项目环境影响特征的建设项目。

二、地下水环境影响评价工作分级

根据不同类型建设项目对地下水环境影响程度与范围的大小，将地下水环境影响评价工作分为一、二、三级。

Ⅰ类和Ⅱ类建设项目，分别根据其对地下水环境的影响类型、建设项目所处区域的环境特征及其环境影响程度划定评价工作等级。Ⅲ类建设项目应分别按Ⅰ类和Ⅱ类建设项目评价工作等级划分办法，进行地下水环境影响评价工作等级划分，并按所划定的最高工作等级开展评价工作。

1. Ⅰ类建设项目工作等级划分

（1）划分依据

① Ⅰ类建设项目地下水环境影响评价工作等级的划分　应根据建设项目场地的包气带防污性能、含水层易污染特征、地下水环境敏感程度、污水排放量与污水水质复杂程度等指标确定。建设项目场地包括主体工程、辅助工程、公用工程、储运工程等涉及的场地。

② 建设项目场地的包气带防污性能　建设项目场地的包气带防污性能按包气带中岩（土）层的分布情况分为强、中、弱三级，分级原则见表 4-17。

表 4-17　包气带防污性能分级

分级	包气带岩（土）的渗透性能
强	岩（土）层单层厚度 $M_b \geqslant 1.0 m$，渗透系数 $K \leqslant 10^{-7} cm/s$，且分布连续、稳定
中	岩（土）层单层厚度 $0.5 m \leqslant M_b < 1.0 m$，渗透系数 $K \leqslant 10^{-7} cm/s$，且分布连续、稳定 岩（土）层单层厚度 $M_b \geqslant 1.0 m$，渗透系数 $10^{-7} cm/s < K \leqslant 10^{-4} cm/s$，且分布连续、稳定
弱	岩（土）层不满足上述"强"和"中"条件

注：表中"岩（土）层"系指建设项目场地地下基础之下第一岩（土）层。

③ 建设项目场地的含水层易污染特征　建设项目场地的含水层易污染特征分为易、中、不易三级，分级原则见表 4-18。

表 4-18　建设项目场地的含水层易污染特征分级

分级	项目场地所处位置与含水层易污染特征
易	潜水含水层埋深浅的地区；地下水与地表水联系密切地区；不利于地下水中污染物稀释、自净的地区；现有地下水污染问题突出的地区
中	多含水层系统且层间水力联系较密切的地区；存在地下水污染问题的地区
不易	以上情形之外的其他地区

④ 建设项目场地的地下水环境敏感程度　建设项目场地的地下水环境敏感程度可分为敏感、较敏感、不敏感三级，分级原则见表 4-19。

表 4-19　地下水环境敏感程度分级

分级	项目场地的地下水环境敏感特征
敏感	生活供水水源地(包括已建成的在用、备用、应急水源地，在建和规划的水源地)准保护区；除生活供水水源地以外的国家或地方政府设定的与地下水环境相关的其他保护区，如热水、矿泉水、温泉等特殊地下水资源保护区
较敏感	集中式饮用水源地(包括已建成的在用、备用、应急水源地，在建和规划的水源地)准保护区以外的补给径流区；特殊地下水资源(如矿泉水、温泉等)保护区以外的分布区以及分散居民饮用水源等其他未列入上述敏感分级的环境敏感区
不敏感	上述地区之外的其他地区

注：表中"环境敏感区"系指《建设项目环境影响评价分类管理名录》中所界定的涉及地下水的环境敏感区。

⑤ 建设项目污水排放强度　建设项目污水排放强度可分为大、中、小三级。污水排放总量 ≥ 10000 m³/d 为大排放量，1000～10000 m³/d 为中排放量，≤ 1000 m³/d 为小排放量。

⑥ 建设项目污水水质的复杂程度　根据建设项目所排污水中污染物类型和需预测的污水水质指标数量，将污水水质分为复杂、中等、简单三级，分级原则见表 4-20。当根据污水中污染物类型所确定的污水水质复杂程度和根据污水水质指标数量所确定的污水水质复杂程度不一致时，取高级别的污水水质复杂程度级别。

表 4-20　污水水质复杂程度分级

污水水质复杂程度级别	污染物类型	污水水质指标
复杂	污染物类型数 ≥ 2	需预测的水质指标 ≥ 6 个
中等	污染物类型数 ≥ 2	需预测的水质指标 < 6 个
	污染物类型数 = 1	需预测的水质指标 ≥ 6 个
简单	污染物类型数 = 1	需预测的水质指标 < 6 个

（2）评价工作等级

根据评价依据，Ⅰ类建设项目地下水环境影响评价工作等级的划分见表 4-21。

2. Ⅱ类建设项目工作等级划分

（1）建设项目划分依据

① Ⅱ类建设项目地下水环境影响评价工作等级的划分　应根据建设项目地下水供水（或排水、注水）规模、引起的地下水水位变化范围、建设项目场地的地下水环境敏感程度以及可能造成的环境水文地质问题的大小等条件确定。

② 供水、排水（或注水）规模　建设项目供水（或排水、注水）规模按水量的多少可分为大、中、小三级。供水（或排水、注水）量 ≥ 1.0×10⁴ m³/d 为大规模，0.2～1.0×10⁴ m³/d 为中规模，≤ 0.2×10⁴ m³/d 为小规模。

③ 地下水水位变化区域范围　建设项目引起的地下水水位变化区域范围可用影响半径来表示，分为大、中、小三级。地下水水位变化影响半径 ≥ 1.5 km 为大范围，0.5～1.5 km 为中范围，≤ 0.5 km 为小范围。

④ 地下水环境敏感程度　建设项目场地的地下水环境敏感程度可分为敏感、较敏感、不敏感三级，分级原则见表 4-22。

⑤ 环境水文地质问题　根据建设项目造成的环境水文地质问题的影响程度大小可将环境水文地质问题分为强、中等、弱三级，分级原则见表 4-23。

表 4-21 Ⅰ类建设项目评价工作等级分级

评价级别	建设项目场地包气带防污性能	建设项目场地的含水层易污染特征	建设项目场地的地下水环境敏感程度	建设项目污水排放量	建设项目水质复杂程度
一级	弱-强	易-不易	敏感	大-小	复杂-简单
	弱	易	较敏感	大-小	复杂-简单
			不敏感	大	复杂-简单
				中	复杂-中等
				小	复杂
		中	较敏感	大-中	复杂-简单
				小	复杂-中等
			不敏感	大	
				中	复杂
		不易	较敏感	大	复杂-中等
				中	复杂
	中	易	较敏感	大	复杂-简单
				中	复杂-中等
				小	复杂
			不敏感	大	复杂
		中	较敏感	大	复杂-中等
				中	复杂
	强	易	较敏感	大	复杂
二级	除了一级和三级以外的其他组合				
三级	弱	不易	不敏感	中	简单
				小	中等-简单
	中	易	不敏感	小	简单
		中	不敏感	中	简单
				小	中等-简单
		不易	较敏感	中	简单
				小	中等-简单
			不敏感	大	中等-简单
				中-小	复杂-简单
	强	易	较敏感	小	简单
			不敏感	大	简单
				中	中等-简单
				小	复杂-简单
		中	较敏感	中	简单
				小	中等-简单
			不敏感	大	中等-简单
				中-小	复杂-简单
		不易	较敏感	大	中等-简单
				中-小	复杂-简单
			不敏感	大-小	复杂-简单

注：对于利用废弃岩盐矿井洞穴或人工制盐岩洞穴、废弃矿井巷道加水幕系统、人工硬岩洞库加水幕系统、地质条件较好的含水层储油、枯竭的油气层储油等形式的地下储油库，危险废物填埋应进行一级评价，不按表 4-20 划分评价工作等级。

表 4-22 地下水环境敏感程度分级

分级	项目场地的地下水环境敏感程度
敏感	集中式饮用水水源地(包括已建成的在用、备用、应急水源地,在建和规划的水源地)准保护区;除生活供水水源地以外的国家或地方政府设定的与地下水环境相关的其他保护区,如热水、矿泉水、温泉等特殊地下水资源保护区;生态脆弱区重点保护区域;地质灾害易发区①;重要湿地、水土流失重点防治区、沙化土地封禁保护区等
较敏感	集中式饮用水水源地(包括已建成的在用、备用、应急水源地,在建和规划的水源地)准保护区以外的补给径流区;特殊地下水资源(如矿泉水、温泉等)保护区以外的分布区以及分散居民饮用水水源等其他未列入上述敏感分级的环境敏感区②
不敏感	上述地区之外的其他地区

① 表中"地质灾害"系指因水文地质条件变化发生的地面沉降、岩溶塌陷等。
② 表中"环境敏感区"系指《建设项目环境影响评价分类管理名录》中所界定的涉及地下水的环境敏感区。

表 4-23 环境水文地质问题分级

级别	可能造成的环境水文地质问题
强	产生地面沉降、地裂缝、岩溶塌陷、海水入侵、湿地退化、土地荒漠化等环境水文地质问题,含水层疏干现象明显,产生土壤盐渍化、沼泽化
中等	出现土壤盐渍化、沼泽化迹象
弱	无上述环境水文地质问题

(2) 评价工作等级

Ⅱ类建设项目地下水环境影响评价工作等级的划分见表 4-24。

表 4-24 Ⅱ类建设项目评价工作等级分级

评价等级	建设项目供水(或排水、注水)规模	建设项目引起的地下水水位变化区域范围	建设项目场地的地下水环境敏感程度	建设项目造成的环境水文地质问题大小
一级	小-大	小-大	敏感	弱-强
	中等	中等	较敏感	强
		大	较敏感	中等-强
	大	大	较敏感	弱-强
			不敏感	强
		中	较敏感	中等-强
		小	较敏感	强
二级	除了一级和三级以外的其他组合			
三级	小-中	小-中	较敏感-不敏感	弱-中

三、地下水环境现状调查

1. 调查与评价原则

① 地下水环境现状调查与评价工作应遵循资料搜集与现场调查相结合、项目所在场地调查与类比考察相结合、现状监测与长期动态资料分析相结合的原则。

② 地下水环境现状调查与评价工作的深度应满足相应的工作级别要求。当现有资料不能满足要求时,应组织现场监测及环境水文地质勘察与试验。对一级评价,还可选用不同历史时期地形图以及航空、卫星图片进行遥感图像解译配合地面现状调查与评价。

③ 对于地面工程建设项目应监测潜水含水层以及与其有水力联系的含水层,兼顾地表水体,对于地下工程建设项目应监测受其影响的相关含水层。对于改、扩建Ⅰ类建设项目,

必要时监测范围还应扩展到包气带。

2. 调查与评价的范围

地下水环境现状调查与评价的范围以能说明地下水环境的基本状况为原则，并应满足环境影响预测和评价的要求。

（1）Ⅰ类建设项目

Ⅰ类建设项目地下水环境现状调查评价范围可参考表 4-25 确定。此调查评价范围应包括与建设项目相关的环境保护目标和敏感区域，必要时还应扩展至完整的水文地质单元。

表 4-25 Ⅰ类建设项目地下水环境现状调查评价范围参考表

评价等级	调查评价范围/km²	备 注
一级	≥50	环境水文地质条件复杂、地下水流速较大的地区，调查评价范围可取较大值，否则可取较小值
二级	20～50	
三级	≤20	

当Ⅰ类建设项目位于基岩地区时，一级评价以同一地下水文地质单元为调查评价范围，二级评价原则上以同一地下水文地质单元或地下水块段为调查评价范围，三级评价以能说明地下水环境的基本情况，并满足环境影响预测和分析的要求为原则确定调查评价范围。

（2）Ⅱ类建设项目

Ⅱ类建设项目地下水环境现状调查与评价的范围应包括建设项目建设、生产运行和服务期满后三个阶段的地下水水位变化的影响区域，其中应特别关注相关的环境保护目标和敏感区域，必要时应扩展至完整的水文地质单元，以及可能与建设项目所在的水文地质单元存在直接补排关系的区域。

（3）Ⅲ类建设项目

Ⅲ类建设项目地下水环境现状调查与评价的范围应同时包括Ⅰ类和Ⅱ类所确定的范围。

3. 调查内容和要求

（1）水文地质条件调查

水文地质条件调查的主要内容包括：

① 气象、水文、土壤和植被状况。

② 地层岩性、地质构造、地貌特征与矿产资源。

③ 包气带岩性、结构、厚度。

④ 含水层的岩性组成、厚度、渗透系数和富水程度；隔水层的岩性组成、厚度、渗透系数。

⑤ 地下水类型、地下水补给、径流和排泄条件。

⑥ 地下水水位、水质、水量、水温。

⑦ 泉的成因类型，出露位置、形成条件及泉水流量、水质、水温，开发利用情况。

⑧ 集中供水水源地和水源井的分布情况（包括开采层的成井的密度、水井结构、深度以及开采历史）。

⑨ 地下水现状监测井的深度、结构以及成井历史、使用功能。

⑩ 地下水背景值（或地下水污染对照值）。

（2）环境水文地质问题调查

环境水文地质问题调查的主要内容包括：

① 原生环境水文地质问题，包括天然劣质水分布状况，以及由此引发的地方性疾病等环境问题。

② 地下水开采过程中水质、水量、水位的变化情况，以及引起的环境水文地质问题。

③ 与地下水有关的其他人类活动情况调查，如保护区划分情况等。

（3）地下水污染源调查

地下水污染源主要包括工业污染源、生活污染源、农业污染源，调查重点主要包括废水排放口、渗坑、渗井、污水池、排污渠、污灌区以及已被污染的河流、湖泊、水库和固体废物堆放（填埋）场等。

地下水污染源调查过程中，对已有污染源调查资料的地区，一般可通过搜集现有资料解决。对于没有污染源调查资料，或已有部分调查资料，尚需补充调查的地区，可与环境水文地质问题调查同步进行。对调查区内的工业污染源，应按原国家环保总局《工业污染源调查技术要求及其建档技术规定》的要求进行调查。

地下水污染源调查因子应根据拟建项目的污染特征选定。

（4）地下水现状监测

地下水环境现状监测主要通过对地下水水位、水质的动态监测，了解和查明地下水水流与地下水化学组分的空间分布现状和发展趋势，为地下水环境现状评价和环境影响预测提供基础资料。

对于Ⅰ类建设项目应同时监测地下水水位、水质。对于Ⅱ类建设项目应监测地下水水位，涉及可能造成土壤盐渍化的Ⅱ类建设项目，也应监测相应的地下水水质指标。

监测井点布设原则及取样深度和频率详见评价技术导则（HJ 610—2011）。

四、地下水环境现状评价

1. 污染源整理与分析

按评价中所确定的地下水质量标准对污染源进行等标污染负荷比计算；将累计等标污染负荷比大于70％的污染源（或污染物）定为评价区的主要污染源（或主要污染物）；通过等标污染负荷比分析（见表4-26），列表给出主要污染源和主要污染因子，并附污染源分布图。

对于改、扩建Ⅰ类和Ⅲ类建设项目，应根据建设项目场地包气带污染调查结果开展包气带水、土壤污染分析，并作为地下水环境影响预测的基础。

2. 水质现状评价

根据现状监测结果进行最大值、最小值、均值、标准差、检出率和超标率的分析。地下水水质现状评价应采用标准指数法进行评价。标准指数>1，表明该水质因子已超过了规定的水质标准，指数值越大，超标越严重。标准指数计算公式详见本章地表水环境现状评价。

3. 环境水文地质问题分析

① 环境水文地质问题的分析应根据水文地质条件及环境水文地质调查结果进行。

② 区域地下水水位降落漏斗状况分析，应叙述地下水水位降落漏斗的面积、漏斗中心水位的下降幅度、下降速度及其与地下水开采量时空分布的关系，单井出水量的变化情况，含水层疏干面积等，阐明地下水降落漏斗的形成、发展过程，为发展趋势预测提供依据。

③ 地面沉降、地裂缝状况分析，应叙述沉降面积、沉降漏斗的沉降量（累计沉降量、年沉降量）等及其与地下水降落漏斗、开采（包括回灌）量时空分布变化的关系，阐明地面沉降的形成、发展过程及危害程度，为发展趋势预测提供依据。

④ 岩溶塌陷状况分析，应叙述与地下水相关的塌陷发生的历史过程、密度、规模、分布及其与人类活动（如采矿、地下水开采等）时空变化的关系，并结合地质构造、岩溶发育等因素，阐明岩溶塌陷发生、发展规律及危害程度。

表 4-26 等标污染负荷相关计算公式一览表

	计算公式	公式符号说明	备注
等标污染负荷	$P_{ij}=\dfrac{c_{ij}}{c_{0ij}}Q_j$	P_{ij}——第 j 个污染源废水中第 i 种污染物等标污染负荷,m^3/a; c_{ij}——第 j 个污染源废水中第 i 种污染物排放的平均浓度,mg/L; c_{0ij}——第 j 个污染源废水中第 i 种污染物排放标准浓度,mg/L; Q_j——第 j 个污染源废水的单位时间排放量,m^3/a	
	$P_j=\sum\limits_{i=1}^{n}P_{ij}$	P_j——第 j 个污染物的总等标污染负荷,m^3/a; P_{ij}——第 j 个污染源废水中第 i 种污染物等标污染负荷,m^3/a	适用于第 j 个污染源共有 n 种污染物参与评价
	$P_i=\sum\limits_{j=1}^{m}P_{ij}$	P_i——第 i 种污染源的总等标污染负荷,m^3/a; P_{ij}——第 j 个污染源废水中第 i 种污染物等标污染负荷,m^3/a	适用于评价区共有 m 个污染源中含有第 i 种污染物
	$P=\sum\limits_{j=1}^{m}\sum\limits_{i=1}^{n}P_{ij}$	P——评价区污染物的总等标污染负荷,m^3/a	适用于评价区共有 m 个污染源,n 种污染物
等标污染负荷比	$K_{ij}=\dfrac{P_{ij}}{P}$	K_{ij}——第 j 个污染源中第 i 种污染物的等标污染负荷比,无量纲; P_{ij}——第 j 个污染源废水中第 i 种污染物等标污染负荷,m^3/a; P——评价区污染物的总等标污染负荷,m^3/a	
	$K_j=\sum\limits_{i=1}^{n}K_{ij}=\dfrac{\sum\limits_{i=1}^{n}P_{ij}}{P}$	K_j——评价区第 j 种污染物的等标污染负荷比,无量纲; P_{ij}——第 j 个污染源废水中第 i 种污染物等标污染负荷,m^3/a; P——评价区污染物的总等标污染负荷,m^3/a	
	$K_i=\sum\limits_{j=1}^{m}K_{ij}=\dfrac{\sum\limits_{j=1}^{m}P_{ij}}{P}$	K_i——评价区第 i 个污染源的等标污染负荷比,无量纲; P_{ij}——第 j 个污染源废水中第 i 种污染物等标污染负荷,m^3/a; P——评价区污染物的总等标污染负荷,m^3/a	

⑤ 土壤盐渍化、沼泽化、湿地退化、土地荒漠化分析,应叙述与土壤盐渍化、沼泽化、湿地退化、土地荒漠化发生相关的地下水位、土壤蒸发量、土壤盐分的动态分布及其与人类活动（如地下水回灌过量、地下水过量开采）时空变化的关系,并结合包气带岩性、结构特征等因素,阐明土壤盐渍化、沼泽化、湿地退化、土地荒漠化发生、发展规律及危害程度。

五、地下水环境影响预测

1. 预测原则

地下水环境污染具有隐蔽性和难恢复性,因此地下水环境影响预测应为评价各方案的环境安全和环境保护措施的合理性提供依据。预测的范围、时段、内容和方法均应根据评价工作等级、工程特征与环境特征,结合当地环境功能和环保要求确定,应以拟建项目对地下水水质、水位、水量动态变化的影响及由此而产生的主要环境水文地质问题为重点。

① Ⅰ类建设项目 对工程可行性研究和评价中提出的不同选址（选线）方案或多个排污方案等所引起的地下水环境质量变化应分别进行预测,同时给出污染物正常排放和事故排放两种工况的预测结果。

② Ⅱ类建设项目 应遵循保护地下水资源与环境的原则,对工程可行性研究中提出的不同选址方案或不同开采方案等所引起的水位变化及其影响范围应分别进行预测。

③ Ⅲ类建设项目 应同时满足上述要求。

2. 预测范围

地下水环境影响预测的范围可与现状调查范围相同,但应包括保护目标和环境影响的敏感区域,必要时扩展至完整的水文地质单元,以及可能与建设项目所在的水文地质单元存在直接补排关系的区域。

预测重点应包括:①已有、拟建和规划的地下水供水水源区;②主要污水排放口和固体废物堆放处的地下水下游区域;③地下水环境影响的敏感区域(如重要湿地、与地下水相关的自然保护区和地质遗迹等);④可能出现环境水文地质问题的主要区域;⑤其他需要重点保护的区域。

3. 预测时段

地下水环境影响预测时段应包括建设项目建设、生产运行和服务期满后三个阶段。

4. 预测因子

Ⅰ类建设项目预测因子应选取与拟建项目排放的污染物有关的特征因子,选取重点应包括:①改、扩建项目已经排放的及将要排放的主要污染物;②难降解、易生物蓄积、长期接触对人体和生物产生危害作用的污染物,应特别关注持久性有机污染物;③国家或地方要求控制的污染物;④反映地下水循环特征和水质成因类型的常规项目或超标项目。

Ⅱ类建设项目预测因子应选取水位及与水位变化所引发的环境水文地质问题相关的因子。Ⅲ类建设项目,应同时满足Ⅰ类建设项目和Ⅱ类建设项目的要求。

5. 预测方法

建设项目地下水环境影响预测方法包括数学模型法和类比预测法。其中,数学模型法包括数值法、解析法、均衡法、回归分析、趋势外推、时序分析等方法。

一级评价应采用数值法;二级评价中水文地质条件复杂时应采用数值法,水文地质条件简单时可采用解析法;三级评价可采用回归分析、趋势外推、时序分析或类比预测法。

采用数值法或解析法预测时,应先进行参数识别和模型验证。

采用解析模型预测污染物在含水层中的扩散时,一般应满足:①污染物的排放对地下水流场没有明显的影响;②预测区内含水层的基本参数(如渗透系数、有效孔隙度等)不变或变化很小。

采用类比预测分析法时,应给出具体的类比条件。类比分析对象与拟预测对象之间应满足:①二者的环境水文地质条件、水动力场条件相似;②二者的工程特征及对地下水环境的影响具有相似性。

六、地下水环境影响评价

1. 评价原则

地下水评价应以地下水环境现状调查和地下水环境影响预测结果为依据,对建设项目不同选址(选线)方案、各实施阶段(建设、生产运行和服务期满后)不同排污方案及不同防渗措施下的地下水环境影响进行评价,并通过评价结果的对比,推荐地下水环境影响最小的方案。地下水环境影响评价采用的预测值未包括环境质量现状值时,应叠加环境质量现状值后再进行评价。

Ⅰ类建设项目应重点评价建设项目污染源对地下水环境保护目标(包括已建成的在用、备用、应急水源地,在建和规划的水源地、生态环境脆弱区域和其他地下水环境敏感区域)的影响。评价因子与影响预测因子相同。Ⅱ类建设项目应重点依据地下水流场变化,评价地下水水位(水头)降低或升高诱发的环境水文地质问题的影响程度和范围。

2. 评价范围

地下水环境影响评价范围与环境影响预测范围相同。

3. 评价方法

Ⅰ类建设项目的地下水水质影响评价，可采用标准指数法进行评价。

Ⅱ类建设项目评价其导致的环境水文地质问题时，可采用预测水位与现状调查水位相比较的方法进行评价，具体方法如下。

① 地下水位降落漏斗 对水位不能恢复、持续下降的疏干漏斗，采用中心水位降和水位下降速率进行评价。

② 土壤盐渍化、沼泽化、湿地退化、土地荒漠化、地面沉降、地裂缝、岩溶塌陷 根据地下水水位变化速率、变化幅度、水质及岩性等分析其发展的趋势。

4. 评价要求

（1）Ⅰ类建设项目

评价Ⅰ类建设项目对地下水水质影响时，可采用以下判据评价水质能否满足地下水环境质量标准要求。

① 以下情况应得出可以满足地下水环境质量标准要求的结论

a. 建设项目在各个不同生产阶段、除污染源附近小范围以外地区，均能达到地下水环境质量标准要求。

b. 在建设项目实施的某个阶段，有个别水质因子在较大范围内出现超标，但采取环保措施后，可满足地下水环境质量标准要求。

② 以下情况应做出不能满足地下水环境质量标准要求的结论

a. 改、扩建项目已经排放和将要排放的主要污染物在评价范围内的地下水中已经超标。

b. 削减措施在技术上不可行，或在经济上明显不合理。

（2）Ⅱ类建设项目

评价Ⅱ类建设项目对地下水流场或地下水水位（水头）影响时，应依据地下水资源补采平衡的原则，评价地下水开发利用的合理性及可能出现的环境水文地质问题的类型、性质及其影响的范围、特征和程度等。

（3）Ⅲ类建设项目

Ⅲ类建设项目的环境影响评价应按照Ⅰ类建设项目和Ⅱ类建设项目进行。

七、地下水环境保护措施与对策

1. 建设项目污染防治对策

（1）Ⅰ类建设项目污染防治对策

① 源头控制措施。主要包括提出实施清洁生产及各类废物循环利用的具体方案，减少污染物的排放量；提出工艺、管道、设备、污水储存及处理构筑物应采取的控制措施，防止污染物的跑、冒、滴、漏，将污染物泄漏的环境风险事故降到最低限度。

② 分区防治措施。结合建设项目各生产设备、管廊或管线、贮存与运输装置、污染物贮存与处理装置、事故应急装置等的布局，根据可能进入地下水环境的各种有毒有害原辅材料、中间物料和产品的泄漏（含跑、冒、滴、漏）量及其他各类污染物的性质、产生量和排放量，划分污染防治区，提出不同区域的地面防渗方案，给出具体的防渗材料及防渗标准要求，建立防渗设施的检漏系统。

③ 地下水污染监控。建立场、地区地下水环境监控体系，包括建立地下水污染监控制度和环境管理体系、制定监测计划、配备先进的检测仪器和设备，以便及时发现问题，及时采取措施。

地下水监测计划应包括监测孔位置、孔深、监测井结构、监测层位、监测项目、监测频率等。

④ 风险事故应急响应。制定地下水风险事故应急响应预案，明确风险事故状态下应采取的封闭、截流等措施，提出防止受污染的地下水扩散和对受污染的地下水进行治理的具体方案。

（2）Ⅱ类建设项目地下水保护与环境水文地质问题减缓措施

① 以均衡开采为原则，提出防止地下水资源超量开采的具体措施，以及控制资源开采过程中由于地下水水位变化诱发的湿地退化、地面沉降、岩溶塌陷、地面裂缝等环境水文地质问题产生的具体措施。

② 建立地下水动态监测系统，并根据项目建设所诱发的环境水文地质问题制定相应的监测方案。

③ 针对建设项目可能引发的其他环境水文地质问题提出应对预案。

（3）Ⅲ类建设项目污染防治对策

Ⅲ类建设项目的污染防治对策应按照Ⅰ类建设项目和Ⅱ类建设项目进行。

2. 环境管理对策

提出合理、可行、操作性强的防治地下水污染的环境管理体系，包括环境监测方案和向环境保护行政主管部门报告等制度。

环境监测方案应包括：①对建设项目的主要污染源、影响区域、主要保护目标和与环保措施运行效果有关的内容提出具体的监测计划。一般应包括监测井点布置和取样深度、监测的水质项目和监测频率等。②根据环境管理对监测工作的需要，提出有关环境监测机构和人员装备的建议。

向环境保护行政主管部门报告的制度应包括：①报告的方式、程序及频次等，特别应提出污染事故的报告要求。②报告的内容一般应包括所在场地及其影响区地下水环境监测数据，排放污染物的种类、数量、浓度，以及排放设施、治理措施运行状况和运行效果等。

第六节　水环境评价相关标准

一、地表水环境质量标准

《地表水环境质量标准》（GB 3838—2002）按照地表水环境功能分类和保护目标，规定了水环境质量应控制的项目及限值，以及水质评价、水质项目的分析方法和标准的实施与监督，适用于中华人民共和国领域内江河、湖泊、运河、渠道、水库等具有使用功能的地表水水域。

依据地表水水域环境功能和保护目标，按功能高低划分为五类。

Ⅰ类：主要适用于源头水、国家自然保护区；

Ⅱ类：主要适用于集中式生活饮用水地表水源地一级保护区、珍稀水生生物栖息地、鱼虾类产卵场、仔稚幼鱼的索饵场等；

Ⅲ类：主要适用于集中式生活饮用水地表水源地二级保护区、鱼虾类越冬场、洄游通道、水产养殖区等渔业水域及游泳区；

Ⅳ类：主要适用于一般工业用水区及人体非直接接触的娱乐用水区；

Ⅴ类：主要适用于农业用水区及一般景观要求水域。

该标准规定了 109 个项目的标准限值，其中 24 个基本项目的标准限值见表 4-27。

二、海水水质标准

《海水水质标准》（GB 3097—1997）规定了海域各类适用功能的水质要求，适用于中华人民共和国管辖的海域。

表 4-27　地表水环境质量标准基本项目标准限值　　　　　　　单位：mg/L

序号	项目	标准	标准分类				
			Ⅰ类	Ⅱ类	Ⅲ类	Ⅳ类	Ⅴ类
1	水温/℃		人为造成的环境水温变化应限制在：周平均最大温升≤1；周平均最大温降≤2				
2	pH 值(无量纲)		6～9				
3	溶解氧	≥	饱和率90%(或7.5)	6	5	3	2
4	高锰酸盐指数	≤	2	4	6	10	15
5	化学需氧量(COD)	≤	15	15	20	30	40
6	五日生化需氧量(BOD_5)	≤	3	3	4	6	10
7	氨氮(NH_3-N)	≤	0.15	0.5	1.0	1.5	2.0
8	总磷(以 P 计)	≤	0.02(湖、库 0.01)	0.1(湖、库 0.025)	0.2(湖、库 0.05)	0.3(湖、库 0.1)	0.4(湖、库 0.2)
9	总氮(湖、库以 N 计)	≤	0.2	0.5	1.0	1.5	2.0
10	铜	≤	0.01	1.0	1.0	1.0	1.0
11	锌	≤	0.05	1.0	1.0	2.0	2.0
12	氟化物(以 F^- 计)	≤	1.0	1.0	1.0	1.5	1.5
13	硒	≤	0.01	0.01	0.01	0.02	0.02
14	砷	≤	0.05	0.05	0.05	0.1	0.1
15	汞	≤	0.00005	0.00005	0.0001	0.001	0.001
16	镉	≤	0.001	0.005	0.005	0.005	0.01
17	铬(六价)	≤	0.01	0.05	0.05	0.05	0.1
18	铅	≤	0.01	0.01	0.05	0.05	0.1
19	氰化物	≤	0.005	0.05	0.2	0.2	0.2
20	挥发酚	≤	0.002	0.002	0.005	0.01	0.1
21	石油类	≤	0.05	0.05	0.05	0.5	1.0
22	阴离子表面活性剂	≤	0.2	0.2	0.2	0.3	0.3
23	硫化物	≤	0.05	0.1	0.2	0.5	1.0
24	粪大肠菌群/(个/L)	≤	200	2000	10000	20000	40000

按照海域的不同使用功能和保护目标，海水水质分为四类。

第一类：适用于海洋渔业水域，海上自然保护区和珍稀濒危海洋生物保护区；

第二类：适用于水产养殖区，海水浴场，人体直接接触海水的海上运动或娱乐区，以及与人类食用直接有关的工业用水区；

第三类：适用于一般工业用水区，滨海风景旅游区；

第四类：适用于海洋港口水域，海洋开发作业区。

该标准规定了 35 项指标的不同级别的标准限值，表 4-28 列出了部分常见项目的标准限值，其他项目的标准限值具体应用时可直接查阅该标准。

三、地下水质量标准

《地下水质量标准》(GB/T 14848—93)规定了地下水的质量分类，地下水质量监测、评价方法和地下水质量保护，适用于一般地下水，不适用于地下热水、矿水、盐卤水。

表 4-28 海水水质标准中部分常见项目的标准限值 单位：mg/L

序号	项目		标准分类			
			第一类	第二类	第三类	第四类
1	pH 值（无量纲）		7.8～8.5 同时不超出该海域正常变动 范围的 0.2pH 单位		6.8～8.8 同时不超出该海域正常变动 范围的 0.5pH 单位	
2	水温/℃		人为造成的海水温升夏季不超过当时、 当地 1℃，其他季节不超过 2℃		人为造成的海水温升不超过 当时、当地 4℃	
3	溶解氧	>	6	5	4	3
4	化学需氧量（COD）	≤	2	3	4	5
5	生化需氧量（BOD_5）	≤	1	3	4	5
6	无机氮（以 N 计）	≤	0.20	0.30	0.40	0.50
7	非离子氨（以 N 计）	≤	0.020			
8	活性磷酸盐（以 P 计）	≤	0.015	0.030		0.045

依据我国地下水水质现状、人体健康基准值及地下水质量保护目标，并参照了生活饮用水、工业用水、农业用水水质最高要求，将地下水质量划分为五类。

Ⅰ类：主要反映地下水化学组分的天然低背景含量，适用于各种用途；

Ⅱ类：主要反映地下水化学组分的天然背景含量，适用于各种用途；

Ⅲ类：以人体健康基准值为依据，主要适用于集中式生活饮用水水源及工业、农业用水；

Ⅳ类：以农业和工业用水要求为依据，除适用于农业和部分工业用水外，适当处理后可作生活饮用水；

Ⅴ类：不宜饮用，其他用水可根据使用目的选用。

该标准共规定了 39 项指标的不同级别的标准限值，表 4-29 列出了部分常见项目的标准限值，其他项目的标准限值具体应用时可直接查阅该标准。

表 4-29 地下水质量标准中部分常见项目的分类指标 单位：mg/L

序号	项目	标准分类				
		Ⅰ类	Ⅱ类	Ⅲ类	Ⅳ类	Ⅴ类
1	pH 值（无量纲）	6.5～8.5			5.5～6.5 8.5～9	<5.5, >9
2	总硬度（以 $CaCO_3$ 计）	≤150	≤300	≤450	≤550	≤550
3	溶解性总固体	≤300	≤500	≤1000	≤2000	>2000
4	硫酸盐	≤50	≤150	≤250	≤350	>350
5	氯化物	≤50	≤150	≤250	≤350	>350
6	铁（Fe）	≤0.1	≤0.2	≤0.3	≤1.5	>1.5
7	铜（Cu）	≤0.01	≤0.05	≤1.0	≤1.5	>1.5
8	锌（Zn）	≤0.05	≤0.5	≤1.0	≤5.0	>5.0
9	高锰酸盐指数	≤1.0	≤2.0	≤3.0	≤10	>10
10	硝酸盐（以 N 计）	≤2.0	≤5.0	≤20	≤30	>30
11	亚硝酸盐（以 N 计）	≤0.001	≤0.01	≤0.02	≤0.1	>0.1
12	氨氮（NH_4^+-N）	≤0.02	≤0.02	≤0.2	≤0.5	>0.5

案例分析

一、项目和废水排放概况

项目性质：技术改造。

建设地点：南宁糖业股份有限公司明阳糖厂现有厂区内。

项目组成：技改项目是在原有日榨 6000t 甘蔗生产能力的基础上，扩建到日榨 10000t 甘蔗的生产规模。产品方案为年产一级白砂糖 19.2×10^4t。主要工程有压榨车间（甘蔗堆场、原料预处理）、制炼车间（蒸发工段、澄清工段、过滤间、成糖工段）、石灰乳化间，辅助工程有锅炉房及电力间（含主控楼）、变电站及车间动力配电、照明通信系统等。

工程投资及建设周期：项目建设投资为 15000 万元人民币，其中环保投资 1552 万元，占总投资的 10.35%。

废水排放情况：结合"以新带老"措施，提高水的循环利用率，采用无滤布真空吸滤机消除洗滤布水的产生，废水及污染物排放量将大幅度减少，废水量将削减 201.3×10^4 m^3/a，削减率 24.19%；COD_{Cr}、BOD_5、SS、NH_3-N 的削减量分别为 714.9t/a、452.2t/a、85.6t/a、9.3t/a，削减率分别为 67.23%、81.60%、28.24%、28.24%。技改前后水污染物排放量对比分析详见表 4-30。

表 4-30　技改前后废水污染物排放量对比

项目	技改前	技改后			增减量
		"以新带老"措施后现有工程	技改项目	技改后	
废水排放量/(10^4 m^3/a)	832	378.4	252.3	630.7	−201.3
COD_{Cr} 排放量/(t/a)	1063.4	209.1	139.4	348.5	−714.9
BOD_5 排放量/(t/a)	544.2	61.2	40.8	102.0	−442.2
SS 排放量/(t/a)	303.1	130.5	87.0	217.5	−85.6
NH_3-N 排放量/(t/a)	18.8	5.7	3.8	9.5	−9.3

注："+"表示增加，"−"表示减少。全厂年生产天数 150d。

二、环境概况及环境保护目标

1. 环境概况

明阳糖厂位于广西邕宁县吴圩镇光明村公所，距邕宁县城蒲庙镇 4km，距广西首府南宁市 34km。评价区地处低丘地带，山坡普遍为缓坡，一般在 20°以下，丘与丘之间距离宽阔，连接亦无陡坡。植被多为疏林草地。据调查，排污口下游 15km 处是良凤江国家级森林公园。评价区内无其他国家级、自治区级濒危动、植物及特殊栖息地保护区、文物古迹等特殊敏感区域。

2. 地表水环境现状调查与评价

（1）水功能区划

本项目的纳污水体为良凤江，排污口设在东厂界外 100m 处。根据《南宁市水环境功能区划》，纳污江段水体功能为水产养殖、农业及娱乐用水，按《地表水环境质量标准》（GB 3838—2002）Ⅲ类水标准保护。本评价地表水环境保护目标为工程排水入良凤江排污口下游 15km 江段。

（2）水文情况调查

评价区内主要河流为良凤江。良凤江经四厦、玉坡，在那洪乡的烟墩脚以下改称水塘江，然后汇入邕江，全长约 65km，技改项目位于良凤江的中下游，上游无污染源汇入。良凤江流域面积 536.2km^2，年平均流量 6.8m^3/s，河宽 20~30m，枯水期 1.0m^3/s，环境容量很小。

（3）地表水环境监测与评价

根据项目污染特点及纳污河流的状况，于 2003 年 2 月对评价河段进行现状监测，自排污口上游 0.5km 至下游 26km 的河段，沿途设 5 个监测断面。各水质监测断面具体情况列于表 4-31。

根据工程污染特性及环境影响要素分析结果，结合工程所在地环境特征进行评价因子的筛选，确定本次评价因子为：水温、pH 值、SS、DO、COD_{Cr}、COD_{Mn}、BOD_5、NH_3-N、S^{2-}、石油类共 10 项。监测项目分析方法见表 4-32，监测结果见表 4-33，监测表明，排污口上游的断面水质达到Ⅲ类水质标准；而处

表 4-31 监测断面情况

断面名称	断面位置	水体功能
1#高山	排污口上游 0.5km,对照断面	农业用水区
2#平河	排污口下游 1km,削减断面	农业用水区
3#七坡林场	排污口下游 5km,控制断面	农业用水区
4#良凤江国家森林公园	排污口下游 15km,控制断面	娱乐用水、水产养殖、农业用水区
5#水塘江汇入邕江前	排污口下游 26km,控制断面	控制断面

表 4-32 地表水环境监测项目分析方法

序号	项目名称	分析方法	最低检出限/(mg/L)	方法来源
1	水温	温度计法		GB 13195—91
2	pH 值	玻璃电极法	6~9	GB 6920—86
3	SS	重量法		GB 11901—89
4	DO	碘量法	0.2	GB 7489—87
5	COD_{Mn}		0.5	GB 11892—89
6	COD_{Cr}	重铬酸盐法	10	GB 11914—89
7	BOD_5	稀释与接种法	2	GB 7488—87
8	NH_3-N	纳氏试剂比色法	0.05	GB 7479—87
9	S^{2-}	亚甲基蓝分光光度法	0.005	GB/T 16489—1996
10	石油类	红外分光光度法	0.01	GB/T 16488—1996

表 4-33 监测统计结果

断面	项目名称	浓度范围/(mg/L)	均值/(mg/L)	标准值/(mg/L)	检出率/%	超标率/%	最大超标倍数	单因子标准指数
1#高山	水温	15	15		100			
	pH 值	7.2~7.3	7.2	6~9	100	0	0	0.10
	SS							
	DO	9~10	9	≥5	100	0	0	0.21
	COD_{Mn}	0.7~1	0.8	≤6	100	0	0	0.17
	COD_{Cr}	ND	5	≤20	0	0	0	0.25
	BOD_5	ND	1	≤4	0	0	0	0.25
	NH_3-N	ND~0.10	0.05	≤1.0	33.3	0	0	0.10
	S^{2-}	0.015	0.015	≤0.2	100	0	0	0.08
	石油类	ND	0.005	≤0.05	33.3	0	0	0.10
2#平河	……							
	COD_{Cr}	18~24	21	≤20	100	66.7	0.20	1.20
	BOD_5	10~14	12	≤4	100	100	2.75	3.75
	……				0			
3#七坡林场	……							
	COD_{Cr}	16~21	18	≤20	100	33.3	0.05	1.05
	BOD_5	8~11	9	≤4	100	100	1.75	2.75
	……							
4#良凤江国家森林公园	……							
	COD_{Cr}	11~15	13	≤20	100	0	0	0.75
	BOD_5	4~6	5	≤4	100	66.7	0.50	1.50
	……							
……	……							

注:"ND"表示未检出,所有未检出的水质指标浓度均按检出限的一半进行统计核算;SS 在地表水标准中没有标准,只给出监测值;监测期间 1#断面流量为 2.6~3.6m³/s。

于下游的平河、七坡林场断面水质中 DO、COD$_{Cr}$、COD$_{Mn}$、BOD$_5$ 浓度超标，主要原因是明阳糖厂废水超标排放所致；经约 15km 降解，至良凤江国家森林公园断面水质逐步恢复到Ⅲ类水标准。

三、地表水环境影响预测

（1）项目废水特点及排放方式

本项目废水含生产和生活废水，生产废水占 99% 以上，其中排放的生产废水属有机废水，主要污染物是 BOD$_5$ 和 COD$_{Cr}$，两者之比大于 0.4，可生化性较强。

正常情况下废水通过明渠由厂址东面总排口排入良凤江，外排量 42048m³/d，COD$_{Cr}$ 2323.6kg/d，BOD$_5$ 680.3kg/d；预测时考虑不同回用率及达标率等 2 种非正常废水排放方案对排污口下游良凤江水质影响。

在地表水预测不利的水文条件下，分别对现有工程（外排量 55467m³/d，COD$_{Cr}$ 7089.3kg/d，BOD$_5$ 3628.0kg/d）和技改工程实施后对地表水预测，分析"以新带老"措施的实施对地表水的改善。

（2）河流水文特征分析

纳污水体良凤江枯、丰、平水期特征明显。技改项目生产时间为 11 月至次年的 4 月，属枯水季节。

（3）预测模型及参数选择

① 预测模型选择　本项目废水主要污染物以有机质为主，在水体中可生物降解，属非持久性污染物。另外，考虑到纳污河流为农业、娱乐用水区，河窄水浅、流量较小，废水入河后可以很快与河水混合，且排污口下游 15km 无饮用水源取水点，故按《环境影响评价技术导则　地面水环境》（HJ/T 2.3—93），选取 S-P 模式，具体如下。

$$c = c_0 \exp\left[-K_1 \frac{x}{86400u}\right]$$

$$c_0 = \frac{c_p Q_p + c_h Q_h}{Q_p + Q_h}$$

② 参数选取

a. 预测水质参数选取。结合工程分析、环境现状、评价等级及当地环保要求，依污染物 ISE 值大小，确定需预测的水质参数。

$$ISE = \frac{c_p Q_p}{(c_s - c_h) Q_h}$$

通过计算，BOD$_5$、COD$_{Cr}$ 的 ISE 值分别为 1.02、0.70，列前两位，可确定为本项目水质预测参数。

b. 降解系数 K_1。K_1 采用两点法确定，选取排污口下游两个断面的监测数据计算，公式如下。

$$K_1 = \frac{86400u}{\Delta x} \ln \frac{c_A}{c_B}$$

式中，$\Delta x = 14000$m；c_A（COD$_{Cr}$）$= 21$mg/L；c_B（COD$_{Cr}$）$= 13$mg/L；c_A（BOD$_5$）$= 12$mg/L；c_B（BOD$_5$）$= 5$mg/L。

计算结果：K_1（COD$_{Cr}$）$= 0.15$d^{-1}，K_1（BOD$_5$）$= 0.27$d^{-1}

c. 水文参数。为预测不利水文条件下良凤江的水污染状况，设计流量取 1.0m³/s，设计流速取 0.05m/s。

（4）预测内容及预测结果

① 污染物排放源强设计　设计 3 种废水排放方案，见表 4-34。

② 评价标准　执行《地表水环境质量标准》（GB 3838—2002）Ⅲ类水标准，COD$_{Cr}$≤20mg/L，BOD$_5$≤4mg/L。

③ 预测结果分析　水质预测结果见 4-35。预测结果表明，正常排放（方案一）时，COD$_{Cr}$、BOD$_5$ 浓度分别在排污口下游 3km 和 4km 内可达到Ⅲ类水要求。

④ 在地表水预测不利的水文条件下，即枯水期河水流量 1m³/s，分别对现有工程和技改工程实施后对地表水预测，结果见表 4-36，从表中可以看出"以新带老"措施的实施后，在同样的条件下，水体自净能力最小时，现有工程的排水造成地表水严重超标，而技改工程"以新带老"治理工程对地表水的水质起到极大的改善作用，控制断面水质可达到功能区划的要求。

表 4-34　废水排放方案设计

排污方案	废水量 /(m³/s)	COD_Cr		BOD₅		备　注
		浓度 /(mg/L)	排放量 /(kg/s)	浓度 /(mg/L)	排放量 /(kg/s)	
方案一	0.487	55	0.027	15	0.008	正常排放两种情况：①保留原有 8 台滤布机,增加 2 台无滤布机的情况下,洗滤布水处理后全部回用,锅炉冲灰水处理后循环使用,生产冷却水达标排放。②淘汰原有 8 台滤布机,增加 5 台无滤布机的情况下,锅炉冲灰水处理后循环使用,生产冷却水达标排放
方案二	0.528	93	0.049	22	0.011	非正常排放,即保留原有 8 台滤布机,增加 2 台无滤布机的情况下,洗滤布水处理后 50% 回用,锅炉冲灰水处理后 80% 回用,生产冷却水达标排放
方案三	0.675	496	0.335	90	0.061	事故排放,即保留原有 8 台滤布机,增加 2 台无滤布机的情况下,洗滤布水、锅炉冲灰水、生产冷却水未经处理直接排放
现有工程	0.642	128	0.082	67	0.043	技改前

表 4-35　排污口下游水质沿程变化　　　　　　　　单位：mg/L

排放方案	COD_Cr				BOD₅			
	1km	3km	10km	15km	1km	4km	10km	15km
方案一	20.65	19.26	15.10	12.70	4.74	3.93	2.70	1.98
方案二	34.20	31.91	25.02	21.03	7.26	6.02	4.14	3.03
方案三	195.94	182.80	143.35	120.51	34.18	28.34	19.48	14.25

表 4-36　"以新带老"措施的实施后对地表水的改善　　　　单位：mg/L

时段	COD_Cr				BOD₅			
	1km	3km	10km	15km	1km	4km	10km	15km
技改前	51.19	47.76	37.45	31.48	24.68	20.47	14.07	10.29
技改后	20.65	19.26	15.10	12.70	4.74	3.93	2.70	1.98
标准	≤20				≤4			

注：以河流枯水期流量 1m³/s 进行计算。

习题

1. 水体是如何分类的？水体污染源、污染物是如何分类的？

2. 什么是水体自净？水体污染和水体自净的关系如何？

3. 某河段地表水监测结果见下表,请采用单因子水质指数对其进行评价,采用标准为 GB 3838—2002 中Ⅲ类水质标准。

因子	水温/℃	pH	DO /(mg/L)	BOD₅ /(mg/L)	COD_Cr /(mg/L)	氨氮 /(mg/L)	石油类 /(mg/L)	Cr⁽ⁿⁱ⁾ /(mg/L)	Cd /(mg/L)
指标	15.2	7.5	4.3	5.2	19.5	0.7	0.06	0.01	0.002

4. 一河段的上断面处有一岸边污水排放口稳定地向河流排放污水,其污水排放特征参数为：$Q_p = 19440\text{m}^3/\text{d}$, $BOD_{5(p)} = 81.4\text{mg/L}$。河流水环境参数值为：$Q_h = 6.0\text{m}^3/\text{s}$, $BOD_{5(h)} = 6.16\text{mg/L}$, $B =$

50.0m，$H = 1.2$m，$u = 0.1$m/s，$i = 0.9‰$，$K_1 = 0.3$d^{-1}。试计算混合过程段长度。如果忽略污染物质在该段内的降解和沿程河流水量的变化，在距完全混合断面下游10km的某断面处，河水中的BOD$_5$浓度是多少？

5. 工厂A和B向一均匀河段排放含酚污水，水量均为100m^3/d，水质均为50mg/L。两工厂排放口相距20km。两工厂排放口的上游河水流量为9m^3/s，河水含酚为0mg/L，河水的平均流速为40km/d，酚的衰减速率常数为2d^{-1}。如要在该河流的两工厂排放口的下游建一自来水厂，根据生活饮用水卫生标准，河水含酚应不超过0.002mg/L，问该水厂应建在何处（距A、B排放口的距离)？

6. 某一河流的枯水期平均流量为10m^3/s，平均流速为0.15m/s，有一企业排放BOD$_5$污染物，排水量为0.5m^3/s，BOD$_5$浓度为35mg/L，位于排放口上游的河流水质BOD$_5$浓度为3.0mg/L，已知排放的污水经2km后与河水达到完全均匀混合，排污口至下游12km河段无支流和其他污染源，BOD$_5$降解系数为0.2d^{-1}，不考虑完全混合段的降解，列公式计算排放口下游12km处的河流BOD$_5$浓度。

7. 某均匀河段流量$Q = 216 \times 10^4$m^3/d，流速$u = 46$km/d，水温$T = 13.6$℃，饱和溶解氧为10.35mg/L，测得河水20℃时：$K_1 = 0.94$d^{-1}，$K_2 = 1.82$d^{-1}。河段始端排放流量$q = 10 \times 10^4$m^3/d的污水，BOD$_{5(p)} = 500$mg/L，溶解氧为0mg/L；排放口上游河水的BOD$_{5(h)} = 0$mg/L，上游河水的溶解氧为8.95mg/L。求：临界点出现的距离（距排放口）、BOD$_5$和DO值。

8. 选择题

(1) 河口与一般河流相比，最显著的区别是（　　　）。

　　A. 受潮汐影响大　　　　　　　　　　B. 是大洋与大陆之间的连接部

　　C. 有比较明确的形态　　　　　　　　D. 容量大，不易受外界影响

(2) 以下对水体污染物迁移与转化的过程描述正确的是（　　　）。

　　A. 化学过程主要指污染物在水中发生的理化性质变化等化学变化

　　B. 水体中污染物的迁移与转化包括物理过程、化学转化过程和生物降解过程

　　C. 混合稀释作用只能降低水中污染物的浓度，不能减少其总量

　　D. 物理过程作用主要是污染物在水中稀释自净和生物降解过程

(3) 下列选项中，不是Ⅰ类建设项目地下水环境影响预测重点的是（　　　）。

　　A. 已有、拟建和规划的地下水供水水源区

　　B. 主要污水排放口和固体废物堆放处的地下水上游区域

　　C. 地下水环境影响的敏感区域

　　D. 可能出现地面沉降的主要区域

第五章　环境噪声影响评价

【内容提要】

　　本章系统介绍了噪声评价的相关基础知识，包括环境噪声的定义、分类，环境噪声评价量以及声级的计算等。依据声环境新导则的相关要求，介绍了噪声环境影响评价的任务、评价等级和评价范围确定、声环境现状调查与评价、声环境影响预测与评价等。同时介绍了声环境保护措施与对策及环境噪声影响评价相关标准。并结合实例阐述了噪声环境影响评价方法和技术的具体运用。

第一节　环境噪声影响评价基础

一、基本概念

1. 噪声

从保护环境角度看，噪声就是人们生活、工作、学习中不需要的声音。它不仅包括杂乱无章不协调的声音，而且也包括影响他人工作、休息、睡眠、谈话和思考的音乐等声音。因此，对噪声的判别不仅是根据物理学上的定义，而往往与人们所处的环境和主观感觉反应有关。

2. 环境噪声

环境噪声指在工业生产、建筑施工、交通运输和社会生活中所产生的干扰周围生活环境的声音（频率在 20Hz～20kHz 的可听声范围内）。

3. 环境噪声污染

环境噪声污染是指所产生的环境噪声超过国家规定的环境噪声排放标准，并干扰他人正常生活、工作和学习的现象。

二、环境噪声的特征及影响

1. 环境噪声的特征

（1）主观感觉性

声环境影响是一种感觉性公害。噪声对人的影响不仅与噪声强度有关，还和受影响人当时的行为状态及生理（感觉）与心理（感觉）因素有关。不同的人，或同一人在不同的行为状态下对同样的噪声会有不同的反应。

（2）局限性和分散性

任何一个噪声源，由于距离发散衰减等因素只能影响一定的范围，具有局限性。此外，环境噪声源往往不是单一的，在人群周围噪声源无处不在，具有分散性。

（3）暂时性

当噪声源停止发声，噪声即刻消失，声环境可以恢复到原来状态，不会留下能量的积累。

（4）是一种能源污染

和许多大气污染及水污染现象不同，噪声污染是一种能量污染，而非物质污染。

2. 噪声的影响

噪声对人的影响主要体现在听力损失，睡眠干扰，对交谈和工作思考的干扰，以及引起心理的变化，如使人激动、易怒甚至失去理智等。长期在噪声环境中工作可能导致噪声性耳聋，根据有关研究，在80dB以下工作40年基本不耳聋，在80dB以上，每增加5dB耳聋发病率增加10%。噪声对睡眠有较大干扰，70dB连续噪声可使50%的人受到影响，60dB突发噪声使70%人惊醒。日常生活中，噪声对交谈和思考会产生干扰，一般情况下，噪声在45dB以下，人会感觉比较安静，55dB会感觉稍吵，75dB以上会感觉很吵，85dB以上会感觉没法交谈和思考。较大的噪声会对发育产生影响，根据有关研究，经常处于85dB以上的吵闹环境中儿童智力发育比正常儿童低20%，长期处于较大的噪声环境中还可能导致胎儿畸形、鸟类不产卵等。更大的噪声甚至对仪器和建筑物产生不良影响，当噪声级超过135dB时，电子仪器的连接部位会出现错动，引线产生抖动，微调元件发生偏移，使仪器发生故障而失效，当超过150dB时，仪器的元件可能失效或损坏，当噪声超过140dB时，轻型建筑物会遭受损伤。一般来说，多数环境噪声对人的影响以造成对正常生活的干扰和引起烦恼为主，不会形成听力损伤或者其他疾病伤害。

三、环境噪声的分类

1. 按产生机理分类

根据噪声产生机理的不同，噪声可分为以下三类。

① 机械噪声　是由于机械设备运转时，机械部件间的摩擦力、撞击力或非平衡力，使机械部件和壳体产生振动而辐射的噪声。如电锯、金属撞击产生的噪声。

② 空气动力性噪声　是由于气体流动过程中的相互作用，或气流和固体介质之间的相互作用而产生的噪声。如空压机，风机等进气和排气产生的噪声。

③ 电磁噪声　由电磁场交替变化引起某些机械部件或空间容积震动而产生的噪声。如变电站电磁噪声。

对产生机理不同的噪声应采用不同的噪声污染控制措施。

2. 按噪声随时间的变化分类

按噪声随时间的变化可分成稳态噪声和非稳态噪声两大类。非稳态噪声又可分为瞬态的、周期性起伏的、脉冲的和无规则的噪声。

在环境噪声现状监测中应根据噪声随时间的变化选定适当的测量和监测方法。

3. 按噪声来源分类

环境噪声按其来源可分为以下四类。

① 工业噪声　在工业生产活动中使用固定的设备时所产生的干扰周围生活环境的声音。

② 建筑施工噪声　在建筑施工过程中所产生的干扰周围生活环境的声音。

③ 交通运输噪声　机动车辆、铁路机车、机动船舶、航空器等交通运输工具在运行时所产生的干扰周围生活环境的声音。

④ 社会生活噪声　人为活动所产生的除工业噪声、建筑施工噪声和交通运输噪声之外的干扰周围生活环境的声音。

4. 声环境影响评价的声源类型确定

在声环境影响评价中，按实际噪声源的辐射特性及其和敏感目标之间的距离，可分为点声源、线声源和面声源三种声源类型。不同类型声源应采用不同的预测模式进行计算。

① 点声源　是指以球面波形式辐射声波的声源，辐射声波的声压幅值与声波传播距离成反比。任何形状的声源，只要声波波长远远大于声源几何尺寸，该声源可视为点声源。在声环境影响评价中，声源中心到预测点之间的距离超过声源最大几何尺寸2倍时，可将该声源近似为点声源。

② 线声源　是指以柱面波形式辐射声波的声源，辐射声波的声压幅值与声波传播距离的平方根成反比。如水泵、矿山和选煤场的输送系统、繁忙的交通线等。

③ 面声源　是指以平面波形式辐射声波的声源，辐射声波的声压幅值不随传播距离改变（不考虑空气吸收）。在环境影响评价实践中，面声源指体积较大的设备，其噪声往往是从某个面均匀地向外辐射。如预测冷却塔对临近的环境敏感目标影响时，可将其视为面声源；若冷却塔和目标较远，则将之视为点声源。

四、噪声评价的物理基础

1. 声波、声速、波长、频率

（1）声波

物体在弹性介质中的机械振动可引起介质密度的改变，这种介质密度变化由近及远的传播过程即为声波。

（2）频率

单位时间（1s）内媒质质点振动的次数，用 f 来表示，单位为 Hz（赫兹）。人耳可以感觉到的声波（可听声波）频率范围是 20～20000Hz。

可听声波的频率范围较宽，国际上统一按下述公式将可听声波划分为若干较小的频率段，即倍频带。

$$\frac{f_2}{f_1} = 2^n \tag{5-1}$$

式中　f_1——下限频率，Hz；

　　　f_2——下限频率，Hz。

n 可以为整数，也可以为小数。在噪声测量中常见的 n 为 1 和 1/3。当 $n=1$ 时称为 1/1 倍频带或倍频带。

（3）波长

在声波的传播方向上，相邻两波峰（或波谷）之间的距离，即质点的振动经过一个周期声波传播开去的距离，通常用 λ 表示，单位为 m。

（4）声速

声音在媒质中传播的速度称为声速，通常用 c 表示，单位为 m/s。声速是介质温度的函数，只取决于媒质的弹性和密度，与声源无关。

2. 声压、声强、声功率

（1）声压（p）

当有声波存在时，媒质中的压强超过静止压强，两个压强的差值称为声压。单位为 Pa，$1Pa=1N/m^2$。

声压是衡量声音强弱的常用物理量，可分为瞬时声压和有效声压。声场中某空间点某一瞬时的声压即为瞬时声压，瞬时声压随时间而变化。有效声压是指一定时间间隔内瞬时声压对时间的均方根值。一般仪器测得的声压为有效声压。在没有注明的情况下，声压均指的是有效声压。

（2）声功率（W）

单位时间内声源辐射出来的总声能量称为声功率，单位为 W。声功率越大，表示声源单位时间内辐射的声能量越大，引起的噪声越强。声功率的大小，只与声源本身有关。

（3）声强（I）

声强是指单位时间内声波通过垂直于声波传播方向上单位面积的平均声能量，单位为 W/m^2。声场中某点声强的大小与声源的声功率、该点距声源的距离、波阵面的形状及声场的具体情况有关。

3. 声压级、声强级和声功率级

（1）声压级（L_p）

一个声音的声压级为这个声音声压的平方与基准声压平方的比值，取以 10 为底的对数后再乘以 10。

$$L_p = 10\lg \frac{p^2}{p_0^2} \tag{5-2}$$

式中　L_p——对应声压 p 的声压级，dB；

　　　p——声压，Pa；

　　　p_0——基准声压，$p_0 = 2 \times 10^{-5}$ Pa。

（2）声强级（L_I）

一个声音的声强级为这个声音的声强与基准声强的比值，取以 10 为底的对数后再乘以 10。

$$L_I = 10\lg \frac{I}{I_0} \tag{5-3}$$

式中　L_I——对应声强 I 的声强级，dB；

　　　I——声强，W/m^2；

　　　I_0——基准声强，$I_0 = 1 \times 10^{-12}$ W/m^2。

（3）声功率级（L_W）

一个声音的声功率级为这个声音的声功率与基准声功率的比值，取以 10 为底的对数后再乘以 10。

$$L_W = 10\lg \frac{W}{W_0} \tag{5-4}$$

式中　L_W——对应声功率 W 的声功率级，dB；

　　　W——声功率，W；

　　　W_0——基准声功率，$W_0 = 1 \times 10^{-12}$ W。

（4）声级的叠加

由于声级是对数量度，因此在求几个声源的共同效果时，不能简单地将各自产生的声压级数值算术相加，而是需要进行能量叠加。对于互不相干的多个噪声源，它们之间不会发生干涉现象。这时，空间某处的总声压级由式（5-5）求得：

$$L_{pT} = 10\lg \left(\sum_{i=1}^{n} 10^{0.1 L_{pi}} \right) \tag{5-5}$$

【例 5-1】　在车间某处分别测量 4 个噪声源的声压级为 83dB、86dB、94dB 和 87dB，求该处总的声压级是多少？

解　根据声压级的叠加公式可得：

$$L_{pT} = 10\lg \left(\sum_{i=1}^{n} 10^{0.1 L_{pi}} \right)$$
$$= 10\lg (10^{0.1 \times 83} + 10^{0.1 \times 86} + 10^{0.1 \times 94} + 10^{0.1 \times 8.7})$$
$$= 95.6 \ (\text{dB})$$

五、环境噪声的评价量

1. A 计权声级

通过 A 计权网络（一种特殊的滤波器）测得的声压级即为 A 计权声级，用 L_A 表示，单位 dB（A）。

A 计权声级能够较好地反映人耳对各种噪声的主观感觉，是目前评价噪声的主要指标，已被广泛采用。

2. 等效连续 A 声级

等效连续 A 声级简称为等效声级，指在规定测量时间 T 内 A 声级的能量平均值，用 $L_{Aeq,T}$ 表示（简写为 L_{eq}），单位 dB(A)。

根据定义，等效声级表示为：

$$L_{eq} = 10\lg\left(\frac{1}{T}\int_0^T 10^{0.1L_A}\mathrm{d}t\right) \tag{5-6}$$

式中　L_A——t 时刻的瞬时 A 声级，dB(A)；

　　　T——规定的测量时间段，min。

3. 昼间等效声级、夜间等效声级以及昼夜等效声级

在昼间时段内测得的等效连续 A 声级称为昼间等效声级，用 L_d 表示，单位 dB(A)。

在夜间时段内测得的等效连续 A 声级称为夜间等效声级，用 L_n 表示，单位 dB(A)。

昼夜等效声级是考虑了噪声在夜间对人影响更为严重，将夜间噪声另增加 10dB 加权处理后，用能量平均的方法得出 24h A 声级的平均值，用 L_{dn} 表示，单位 dB。

4. 累积百分声级

用于评价测量时间段内噪声强度时间统计分布特征的指标，指占测量时间段一定比例的累积时间内 A 声级的最小值，用 L_N 表示，单位为 dB(A)。最常用的是 L_{10}、L_{50} 和 L_{90}，分别为噪声的平均峰值、平均中值和平均本底值，即分别表示测量时间内，10%、50% 和 90% 的时间超过的噪声级。

5. 最大声级

在规定的测量时间段内或对某一独立噪声事件，测得的 A 声级最大值，用 L_{max} 表示，单位 dB(A)。

6. 计权等效连续感觉噪声级

在航空噪声评价中，对在一段监测时间内飞行事件噪声的评价采用计权等效连续感觉噪声级，用 L_{WECPN} 表示，单位 dB(A)。

7. 导则中采用的评价量

导则中采用的评价量见表 5-1。

表 5-1　导则中采用的噪声评价量

项目	评价量
声环境质量	(1) 昼间等效声级(L_d)、夜间等效声级(L_n)，突发噪声的评价量为最大 A 声级(L_{max}) (2) 机场周围区域受飞机通过(起飞、降落、低空飞越)噪声环境影响的评价量为计权等效连续感觉噪声级(L_{WECPN})
声源源强	A 声功率级(L_{AW})，倍频带声功率级(L_W)；距离声源 r 处的 A 声级$[L_A(r)]$或倍频带 A 声级$[L_p(r)]$；等效感觉噪声级(L_{EPN})
厂界、场界、边界噪声	(1) 工业企业厂界、建筑施工场界：昼间等效声级(L_d)、夜间等效声级(L_n)、室内噪声倍频带声压级，频发、偶发噪声的评价量为最大 A 声级(L_{max}) (2) 铁路边界、城市轨道交通车站站台噪声评价量为昼间等效声级(L_d)、夜间等效声级(L_n) (3) 社会生活噪声源边界噪声评价量为昼间等效声级(L_d)、夜间等效声级(L_n)，室内噪声倍频带声压级，非稳态噪声的评价量为最大 A 声级(L_{max})

第二节　环境噪声影响评价工作程序和等级

一、声环境影响评价工作程序

根据建设项目实施过程中噪声的影响特点，可按施工期和运行期分别开展声环境影响评价。运行期声源为固定声源时，固定声源投产后作为环境影响评价时段；运行期声源为流动

声源时，将工程预测的代表性时段（一般分为运行近期、中期、远期）作为环境影响评价时段。声环境影响评价的工作程序见图 5-1。

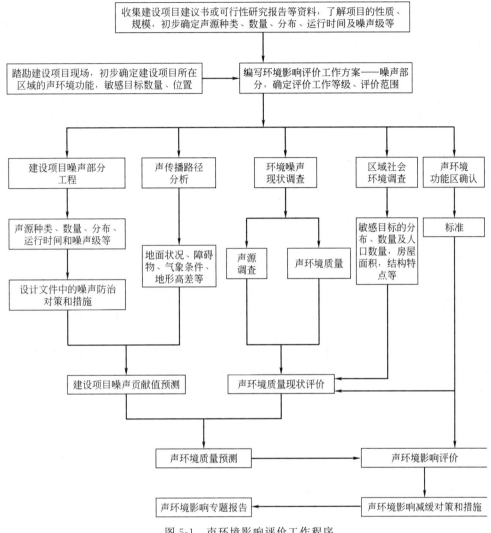

图 5-1 声环境影响评价工作程序

二、评价等级的划分

1. 划分的依据

声环境影响评价工作等级划分依据包括：

① 建设项目所在区域的声环境功能区类别；

② 建设项目建设前后所在区域的声环境质量变化程度；

③ 受建设项目噪声源影响人口的数量。

2. 评价等级划分

声环境评价工作等级一般分为三级，一级为详细评价，二级为一般性评价，三级为简要评价。在确定评价工作等级时，如建设项目符合两个以上级别的划分原则，按较高级别的评价等级评价。

（1）一级评价

评价范围内有适用于 GB 3096 规定的 0 类声功能区域，以及对噪声有特别限制要求的保护区等敏感目标，或建设项目建设前后评价范围内敏感目标噪声级增量达 5dB(A) 以上 [不含 5dB(A)]，或受影响人口数量显著增多时，按一级评价。

（2）二级评价

评价范围内有适用于 GB 3096 规定的 1 类、2 类地区，或建设项目建设前后评价范围内敏感目标噪声级增量达 3～5dB(A) [含 3、5dB(A)]，或受噪声影响人口数量增加较多时，按二级评价。

（3）三级评价

评价范围内有适用于 GB 3096 规定的 3 类、4 类地区，或建设项目建设前后评价范围内敏感目标噪声级增量在 3dB(A) 以下 [不含 3dB(A)]，且受影响人口数量变化不大时，按三级评价。

三、评价范围和基本要求

1. 评价范围

声环境评价范围依据评价工作等级确定。

（1）以固定声源为主的建设项目（如工厂、港口、施工工地、铁路站场等）

① 满足一级评价的要求，一般以建设项目边界向外 200m 为评价范围。

② 二级、三级评价范围可根据建设项目所在区域和相邻区域的声环境功能区类别及敏感目标等实际情况适当缩小。如根据建设项目声源计算得到的贡献值到 200m 处，仍不能满足相应功能区标准值时，应将评价范围扩大到满足标准值的距离。

（2）城市道路、公路、铁路、城市轨道交通地上线路和水运线路等建设项目

① 满足一级评价的要求，一般以道路中心线外两侧 200m 以内为评价范围。

② 二级、三级评价范围可根据建设项目所在区域和相邻区域的声环境功能区类别及敏感目标等实际情况适当缩小。如依据建设项目声源计算得到的贡献值到 200m 处，仍不能满足相应功能区标准值时，应将评价范围扩大到满足标准值的距离。

（3）机场工程飞机噪声评价范围

① 飞机噪声评价范围应根据飞行量计算到 L_{WECPN} 为 70dB 的区域。

② 满足一级评价的要求，一般以主要航迹离跑道两端各 6～12km、侧向各 1～2km 的范围为评价范围。

③ 二级、三级评价范围可根据建设项目所在区域的声环境功能区类别及敏感目标等实际情况适当缩小。

2. 基本要求

噪声环境影响评价基本要求见表 5-2。

表 5-2　噪声环境影响评价基本要求

项目	一级评价	二级评价	三级评价
工程分析	给出主要声源的数量、位置和源强，并在标有比例尺的图中标识固定声源的具体位置或流动声源的路线、跑道等位置。缺少资料时，应通过类比测量取得		
声环境质量现状评价	评价范围内具有代表性的敏感目标的声环境现状需要实测，并进行现状评价	评价范围内具有代表性的敏感目标的声环境现状以实测为主，可适当利用已有监测资料，并进行现状评价	评价范围内主要敏感目标的声环境现状可利用已有监测资料，若无资料应进行实测，并进行现状评价
噪声预测	预测应覆盖全部敏感目标，给出敏感目标的预测值及厂界噪声值，绘制等声级线图，当敏感目标高于（含）三层建筑时，应绘制垂直方向的等声级线图。给出受影响的人口分布、噪声超标的范围和程度	预测应覆盖全部敏感目标，给出敏感目标的预测值及厂界噪声值，根据评价需要绘制等声级线图。给出受影响的人口分布、噪声超标的范围和程度	给出各敏感目标的预测值及厂界噪声值，分析敏感目标受影响的范围和程度

续表

项目	一级评价	二级评价	三级评价
预测时段	当工程预测的不同代表性时段噪声级可能发生变化时,应分别预测其不同时段的噪声级		无
方案比选	应进行方案比选,从声环境保护角度提出最终的推荐方案	对不同方案的环境合理性进行分析	无
噪声防治措施	提出噪声防治措施,并进行经济、技术可行性论证,明确最终降噪效果和达标分析		提出噪声防治措施,并进行达标分析

第三节　声环境现状调查和评价

一、调查内容和方法

声环境现状调查的基本方法有收集资料法、现场调查法和现场测量法。评价时,应根据评价工作等级的要求确定需采用的具体方法。现状调查的主要内容有以下几点。

1. 影响声波传播的环境要素

调查建设项目所在区域的主要气象特征,包括年平均风速和主导风向、年平均气温、年平均相对湿度等。

收集评价范围内 1：2000～1：50000 地理地形图,说明评价范围内声源和敏感目标之间的地貌特征、地形高差及影响声波传播的环境要素。

2. 声环境功能区划

调查评价范围内不同区域的声环境功能区划情况,调查各声环境功能区的声环境质量现状。

3. 敏感目标

调查评价范围内的敏感目标的名称、规模、人口的分布等情况,并以图、表相结合的方式说明敏感目标与建设项目的关系（如方位、距离、高差等）。

4. 现状声源

建设项目所在区域的声环境功能区的声环境质量现状超过相应标准要求或噪声值相对较高时,需对区域内的主要声源的名称、数量、位置、影响的噪声级等相关情况进行调查。

有厂界（或场界、边界）噪声的改、扩建项目,应说明现有建设项目厂界（或场界、边界）噪声的超标、达标情况及超标原因。

二、现状监测和评价

1. 现状监测布点原则

声环境现状监测时,布点应遵循以下原则。

① 布点应覆盖整个评价范围,包括厂界和敏感目标。当敏感目标高于（含）三层建筑时,还应选取有代表性的不同楼层设置测点。

② 评价范围内没有明显的声源,且声级较低时,可选择有代表性的区域布设测点。

③ 评价范围内有明显的声源,并对敏感目标的声环境质量有影响,或建设项目为改、扩建工程,应根据声源种类采取不同的监测布点原则。

a. 固定声源。当声源为固定声源时,现状测点应重点布设在可能既受到现有声源影响,又受到建设项目声源影响的敏感目标处,以及有代表性的敏感目标处。为满足预测需要,也可在距离现有声源不同距离处设衰减测点。

b. 流动声源（且呈现线声源特点）。当声源为流动声源（且呈现线声源特点）时,现状测点位置选取应兼顾敏感目标的分布状况、工程特点及线声源噪声影响随距离衰减的特点,布设在具有代表性的敏感目标处。为满足预测需要，也可选取若干线声源的垂线，在垂线上距声源不同距离处布设监测点。其余敏感目标的现状声级可通过具有代表性的敏感目标噪声的验证和计算求得。

c. 改、扩建机场工程。测点布设在主要敏感目标处，测点数量可根据机场飞行量及周围敏感目标情况确定，现有单条跑道、两条跑道或三条跑道的机场可分别布设 3～9，9～14 或 12～18 个飞机噪声测点，跑道增多可进一步增加测点。其余敏感目标的现状飞机噪声声级可通过测点飞机噪声声级的验证和计算求得。

2. 声环境现状评价

声环境现状评价的主要内容：

① 以图、表结合的方式给出评价范围内的声环境功能区及其划分情况，以及现有敏感目标的分布情况；

② 分析评价范围内现有主要声源种类、数量及相应的噪声级、噪声特性等，明确主要声源分布；

③ 分别评价不同类别的声环境功能区内各敏感目标的超、达标情况，说明其受到现有主要声源的影响状况；

④ 给出不同类别的声环境功能区噪声超标范围内的人口数及分布情况。

第四节　声环境影响预测与评价

一、预测所需要的基础资料

声环境影响预测的范围应和评价范围相同。预测点为建设项目厂界（或场界、边界）和评价范围内的敏感目标。

建设项目噪声预测应掌握项目的声源资料，应通过资料收集、现场调查取得影响声波传播的各类参数。

1. 声源资料

声源种类、数量、空间位置、噪声级、频率特性、发声持续时间和对敏感目标的作用时间段等。

2. 影响声波传播的各类参数

① 建设项目所处区域的年平均风速和主导风向、年平均气温和年平均相对湿度。

② 声源的预测点的地形、高差。

③ 声源和预测点间障碍物（如建筑物、围墙等；若声源位于室内，还包括门、窗等）的位置及长、宽、高等数据。

④ 声源和预测点间树林、灌木等的分布情况，地面覆盖情况（如草地、水面、水泥地面、土质地面等）。

二、声环境影响预测

1. 声环境影响预测的步骤

① 建立坐标系，确定各声源坐标和预测点坐标，并根据声源性质以及预测点与声源之间的距离等情况，把声源简化成点声源、或线声源、或面声源。

② 根据已获得的声源源强的数据和各声源到预测点的声波传播条件资料，计算出噪声从各声源传播到预测点的声衰减量，由此计算出各声源单独作用在预测点时产生的 A 声级或等效感觉噪声级。

2. 声环境影响预测

根据声源声功率级或靠近声源某一参考位置处的已知声级（如实测得到的）和户外声传

播衰减规律，可计算距离声源较远处的预测点的声级，进而实现声环境影响预测。

（1）等效声级贡献值 L_{eqg}

建设项目各个声源在预测点产生的等效声级贡献值（L_{eqg}）计算公式：

$$L_{eqg} = 10\lg\left(\frac{1}{T}\sum_{i}t_i 10^{0.1L_{Ai}}\right) \tag{5-7}$$

式中　L_{eqg}——建设项目声源在预测点的等效声级贡献值，dB(A)；

　　　L_{Ai}——i 声源在预测点产生的 A 声级，dB(A)；

　　　T——预测计算的时间段，s；

　　　t_i——i 声源在 T 时段内的运行时间，s。

（2）等效声级预测值 L_{eq}

预测点的预测等效声级（L_{eq}）计算公式：

$$L_{eq} = 10\lg(10^{0.1L_{eqg}} + 10^{0.1L_{eqb}}) \tag{5-8}$$

式中　L_{eqg}——建设项目声源在预测点的等效声级贡献值，dB(A)；

　　　L_{eqb}——预测点的背景值，dB(A)。

（3）机场飞机噪声计权等效连续感觉噪声级 L_{WECPN}

机场飞机噪声计权等效连续感觉噪声级计算公式：

$$L_{WECPN} = \overline{L_{EPN}} + 10\lg(N_1 + 3N_2 + 10N_3) - 39.4 \tag{5-9}$$

式中　N_1——7:00~19:00 对某个预测点声环境产生噪声影响的飞行架次；

　　　N_2——19:00~22:00 对某个预测点声环境产生噪声影响的飞行架次；

　　　N_3——22:00~7:00 对某个预测点声环境产生噪声影响的飞行架次；

　　　$\overline{L_{EPN}}$——N 次飞行有效感觉噪声级能量平均值（$N = N_1 + N_2 + N_3$），dB。

其中 $\overline{L_{EPN}}$ 的计算公式为：

$$\overline{L_{EPN}} = 10\lg\frac{1}{N_1 + N_2 + N_3}\sum_{i}\sum_{j}10^{0.1L_{EPNij}} \tag{5-10}$$

式中　L_{EPNij}——j 航路、第 i 架次飞机在预测点产生的有效感觉噪声级，dB。

在预测过程中应按工作等级的要求绘制等声级线图。等声级线的间隔应不大于 5dB（一般选 5dB）。对于 L_{eq} 等声级线最低值应与相应功能区夜间标准值一致，最高值可为 75dB；对于 L_{WECPN} 一般应有 70dB、75dB、80dB、85dB、90dB 的等声级线。

3. 典型建设项目噪声影响预测

（1）工业噪声预测

在对固定声源和声波传播途径进行分析之后，根据不同评价工作等级的基本要求，采用工业噪声预测计算模式选择以下工作内容分别进行预测，并给出相应的预测结果。

① 厂界（或场界、边界）噪声预测　预测厂界噪声，给出厂界噪声的最大值及位置。

② 敏感目标噪声预测　预测敏感目标的贡献值、预测值、预测值与现状噪声值的差值，确定敏感目标所处声环境功能区的声环境质量变化、敏感目标所受噪声影响的程度以及噪声影响的范围，并说明受影响人口分布情况。当敏感目标高于（含）三层建筑时，还应预测有代表性的不同楼层所受的噪声影响。

③ 绘制等声级线图　绘制等声级线图，说明噪声超标的范围和程度。

④ 根据厂界（场界、边界）和敏感目标受影响的状况，明确影响厂界（场界、边界）和周围声环境功能区声环境质量的主要声源，分析厂界和敏感目标的超标原因。

【例 5-2】　某印染企业位于声环境 2 类功能区，厂界噪声现状值和噪声源及离厂界南的距离如表 5-3 所示，本题只考虑距离的衰减和建筑墙体的隔声。考虑到各噪声源的距离，将噪声源化为点声源处理。本题中建筑墙体的隔声量取 10dB（A）。试问叠加背景噪声值后，

厂界南的噪声是否达标?(厂界南噪声背景值:昼间50.4dB;夜间41.6dB)

表 5-3 噪声源及离厂界南的距离

项目	声源设备名称	台数	噪声功率级/dB(A)	厂界南/m
车间 A	印花机	3 套	85	250
锅炉房	风机	3 台	90	380

解

① 利用噪声叠加公式,车间 A 的总声功率级为:

$$L_{车T} = 10\lg\left[\sum_{i=1}^{N}\left(10^{\frac{L_{pi}}{10}}\right)\right] = 10\lg(10^{0.1\times85}\times3) = 85 + 10\lg3 = 89.77[\mathrm{dB(A)}]$$

同理,锅炉房总的声功率级为:$L_{锅炉T} = 90 + 10\lg3 = 94.77[\mathrm{dB(A)}]$

② 不考虑背景值,车间 A 在厂界南的噪声贡献值为:

$$L_1 = L_{w1} - 20\lg r - 8 - 10 = 89.77 - 20\lg250 - 8 - 10 = 23.81[\mathrm{dB(A)}]$$

同理,锅炉房在厂界南的噪声贡献值为:

$$L_2 = L_{w2} - 20\lg r - 8 - 10 = 94.77 - 20\lg380 - 8 - 10 = 25.17[\mathrm{dB(A)}]$$

③ 在厂界南由车间 A 和锅炉房共同影响产生的噪声贡献值为:

$$L_T = 10\lg(10^{0.1\times23.8} + 10^{0.1\times25.17}) = 27.55[\mathrm{dB(A)}]$$

④ 噪声预测值计算 按照噪声叠加公式,求得厂界南昼间和夜间的噪声预测值分别为50.42dB 和 41.77dB。

⑤ 达标分析 按照《声环境质量标准》(GB 3096—2008)规定,项目位于声环境 2 类功能区,应执行昼间 60dB、夜间 50dB 标准,因此厂界南在昼间和夜间均不超标。

(2)公路、城市道路交通运输噪声预测

通过对预测参数(工程参数、声源参数和敏感目标参数)以及声传播途径的分析,采用公路(道路)交通运输噪声预测模式对公路、城市道路交通运输噪声进行预测。

预测的主要内容如下。

① 预测各预测点的贡献值、预测值、预测值与现状噪声值的差值,预测高层建筑有代表性的不同楼层所受的噪声影响。

② 按贡献值绘制代表性路段的等声级线图,分析敏感目标所受噪声影响的程度,确定噪声影响的范围,并说明受影响人口分布情况。

③ 给出满足相应声环境功能区标准要求的距离。

④ 依据评价工作等级要求,给出相应的预测结果。

(3)铁路、城市轨道交通噪声预测

通过对预测参数以及声传播途径的分析,根据《环境影响评价技术导则 声环境》中城市轨道、铁路交通运输噪声预测模式以及《环境影响评价技术导则 城市轨道交通》HJ 453—2008 中的相关要求对城市轨道、铁路交通运输噪声进行预测。预测内容与公路、城市道路交通运输噪声预测内容相同。

(4)机场飞机噪声预测

通过对预测参数的分析,根据 HJ 2.4—2009 中飞机噪声预测模式中的相关要求对机场飞机噪声进行预测。根据 GB 9660 的规定,预测的评价量为 L_{WECPN},其等值线应预测到70dB。预测的主要内容如下。

① 在 1:50000 或 1:10000 地形图上给出计权等效连续感觉噪声级(L_{WECPN})为70dB、75dB、80dB、85dB、90dB 的等声级线图。同时给出评价范围内敏感目标的计权等效

连续感觉噪声级（L_{WECPN}）。

②　给出不同声级范围内的面积、户数、人口数。

③　依据评价工作等级要求，给出相应的预测结果。

（5）施工场地、调车场、停车场等噪声预测

通过对预测参数以及声传播途径的分析，依据声源的特征，选择相应的预测计算模式对施工场地、调车场、停车场的噪声进行预测。预测的主要内容如下。

①　根据建设项目工程特点，分别预测固定声源和流动声源对场界（或边界）、敏感目标的噪声贡献值，进行叠加后作为最终的噪声贡献值。

②　根据评价工作等级要求，给出相应的预测结果。

（6）居民区、学校、科研单位等敏感建筑建设项目声环境影响预测

通过对预测参数以及声传播途径的分析，依据不同声源的特点，选择相应的预测计算模式对敏感建筑建设项目的噪声进行预测。预测的主要内容如下。

①　敏感建筑建设项目声环境影响预测应包括建设项目声源对项目及外环境的影响预测和外环境（如周边公路、铁路、机场、工厂等）对敏感建筑建设项目的环境影响预测两部分内容。

②　分别计算建设项目主要声源对属于建设项目的敏感建筑和建设项目周边的敏感目标的噪声影响，同时计算外环境声源对属于建设项目的敏感建筑的噪声影响，属于建设项目的敏感建筑所受的噪声影响是建设项目主要声源和外环境声源影响的叠加。

③　根据评价工作等级要求，给出相应的预测结果。

三、户外声传播衰减计算

1. 基本原理

户外声传播衰减包括几何发散衰减（A_{div}）、大气衰减（A_{atm}）、地面效应衰减（A_{gr}）、屏障屏蔽（A_{bar}）和其他多方面效应（A_{misc}）引起的衰减。在环境影响评价中，应根据声源声功率级或靠近声源某一参考位置处的已知声压级（如实测得到的）和户外声传播衰减模式计算距离声源较远处的预测点的声压级。

2. 几何发散引起的衰减 A_{div}

噪声在传播过程中由于距离的增加而引起的衰减称为几何发散衰减。只考虑几何发散衰减时，预测点 A 声级计算公式如下。

$$L_A(r) = L_A(r_0) - A_{div} \tag{5-11}$$

式中　$L_A(r)$——距离声源 r 处的 A 声级，dB(A)；

　　　$L_A(r_0)$——参考位置 r_0 处的 A 声级，dB(A)。

几何发散衰减的计算应遵循以下原则。

（1）点声源的几何发散衰减

点声源几何发散衰减的基本公式为

$$L_p(r) = L_p(r_0) - 20\lg(r/r_0) \tag{5-12}$$

式中　$L_p(r)$——距离声源 r 处的倍频带声压级，dB；

　　　$L_p(r_0)$——参考位置 r_0 处的倍频带声压级，dB；

　　　r_0——参考位置距离声源的距离，m；

　　　r——预测点距离声源的距离，m。

$A_{div} = 20\lg(r/r_0)$ 表示点声源的几何发散衰减。

若已知点声源的倍频带声功率级 L_W，且声源处于自由声场，则公式（5-12）等效为公式（5-13）。

$$L_p(r) = L_W - 20\lg r - k + D_{I\theta} \tag{5-13}$$

式中 k——当声场为全自由声场时 $k=11$，当声场为半自由声场时，$k=8$；

$D_{I\theta}$——指向性指数，$D_{I\theta}=10\lg R_\theta$，无指向性时，$D_{I\theta}=0$；

R_θ——指向性因数，它的定义是在离点声源相同距离处，某一 θ 角方向上的声强 I_θ 和所有方向上平均声强 I 的比，即 $R_\theta=I_\theta/I$。

【例 5-3】 一点声源在自由声场中辐射噪声，已知距声源 20m 处声压级为 90dB，求在 200m 处的声压级（只考虑几何发散衰减）。

解 根据点声源几何发散公式可得：

$$L_p(r)=L_p(r_0)-20\lg(r/r_0)$$
$$=90-20\lg\left(\frac{200}{20}\right)$$
$$=70(dB)$$

【例 5-4】 在半自由声场空间中某一点声源的声功率级为 90dB，求距声源 50m 远处的声压级（声源无指向性，且只考虑几何发散衰减）。

解 根据点声源几何发散公式可得：

$$L_p(r)=L_W-20\lg r-8$$
$$=90-20\lg 50-8$$
$$=48(dB)$$

（2）线声源的几何发散衰减

① 无限长线声源 无限长线声源几何发散衰减的基本公式为

$$L_p(r)=L_p(r_0)-10\lg(r/r_0) \tag{5-14}$$

$A_{div}=10\lg(r/r_0)$ 表示无限长线声源的几何发散衰减。

② 有限长线声源 如图 5-2 所示，设线声源长度为 l_0，单位长度线声源辐射的倍频带声功率级为 L_W。

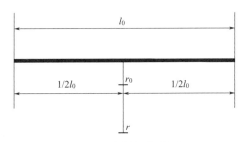

图 5-2 有限长线声源

在线声源垂直平分线上距声源 r 处的声压级为：

$$L_p(r)=L_W-10\lg\left[\frac{1}{r}\arctan\left(\frac{l_0}{2r}\right)\right]+8 \tag{5-15}$$

或

$$L_p(r)=L_p(r_0)+10\lg\left[\frac{\dfrac{1}{r}\arctan\left(\dfrac{l_0}{2r}\right)}{\dfrac{1}{r_0}\arctan\left(\dfrac{l_0}{2r_0}\right)}\right] \tag{5-16}$$

当 $r>l_0$ 且 $r_0>l_0$ 时，式(5-16) 可近似简化为：

$$L_p(r)=L_p(r_0)-20\lg(r/r_0) \tag{5-17}$$

当 $r<l_0/3$ 且 $r_0<l_0/3$ 时，式(5-16) 可近似简化为：

$$L_p(r)=L_p(r_0)-10\lg(r/r_0) \tag{5-18}$$

当 $l_0/3 < r < l_0$ 且 $l_0/3 < r_0 < l_0$ 时，式(5-16)可近似简化为：

$$L_p(r) = L_p(r_0) - 15\lg(r/r_0) \tag{5-19}$$

（3）面声源的几何发散衰减

一个大型机器设备的振动表面、车间透声的墙壁，均可以认为是面声源。如果已知面声源单位面积的声功率为 W，各面积元噪声的位相是随机的，面声源可看作由无数点声源连续分布组合而成，其合成声级可按能量叠加法求出。

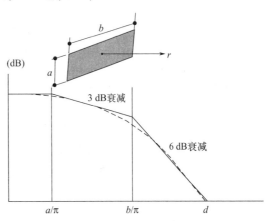

图 5-3 给出了长方形面声源中心轴线上的声衰减曲线。当预测点和面声源中心距离 r 处于以下条件且 $b>a$ 时，可按下述方法近似计算：

① 当 $r < a/\pi$ 时，几乎不衰减（$A_{div} \approx 0$）；

② 当 $a/\pi < r < b/\pi$ 时，距离加倍衰减 3dB 左右，类似线声源衰减特性 $[A_{div} \approx 10\lg(r/r_0)]$；

图 5-3　长方形面声源中心轴线上的声衰减曲线
（面声源 $b>a$；虚线为实际衰减量）

③ 当 $r > b/\pi$ 时，距离加倍衰减趋近于 6dB，类似点声源衰减特性 $[A_{div} \approx 20\lg(r/r_0)]$。

3. 空气吸收引起的衰减 A_{atm}

空气吸收引起的衰减公式如下：

$$A_{atm} = \frac{\alpha(r-r_0)}{1000} \tag{5-20}$$

式中　α——温度、湿度和声波频率的函数，预测计算中一般根据建设项目所处区域常年平均气温和湿度选择相应的空气吸收系数（见表5-4）。

表 5-4　空气吸收系数

温度 /℃	相对湿度 /%	大气吸收衰减系数 α/(dB/km)							
		倍频带中心频率/Hz							
		63	125	250	500	1000	2000	4000	8000
10	70	0.1	0.4	1.0	1.9	3.7	9.7	32.8	117.0
20	70	0.1	0.3	1.1	2.8	5.0	9.0	22.9	76.6
30	70	0.1	0.3	1.0	3.1	7.4	12.7	23.1	59.3
15	20	0.3	0.6	1.2	2.7	8.2	28.2	28.8	202.0
15	50	0.1	0.5	1.2	2.2	4.2	10.8	36.2	129.0
15	80	0.1	0.3	1.1	2.4	4.1	8.3	23.7	82.8

4. 地面效应衰减 A_{gr}

地面类型可分为：

① 坚实地面，包括铺筑过的路面、水面、冰面以及夯实地面；

② 疏松地面，包括被草或其他植物覆盖的地面，以及农田等适合于植物生长的地面；

③ 混合地面，由坚实地面和疏松地面组成。

地面效应引起的倍频带衰减和地面类型有关，具体计算方法可参照 GB/T 17247.2 进行计算。

5. 屏障引起的衰减 A_{bar}

位于声源和预测点之间的实体障碍物，如围墙、建筑物、土坡或地垄等起到声屏障作用，从而引起到声能量的较大衰减。在环境影响评价中，可将各种形式的屏障简化为具有一定高度的薄屏障。

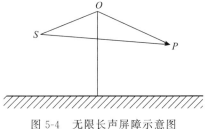

图 5-4 无限长声屏障示意图

如图 5-4 所示，S、O、P 三点在同一平面内且垂直于地面。定义 $\delta = SO + OP - SP$ 为声程差，$N = 2\delta/\lambda$ 为菲涅尔数，其中 λ 为声波波长。

在噪声预测中，声屏障插入损失的计算方法应根据实际情况作简化处理。

（1）有限长薄屏障在点声源声场中引起的衰减

① 计算图 5-5 所示三个传播途径的声程差 δ_1、δ_2、δ_3 和相应的菲涅尔数 N_1、N_2、N_3。

$$\begin{cases} \delta_1 = SO_1 + O_1R - SR \\ N_1 = \dfrac{2\delta_1}{\lambda} \end{cases} \quad \begin{cases} \delta_2 = SO_2 + O_2R - SR \\ N_2 = \dfrac{2\delta_2}{\lambda} \end{cases} \quad \begin{cases} \delta_3 = SO_3 + O_3R - SR \\ N_3 = \dfrac{2\delta_3}{\lambda} \end{cases}$$

② 声屏障引起的衰减量按式（5-21）计算：

$$A_{bar} = -10\lg\left[\frac{1}{3+20N_1} + \frac{1}{3+20N_2} + \frac{1}{3+20N_3}\right] \tag{5-21}$$

当屏障很长（作无限长处理）时，则：

$$A_{bar} = -10\lg\left[\frac{1}{3+20N_1}\right] \tag{5-22}$$

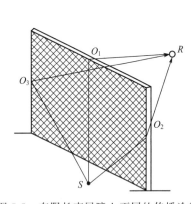

图 5-5 有限长声屏障上不同的传播途径

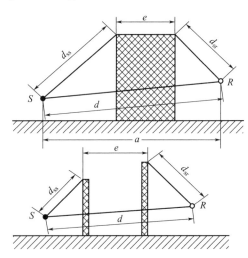

图 5-6 利用建筑物、土堤作为厚屏障

（2）双绕射计算

对于图 5-6 所示的双绕射情景，可由下式计算绕射声与直达声之间的声程差 δ：

$$\delta = [(d_{ss} + d_{sr} + e)^2 + a^2]^{0.5} - d \tag{5-23}$$

式中 a——声源和接收点之间的距离在平行与屏障上边界的投影长度，m；

d_{ss}——声源到第一绕射边的距离，m；

d_{sr}——第二绕射变到接收点的距离，m；

e——在双绕射情况下两个绕射边界之间的距离，m。

屏障衰减 A_{bar} 参照 GB/T 17247.2 进行计算。

在任何频带上，屏障衰减 A_{bar} 在单绕射（即薄屏障）情况下，衰减最大取 20dB；在双绕射（即厚屏障）情况下，衰减最大取 25dB。

计算了屏障衰减后，不再考虑地面效应衰减。

（3）绿化林带噪声衰减

绿化林带的附加衰减与树种、林带结构和密度等因素有关。在声源附近的绿化林带，或在预测点附近的绿化林带，或两者均有的情况都可以使声波衰减，见图 5-7。

图 5-7　通过树和灌木时声波遭受衰减示意图

通过树叶传播造成的噪声衰减随通过树叶传播距离 d_f 的增长而增大，其中 $d_f = d_1 + d_2$，为了计算 d_1 和 d_2，可假设弯曲路径的半径为 5km。

表 5-5 中的第一行给出了通过总长度为 $10 \sim 20m$ 之间的密叶时，由密叶引起的衰减系数；第二行为通过总长度 $20 \sim 200m$ 之间密叶时的衰减系数；当通过密叶的路径长度大于 $200m$ 时，可使用 $200m$ 的衰减值。

表 5-5　倍频带噪声通过密叶传播时产生的衰减系数

项目	传播距离 d_f/m	倍频带中心频率/Hz							
		63	125	250	500	1000	2000	4000	8000
衰减/dB	$10 \sim 20$	0	0	1	1	1	1	2	3
衰减/(dB/m)	$20 \sim 200$	0.02	0.03	0.04	0.05	0.06	0.08	0.09	0.12

6. 其他方面原因引起的衰减 A_{misc}

其他衰减包括通过工业场所的衰减，通过房屋群的衰减等。在声环境影响评价中，一般情况下，不考虑自然条件（如风、温度梯度、雾）变化引起的附加修正。

工业场所的衰减、房屋群的衰减等可参照 GB/T 17247.2 进行计算。

四、声环境影响预测软件介绍

前述的相关模式一般仅用于简单的噪声影响预测情况。如果情况比较复杂，比如对预测结果要求的精度较高、预测现场有较多建筑物的阻挡、预测的敏感目标较多、噪声源较多、要求绘制等声级线等情况时，一般采用专业的声环境影响预测模拟软件进行。比如 EIAN、NoiseSystem、CadnaA、BREEZE. Noise、Soundplan 等。这些软件各有特点，有些使用较为简便，但仅用于简单情形下的预测，有些软件的专业性较强，可以适用于比较复杂的预测。本节给出两个比较专业的噪声软件的介绍，其具体操作方法，读者可以参阅相关的说明书。

1. CadnaA

CadnaA 是一款环境噪声计算、评估和预测软件，可用于评价工厂、商业区、或者是公路、铁路，甚至是整个城镇和居民区的噪声影响分布。CadnaA 由德国 Datakustic 公司编制，2001 年由北京朗德科技有限公司引进并通过原国家环保总局环境评估中心认证。其主要特征如下。

① CadnaA 系统是一套基于 ISO 9613 标准方法、利用 Windows 作为操作平台的噪声模拟和控制软件。该系统适用于工业设施、公路、铁路和区域等多种噪声源的影响预测、评价、工程设计与控制对策研究。

② CadnaA 软件计算原理源于国际标准化组织规定的 ISO 9613-2：1996《户外声传播的衰减的计算方法》。软件中对噪声物理原理的描述、声源条件的界定、噪声传播过程中应考虑的影响因素以及噪声计算模式等方面与国际标准化组织的有关规定完全相同。中国公布的

GB/T 17247.2—1998《声学户外声传播的衰减　第 2 部分：一般计算方法》中，等效采用了国际标准化组织规定的 ISO 9613-2：1996 标准。因此 CadnaA 软件的计算方法和中国声传播衰减的计算方法原则上是一致的。

③ 利用 CadnaA 软件预测的电厂、公路、铁路、小区环境噪声水平与利用《环境影响评价技术导则　声环境》规定的方法所得到的结果基本相同。

④ CadnaA 具有较强的计算模拟功能：可以同时预测各类噪声源（声源、线声源、任意形状的面声源）的复合影响，对声源和预测点的数量没有限制，噪声源的辐射声压级和计算结果既可以用 A 计权值表示，也可用不同频段的声压值表示，任意形状的建筑物群、绿化林带和地形均可作为声屏障予以考虑。由于参数可以调整，可用于噪声控制设计效果分析，其屏障高度优化功能可以广泛用于道路等噪声控制工程的设计。

⑤ CadnaA 软件的功能齐全，用户界面友好，操作方便，易于掌握使用。具有强大的算法、扩展工具、杰出的三维可视图以及非常友好的界面。从声源定义、参数设定、模拟计算到结果表述与评价构成一个完整的系统，可实现功能转换和源、构建物与受体点的确定，具有多种数据输入接口和输出方式。特别是三维彩色图形输出方式使预测结果更加可视化和形象化。另外，CadnaA 可以方便的与其他 Windows 应用程序进行通讯，诸如 Word、CAD 软件和 GIS 数据库。

2. SoundPLAN

SoundPLAN 是德国软件设计师和声学咨询专家在 1986 年研发的专业声学软件，已在各国声学预测分析行业获得广泛应用。其主要技术特点如下。

① SoundPLAN 计算核心基于声线追踪法，应用于工业噪声评估领域主要有五大功能模块：数据库模块、声学模型模块、计算模块、工业专家系统模块和声屏障优化模块。数据库模块包含噪声预测所需的全部声源数据、噪声标准数据、噪声治理措施数据等，使用时渗透进所有其他模块中；模型模块可建立整个厂区的三维模型，包括声源、普通建筑物、各类屏障、地形等计算噪声衰减时的必需要素；计算主要分为敏感点群和厂区噪声分布图的计算两大类，利用工业专家系统模块采取的噪声控制措施可形成独立文件，合并到计算模块中进行计算；声屏障优化模块可在使用者预留的屏障位置处自动计算噪声达标需要的屏障高度。五大功能模块可以独立运行，也可同时应用于不同项目。例如使用计算模块计算较复杂的噪声分布图时往往需要较长时间，这时可以选择后台运行，而在前台做其他项目的声学建模、分析噪声控制措施等工作，以此减少等待时间、提高工作效率。

② 计算标准的适用性。软件自带的工业噪声预测标准中包括 ISO 9613.1：1993 和 ISO 9613.2：1996，我国已将这两个标准等效为国家标准，即 GB/T 17247.1—2000《声学户外声传播衰减　第 1 部分：大气声吸收的计算方法》和 GB/T 17247.2—1998《声学户外声传播衰减　第 2 部分：一般计算方法》。因此 SoundPLAN 进行室外噪声传播及衰减计算的过程是符合我国标准要求的，计算中考虑到大气声吸收、地形、障碍物、气候条件等对噪声衰减的影响。

③ 功能的适用性。建设项目的环境影响评价阶段，提出有针对性的具体噪声防治对策是声环境影响评价工作的重要内容之一，对于声源数量及种类较多且空间位置复杂的电厂来说更是难点，SoundPLAN 软件特有的工业专家系统能够满足这一要求。此模块能给出各个噪声源对接收点的贡献值，利用这项功能可以对声源进行噪声控制优先排序，依据声源对声环境的影响程度有针对性的采取噪声防治措施。对任一个声源采取适当的降噪措施后，所有接收点的噪声预测值将自动重新计算，继续采取噪声控制措施直到所有预测值均达到噪声标准要求，即形成完整的噪声控制方案。

五、声环境影响评价主要内容

1. 评价标准的确定

根据声源的类别和建设项目所处的声环境功能区等确定声环境影响评价标准，没有划分声环境功能区的区域由地方环境保护部门参照《声环境质量标准》（GB 3096）和《城市区域环境噪声适用区划分技术规范》（GB/T 15190）的规定划定声环境功能区。

2. 评价的主要内容

（1）评价方法和评价量

① 评价方法　根据噪声预测结果和环境噪声评价标准，评价建设项目在施工、运行期噪声的影响程度、影响范围，给出边界（厂界、场界）及敏感目标的达标分析。

② 评价量　进行边界噪声评价时，新建项目以工程噪声贡献值作为评价量；改扩建建设项目以工程噪声贡献值与受到现有工程影响的边界噪声值叠加后的预测值作为评价量。

进行敏感目标噪声环境影响评价时，以敏感目标所受的噪声贡献值与背景噪声值叠加后的预测值作为评价量。对于改扩建的公路、铁路等建设项目，如预测噪声贡献值时已包括了现有声源的影响，则以预测的噪声贡献值作为评价量。

（2）影响范围、影响程度分析

给出评价范围内不同声级范围覆盖的面积，主要建筑物类型、名称、数量及位置，影响的户数、人口数。

（3）噪声超标原因分析

分析建设项目边界（厂界、场界）及敏感目标噪声超标的原因，明确引起超标的主要声源。对于通过城镇建成区和规划区的路段，还应分析建设项目与敏感目标间的距离是否符合城市规划部门提出的防噪声距离。

（4）对策建议

分析建设项目的选址（选线）、规划布局和设备选型等的合理性，评价噪声防治对策的适用性和防治效果，提出需要增加的噪声防治对策、噪声污染管理、噪声监测及跟踪评价等方面的建议，并进行技术、经济可行性论证。

第五节　声环境保护措施与对策

一、噪声防治措施的一般要求

工业建设项目（工矿企业和事业单位）噪声防治措施应针对建设项目投产后噪声影响的最大预测值制定，以满足厂界（或场界、边界）和厂界外敏感目标（或声环境功能区）的达标要求。

交通运输类建设项目（如公路、铁路、城市轨道交通、机场项目等）的噪声防治措施应针对建设项目不同代表性时段的噪声影响预测值分期制定，以满足声环境功能区级敏感目标功能要求。其中，铁路建设项目的噪声防治措施还应同时满足铁路边界噪声排放标准的要求。

二、噪声防治途径

1. 规划防治对策

从建设项目的选址（选线）、规划布局、总图布置和设备布局等方面进行调整，提出减少噪声影响的建议。如采用"闹静分开"和"合理布局"的设计原则，使高噪声设备尽可能远离噪声敏感区；建议建设项目重新选址（选线）或提出城乡规划中有关防止噪声的建议等。

2. 技术防治措施

（1）声源上降低噪声的措施

① 改进机械设计，改进设备结构和形状、改进传动装置以及选用已有的低噪声设备等。

② 采取声学控制措施，如对声音采用消声、隔声、隔振和减振等措施。

③ 维持设备处于良好的运转状态。

④ 改革工艺、设施结构和操作方法等。

（2）声音传播途径上降低噪声的措施

① 在噪声传播途径上增设吸声、声屏障等措施。

② 利用自然地形物（如山丘、土坡、地垄、围墙等）降低噪声。

③ 将声源设置于地下或半地下的室内等。

④ 合理布局声源，使声源远离敏感目标等。

（3）敏感目标自身防护措施

① 受声点自身增设吸声、隔声等措施。

② 合理布局噪声敏感区中的建筑物功能和合理调整建筑物平面布局。

3. 管理措施

提出环境噪声管理方案（如优化施工方案、优化飞行程序等），制订噪声监测方案，提出降噪减噪措施的使用运行、维护保养等方面的管理要求，提出跟踪评价要求等。

三、典型建设项目噪声防治措施

1. 工业（工矿企业和事业单位）噪声防治措施

① 应从选址，总图布置，声源，声传播途径及敏感目标自身等方面分别给出噪声防治的具体方案。主要包括：选址的优化方案及其原因分析，总图布置调整的具体内容及其降噪效果（包括边界和敏感目标）；给出各主要声源的降噪措施、效果和投资。

② 设置声屏障和对敏感建筑物进行噪声防护等的措施方案、降噪效果及投资，并进行经济、技术可行性论证。

③ 在符合《中华人民共和国城乡规划法》（以下简称《城乡规划法》）中规定的可对城乡规划进行修改的前提下，提出厂界（或场界、边界）与敏感建筑物之间的规划调整建议。

④ 提出噪声监测计划等对策建议。

2. 公路、城市道路交通噪声防治措施

① 通过不同选线方案的声环境影响预测结果，分析敏感目标受影响的程度，提出优化的选线方案建议。

② 根据工程与环境特征，给出局部线路调整、敏感目标搬迁、临路建筑物使用功能变更、改善道路结构和路面材料、设置声屏障和对敏感建筑物进行噪声防护等具体的措施方案及其降噪效果，并进行经济、技术可行性论证。

③ 在符合《城乡规划法》中规定的可对城乡规划进行修改的前提下，提出城镇规划区段线路与敏感建筑物之间的规划调整建议。

④ 给出车辆行驶规定及噪声监测计划等对策建议。

3. 铁路、城市轨道噪声防治措施

① 通过不同选线方案声环境影响预测结果，分析敏感目标受影响的程度，提出优化的选线方案建议。

② 根据工程与环境特征，给出局部线路和站场调整，敏感目标搬迁或功能转换，轨道、列车、路基（桥梁）、道床的优选，列车运行方式、运行速度、鸣笛方式的调整，设置声屏障和对敏感建筑物进行噪声防护等具体的措施方案及其降噪效果，并进行经济、技术可行性论证。

③ 在符合《城乡规划法》中明确的可对城乡规划进行修改的前提下，提出城镇规划区段铁路（或城市轨道交通）与敏感建筑物之间的规划调整建议。

④ 给出车辆行驶规定及噪声监测计划等对策建议。

4. 机场噪声防治措施

① 通过不同机场位置、跑道方位、飞行程序方案的声环境影响预测结果，分析敏感目标受影响的程度，提出优化的机场位置、跑道方位、飞行程序方案建议。

② 根据工程与环境特征，给出机型优选，昼间、傍晚、夜间飞行架次比例的调整，对敏感建筑物进行噪声防护或使用功能变更、拆迁等具体的措施方案及其降噪效果，并进行经济、技术可行性论证。

③ 在符合《城乡规划法》中明确的可对城乡规划进行修改的前提下，提出机场噪声影响范围内的规划调整建议。

④ 给出飞机噪声监测计划等对策建议。

第六节　环境噪声影响评价相关标准

一、声环境质量标准

《声环境质量标准》（GB 3096—2008）规定了五类声环境功能区的环境噪声限值及测量方法，适用于声环境质量评价与管理。机场周围区域受飞机通过（起飞、降落、低空飞越）噪声的影响，不适用于该标准。

按区域的使用功能特点和环境质量要求，声环境功能区分为以下五种类型。

0 类声环境功能区：指康复疗养区等特别需要安静的区域。

1 类声环境功能区：指以居民住宅、医疗卫生、文化教育、科研设计、行政办公为主要功能，需要保持安静的区域。

2 类声环境功能区：指以商业金融、集市贸易为主要功能，或者居住、商业、工业混杂，需要维护住宅安静的区域。

3 类声环境功能区：指以工业生产、仓储物流为主要功能，需要防止工业噪声对周围环境产生严重影响的区域。

4 类声环境功能区：指交通干线两侧一定距离之内，需要防止交通噪声对周围环境产生严重影响的区域，包括 4a 类和 4b 类两种类型。4a 类为高速公路、一级公路、二级公路、城市快速路、城市主干路、城市次干路、城市轨道交通（地面段）、内河航道两侧区域；4b 类为铁路干线两侧区域。

各类声环境功能区环境噪声等效声级限值见表 5-6。

表 5-6　环境噪声等效声级限值　　　　　单位：dB（A）

声环境功能区类别		时　　段	
		昼间	夜间
0 类		50	40
1 类		55	45
2 类		60	50
3 类		65	55
4 类	4a 类	70	55
	4b 类	70	60

注：1. 表中 4b 类声环境功能区环境噪声限值，适用于 2011 年 1 月 1 日起环境影响评价文件通过审批的新建铁路（含新开廊道的增建铁路）干线建设项目两侧区域。

2. 在下列情况下，铁路干线两侧区域不通过列车时的环境背景噪声限值，按昼间 70dB（A）、夜间 55dB（A）执行：穿越城区的既有铁路干线；对穿越城区的既有铁路干线进行改建、扩建的铁路建设项目。

既有铁路是指 2010 年 12 月 31 日前已建成运营的铁路或环境影响评价文件已通过审批的铁路建设项目。

3. 各类声环境功能区夜间突发噪声，其最大声级超过环境噪声限值的幅度不得高于 15dB（A）。

二、机场周围飞机噪声环境标准

《机场周围飞机噪声环境标准》（GB 9660—88）规定了机场周围飞机噪声的环境标准。适用于机场周围受飞机通过所产生噪声影响的区域，见表 5-7。

表 5-7　机场周围飞机噪声限值　　　　　　　　　　　　　　单位：dB

适用区域	标准值
一类区域	≤70
二类区域	≤75

注：一类区域：特殊住宅区，居住、文教区；二类区域：除一类区域以外的生活区。

标准采用一昼夜的计权等效连续感觉噪声级作为评价量，用 L_{WECPN} 表示，单位为 dB。该标准是户外允许噪声级，测点要选在户外平坦开阔的地方，传声器高于地面 1.2m、离开其他反射壁 1.0m 以上。

案例分析

某高速公路新建工程噪声影响评价简介

一、项目概况

某高速公路全长 33.405km。该工程在施工期和运营期将产生噪声，对周围环境有一定的影响，故应对其进行噪声影响评价。

1. 评价等级和范围

由于拟建项目前后评价范围内敏感目标噪声级增高量＞5dB，受影响人口数量显著增多，因此本次声环境评价为一级，评价的范围为公路中心线两侧 200m 以内的带状区域。

2. 环境功能区划和评价标准

根据现场勘探，拟建项目全线影响区目前为农村地区，尚未划分声环境功能区划。评价执行的标准如下。

① 施工期　执行《建筑施工场界环境噪声排放标准》（GB 12523—2011）

② 运营期　重点敏感建筑物室外（如学校、医院、敬老院）昼间噪声按 60dB，夜间按 50dB 执行；一般敏感建筑物，道路红线外 40m 内执行 4a 类标准（昼间 70dB，夜间 55dB），道路红线 40m 外执行 2 类标准（昼间 60dB，夜间 50dB）。

由于高速公路对声环境的影响比较大，因此声环境影响评价是本次评价的重点，评价时段考虑施工期和营运期。施工期为 2012～2015 年，历时 36 个月；营运期选择 2015 年、2021 年、2029 年作为评价特征年份。

3. 声环境保护目标

拟建项目位于平原地区，沿线敏感点较多，敏感点以农村为主，夹杂有少量学校。农村住宅以 1、2 层为主，夹杂少量 3 层，各户一般有围墙，围墙高度一般在 1.5～2m。根据 1：10000 平面图及经过现场踏勘确定线路评价范围内的声环境敏感点 12 个，其中村庄 11 个，学校 1 个。

二、噪声源强分析

根据工程可行性研究报告，确定本项目各特征年交通量预测见表 5-8 和各种车辆的车型比见表 5-9。预测交通量昼夜比为 1.5：1。

表 5-8　各特征年预测交通量　单位：pcu/d

路段	2015	2021	2019
起点—A 互通	11313	17346	25044
A 互通—B 互通	10886	16991	24099
B 互通—终点	10585	16227	23429

表 5-9　各种车辆的车型比

车种	小车	中车	大车
近期	54.7%	20.0%	25.3%
中期	55.6%	19.9%	24.5%
远期	55.9%	19.9%	24.2%

1. 施工期噪声源强分析

高速公路施工期噪声主要来自施工开挖、钻孔、砂石料粉碎、混凝土浇筑等施工活动中的施工机械运行、车辆运输和机械加工修配等。施工作业机械品种较多，路基填筑有推土机、压路机、装载机、平地机等；公路面层施工时有铲运机、平地机、推铺机等。这些机械运行时在距离声源5m处的噪声可高达84～90dB(A)，详见表5-10。联合作业时叠加运行更加突出。这些突发性非稳态噪声源将对施工人员和周围居民生活产生不利影响。

表 5-10　主要施工机械不同距离处的噪声级　　　　　　单位：dB（A）

机械类型	型号	测点距离	最大声级	10m	30m	50m	80m	100m	150m	200m	250m	300m
装载机	ZL40	5m	90dB	84.0	74.4	70.0	65.9	64.0	60.5	58.0	56.0	54.4
平地机	PY160A	5m	90dB	84.0	74.4	70.0	65.9	64.0	60.5	58.0	56.0	54.4
压路机	YZ110B	5m	86dB	80.0	70.4	66.0	61.9	60.0	56.5	54.0	52.0	50.4
发电机	FKV-75	1m	98dB	78.0	68.5	64.0	59.9	58.0	54.5	52.0	50.0	48.5
…		…	…	…	…	…	…	…	…	…	…	…

2. 营运期

公路投入营运后，在公路上行驶的机动车辆的噪声源为非稳态源，车辆行驶时其发动机、冷却系统以及传动系统等部件均会产生噪声；行驶中引起的气流湍流、排气系统、轮胎与路面的摩擦等也会产生噪声；由于公路路面平整度等原因而使行驶中的汽车产生整车噪声。

根据公路交通噪声排放源试验结果，确定各类车辆在不同车速昼夜平均辐射声级，各车型辐射值见表5-11。

表 5-11　拟建工程各特征年份车型单车交通噪声源强

车型	源强公式	车速/(km/h)		辐射声级/dB(A)	
		昼间	夜间	昼间	夜间
小型车	$L_{os}=12.6+34.73\lg V_S$	120	114	84.8	84.0
中型车	$L_{om}=8.8+40.48\lg V_M$	100	95	89.8	88.9
大型车	$L_{ol}=22.0+36.32\lg V_L$	80	76	911	90.3

注：小车包括小客车、小货车；中车包括中货车、中客车；大车包括大客车、大货车、集装箱卡车。

V_S，V_M，V_L 为小、中、大型车的平均行驶速度，km/h。

三、声环境质量现状评价

1. 监测方案

根据工程1:10000图纸并结合现场踏勘调查结果，拟定现状监测布点采取了如下原则：对周围无明显噪声源的敏感点，根据"以点代线，反馈全线"的原则选典型敏感点监测；存在明显现有声源的敏感点全部实测。根据上述原则和现场踏勘，在各典型路段选择了9个敏感点进行声环境现状常规监测。噪声监测严格按照《声环境质量标准》(GB 3096—2008)的有关规定执行，并避开异常的噪声如鸟鸣、犬吠、吵闹等。每个测点监测2d，每天昼间（8:00～12:00和14:00～16:00）和夜间（22:00～次日6:00）各测一次，对于无明显噪声源的敏感点每次监测10min，对于存在明显噪声源的敏感点每次监测20min。

2. 现状评价

声环境质量现状监测结果表明（监测结果见表5-12），昼间等效A声级 L_{Aeq} 介于44.93～51.3dB(A)，夜间等效A声级 L_{Aeq} 介于38.2～45.2dB(A)，不同敏感点处的声环境质量差异不大，其中袁庄能满足2类声环境质量标准，其他监测点都能满足1类标准，可以看出沿线敏感点声环境质量总体较好。

四、声环境影响评价

1. 施工期交通噪声预测与评价

拟建工程建设规模较大、挖填等土石方量较大，因此，投入的施工机械、运输车辆众多。公路建筑施工阶段的主要噪声源来自于施工机械的施工噪声和运输车辆的辐射噪声，其噪声影响是暂时的，但由于拟建项目工期长、施工机械多，且一般具有高噪声、无规则等特点，且工程全线位于平原区，沿线敏感目标分布较密集，如不采取措施控制，会对附近村庄等声环境敏感点产生较大的噪声干扰。

表 5-12　声环境质量现状常规监测结果　　　　　单位：dB(A)

编号	敏感点名称	第一天		第二天		平均等效		评价结论
		昼间	夜间	昼间	夜间	昼间	夜间	
1	刘寨	46.3	39.0	47.2	40.0	46.8	39.6	满足 1 类标准
2	王庄	45.6	38.2	45.9	37.6	45.8	37.9	满足 1 类标准
3	袁庄	50.0	44.6	52.6	45.8	51.3	45.2	满足 2 类标准
4	赵庄小学	51.0	40.8	49.8	41.3	50.4	41.1	满足 1 类标准
…	…	…	…	…	…	…	…	…
9	…							

施工机械的噪声可近似视为点声源处理，根据点声源噪声衰减模式，估算距离声源不同距离处的噪声值，预测模式如下：

$$L_p = L_{p0} - 20\lg(r/r_0)$$

式中　L_p——距声源 r(m) 处的施工噪声预测值，dB(A)；

L_{p0}——距声源 r_0(m) 处的噪声参考值，dB(A)。

表 5-10 列出了距施工机械不同距离处的噪声值。结果表明，昼间单台施工机械的辐射噪声在距施工场地 50m 外可达到标准限值，夜间 300m 外可基本达到标准限值。但是在施工现场往往是多种施工机械共同作业，因此施工现场噪声是各种不同施工机械辐射噪声以及进出施工现场的各种车辆辐射噪声共同作用的结果，其噪声达标距离要远远超过昼间 50m、夜间 300m 的范围。而道路沿线有 12 个敏感点在距离公路 200m 范围内，因此，昼间施工噪声对周围声环境敏感点有不同程度的影响，夜间施工将对居民休息造成很大的干扰，特别是对一些距路较近的敏感点，这些影响将更加突出。

由于沿线部分敏感点距公路较近，因此项目施工期噪声对敏感点的影响相对较为突出，施工期应予以特别关注。尽管施工期噪声会对敏感点产生一定影响，但相对于营运期来说，施工期毕竟是一短期行为，敏感点所受的影响也主要发生在敏感点附近路段的短暂施工过程中，因此本次评价选择有代表性的典型敏感点，对施工期噪声进行简单分析和预测。

根据沿线敏感点与本项目的位置关系可大致分为两类，第 1 类为高架桥、互通立交路段敏感点（共 6处），第 2 类为距离公路红线 20～170m 的敏感点（共 6 处）。

根据敏感点的情况，本次评价以国道主干线上海至成都公路（支线）成都至南充高速公路施工期的监测数据进行类比分析，见表 5-13。

表 5-13　项目沿线敏感点施工期噪声影响类比分析

序号	施工类型	主要施工机械	距离路基/m	监测值/dB		本项目可类比敏感点	达标分析
				昼间	夜间		
1	平整路面	装载机、压路机、推土机、挖土机、运土机	50	47.5～68.3	45.7～55.5	第 1 类敏感点	昼夜均有超标
2	护坡施工	空压机、充气锤、车	70	56.1～61.6	51.4～63.5		昼夜均有超标
…	…	…	…	…	…		昼夜均有超标
7	平整路面	装载机、压路机、推土机、挖土机、运土机	50	47.5～68.3	45.7～55.5	第 2 类敏感点	昼夜均有超标
8	护坡施工	空压机、充气锤、车	70	56.1～61.6	51.4～63.5		昼夜均有超标
…	…	…	…	…	…		昼夜均有超标

结果表明，由于项目施工期间施工过程的复杂性、施工机械类型、数量等的多变性等原因，项目在施工过程中对两侧敏感点有不同程度的影响，基本上所有敏感点昼夜均有不同程度的超标现象，必须采取一定的环保措施。由于施工过程为短期过程，施工期的噪声影响将随着施工作业的结束而消失。

2. 营运期交通噪声预测与评价

本次营运期声环境影响评价选用《环境影响评价技术导则　声环境》（HJ 2.4—2009）中推荐的公路交通运输噪声预测模式进行预测。如某个预测点受多条线路交通噪声影响（如高架桥周边预测的受桥上和桥下多条车道的影响，路边高层建筑预测点受地面多条车道的影响），应分别计算每条车道对该预测点的声级，经叠加后得到贡献值。

主线路段采用现状监测值或类比环境现状相同点的现状监测值作为背景值。

按照工程可行性研究报告，本次评价选择小车、中车、大车分别按照昼间 120km/h、100km/h、80km/h 计算，夜间车速取昼间的 95%。根据工程预测交通量、车型比例及昼夜比，换算得到拟建公路各路段、各特征年昼间和夜间平均小时交通量。

(1) 典型路段交通噪声分布预测

根据公路交通运输噪声预测模式，结合公路工程情况确定的各种参数，计算出沿线典型路段的交通噪声预测值。本评价对公路两侧距中心线 30～200m 范围内作出预测。由于拟建公路路面高程不断变化，公路两侧地面形式也不断变化，因此分别预测各个特征年在平路基情况下的交通噪声，以及反映交通噪声在公路水平面的污染程度，预测特征年为 2015 年、2021 年和 2029 年。拟建公路沿线交通噪声预测结果见表5-14、表5-15。

表 5-14　拟建项目典型路段交通噪声预测结果　　　　　单位：dB(A)

路段	年度	时段	距路中心线距离/m											
			30	40	50	60	70	80	100	120	140	160	180	200
起点～A互通	2015	昼间	70.9	68.9	67.5	66.5	65.7	64.9	63.8	62.8	62.0	61.4	60.8	60.2
		夜间	68.5	66.5	65.2	64.1	63.3	62.6	61.4	60.5	59.7	59.0	58.4	57.9
	2021	昼间	72.7	70.7	69.4	68.3	67.5	66.8	65.6	64.7	63.9	63.2	62.6	62.1
		夜间	70.3	68.4	67.0	66.0	65.1	64.4	63.2	62.3	61.5	60.8	60.2	59.7
	2029	昼间	74.3	72.3	71.0	69.9	69.1	68.4	67.2	66.2	65.5	64.8	64.2	63.6
		夜间	71.9	7.0	68.6	67.6	66.7	66.0	64.8	63.9	63.1	62.4	61.8	61.3
A互通～B互通	…	…	…	…	…	…	…	…	…	…	…	…	…	…
B互通～终点	…	…	…	…	…	…	…	…	…	…	…	…	…	…

表 5-15　拟建公路营运期达标距离　　　　　单位：m

路段	按 4a 类标准						按 2 类标准					
	近期		中期		远期		近期		中期		远期	
	昼间	夜间	昼间	夜间	昼间	夜间	昼间	夜间	昼间	夜间	昼间	夜间
起点～A互通	35	>200	46	>200	59	>200	>200	>200	>200	>200	>200	>200
A互通～B互通	33	>200	44	>200	57	>200	>200	>200	>200	>200	>200	>200
B互通～终点	32	>200	43	>200	56	>200	>200	>200	>200	>200	>200	>200

拟建公路沿线交通噪声预测结果表明，全线各路段由于车型比相同、车流量相差不大，因此噪声预测值也相差不大。

(2) 敏感点交通噪声预测结果

拟建公路敏感点环境噪声预测值由路段交通噪声预测值经考虑敏感点处声环境影响因素进行适当修正后再与本底值噪声叠加而成。修正交通噪声值时综合考虑敏感点处的地形、与路面的高差、绿化植被等因素。考虑到沿线住房多为 2 层楼房，预测评价时根据道路特征、敏感点情况，预测的均是拟建公路对敏感点噪声影响最严重的情况。经过计算，各敏感点环境噪声预测值见表5-16。

拟建项目全线共有 12 个敏感点，其中 11 个为村庄敏感点，1 个为学校。根据表5-16 的预测结果，营运近、中、远期的具体评价如下。

本项目主线两侧评价范围内共有村庄 11 个。涉及 4a 类区的敏感点共有 4 个，至营运中期，昼间预测值范围：63.6～66.4dB，夜间预测值范围：61.1～64.0dB。昼间没有敏感点超标，夜间 4 个敏感点均超标。涉及 2 类区的敏感点共有 11 个，至营运中期，昼间预测值范围：55.2～62.4dB，夜间预测值范围：52.5～59.9dB。昼间有 5 个敏感点超标，夜间有 11 个敏感点超标。

表 5-16   沿线敏感点交通噪声预测结果   单位：dB(A)

序号	敏感点名称	桩号范围	距路中线×红线距离/m	公路通过方式	高差/m	红线外40m内户数×评价范围内总户数	与线位关系	背景值 昼	背景值 夜	评价标准	项目	2013 昼	2013 夜	2019 昼	2019 夜	2027 昼	2027 夜	预测结果分析
1	刘寨	K0+500～K0+800	150×125	路堤	4	0×16	路左	46.8	39.6	2类	预测值	57.8	55.2	59.5	56.9	61.0	58.5	2类区　近期：昼夜不超标，夜间超标；中期：昼间不超标，夜间超标。超标16户
											超标值	—	5.2	—	6.9	1.0	8.5	
2	赵庄小学	K0+000～K30+100	170×145	路堤	4	—	路左	50.4	41.1	2类	预测值	57.2	—	58.7	—	60.1	—	2类区　近期：昼间不超标；中期：昼间不超标
											超标值	—	—	—	—	0.1	—	
…	…	…	…	…	…	…	…											

评价范围内有学校 1 处，为赵庄小学，该敏感点距线路较远，至营运中期，昼间预测值为 58.7dB，由于夜间无住宿，不做评价，该敏感点不超标。

因此，拟建公路对沿线村庄敏感点噪声影响较大，需要采取噪声防治措施。

五、噪声污染防治措施（略）

习题

1. 环境噪声评价的等级和工作内容是什么？

2. 声环境标准中将声环境质量分为几类？每类的要求如何？

3. 某车间内，距离水泵 1m 处声压级为 85dB，厂界值要求标准为 60dB。问厂界与车间最少距离应为多少？

4. 三个声音各自在空间某点的声压级为 70dB、75dB 和 65dB，求该点的总声压级。

5. 噪声污染有哪些特点？

6. 控制噪声污染有哪些切实可行的措施？

7. 选择题

(1) 下列说法正确的是（   ）。

　　A. 声压级相同，则人耳听到的响亮度也是相同的

　　B. 等响曲线簇中，每一条曲线上的响度、声压级、频率都是相等的

　　C. 噪声源的声强可以算术相加或相减求得，但是声强级则不能直接相加

　　D. 分贝是噪声的专有单位

(2)《声环境质量标准》（GB 3096—2008）将城市声环境功能区分为五种类型，以下区域适用于 2 类区域的是（   ）。

　　A. 行政办公为主要功能的区域

　　B. 居民住宅为主要功能的区域

　　C. 商业金融、集市贸易为主要功能的区域

　　D. 医疗卫生为主要功能的区域

第六章 固体废物环境影响评价

【内容提要】

建设项目在建设和运行期间均会产生固体废物，对人类和生态环境造成影响。固体废物环境影响评价是确定拟开发行动或建设项目在建设和运行过程中所产生的固体废物的种类和数量，造成的影响范围和危害程度，并提出相应的处理处置措施，避免、消除和减少其对环境的影响。《中华人民共和国固体废物污染防治法》明确规定"建设项目的环境影响评价文件确定需要配套建设的固体废物污染环境防治设施，必须与主体工程同时设计、同时施工、同时投入使用。固体废物污染环境防治设施必须经原审批环境影响评价文件的环境保护行政主管部门验收合格后，该建设项目方可投入生产或者使用。"本章首先介绍了固体废物的基础知识，着重分析了固体废物的环境影响评价方法和技术，然后简要介绍了几个主要的固体废物集中处置设施的污染控制标准。最后结合案例阐述了固体废物环境影响评价方法和技术的具体运用。

第一节 固体废物的基础知识

一、固体废物的定义

固体废物来自人们生产过程和生活过程的许多环节。根据《中华人民共和国固体废物污染防治法》修订版（以下简称《固废法》）的规定，固体废物是指在生产、生活和其他活动中产生的丧失原有利用价值或者虽未丧失利用价值但被抛弃或者放弃的固态、半固态和置于容器中的气态的物品、物质以及法律、行政法规规定纳入固体废物管理的物品、物质。因此，固体废物不只是指固态和半固态物质，还包括了部分液态和气态物质。但是，排入水体的废水和排入大气的废气污染物除外。

对于固体废物与非固体废物的鉴别，除应首先根据上述定义进行判断外，还可根据《固体废物鉴别导则（试行）》进行判断。该导则所指固体废物包含（但不限于）下列物质、物品或材料：

① 从家庭收集的垃圾；

② 生产过程中产生的废弃物质、报废产品；

③ 实验室产生的废弃物质；

④ 办公产生的废弃物质；

⑤ 城市污水处理厂污泥，生活垃圾处理厂产生的残渣；

⑥ 其他污染控制设施产生的垃圾、残余渣、污泥；

⑦ 城市河道疏浚污泥；

⑧ 不符合标准或规范的产品，继续用作原用途的除外；

⑨ 假冒伪劣产品；

⑩ 所有者或其代表声明是废物的物质或物品；

⑪ 被污染的材料（如被多氯联苯 PCBs 污染的油）；

⑫ 被法律禁止使用的任何材料、物质或物品；

⑬ 国务院环境保护行政主管部门声明是固体废物的物质或物品。

固体废物不包括下列物质或物品：

① 放射性废物；

② 不经过贮存而在现场直接返回到原生产过程或返回到其产生的过程的物质或物品；

③ 任何用于其原始用途的物质和物品；

④ 实验室用样品；

⑤ 国务院环境保护行政主管部门批准其他可不按固体废物管理的物质或物品。

若出现根据《固废法》中的固体废物定义和《固体废物鉴别导则（试行）》中所列上述固体废物范围仍难以鉴别的，还可以从"根据废物的作业方式和原因"及"根据特点和影响"两个方面进行判断。

在《固体废物鉴别导则（试行）》，固体废物与非固体废物判别流程图见图 6-1。

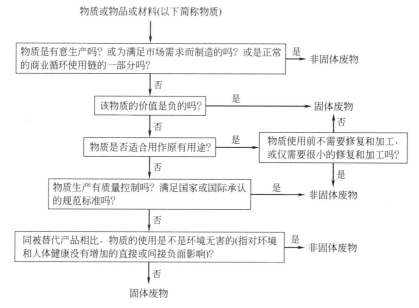

图 6-1　固体废物与非固体废物判别流程图

二、固体废物的特点和分类

1. 固体废物的特点

固体废物直接占用土地，具有一定的空间，且品种繁多、数量巨大，并包括了有固体外形的危险液体和气体废物。

（1）数量巨大、种类繁多、成分复杂

随着工业生产规模的扩大、人口的增加和居民生活水平的提高，各类固体废物的产生量也逐年增加。固体废物的来源广泛，有工业垃圾、生活垃圾、农业垃圾等，成分也十分复杂。

（2）危害具有潜在性、长期性和灾难性

固体废物不具备流动性，进入环境后没有被与其形态相同的环境体接纳。所以固体废物不能像废气、废水那样可以迁移到大容量的水体或融入大气中，通过自然界中物理、化学、生物等多重途径进行稀释、降解和净化。固体废物只能通过释放渗滤液和气体进行"自我消化"处理。而这种消化过程是长期的、复杂的和难以控制的。例如，堆放场的城市垃圾一般需要 10～30 年的时间才可以稳定，而其中的废旧塑料、薄膜等即使经历更长时间也不能完全消化掉。如果是危险废物（例如化学废物）的堆放，则对环境的危害程度更大，如美国的洛夫渠事件就是由于化学废物污染土壤引起了严重后果。

（3）富集终态和污染源头的双重作用

一方面，固体废物是水污染物、大气污染物等处理处置的终态，另一方面固体废物又是造成大气、水体、土壤污染的源头。正由于其两面性，对其进行管理既要避免、减少产生固体废物，又要控制在其处理处置过程中对水体、大气和土壤的污染。

（4）资源和废物的相对性

固体废物具有二重性，即鲜明的时间性和空间性，因此固体废物又有"放错地点的原料"之称。任何产品经过使用都将变成废物，但所谓废物仅仅相对于当时的科技水平和经济条件而言，随着时间的推移，科学技术进步了，今天的废物也可能成为明天的有用资源。例如：石油炼制过程中产生的残留物，可变为沥青筑路的材料；动物粪便可转化为液体燃料；燃料发电过程中产生的粉煤灰，可作为建筑材料的原料。

2. 固体废物的分类

固体废物来源广，种类繁多，性质各异。按组成可分为有机废物和无机废物；按危害程度可分为有害废物和一般废物；按来源可分为工业固体废物、生活垃圾和农业固体废物。

根据《固废法》的规定，固体废物分为生活垃圾、工业固体废物和危险废物三类。

（1）生活垃圾

生活垃圾是指在日常生活中或者为日常生活提供服务的活动中产生的固体废物以及法律、行政法规规定视为生活垃圾的固体废物。包括城市生活垃圾、建筑垃圾、农村生活垃圾。

（2）工业固体废物

工业固体废物是指在工业生产活动中产生的固体废物。主要来自各个工业生产部门的生产和加工过程及流通过程中所产生的粉尘、碎屑、污泥等。

工业固体废物主要包括冶金工业固体废物、能源工业固体废物、石油化学工业固体废物、矿业固体废物、轻工业固体废物和其他工业固体废物。不同工业类型所产生的固体废物种类和性质是截然不同的。

（3）危险废物

① 危险废物的定义　根据《固废法》的规定，危险废物是指列入国家危险废物名录或者根据国家规定的危险废物鉴别标准和鉴别方法认定的具有危险特性的固体废物。危险特性包括腐蚀性、毒性、易燃性、反应性和感染性。

国家环境保护部、国家发展和改革委员会根据有关规定，联合制定了《国家危险废物名录》（以下简称《名录》），于 2008 年 8 月 1 日起施行。《名录》共列出了 49 类危险废物的废物类别、废物来源、废物代码、废物危险特性、常见危险废物组分和名称，共约 400 多种。《名录》中明确了医疗废物（指医疗卫生机构在医疗、预防、保健以及其他相关活动中产生的具有直接或间接传染性、毒性以及其他危害性的废物）属于危险废物，其分类详见《医疗废物分类目录》。

未列入《名录》和《医疗废物分类目录》的固体废物和液态废物，由国务院环境保护行政主管部门组织专家，根据国家危险废物鉴别标准和鉴别方法认定具有危险特性的，属于危险废物，适时增补进本名录。

② 危险废物的鉴别标准　《危险废物鉴别标准》（GB 5085—2007）于 2007 年 10 月 1 日开始施行，规定了固体废物危险特性技术指标，危险特性符合标准技术指标的固体废物属于危险废物，必须依法按危险废物进行管理。国家危险废物鉴别标准由七个标准组成，分别为《危险废物鉴别标准　腐蚀性鉴别》（GB 5085.1—2007）、《危险废物鉴别标准　急性毒

性初筛》（GB 5085.2—2007）、《危险废物鉴别标准　浸出毒性鉴别》（GB 5085.3—2007）、《危险废物鉴别标准　易燃性鉴别》（GB 5085.4—2007）、《危险废物鉴别标准　反应性鉴别》（GB 5085.5—2007）、《危险废物鉴别标准　毒性物质含量鉴别》（GB 5085.6—2007）及《危险废物鉴别标准　通则》（GB 5085.7—2007）。

《危险废物鉴别标准　腐蚀性鉴别》（GB 5085.1—2007）适用于任何生产、生活和其他活动中产生的固体废物的腐蚀性鉴别。标准规定，按照 GB/T 15555.12—1995 制备的浸出液，当 pH 值≥12.5 或 pH 值≤2.0 时；或者在 55℃ 条件下，对 GB/T 699 中规定的 20 号钢材的腐蚀速率≥6.35mm/a 时，可判定该固体废物具有腐蚀性，属于危险废物。

《危险废物鉴别标准　急性毒性初筛》（GB 5085.2—2007）适用于任何生产、生活和其他活动中产生的固体废物的急性毒性初筛鉴别。该标准规定，按照 HJ/T 153 中指定的方法进行试验，经口摄取：固体 LD_{50}≤200mg/kg，液体 LD_{50}≤500mg/kg；经皮肤接触 LD_{50}≤1000mg/kg；蒸气、烟雾或粉尘吸入 LC_{50}≤10mg/L 时，则判定该废物是具有急性毒性的危险废物。其中口服毒性半数致死量 LD_{50} 是经过统计学方法得出的一种物质的单一计量，可使青年白鼠口服后，在 14d 内死亡一半的物质剂量；皮肤接触毒性半数致死量 LD_{50} 是使白兔的裸露皮肤持续接触 24h，最可能引起这些试验动物在 14d 内死亡一半的物质剂量；吸入毒性半数致死浓度 LC_{50} 是使雌雄青年白鼠连续吸入 1h，最可能引起这些试验动物在 14d 内死亡一半的蒸气、烟雾或粉尘的浓度。

《危险废物鉴别标准　浸出毒性鉴别》（GB 5085.3—2007）适用于任何生产、生活和其他活动中产生固体废物的浸出毒性鉴别。浸出毒性是指固态的危险废物遇水浸沥，其中的有害物质迁移转化，污染环境，这种危害性称为浸出毒性。该标准规定，按照《固体废物浸出毒性浸出方法》（HJ/T 299）制备的固体废物浸出液中任何一种危害成分含量超过 GB 5085.3—2007 中表 1 中所列的浓度限值，则判定该固体废物是具有浸出毒性特征的危险废物。

《危险废物鉴别标准　易燃性鉴别》（GB 5085.4—2007）适用于任何生产、生活和其他活动中产生的固体废物的易燃性鉴别。采用定性描述和定量的方法，规定了液态、固态和气态 3 种不同状态下易燃性的鉴别标准和方法。

《危险废物鉴别标准　反应性鉴别》（GB 5085.5—2007）规定了具有爆炸性质、与水或酸接触产生易燃气体或有毒气体、废弃氧化剂或有机过氧化物 3 种类型危险废物的反应特性的鉴别标准。

《危险废物鉴别标准　毒性物质含量鉴别》（GB 5085.6—2007）适用于任何生产、生活和其他活动中产生的固体废物的毒性物质含量鉴别，规定了含毒性、致癌性、致突变性和生殖毒性物质的危险废物鉴别标准。

《危险废物鉴别标准　通则》（GB 5085.7—2007）规定了危险废物的鉴别程序、危险废物混合后判定规则和危险废物处理后判定规则。

三、固体废物对环境的影响

固体废物污染环境的途径多、污染形式复杂。固体废物可直接或间接污染环境，既有即时性污染，又有潜伏性和长期性污染。一旦固体废物造成环境污染或潜在的污染变成现实，消除这些污染往往需要比较复杂的技术和大量的资金投入，耗费较大的代价进行治理，并且很难使被污染破坏的环境得到完全彻底的恢复。

固体废物对环境的危害主要表现在以下几个方面。

1. 污染水体

固体废物对水体的污染有直接污染和间接污染两种途径。固体废物弃置于水中，导致水体的直接污染，严重危害水生生物的生存条件，并影响水资源的充分利用。此外，向水体倾倒固体废物还将缩减江河湖泊的有效面积，使其排洪和灌溉能力有所降低。固体废物在堆积过程中，经雨水浸淋和自身分解产生的渗出液流入江河、湖泊和渗入地下，将导致附近区域地表水和地下水的污染。

2. 污染大气

堆放的固体废物中的细微颗粒、粉尘等可随风飞扬，从而对大气环境造成污染。一些有机固体废物在适宜的湿度和温度下被微生物分解，释放出有害气体，造成地区性空气污染。

采用焚烧法处理固体废物时，若尾气处理不当会造成严重的大气污染。

3. 污染土壤

固体废物及其渗滤液所含的有害物质对土壤会产生污染。它包括改变土壤的物理结构和化学性质，影响植物营养吸收和生长；影响土壤中微生物的活动，破坏土壤内部的生态平衡；有害物质在土壤中发生累积，致使土壤中有害物质超标；有害物质还会通过植物吸收进入食物链，影响人体健康；此外，固体废物携带的病菌还会四处传播，造成生物污染。

第二节　固体废物的处理与处置

一、固体废物的综合利用和资源化

1. 一般工业固体废物的再利用

由矿物开采、火力发电以及金属冶炼产生的大量的一般工业固体废物，积存量大，处置占地多。主要固体废物有煤矸石、锅炉渣、粉煤灰、高炉渣、钢渣、尘泥等，这些废物多以 SiO_2、Al_2O_3、CaO、MgO、Fe_2O_3 为主要成分，只要适当进行调配，经加工即可生产水泥等多种建筑材料，这不仅实现了资源再利用，而且由于其产生量大，可以大大减少处置的费用和难度。

在一般工程项目固体废物环境影响评价过程中，应首先考虑实现对建设项目产生固体废物的再利用，并应在环境影响评价文件中明确可实现资源化的固体废物利用方式。

2. 固体废物生物处理技术

固体废物生物处理是以固体废物中的可降解有机物为对象，通过微生物的好氧或厌氧作用，使之转化为稳定产物、能源和其他有用物质的一种处理技术。该技术是对固体废物进行稳定化、无害化处理的重要方式之一，也是实现固体废物资源化、能源化的途径，主要包括堆肥化、沼气化和其他生物转化技术。

好氧堆肥化是大规模处理生活垃圾的一种常用生物处理技术，并已取得了成熟的经验。生活垃圾经分拣后，玻璃废物、塑料废物、金属物质进行回收再利用，剩余垃圾的有机质含量得到很大提高，具有好氧堆肥的极大潜力。

利用城市生活污水处理厂剩余污泥进行堆肥，产生的肥料必须进行组分分析，只有符合国家相关用肥标准和规定才能使用，否则将会导致土壤污染，这是环境影响评价中经常遇到并必须关注的问题。

二、固体废物的热处理技术

各类固体废物包括城市垃圾中的有机物均可采用不同类型的热处理技术使其无害化。在固体废物处理技术中，所谓热处理工艺是在某种装有固体废物的设备中以高温使有机物分解并深度氧化而改变其化学、物理或生物特性和组成的处理技术。热处理技术具有减容效果好、消毒彻底、减轻或消除后续处置过程对环境的影响以及可回收资源、能源等特点，但也具有投资和运行费用高、操作运行复杂、存在二次污染等问题。热处理技术的方法包括焚烧、热解、熔融、湿式氧化和烧结等，其中最常用的是焚烧技术。

1. 焚烧处理技术特点

焚烧处理技术是一种最常用的高温热处理技术，在过量氧气的条件下，采用加热氧化作用使有机物转换成无机废物，同时减少废物体积。焚烧处理技术的特点是可以同时实现废物的无害化、减量化和资源化。焚烧法不但可以处理固体废物，还可以处理液态废物和气态废物；不但可以处理城市垃圾和一般工业废物，还可以处理危险废物。焚烧适宜处置有机成分多、热值高的废物。当可燃有机物组分很少时，需添加辅助燃料以维持高温燃烧。

2. 焚烧技术的废气污染

焚烧烟气中常见的空气污染物包括粒状污染物、酸性气体、氮氧化物、重金属、一氧化碳和毒性有机氯化物。

(1) 粒状污染物

在废物焚烧过程中产生的粒状污染物有三类。

① 废物中的不可燃物，在焚烧过程中（较大残留物）成为炉渣排出，而部分的粒状物则随废气排出炉外成为飞灰。飞灰所占的比例随焚烧炉操作条件（如送风量、炉温等），粒状物粒径分布、形状与密度而定。

② 部分无机盐类在高温下氧化而排出，在炉外凝结成粒状物。另外，排出的二氧化硫在低温下遇水滴而形成硫酸盐雾状颗粒等。

③ 未燃烧完全而产生的炭颗粒与煤烟。由于颗粒微细，难以去除，最好的控制办法是在高温下使其氧化分解。

(2) 酸性气体

废物焚烧过程中产生的酸性气体主要包括 SO_2、HCl 和 HF 等。这些污染物都是直接由废物中的 S、Cl、F 等元素经过焚烧反应而形成的。据国外研究报道，一般城市垃圾中硫含量为 0.12%，其中约 30%～60% 转化为 SO_2，其余则残留于底灰或被飞灰所吸收。

(3) 氮氧化物

废物焚烧过程中产生的氮氧化物有两个主要来源。一个来源是在高温下，助燃空气中的 N_2 与 O_2 反应形成氮氧化物。另一个来源是废物中的氮组分转化成氮氧化物。

(4) 重金属

废物中所含重金属物质经高温焚烧后一部分残留于灰渣中，一部分在高温下气化挥发进入烟气，还有一部分金属物在炉中参与反应生成重金属氧化物或氯化物进入烟气。这些氧化物及氯化物，因挥发、热解、还原及氧化等作用，可能进一步发生复杂的化学反应，最终产物包括元素态重金属、重金属氧化物及重金属氯化物等。

(5) 毒性有机氯化物

废物焚烧过程中产生的毒性有机氯化物主要为二噁英类，包括多氯代二苯并二噁英（PCDDs）和多氯代二苯并呋喃（PCDFs）。在焚烧过程中有三条途径产生二噁英类物质：即废物本身含有二噁英类物质、炉内形成和炉外低温再合成。由于二噁英类物质毒性极强，因此最为人们所关注。

三、固体废物的土地填埋处置技术

填埋处置生活垃圾是应用最早、最广泛的，也是当今世界各国普遍使用的一项固体废物的处置技术。将垃圾埋入地下会大大减少因垃圾敞开堆放带来的环境问题，如散发恶臭、滋生蚊蝇等。但垃圾填埋处理不当，也会引发新的环境污染，如由于降雨的淋洗及地下水的浸泡，垃圾中的有害物质溶出并污染地表水和地下水；垃圾中的有机物在厌氧微生物的作用下产生以甲烷为主的可燃性气体，从而引发填埋场火灾或爆炸。

填埋处置对环境的影响包括多个方面，通常主要考虑占用土地、植被破坏所造成的生态影响以及填埋场释放物包括渗滤液和填埋气体对周围环境的影响。

随着人们对填埋场所带来的各种环境影响的认识，填埋技术也不断得到发展，由最初的简易堆填，发展到具有防渗系统、集排水系统、导气系统和覆盖系统的卫生填埋。填埋场设计和施工的要求是最有效地控制和利用释放气体；最有效地减少渗滤液的产生量，有效地收集渗滤液并加以处理，防止渗滤液对地下水的污染。

根据填埋场污染控制"三重屏障"理论（即地质屏障、人工防渗屏障和废物处理屏障），填埋场污染控制的重点通常是填埋场选址、填埋场防渗结构和渗滤液处理、填埋气体控制。

四、其他物理化学技术

物理、化学方法是综合利用或预处理的方法。工业生产过程产生的某些含油、含酸、含碱或含重金属的废液不宜直接焚烧或填埋，需利用物理、化学方法进行处理。经处理后的有机溶剂可以用作燃料，浓缩物或沉淀物则可进行填埋或焚烧处理。固体废物的物理、化学处理方法包括沉淀法、固化法、脱水法、化学反应等。

第三节　固体废物的环境影响评价

在建设项目环境影响评价中，固体废物的环境影响评价主要分为两类：第一类是一般工程项目产生的固体废物环境影响评价；第二类是固体废物集中处置设施的环境影响评价。

一、一般工程项目的固体废物环境影响评价

一般工程项目的固体废物环境影响评价应包括由产生、收集、运输、处理到最终处置的全过程环境影响评价。其中若涉及一般固体废物或危险废物贮存或处置设施的建设，则同时还应执行相应的污染控制标准。

1. 污染源调查

通过对所建项目进行"工程分析"，依据整个工艺过程，统计出各个生产环节所产生的固体废物的名称、组分、形态、排放量、排放规律等内容。

根据《国家危险废物名录》或者国家规定的危险废物鉴别标准和鉴别方法对产生的固体废物进行识别或鉴别，明确其属性。根据其识别或鉴别结果对产生的固体废物按一般废物和危险废物分别列出调查清单，危险废物需明确其废物类别和危险特性等内容。

2. 污染防治措施的论证

根据工艺过程的各个环节产生的固体废物的危害性及排放方式、排放量等，按照"全过程控制"的思路，分析其在产生、收集、运输、处理到最终处置等过程中对环境的影响，有针对性地提出污染防治措施，并对其可行性加以论证。对于危险废物则需要提出最终处置措施并加以论证。

3. 提出危险废物最终处置措施方案

（1）综合利用

给出综合利用的危险废物名称、数量、性质、用途、利用价值、防治污染转移及二次污染措施、综合利用单位情况、综合利用途径、供需双方的书面协议等。

（2）焚烧处置

给出危险废物名称、组分、热值、形态及在《国家危险废物名录》中的分类编号，并应说明处置设施的名称、隶属关系、地址、运距、路由、运输方式及管理。如处置设施属于工程范围内项目，则需要对处置设施建设项目单独进行环境影响评价。

（3）安全填埋处置

给出危险废物名称、组分、产生量、形态、容量、浸出液组分及浓度以及在《国家危险废物名录》中的分类编号、是否需要固化处理。

对填埋场应说明名称、隶属关系、厂址、运距、路由、运输方式及管理。如填埋场属于工程范围内项目，则需要对安全填埋场单独进行环境影响评价。

（4）其他处置方法

使用其他物理、化学方法处置危险废物，必须注意对处置过程产生的环境影响进行评价。

（5）委托处置

一般工程项目产出的危险废物也可采取委托处置的方式进行处理处置，受委托单位具有环境保护行政主管部门颁发的相应类别的危险废物处理处置资质。在采取此种处置方式时，应提供与接收方的危险废物委托处置协议和接收方的危险废物处置资质证书，并将其作为环境影响评价文件的附件。

二、固体废物集中处置设施的环境影响评价

固体废物集中处置设施主要包括一般工业废物的贮存、处置场，危险废物贮存场、生活垃圾填埋场，危险废物填埋场，生活垃圾焚烧厂和危险废物焚烧厂等。在进行这些项目的环境影响评价时应根据处理处置的工艺特点，依据《环境影响评价技术导则》及相应的污染控制标准进行环境影响评价。评价的重点应放在处理、处置固体废物设施的选址、污染控制项目、污染物排放等内容上。除此之外，为了保证固体废物处理、处置设施的安全稳定运行，必须建立一个完整的收集、贮存、运输系统，因此在环境影响评价中这个系统是与处理、处置设施构成一个整体的。如果这一系统运行的过程中，可能对周围环境敏感目标造成威胁（如危险废物的运输），如何规避环境风险也是环境影响评价的主要任务。

由于一般固体废物和危险固体废物在性质上差别较大，因此其环境影响评价的内容和重点也有所不同。

1. 一般固体废物集中处置设施建设项目的环境影响评价

根据处理、处置设施建设及其排污特点，一般固体废物处理、处置设施建设项目环境影响评价的主要工作内容有场址选择评价，环境质量现状评价，工程污染因素分析，施工期影响评价，地表水和地下水环境影响预测与评价，以及大气环境影响预测及评价。

以生活垃圾填埋场为例。

（1）主要环境影响

运行中的生活垃圾填埋场，对环境的影响主要包括：

① 填埋场渗滤液泄漏或处理不当对地下水及地表水的污染；

② 填埋场产生气体排放对大气的污染、对公众健康的危害以及可能发生的爆炸对公众安全的威胁；

③ 施工期水土流失对生态环境的不利影响；

④ 填埋场的存在对周围景观的不利影响；

⑤ 填埋作业及垃圾堆体对周围地质环境的影响，如造成滑坡、崩塌、泥石流等；

⑥ 填埋机械噪声对公众的影响；

⑦ 填埋场滋生的害虫、昆虫、啮齿动物以及在填埋场觅食的鸟类和其他动物可能传播疾病；

⑧ 填埋垃圾中的塑料袋、纸张以及尘土等在未来得及覆土压实情况下可能飘出场外，造成环境污染和景观破坏；

⑨ 流经填埋场区的地表径流可能受到污染。

封场后的填埋场对环境的影响减小，上述环境影响中的⑥～⑨项基本上不再存在，但在填埋场植被恢复过程中种植于填埋场顶部覆盖层上的植物可能受到污染。

（2）主要污染源

垃圾填埋场主要污染源是垃圾渗滤液和填埋场释放的气体。

① 渗滤液　城市垃圾填埋场渗滤液是一种成分复杂的高浓度有机废水，其 pH 在 4～9

之间，COD 在 2000~62000mg/L 的范围内，BOD$_5$ 从 60~45000mg/L，可生化性差，重金属浓度和市政污水中重金属的浓度基本一致。

垃圾渗滤液的性质随着填埋场的运行时间的不同而发生变化，这主要是由填埋场中垃圾的稳定化过程所决定的。年轻的垃圾填埋场（填埋时间在 5 年以下）渗滤液，水质特点是 pH 较低，COD 和 BOD$_5$ 浓度均较高，色度大，可生化性较好，各类重金属离子浓度较高。年老的垃圾填埋场（填埋时间一般在 5 年以上）渗滤液，水质特点是 pH 为 6~8，接近中性或弱碱性，COD 和 BOD$_5$ 浓度均较低，NH$_3$-N 浓度高，重金属离子浓度比年轻填埋场有所下降，渗滤液可生化性差。因此，在进行生活垃圾填埋场的环境影响评价时，应根据填埋场的年龄选择有代表性的指标。

② 释放气体　生活垃圾填埋场释放气体的典型组成为：甲烷 45%~50%，二氧化碳 40%~60%，氮气 2%~5%，氧气 0.1%~1.0%，硫化氢 0~1.0%，氨气 0.1%~1.0%，氢气 0~0.2%，微量气体 0.01%~0.6%。填埋场释放气体中的微量气体量很少，但成分却多达 116 种有机成分，其中许多为挥发性有机组分（VOCs）。在垃圾填埋过程中产生环境影响的主要大气污染物是恶臭气体。

（3）垃圾填埋场环境影响评价的工作内容

根据垃圾填埋场建设及其排污特点，环境影响评价工作主要内容见表 6-1。

表 6-1　填埋场环境影响评价的主要工作内容

评价项目	评价内容
场址选择评价	场址评价是填埋场环境影响评价的重要内容，主要是评价拟选场地是否符合选址标准。填埋场选址总原则是以合理的技术、经济方案，尽量少的投资，达到最理想的经济效益，实现保护环境的目的。在评价填埋场场址的适宜性时，必须考虑的因素有：运输距离、场址限制条件、可以使用土地面积、入场道路、地形和土壤条件、气候、地表水文条件、水文地质条件、当地环境条件以及填埋场封场后场地是否可被利用。其方法是根据场地自然条件，采用选址标准逐项进行评判。评价的重点是场地的水文地质条件、工程地质条件和土壤自净能力等
自然、环境质量现状评价	自然现状评价方面，要突出对地质现状的调查与评价。环境质量现状评价方面，主要评价拟选场地及其周围的空气、地表水、地下水、噪声等自然环境质量状况。其方法一般是根据监测值与各种标准，采用单因子和多因子综合评判法
工程污染因素分析	对拟填埋垃圾的组分、预测产生量、运输途径等进行分析说明；对施工布局、施工作业方式、取土石区及弃渣点位设置及其环境类型和占地特点进行说明；分析填埋场建设过程中和建成投产后可能产生的主要污染源及其污染物，以及它们产生的数量、种类、排放方式等。其方法一般采用计算、类比、经验统计等。污染源一般有渗滤液、填埋气、恶臭、噪声等
施工期影响评价	主要评价施工期场地内的生活污水，各类施工机械产生的机械噪声、振动以及二次扬尘对周围地区的环境影响。此外，施工期水土流失造成的生态环境影响也应进行评价
水环境影响预测与评价	主要评价填埋场衬层系统的安全性以及结合渗滤液防治措施综合评价渗滤液的排出对周围水环境的影响，包括两方面内容。 (1)正常排放对地表水的影响　根据预测结果和相应标准评价渗滤液经处理达标后是否会对受纳水体产生影响。如果有影响，应分析影响程度。 (2)非正常渗漏对地下水的影响　主要评价衬里破裂后渗滤液下渗对地下水及周围环境的影响。在评价时段上应体现对施工期、运行期和服务期满后的全时段评价
大气环境影响预测及评价	主要评价填埋场释放气体及恶臭对环境的影响。 (1)填埋气体　主要是根据排气系统的结构，预测和评价排气系统的可靠性、排气利用的可能性以及排气对环境的影响。预测模式可采用地面源模式。 (2)恶臭　主要是评价运输、填埋过程中及封场后可能对环境的影响。评价时要根据垃圾的种类，预测各阶段臭气产生的位置、种类、浓度及其影响范围。 在评价时段上应体现对施工期、运行期和服务期满后的全时段评价

2011 年 7 月 1 日起，现有全部生活垃圾填埋场应自行处理生活垃圾渗滤液并执行相应

的水污染排放浓度限制。

2. 危险废物和医疗废物处置设施建设项目环境影响评价

由于危险废物和医疗废物都具有危险性、危害性和对环境影响的滞后性，因此为了防止在处置过程中的二次污染，减少处置设施建设项目潜在的风险，认真落实国务院颁布的《全国危险废物和医疗废物处置设施建设规划》，原国家环保总局于 2004 年 4 月 15 日发布了《危险废物和医疗废物处置设施建设项目环境影响评价技术原则（试行）》（以下称《技术原则》），规定所有危险废物和医疗废物集中处置建设项目的环境影响评价都应符合该《技术原则》的要求。

（1）技术原则的内容

《技术原则》明确规定，危险废物和医疗废物处置设施建设项目环境影响评价必须编制环境影响报告书，且必须包括风险评价的有关内容，并严格执行国家、地方相关法律、法规、标准的有关规定。在评价过程中，应根据处置设施的特点，进行环境影响因素识别和评价因子筛选，并确定评价重点。环境要素应按三级或三级以上等级进行评价，评价范围应根据处理方法和环境敏感程度合理确定。

目前，《技术原则》主要包括厂（场）址选择、工程分析、环境现状调查、大气环境影响评价、水环境影响评价、生态影响评价、污染防治措施、环境风险评价、环境监测与管理、公众参与、结论与建议等内容。

（2）技术原则的要点

危险废物和医疗废物处置设施建设项目的环境影响评价与一般工程环境影响评价有不同的要求和评价重点，主要体现在以下五个方面。

① 厂（场）址选择　由于危险废物及医疗废物的处置具有一定的危险性，因此在对其处置设施的环境影响评价中，首要关注的是厂（场）址的选择。处置设施选址除了要符合相关的国家法律法规要求外，还要就社会环境、自然环境、场地环境、工程地质、水文地质、气候条件、应急救援等多因素进行综合分析。结合《危险废物焚烧污染控制标准》、《危险废物填埋污染控制标准》、《危险废物集中焚烧处置工程建设技术规范》、《危险废物安全填埋处置工程建设技术要求》、《医疗废物集中处置技术规范》、《医疗废物集中焚烧处置工程建设技术规范》等技术文件中规定的对厂址选择的要求，详细论证拟选厂（场）址的合理性。

② 全时段的环境影响评价　危险废物或医疗废物的处置方法包括焚烧法、安全填埋法和其他物理化学方法。无论采用何种技术处置废物，环境影响预测和评价时段均为建设期、运营期和服务期满后（封场后）三个时段。但采用的处理、处置工艺不同，评价时需重点关注的时段也有所不同。以焚烧工艺及其他物化技术为主的处置厂，预测和评价主要关注的时段是运营期。而填埋场在建设期将产生永久占地和临时占地，造成生物资源或农业资源损失，甚至对生态敏感目标产生影响。在服务期满后，必须进行填埋场封场、植被恢复和建设，并在封场后多年内仍需要进行管理和监测。因此对于填埋场而言，建设期、运营期和封场后三个评价时段均为环境影响评价的重点关注时段。

③ 全过程的环境影响评价　危险废物和医疗废物处置设施环境影响评价必须贯彻"全过程管理"的原则，包括收集、运输、临时贮存、中转、预处理、处置以及工程建设期、运营期和服务期满后的环境评价。

④ 风险分析和应急措施　危险废物种类多、成分复杂，具有传染性、毒性、腐蚀性、易燃易爆性。因此，该类项目的环境影响评价中必须包含风险分析和应急措施的相关内容。例如运输过程中产生的事故风险分析，渗滤液的泄漏事故风险分析以及由于入场废物的不相容性产生的事故风险分析等。通过分析和预测该类建设项目的潜在危险，从而提出合理可行的防范与减缓措施及应急预案，以使建设项目的事故率达到最小，使事故带来的损失及对环

境的影响达到可接受的水平。

⑤ 充分重视环境管理与环境监测　为保证危险废物和医疗废物的安全处置和有效运行，必须具备健全的管理机构和完善的规章制度。环境影响评价报告书必须提出风险管理及应急救援体系、转移联单管理制度、处置过程安全操作规程、人员培训考核制度、档案管理制度、处置全过程管理制度以及职业健康与安全、环保管理体系等。

不同的危险废物处置设施，其环境监测的重点也有所不同。例如，危险废物焚烧厂的重点是大气环境监测，而安全填埋场的重点则是地下水的监测。

第四节　固体废物环境影响评价相关标准及要求

一、一般工业固体废物贮存、处置场污染控制标准

《一般工业固体废物贮存、处置场污染控制标准》（GB 18599—2001）规定了一般工业固体废物贮存、处置场的选址、设计、运行管理、关闭与封场，以及污染控制与监测等内容。

1. 标准中的相关定义与分类

一般工业固体废物指未被列入《国家危险废物名录》或者根据国家规定的 GB 5085 鉴别标准和 GB 5086 及 GB/T 15555 鉴别方法判定不具有危险特性的工业固体废物。一般工业固体废物可分为第Ⅰ类一般工业固体废物和第Ⅱ类一般工业固体废物。

第Ⅰ类一般工业固体废物是指按照 GB 5086 规定方法进行浸出试验而获得的浸出液中，任何一种污染物的浓度均未超过 GB 8978 最高允许排放浓度，且 pH 在 6~9 范围之内的一般工业固体废物。

第Ⅱ类一般工业固体废物是指按照 GB 5086 规定方法进行浸出试验而获得的浸出液中，有一种或一种以上的污染物浓度超过 GB 8978 最高允许排放浓度，或者是 pH 在 6~9 范围之外的一般工业固体废物。

贮存、处置场划分为Ⅰ和Ⅱ两个类型。堆放第Ⅰ类一般工业固体废物的贮存、处置场为第一类，简称Ⅰ类场。堆放第Ⅱ类一般工业固体废物的贮存、处置场为第二类，简称Ⅱ类场。

2. 场址选择的环境保护要求

所选场址应符合当地城乡建设总体规划要求，应依据环境影响评价结论确定场址的位置及其与周围人群的距离，并经具有审批权的环境保护行政主管部门批准，并可作为规划控制的依据。在对一般工业固体废物贮存、处置场场址进行环境影响评价时，应重点考虑一般工业固体废物贮存、处置场产生的渗滤液以及粉尘等大气污染物等因素，根据其所在地区的环境功能区类别，综合评价其对周围环境、居住人群的身体健康、日常生活和生产活动的影响，确定其与常住居民居住场所、农用地、地表水体、高速公路、交通主干道（国道或省道）、铁路、飞机场、军事基地等敏感对象之间合理的位置关系。Ⅰ类场应优先选用废弃的采矿坑、塌陷区；Ⅱ类场应避开地下水主要补给区和饮用水源含水层，选在防渗性能好的地基上。

3. 贮存、处置场设计的环境保护要求

① Ⅰ类场和Ⅱ类场的共同要求　建设项目环境影响评价中应设置贮存、处置场专题评价，扩建、改建和超期服役的贮存、处置场，应重新履行环境影响评价手续。贮存、处置场的建设类型，必须与将要堆放的一般工业固体废物的类别相一致。应采取防止粉尘污染、工业废物和渗滤液流失、滑坡的措施（如修建导流渠、渗滤液排水设施、构筑堤、坝、挡土墙等）。含硫量大于 1.5% 的煤矸石，必须采取措施防止自燃。

② Ⅱ类场的其他要求　当天然基础层的渗透系数大于 $1.0×10^{-7}$ cm/s 时，应采用天然

或人工材料构筑防渗层，防渗层的厚度应相当于渗透系数 $1.0×10^{-7}$ cm/s 和厚度 1.5m 的黏土层的防渗性能。必要时应设计渗滤液处理设施，对渗滤液进行处理。为监控渗滤液对地下水的污染，贮存、处置场周边至少应设置三口地下水质监控井。

4. 一般工业固体废物贮存、处置场污染控制项目

① 渗滤液及其处理后的排放水　应选择一般工业固体废物的特征组分作为控制项目。

② 地下水　贮存、处置场投入使用前，以 GB/T 14848 规定的项目为控制项目；使用过程中和关闭或封场后的控制项目，可选择所贮存、处置的固体废物的特征组分。

③ 大气　贮存、处置场以颗粒物为控制项目，其中属于自燃性煤矸石的贮存、处置场，以颗粒物和二氧化硫为控制项目。

二、生活垃圾填埋场污染控制标准

《生活垃圾填埋场污染控制标准》（GB 16889—2008）规定了生活垃圾填埋场选址、设计与施工、填埋废物的入场条件、运行、封场、后期维护与管理的污染控制和监测等方面的要求。

1. 选址要求

生活垃圾填埋场选址的具体要求如下。

① 生活垃圾填埋场的选址应符合区域性环境规划、环境卫生设施建设规划和当地的城市规划。

② 生活垃圾填埋场场址不应选在城市工农业发展规划区、农业保护区、自然保护区、风景名胜区、文物（考古）保护区、生活饮用水水源保护区、供水远景规划区、矿产资源储备区、军事要地、国家保密地区和其他需要特别保护的区域内。

③ 生活垃圾填埋场选址的标高应位于重现期不小于 50 年一遇的洪水位之上，并建设在长远规划中的水库等人工蓄水设施的淹没区和保护区之外。

④ 生活垃圾填埋场场址的选择应避开下列区域：破坏性地震及活动构造区；活动中的坍塌、滑坡和隆起地带；活动中的断裂带；石灰岩溶洞发育带；废弃矿区的活动塌陷区；活动沙丘区；海啸及涌浪影响区；湿地；尚未稳定的冲积扇及冲沟地区；泥炭以及其他可能危及填埋场安全的区域。

⑤ 生活垃圾填埋场场址的位置及与周围人群的距离应依据环境影响评价结论确定，并经地方环境保护行政主管部门批准。

在对生活垃圾填埋场场址进行环境影响评价时，应考虑生活垃圾填埋场产生的渗滤液、大气污染物（含恶臭物质）、滋养动物（蚊、蝇、鸟类等）等因素，根据其所在地区的环境功能区类别，综合评价其对周围环境、居住人群的身体健康、日常生活和生产活动的影响，确定生活垃圾填埋场与常住居民居住场所、地表水域、高速公路、交通主干道（国道或省道）、铁路、飞机场、军事基地等敏感对象之间合理的位置关系以及合理的防护距离。环境影响评价的结论可作为规划控制的依据。

原国家环境保护总局 2007 年第 17 号公告发布的《加强国家污染物排放标准制修订工作的指导意见》中要求"排放标准中原则上不规定统一的污染源与敏感区域之间的合理距离（防护距离），可注明污染源与敏感区域之间的合理距离应根据污染源的性质和当地的自然、气象条件等因素，通过环境影响评价确定。"根据该指导意见的规定，生活垃圾填埋场的最小防护距离原则上应根据环境影响评价来确定。

2. 设计、施工与验收要求

① 如果天然基础层饱和渗透系数小于 $1.0×10^{-7}$ cm/s，且厚度不小于 2m，可采用天然黏土防渗衬层。采用天然黏土防渗衬层应满足以下基本条件：

a. 压实后的黏土防渗衬层饱和渗透系数应小于 $1.0×10^{-7}$ cm/s；

b. 黏土防渗衬层的厚度不小于2m。

② 如果天然基础层饱和渗透系数小于1.0×10^{-5}cm/s，且厚度不小于2m，可采用单层人工合成材料防渗衬层。人工合成材料衬层下应具有厚度不小于0.75m，且其被压实后的饱和渗透系数小于1.0×10^{-7}cm/s的天然黏土防渗衬层，或具有同等以上隔水效力的其他材料防渗衬层。

③ 如果天然基础层饱和渗透系数不小于1.0×10^{-5}cm/s，或者天然基础层厚度小于2m，应采用双层人工合成材料防渗衬层。下层人工合成材料防渗衬层下应具有厚度不小于0.75m，且其被压实后的饱和渗透系数小于1.0×10^{-7}cm/s的天然黏土衬层，或具有同等以上隔水效力的其他材料衬层；两层人工合成材料衬层之间应布设导水层及渗漏检测层。

3. 填埋废物的入场要求

① 可直接进入生活垃圾填埋场填埋处置的废物：

a. 由环境卫生机构收集或者自行收集的混合生活垃圾，以及企事业单位产生的办公废物；

b. 生活垃圾焚烧炉渣（不包括飞灰）；

c. 生活垃圾堆肥处理产生的固态残余物；

d. 服装加工、食品加工以及其他城市生活服务行业产生的性质与生活垃圾相近的一般工业固体废物。

②《医疗废物分类目录》中的感染性废物经过下列方式处理后，可以进入生活垃圾填埋场填埋处置：

a. 按照HJ/T 228要求进行破碎毁形和化学消毒处理，并满足消毒效果检验指标；

b. 按照HJ/T 229要求进行破碎毁形和微波消毒处理，并满足消毒效果检验指标；

c. 按照HJ/T 276要求进行破碎毁形和高温蒸汽处理，并满足处理效果检验指标。

③ 生活垃圾焚烧飞灰和医疗废物焚烧残渣（包括飞灰、底渣）经处理后满足下列条件，可以进入生活垃圾填埋场填埋处置。

a. 含水率小于30%；

b. 二噁英含量低于$3\mu g$ TEQ/kg；

c. 按照HJ/T 300制备的浸出液中危害成分浓度低于本标准规定的限制。

④ 一般工业固体废物经处理后，按照HJ/T 300制备的浸出液中危害成分浓度低于规定的限值，可以进入生活垃圾填埋场填埋处置。

⑤ 经处理后满足相应要求的生活垃圾焚烧飞灰、医疗废物焚烧残渣（包括飞灰、底渣）和一般工业固体废物在生活垃圾填埋场中应单独分区填埋。

⑥ 厌氧产沼气等生物处理后的固态残余物，粪便经处理后的固态残余物和生活污水处理厂的污泥经处理后含水率小于60%，可以进入生活垃圾填埋场填埋处置。

⑦ 下列废物不得在生活垃圾填埋场中填埋处置：

a. 除符合处理规定的生活垃圾焚烧飞灰以外的危险废物；

b. 未经处理的餐饮废物；

c. 未经处理的粪便；

d. 禽畜养殖废物；

e. 电子废物及其处理处置残余物；

f. 除本填埋场产生的渗滤液之外的任何液态废物和废水。

国家环境保护标准另有规定的除外。

4. 污染物排放控制要求

（1）水污染物排放控制要求

生活垃圾填埋场应设置污水处理装置。2011 年 7 月 1 日起，现有全部生活垃圾填埋场应自行处理生活垃圾渗滤液，生活垃圾渗滤液（含调节池废水）等污水经处理并符合表 6-2 规定的水污染排放浓度限值要求后，可直接排放。

根据环境保护工作的要求，在国土开发密度已经较高、环境承载能力开始减弱，或环境容量较小、生态环境脆弱，容易发生严重环境污染问题而需要采取特别保护措施的地区，应严格控制生活垃圾填埋场的污染物排放行为，在上述地区的生活垃圾填埋场执行表 6-3 规定的水污染物特别排放限值。

表 6-2　现有和新建生活垃圾填埋场水污染物排放浓度限值

序号	控制污染物	排放浓度限值	污染物排放监控位置
1	色度(稀释倍数)	40	
2	化学需氧量(COD_{Cr})/(mg/L)	100	
3	生化需氧量(BOD_5)/(mg/L)	30	
4	悬浮物/(mg/L)	30	
5	总氮/(mg/L)	40	
6	氨氮/(mg/L)	25	
7	总磷/(mg/L)	3	常规污水处理设施排放口
8	粪大肠菌群数/(个/L)	10000	
9	总汞/(mg/L)	0.001	
10	总镉/(mg/L)	0.01	
11	总铬/(mg/L)	0.1	
12	六价铬/(mg/L)	0.05	
13	总砷/(mg/L)	0.1	
14	总铅/(mg/L)	0.1	

表 6-3　现有和新建生活垃圾填埋场水污染物特别排放限值

序号	控制污染物	排放浓度限值	污染物排放监控位置
1	色度(稀释倍数)	30	
2	化学需氧量(COD_{Cr})/(mg/L)	60	
3	生化需氧量(BOD_5)/(mg/L)	20	
4	悬浮物/(mg/L)	30	
5	总氮/(mg/L)	20	
6	氨氮/(mg/L)	8	
7	总磷/(mg/L)	1.5	常规污水处理设施排放口
8	粪大肠菌群数/(个/L)	1000	
9	总汞/(mg/L)	0.001	
10	总镉/(mg/L)	0.01	
11	总铬/(mg/L)	0.1	
12	六价铬/(mg/L)	0.05	
13	总砷/(mg/L)	0.1	
14	总铅/(mg/L)	0.1	

（2）甲烷排放控制要求

生活垃圾填埋场应采取甲烷减排措施和防止恶臭物质扩散的措施。填埋工作面上 2m 以下高度范围内甲烷的体积分数应不大于 0.1%；当通过导气管道直接排放填埋气体时，导气管排放口甲烷的体积分数不大于 5%。在生活垃圾填埋场周围环境敏感点方位的场界的恶臭污染物浓度应符合 GB 14554 的规定。

三、危险废物填埋污染控制标准

《危险废物填埋污染控制标准》（GB 18598—2001）规定了危险废物填埋的入场条件，

填埋场的选址、设计、施工，运行、封场及监测的环境保护要求。

1. 填埋场场址选择要求

危险废物填埋场选址的具体要求如下。

① 填埋场场址的选择应符合国家及地方城乡建设总体规划要求，场址应处于一个相对稳定的区域，不会因自然或人为的因素而受到破坏。

② 填埋场场址不应选在城市工农业发展规划区、农业保护区、自然保护区、风景名胜区、文物（考古）保护区、生活饮用水源保护区、供水远景规划区、矿产资源储备区和其他需要特别保护的区域内。

③ 危险废物填埋场场址的位置及与周围人群的距离应依据环境影响评价结论确定，并经具有审批权的环境保护行政主管部门批准，并可作为规划控制的依据。在对危险废物填埋场场址进行环境影响评价时，应重点考虑危险废物填埋场渗滤液可能产生的风险、填埋场结构及防渗层长期安全性及其由此造成的渗漏风险等因素，根据其所在地区的环境功能区类别，结合该地区的长期发展规划和填埋场的设计寿命，重点评价其对周围地下水环境、居住人群的身体健康、日常生活和生产活动的长期影响，确定其与常住居民居住场所、农用地、地表水体以及其他敏感对象之间合理的位置关系。

④ 填埋场场址必须位于百年一遇的洪水标高线以上，并在长远规划中的水库等人工蓄水设施淹没区和保护区之外。

⑤ 填埋场场址的地质条件应符合下列要求：

a. 能充分满足填埋场基础层的要求；

b. 现场或其附近有充足的黏土资源以满足构筑防渗层的需要；

c. 位于地下水饮用水水源地主要补给区范围之外，且下游无集中供水井；

d. 地下水应在不透水层 3m 以下，否则，必须提高防渗设计标准并进行环境影响评价，取得主管部门同意；

e. 天然地层岩性相对均匀、渗透率低；

f. 地质结构相对简单、稳定，没有断层。

⑥ 填埋场场址选择应避开下列区域：破坏性地震及活动构造区；海啸及涌浪影响区；湿地和低洼汇水处；地应力高度集中、地面抬升或沉降速率快的地区；石灰溶洞发育带；废弃矿区或塌陷区；崩塌、岩堆、滑坡区；山洪、泥石流地区；活动沙丘区；尚未稳定的冲积扇及冲沟地区；高压缩性淤泥、泥炭及软土区以及其他可能危及填埋场安全的区域。

⑦ 填埋场场址必须有足够大的可使用面积以保证填埋场建成后具有 10 年或更长的使用期，在使用期内能充分接纳所产生的危险废物。

⑧ 填埋场场址应选在交通方便、运输距离较短，建造和运行费用低，能保证填埋场正常运行的地区。

2. 填埋场污染控制要求

① 严禁将集排水系统收集的渗滤液直接排放，必须对其进行处理并达到 GB 8978《污水综合排放标准》中第一类、第二类污染物最高允许排放浓度标准要求后方可排放。

② 危险废物填埋场废物渗滤液第二类污染物排放控制项目为：pH，悬浮物（SS），五日生化需氧量（BOD_5），化学需氧量（COD_{Cr}），氨氮（$NH_3\text{-}N$），磷酸盐（以 P 计）。

③ 填埋场渗滤液不应对地下水造成污染。填埋场地下水污染评价指标及其限值按照 GB/T 14848 执行。

④ 地下水监测因子应根据填埋废物特性，选择有代表性的参数，由当地环境保护行政主管部门确定。常规监测项目为：浊度，pH，可溶性固体，氯化物，硝酸盐（以 N 计），亚硝酸盐（以 N 计），氨氮，大肠杆菌总数。

⑤ 填埋场排出的气体应按照 GB 16297 中无组织排放的规定执行。监测因子应根据填埋废物特性，选择有代表性的参数，由当地环境保护行政主管部门确定。

⑥ 填埋场在作业期间，噪声控制应按照 GB 12348 的规定执行。

四、生活垃圾焚烧污染控制标准

《生活垃圾焚烧污染控制标准》（GB 18485—2001）规定了生活垃圾焚烧厂选址原则、生活垃圾入厂要求、焚烧炉基本技术性能指标、焚烧厂污染物排放限值等要求。

1. 生活垃圾焚烧厂选址原则

生活垃圾焚烧厂选址应符合当地城乡建设总体规划和环境保护规划的规定，并符合当地的大气污染防治、水资源保护、自然保护的要求。

2. 生活垃圾入厂要求

危险废物不得进入生活垃圾焚烧厂处理。

3. 生活垃圾贮存技术要求

进入生活垃圾焚烧厂的垃圾应贮存于垃圾贮存仓内。

垃圾贮存仓应具有良好的防渗性能。贮存仓内部应处于负压状态，焚烧炉所需的一次风应从垃圾贮存仓内抽取。垃圾贮存仓还必须附设污水收集装置，收集沥滤液和其他污水。

4. 生活垃圾焚烧厂污染排放限值

（1）焚烧炉大气污染物排放限值

焚烧炉大气污染排放限值见表 6-4。

表 6-4　焚烧炉大气污染物排放限值[①]

序号	项　　目	数值含义	限值
1	烟尘/(mg/m³)	测定均值	80
2	烟气黑度(林格曼黑度)/级	测定值[②]	1
3	一氧化碳/(mg/m³)	小时均值	150
4	氮氧化物/(mg/m³)	小时均值	400
5	二氧化硫/(mg/m³)	小时均值	260
6	氯化氢/(mg/m³)	小时均值	75
7	汞/(mg/m³)	测定均值	0.2
8	镉/(mg/m³)	测定均值	0.1
9	铅/(mg/m³)	测定均值	1.6
10	二噁英类/(ng TEQ/m³)	测定均值	1.0

① 本表规定的各项标准限值，均以标准状态下含 11% O_2 的干烟气为参考值换算。

② 烟气最高黑度时间，在任何 1h 内累计不得超过 5min。

（2）生活垃圾焚烧厂恶臭厂界排放限值

氨、硫化氢、甲硫醇和臭气浓度厂界排放限值根据生活垃圾焚烧厂所在区域，分别按照 GB 14554 表 1 相应级别的指标值执行。

（3）生活垃圾焚烧厂工艺废水排放限值

生活垃圾焚烧厂工艺废水必须经废水处理系统处理，处理后的水应优先考虑循环再利用，必须排放时，废水中污染物最高允许排放浓度按 GB 8978 执行。

5. 其他要求

（1）焚烧残余物的处置要求

① 焚烧炉渣与除尘设备筹集的焚烧飞灰应分别收集、贮存和运输。

② 焚烧炉渣按一般固体废物处理，焚烧飞灰应按危险废物处理。其他尾气净化装置排放的固体废物按 GB 5085.3 危险废物鉴别标准判断是否属于危险废物，如属于危险废物，则按危险废物处理。

（2）生活垃圾焚烧厂噪声控制限值

生活垃圾焚烧厂噪声控制限值按 GB 12348 执行。

五、危险废物焚烧厂污染控制标准

《危险废物焚烧污染控制标准》（GB 18484—2001）从我国的实际情况出发，以集中连续型焚烧设施为基础，涵盖了危险废物焚烧全过程的污染控制；对具备热能回收条件的焚烧设施要考虑热能的综合利用。

1. 焚烧厂选址原则

各类焚烧厂不允许建设在 GB 3838—2002 中规定的地表水环境质量Ⅰ类、Ⅱ类功能区和 GB 3095 中规定的环境空气质量一类功能区，即自然保护区、风景名胜区和其他需要特殊保护地区。集中式危险废物焚烧厂不允许建设在人口密集的居住区、商业区和文化区。

各类焚烧厂不允许建设在居民区主导风向的上风向地区。

2. 焚烧物的要求

除易爆和具有放射性以外的危险废物均可进行焚烧。

3. 污染物（项目）控制限值

① 焚烧炉排气中任何一种有害物质浓度不得超过表 6-5 中所列的最高允许限值。

表 6-5　危险废物焚烧炉大气污染物排放限值①

序号	污染物	不同焚烧容量时的最高允许排放浓度限值/(mg/m³)		
		≤300(kg/h)	300~2500(kg/h)	≥2500(kg/h)
1	烟气黑度		林格曼 1 级	
2	烟尘	100	80	65
3	一氧化碳	100	80	80
4	二氧化硫	400	300	200
5	氟化氢	9.0	7.0	5.0
6	氯化氢	100	70	60
7	氮氧化物（以 NO₂ 计）		500	
8	汞及其化合物（以 Hg 计）		0.1	
9	镉及其化合物（以 Cd 计）		0.1	
10	砷、镍及其化合物（以 As+Ni 计）②		1.0	
11	铅及其化合物（以 Pb 计）		1.0	
12	铬、锡、锑、铜、锰及其化合物（以 Cr+Sn+Sb+Cu+Mn 计）③		4.0	
13	二噁英类		0.5ng TEQ/m³	

① 在测试计算过程中，以 11%O₂（干气）作为换算基准。换算公式为：

$$c = \frac{10}{21 - O_s} \times c_s$$

式中　c——标准状态下被测污染物经换算后的浓度，mg/m³；

　　　O_s——排气中氧气的浓度，%；

　　　c_s——标准状态下被测污染物的浓度，mg/m³。

② 指砷和镍的总量。

③ 指铬、锡、锑、铜和锰的总量。

② 危险废物焚烧厂排放废水时，其水中污染物最高允许排放浓度按 GB 8978 执行。

③ 焚烧残余物按危险废物进行安全处置。

④ 危险废物焚烧厂噪声执行 GB 12349。

案例分析

一、项目概况

A 市某生活垃圾卫生填埋场处理规模为 1000t/d；卫生填埋场的服务范围是：A 市五城区及 B 县城区。服务对象是：居民生活垃圾、农贸市场垃圾、街道清扫垃圾和公共场所垃圾等，不包括医院医疗废物和建筑、工业垃圾。本项目的总投资估算为 4.3 亿，资金来源为：申请国家资金、银行贷款及地方自筹。

二、工程分析

本工程采用传统厌氧卫生填埋工艺，日处置垃圾 1000t，填埋库容量为 $1089 \times 10^4 m^3$，使用年限为 18 年。填埋库区采用高密度聚乙烯（HDPE）土工膜水平、垂直防渗工艺，并设置渗滤液集排系统和填埋气体导排系统。拟建工程渗滤液产生量约为 $580 m^3/d$，主要污染因子为 COD_{Cr}、BOD_5、SS 和氨氮等。垃圾渗滤液收集后经调节池进入规模为 $600 m^3/d$ 的污水处理系统，处理水质达标后排放。渗滤液处理后的排放限值按《生活垃圾填埋污染控制标准》（GB 16889—2008）表 2 执行。

三、项目周边环境现状

根据环境现状监测资料，评价区域空气、地表水、地下水、声环境和土壤质量良好。

四、环境影响预测及评价

1. 空气环境影响预测及评价

在自然排放或燃烧排放状态下，拟建项目排放的各项大气污染物对敏感点贡献值和预测值，都没有超过相应的评价标准，对敏感点造成的影响很小。但是项目在运行过程中，还必须确保环保措施的落实和正常运行，以减少大气污染物对周围环境的影响。

2. 噪声环境影响预测及评价

从预测结果分析，该填埋场在运行过程中，场界存在超标现象（工作点距离场界平均距离在 50～200m 范围之间），在多种运行机械同时工作的情况下，运行噪声对周边环境影响的范围较大。但是，该填埋场 500m 范围内无居民居住，垃圾填埋场运行噪声对较远距离居民的噪声环境影响较小。

3. 地下水环境影响预测及评价

本工程拟采用高密度聚乙烯土工膜防渗层，防渗层的防渗标准符合《生活垃圾填埋污染控制标准》要求，可以有效确保地下水体不被垃圾渗滤液污染。根据地质勘探，库区地下水为独立单元，库区水文地质条件和地下水位不会发生较大变化，可大幅度降低因为地下水位增高而导致的垃圾场防渗层、垃圾堆体顶脱、垃圾渗滤液泄漏。

采用地下水导排系统和符合标准的高密度聚乙烯土工膜防渗层，排除地震等自然因素，在严格监理管理和按章施工的情况下，评价认为，本工程营运期对地下水的影响较小。

4. 地表水环境影响预测及评价

结合垃圾渗滤液的水质水量，对拟采用的填埋场污水处理工艺进行了分析论证，污水处理站排放水质能够满足《生活垃圾填埋污染控制标准》（GB 16889—2008）表 2 的相关要求。经预测，填埋场的废水经处理后排入 C 河，对 C 河的水质不会产生较大影响。故项目对周边地表水影响不大。

五、污染防治措施及建议

1. 废气污染防治措施及建议

① 考虑填埋场现有规模较小，故不考虑垃圾填埋气的回收利用。本项目现阶段的重点是保证气体导排系统的通畅，防止气体因排放不畅或聚集引起爆炸和火灾。

② 为防范垃圾库区可燃气体聚集而引发火灾和爆炸事故，垃圾填埋作业中心必须坚持在分层填埋压实和覆土的同时，切实安装好导气石笼。垃圾产生的气体采用分区域集中后燃烧排放，当填埋气体中甲烷浓度接近 5% 时，燃烧装置接受遥控点火将填埋气体燃烧排放。

2. 水污染防治措施及建议

① 垃圾填埋场内采用高密度聚乙烯土工膜防渗层。

② 地下水导排系统要做到将未被污染的地下水及裂隙水导出，减少地下水及裂隙水侵入垃圾堆体和对防渗层产生不良的顶托压力。

③ 卸料平台的冲洗水、冲洗汽车废水应先经过隔油处理后再进入城市污水管网。

④ 垃圾渗滤液经调节池进入污水处理系统处理达到《生活垃圾填埋污染控制标准》（GB 16889—2008）的表 2 相应限值后，才允许排放。

3. 危险固体废物处置

本项目在垃圾分拣时会选出一些危险固体废物（如废旧电池等）。危险废物处置方案为：

① 设置防水防渗的专用堆存间堆放废旧电池；

② 电池堆存场及危险固废安全填埋场必须设置危险物识别标志；

③ 运营单位必须按照国家有关规定进行危险废物申报登记。

4. 噪声污染防治措施及建议

合理总平面布置，加强厂区及厂界绿化，降低噪声的传播。从声源、传播途径和受声对象三方面进行噪声污染防治。

5. 生态环保措施及建议

① 垃圾填埋场周围、生产区、管理区、污水处理站、主要道路两侧及空隙地的绿化带，应选择种植抗污染树种，并尽量保持与周边生态景观环境的协调一致性。

② 垃圾车不得从管理区大门直接进入，应另行开辟专用通道。

③ 填埋场填至设计标高后，应按终期封场要求进行场地清理和植物恢复，做好填埋场封场作业和生态恢复工作。

6. 垃圾运输异味防治方案

本项目垃圾运输过程中车辆噪声和垃圾异味将会造成一定影响，需采取一定的措施：

① 当天收集、当天运送，减少垃圾中转贮留时间；

② 选用专用运输车，防止垃圾泄漏；

③ 严格执行密封运送。

六、项目选址合理性分析

通过对预选场址的综合比较，填埋场所在地在地质构造、地形、地下水分布上来说，均具有相对独立性，其建设与运行过程的环境影响基本上局限于库区所在沟谷区域，对周围环境质量及居民生活造成的污染影响可控制在国家标准允许的范围内，填埋场的选址是可行的。该场址基本符合国家建设部《生活垃圾卫生填埋技术规范》(CJJ 17—2004)、《城市生活垃圾卫生填埋处理工程项目建设标准》(建标 [2001] 101 号)和《生活垃圾填埋污染控制标准》(GB 16889—2008)对垃圾卫生填埋场场址选择有关方面的要求。

七、总量控制指标

根据垃圾处理规模计算结果，建议分配项目污染物排放总量指标为：化学需氧量为 35.0t/a (指年排入 B 县西城污水处理厂的化学需氧量)。

八、公众参与调查

公众参与意见分析结果表明，绝大多数公众对本项目的建设都持积极赞成的态度，认识到该项目对改善城市环境和促进当地经济发展的重大意义。对于公众担忧的环境影响问题以及提出的减缓环境不利影响的建议，评价认为，处理场管理方应充分重视公众的意见和利益，认真落实污染防治措施，确保项目的建设不会对处理场周围的环境和居民带来新的影响，并能使垃圾填埋场在运行过程中的各项污染物均能达标排放。

九、结论

拟建项目作为公益性环保建设项目，符合当地总体发展规划和国家产业政策，其建设对于改善 A 市和 B 县城市环境卫生，保障人民身体健康，促进社会可持续发展具有十分重要的意义。在落实好评价提出的各项污染防治措施，落实好项目"三同时"，做到稳定达标排放和满足总量控制要求下，从环境保护角度而言，在 B 县建设 A 市某生活垃圾卫生填埋场是可行的。

习题

1. 固体废物的定义和分类是什么？
2. 固体废物对环境的主要影响有哪些方面？
3. 简述固体废物环境影响评价的主要内容与特点。
4. 垃圾填埋场环境影响评价包括哪些主要内容？
5. 简述固体废物污染控制的主要措施。
6. 选择题

（1）一般情况，下列属于"年老"垃圾填埋场渗滤液的水质特点的是（　　）。

　　A. BOD$_5$ 及 COD 浓度较低　　　　B. pH 接近中性或弱碱性

　　C. 各类重金属离子浓度开始下降　　D. 氨氮浓度较高

（2）垃圾填埋场污染防治措施的主要内容包括（　　）。

　　A. 除尘脱硫措施　　　　　　　　　B. 减振防噪措施

　　C. 释放气的导排或综合利用措施以及防臭措施

　　D. 渗滤液的治理和控制措施以及填埋场衬里破裂补救措施

第七章 生态影响评价

【内容提要】

生态影响项目环境评价工作的内容与深度取决于环境评价工作等级，而工作等级的确定主要依据影响区域的生态敏感性和评价项目的工程占地（含水域）范围。本章首先系统介绍生态影响评价的基本概念，然后依据《环境影响评价技术导则 生态影响》（HJ 19—2011），介绍生态影响评价的原则、评价等级的划分和评价范围确定、工程调查与分析的内容、生态环境现状调查的内容与方法、生态影响预测的内容和方法及生态影响的防护、恢复及替代方案等内容。最后结合实例阐述生态环境影响评价方法和技术的具体运用。

第一节 生态影响评价等级的划分

一、基本概念

1. 生态影响

生态影响指的是人类经济、社会活动对生态系统及其生物因子、非生物因子所产生的任何有害的或有益的作用。

根据影响对象可划分为物种、种群、群落、生态系统等生物因子影响和气候、土壤、地形、水文等非生物因子影响，根据影响性质可划分为有利影响和不利影响，根据影响的后果可划分为可逆影响和不可逆影响，根据影响来源可划分为直接影响、间接影响和累积影响。直接生态影响指经济社会活动所导致的不可避免的、与该活动同时同地发生的生态影响。间接生态影响指经济社会活动及其直接生态影响所诱发的、与该活动不在同一地点或不在同一时间发生的生态影响。而累积生态影响指经济社会活动各个组成部分之间或者该活动与其他相关活动（包括过去、现在、未来）之间造成生态影响的相互叠加。

2. 生态监测

运用物理、化学或生物等方法对生态系统或生态系统中的生物因子、非生物因子状况及其变化趋势进行的测定、观察。

3. 影响区域的生态敏感性

依据环境影响评价技术导则，影响区域的生态敏感性可以分为特殊生态敏感区、重要生态敏感区和一般区域三类。

特殊生态敏感区指具有极重要的生态服务功能，生态系统极为脆弱或已有较为严重的生态问题，如遭到占用、损失或破坏后所造成的生态影响后果严重且难以预防、生态功能难以恢复和替代的区域，包括自然保护区、世界文化和自然遗产地等。

重要生态敏感区指具有相对重要的生态服务功能或生态系统较为脆弱，如遭到占用、损失或破坏后所造成的生态影响后果较严重，但可以通过一定措施加以预防、恢复和替代的区域，包括风景名胜区、森林公园、地质公园、重要湿地、原始天然林、珍稀濒危野生动植物天然集中分布区、重要水生生物的自然产卵场及索饵场、越冬场和洄游通道、天然渔场等。

一般区域指除特殊生态敏感区和重要生态敏感区以外的其他区域。

二、生态评价原则

生态评价是综合分析生态环境和开发建设活动特点及二者相互作用的过程，并依据国家的政策法规提出对受影响生态环境行使有效保护的途径和措施；依据生态学和生态环境保护基本原理进行生态系统的恢复和重建的设计，在进行生态评价时，应遵循下述基本原则。

1. 坚持重点与全面相结合的原则

既要突出评价项目所涉及的重点区域、关键时段和主导生态因子，又要从整体上兼顾评价项目所涉及的生态系统和生态因子在不同时空等级尺度上结构与功能的完整性。

2. 坚持预防与恢复相结合的原则

预防优先，恢复补偿为辅。恢复、补偿等措施必须与项目所在地的生态功能区划的要求相适应。

3. 坚持定量与定性相结合的原则

生态影响评价应尽量采用定量方法进行描述和分析，当现有科学方法不能满足定量需要或因其他原因无法实现定量测定时，生态影响评价可通过定性或类比的方法进行描述和分析。

三、生态影响评价等级划分

评价等级的划分是为了确定评价工作的深度和广度，体现对人类活动的生态环境影响的关切程度和保护生态环境的要求程度。依据影响区域的生态敏感性和评价项目的工程占地（含水域）范围，包括永久占地和临时占地，将生态影响评价工作等级划分为一级、二级和三级，如表7-1所示。位于原厂界（或永久用地）范围内的工业类改扩建项目，可做生态影响分析。

表 7-1 生态影响评价工作等级划分

影响区域生态敏感性	工程占地（含水域）范围		
	面积≥20km² 或 长度≥100km	面积 2～20km² 或 长度 50～100km	面积≤2km² 或 长度≤50km
特殊生态敏感区	一级	一级	一级
重要生态敏感区	一级	二级	三级
一般区域	二级	三级	三级

当工程占地（含水域）范围的面积或长度分别属于两个不同评价工作等级时，原则上应按其中较高的评价工作等级进行评价。改扩建工程的工程占地范围以新增占地（含水域）面积或长度计算。

在矿山开采可能导致矿区土地利用类型明显改变，或拦河闸坝建设可能明显改变水文情势等情况下，评价工作等级应上调一级。

四、生态影响评价工作范围

生态影响评价应能够充分体现生态完整性，涵盖评价项目全部活动的直接影响区域和间接影响区域。评价工作范围应依据评价项目对生态因子的影响方式、影响程度和生态因子之间的相互影响和相互依存关系确定。可综合考虑评价项目与项目区的气候过程、水温过程、生物过程等生物地球化学循环过程的相互作用关系，以评价项目影响区域所涉及的完整气候单元、水文单元、生态单元、地理单元界限为参照边界。

五、生态影响判定依据

生态影响的判定依据有以下几个方面：

① 国家、行业和地方已颁布的资源环境保护等相关法规、政策、标准、规划和区划等确定的目标、措施与要求；

② 科学研究判定的生态效应或评价项目实际的生态监测、模拟结果；

③ 评价项目所在地区及相似区域生态背景值或本底值；

④ 已有性质、规模以及区域生态敏感性相似项目的实际生态影响类比；

⑤ 相关领域专家、管理部门及公众的咨询意见。

第二节　工程调查与分析

一、工程资料收集和分析

工程分析内容应包括：项目所处的地理位置、工程的规划依据和规划环评依据、工程类型、项目组成、占地规模、总平面及现场布置、施工方式、施工时序、运行方式、替代方案、工程总投资与环保投资、设计方案中的生态保护措施等。

工程分析时段应涵盖勘察期、施工期、运营期和退役期，以施工期和运营期为调查分析的重点。

工程分析时应根据评价项目自身特点、区域的生态特点以及评价项目与影响区域生态系统的相互关系，确定工程分析的重点，分析生态影响源及其强度。工程分析重点的主要内容应包括：

① 可能产生重大生态影响的工程行为；

② 与特殊生态敏感区和重要生态敏感区有关的工程行为；

③ 可能产生间接、累积生态影响的工程行为；

④ 可能造成重大资源占用和配置的工程行为。

二、关键问题识别和评价因子的筛选

生态环境影响识别是将开发建设活动的作用与生态环境的反应结合起来做综合分析的第一步，其目的是明确主要影响因素、主要受影响的生态系统和生态因子、影响涉及的主要敏感环境目标，从而筛选出评价工作的重点内容。

1. 影响因素识别

影响因素的识别主要是识别产生影响的主体（开发建设活动），识别要点如下。

① 内容全面　要包括主体工程（或主体设施、主体装置）、所有辅助工程、公用工程和配套设施建设。如为工程建设开通的进场道路、施工便道、作业场地，重要原材料生产、储运设施，污染控制工程、绿化工程、迁建补建工程、施工队伍驻地和拆迁居民安置地等。

② 全过程识别　要从选址期、勘探设计期、施工期、运营期直至服务期满期（如矿山闭矿，渔场封闭）。

③ 识别全部作用方式　如集中作用点与分散作用点，长期作用与短期作用，物理作用与化学作用等。

影响因素识别实质上是一个工程分析的过程，应建立在对工程性质和内容全面了解和深入认识的基础上。详细研读工程的可行性研究资料，参阅同类项目的环评资料，进行必要的类比调查（调查已建的同类项目），随时了解项目的动态变化，才能做好影响因素识别工作。

2. 影响对象识别

影响对象的识别主要是识别影响受体（生态环境），识别要点如下。

① 生态系统及其主导因子　首先要识别受影响的生态系统的类型，接着要识别受影响的生态系统的组成要素，如生态系统主要限制性环境因子、生物群落等，考察这些主导因子受影响的可能性。

② 重要生境 有些生态环境（简称"生境"）对生物多样性保护是至关重要的，识别方法见表 7-2。

表 7-2 重要生境识别方法

生境的性质	重要性比较
天然性	真正的原始生境＞次生生境＞人工生境（如农田）
生境面积的大小	在其他条件相同的情况下，面积大的生境＞面积小的生境
多样性	群落或生境类型多、复杂的区域＞类型单一、简单的区域
稀有性	拥有一个或多个稀有物种的生境＞没有稀有物种的生境
可恢复性	易天然恢复的生境＞不易天然恢复的生境
完整性	完整性的生境＞破碎性生境
生态联系	功能上相互联系的生境＞功能上孤立的生境
潜在价值	经过自然过程或适当管理最终能发展成较目前更具有自然保护价值的生境＞无发展潜力的生境
功能价值	有物种或群落繁殖、成长的生境＞无此功能的生境
存在期限	历史久远的生境＞新近形成的生境
生物丰富度	生物多样性丰富的生境＞生物多样性贫乏的生境

一般来说，天然林、天然海岸、沙滩、海湾、潮间带滩涂、河口、湿地、沼泽、珊瑚礁、天然溪流、河道以及自然性较高的草原等是重要生境。

③ 主要自然资源 许多生态环境的退化和破坏是由于自然资源的不合理开发利用造成的。如水资源、耕地（尤其是基本农田保护区）资源、特色资源、景观资源以及对区域可持续发展有重要作用的资源，都是应首先加以影响识别和保护的对象。

④ 区域敏感保护目标 敏感保护目标常作为环境影响评价的重点，也是衡量评价工作是否深入或完成的标志。生态环境影响评价中敏感保护目标依据《建设项目环境影响评价分类管理名录》中的依据判别。另外，还应关注具有美学意义、经济价值和具有社会安全意义的保护目标，环境变化易于感受且环境质量急剧退化或环境质量已达不到环境功能区划要求的地域、水域等。

⑤ 景观 具有美学意义的景观，包括自然景观和人文景观，对于缓解当代人与自然的矛盾，满足人类对自然的需求和人类精神生活需求，具有越来越重要的意义。由于我国自然景观多样，人文景观又特别丰富，许多有保护价值的景观尚未纳入法规保护范围，需要在环境影响评价中给予特别关注，并认真调查和识别。

3. 影响效应识别

影响效应识别主要是对影响作用产生的生态效应进行识别，识别要点如下。

① 影响的性质 即正负影响，可逆与不可逆影响，可补偿与不可补偿影响，短期与长期影响，一次性与积累性影响等。

② 影响的程度 即影响范围的大小，持续时间的长短，影响发生的剧烈程度，是否影响敏感的目标或生态系统主导因子及主要自然资源。

③ 影响的可能性 判别直接影响和间接影响及其发生的可能性。影响识别结果以列表清单法或矩阵法表示，并辅之以必要的说明。

在环境影响识别的基础上进行评价因子的筛选，是评价工作不断深化并达到具体操作的必要步骤，也是对环境更深层次认识的反映。生态环境影响评价因子是一个比较复杂的体系，评价中应根据具体情况进行筛选。筛选时要考虑的主要因素是：最能代表和反映受影响生态环境的性质和特点的因子；易于测量或易于获得其有关信息的因子；法规要求或评价中要求的因子等。

一般而言，生态环境影响评价因子主要依据区域环境特点、敏感目标、社会经济可持续发展对生态环境功能的需求、主要生态限制因子和主要的生态环境问题等筛选确定。

第三节　生态环境状况调查和现状评价

一、生态环境状况调查

生态环境调查是进行生态环境影响评价的基础性工作。生态现状调查应在收集资料基础上开展现场工作，生态现状调查的范围应不小于评价工作的范围。

一级评价应给出采样地样方实测、遥感等方法测定的生物量、物种多样性等数据，给出主要生物物种名录、受保护的野生动植物物种等调查资料；二级评价的生物量和物种多样性调查可依据已有资料推断，或实测一定数量的、具有代表性的样方予以验证；三级评价可充分借鉴已有资料进行说明。

生态环境调查的主要内容如下。

1. 生态背景调查

根据生态影响的空间和时间尺度特点，调查影响区域内涉及的生态系统类型、结构、功能和过程，以及相关的非生物因子特征（如气候、土壤、地形地貌、水文及水文地质等），重点调查受保护的珍稀濒危物种、关键种、土著种、建群种和特有种，天然的重要经济物种等。如涉及国家级和省级保护物种、珍稀濒危物种和地方特有物种时，应逐个或逐类说明其类型、分布、保护级别、保护状况等；如涉及特殊生态敏感区和重要生态敏感区时，应逐个说明其类型、等级、分布、保护对象、功能区划、保护要求等。

2. 主要生态问题调查

调查影响区域内已经存在的制约本区域可持续发展的主要生态问题，如水土流失、沙漠化、石漠化、盐渍化、自然灾害、生物侵入和污染危害等，指出其类型、成因、空间分布、发生特点等。

二、生态现状调查方法

1. 资料收集法

资料收集法是收集现有的能反映生态现状或生态背景的资料，从表现形式上分为文字资料和图形资料，从时间上分为历史资料和现状资料，从收集行业类别上可分为农、林、牧、渔和环境保护部门，从资料性质上可分为环境影响报告书、有关污染源调查、生态保护规划、规定、生态功能区划、生态敏感目标的基本情况以及其他生态调查资料等。使用资料收集法时，应保证资料的现时性，引用资料必须建立在现场校验的基础上。

2. 现场勘查法

现场勘查应遵循整体与重点相结合的原则，在综合考虑主导生态因子结构与功能的完整性的同时，突出重点区域和关键时段的调查，并通过对影响区域的实际踏勘，核实收集资料的准确性，以获取实际资料和数据。

3. 专家和公众咨询法

专家和公众咨询法是对现场勘查的有益补充。通过咨询有关专家，收集评价工作范围内的公众、社会团体和相关管理部门对项目影响的意见，发现现场踏勘中遗漏的生态问题。专家和公众咨询应与资料收集和现场勘查同步开展。

4. 生态监测法

当资料收集、现场勘查、专家和公众咨询提供的数据无法满足评价的定量需求，或项目可能产生潜在的或长期累积效应时，应考虑选用生态监测法。生态监测应根据监测因子的生态学特点和干扰活动的特点确定监测位置和频次，有代表性地布点。生态监测方法与技术要求须符合国家现行的有关生态监测规范和检测标准分析方法；对于生态系统生产力的调查，必须时需现场采样、实验室测定。

5. 遥感调查法

当涉及区域范围较大或主导生态因子的空间等级尺度较大，通过人力踏勘较为困难或难以完成评价时，可采用遥感调查法。遥感调查过程中必须辅助必要的现场勘查工作。

三、生态现状评价

生态现状评价是对调查所得到的资料进行梳理、分析，判别轻重缓急，明确主要问题与根源的过程，一般需要按照一定的指标和标准进行。

1. 生态现状评价要求

在区域生态基本特征现状调查的基础上，对评价区的生态现状进行定量或定性的分析评价，评价应采用文字和图件相结合的表现形式。

2. 生态现状评价内容

① 在阐明生态系统现状的基础上，分析影响区域内生态系统现状的主要原因。评价生态系统的结构与功能状况（如水源涵养、防风固沙、生物多样性保护等主导生态功能）、生态系统面临的压力和存在的问题、生态系统的总体变化趋势等。

② 分析和评价受影响区域内动、植物等生态因子的现状组成、分布；当评价区域涉及受保护的敏感物种时，应重点分析该敏感物种生态学特征；当评价区域涉及特殊生态敏感区或重要生态敏感区时，应分析其生态现状、保护现状和存在的问题等。

四、生态影响评价图件规范与要求

生态影响评价图件是指以图形、图像的形式对生态影响评价有关空间内容的描述、表达或定量分析。生态影响评价图件是生态影响评价报告的必要组成内容，是评价的主要依据和成果的重要表示形式，是指导生态保护措施设计的重要依据。

1. 图件构成

根据评价项目自身特点、评价工作等级以及区域生态敏感性不同，生态影响评价图件由基本图件和推荐图件构成。基本图件是指根据生态影响评价工作等级不同，各级生态影响评价工作需提供的必要图件；推荐图件是在现有技术条件下可以用图形图像形式表达的、有助于阐明生态影响评价结果的选作图件。如表7-3所示。

2. 图件制作规范与要求

（1）数据来源与要求

生态影响评价图件制作基础数据来源包括已有图件资料、采样、实验、地面勘测和遥感信息等。图件基础数据来源应满足生态影响评价的时效要求，选择与评价基准时段相匹配的数据源。当图件主题内容无显著变化时，制图数据源的时效要求可在无显著变化期内适当放宽，但必须经过现场勘验校核。

（2）制图与成图精度要求

生态影响评价制图的工作精度一般不低于工程可行性研究制图精度，成图精度应满足生态影响判别和生态保护措施的实施。

生态影响评价图件成图应能准确、清晰地反映评价主题内容，成图比例不应低于表7-4中的规范要求（项目区域地理位置图除外）。

表 7-3 生态影响评价图件构成要求

评价工作等级	基本图件	推荐图件
一级	(1)项目区域地理位置图 (2)工程平面图 (3)土地利用现状图 (4)地表水系图 (5)植被类型图 (6)特殊生态敏感区和重要生态敏感区空间分布图 (7)主要评价因子的评价成果和预测图 (8)生态监测布点图 (9)典型生态保护措施平面布置示意图	(1)当评价工作范围内涉及山岭重丘区时,可提供地形地貌图、土壤类型图和土壤侵蚀分布图 (2)当评价工作范围内涉及河流、湖泊等地表水时,可提供水环境功能区划图;当涉及地下水时,可提供水文地质图件等 (3)当评价工作范围涉及海洋和海岸带时,可提供海域岸线图、海洋功能区划图,根据评价需要选做海洋渔业资源分布图、主要经济鱼类产卵场分布图、滩涂分布现状图等 (4)当评价工作范围内已有土地利用规划时,可提供已有土地利用规划图和生态功能分区图 (5)当评价工作范围内涉及地表塌陷时,可提供塌陷等值线图 (6)此外,可根据评价工作范围内涉及的不同生态系统类型,选作动植物资源分布图、珍稀濒危物种分布图、基本农田分布图、绿化布置图、荒漠化土地分布图等
二级	(1)项目区域地理位置图 (2)工程平面图 (3)土地利用现状图 (4)地表水系图 (5)特殊生态敏感区和重要生态敏感区空间分布图 (6)主要评价因子的评价成果和预测图 (7)典型生态保护措施平面布置示意图	(1)当评价工作范围内涉及山岭重丘区时,可提供地形地貌图和土壤侵蚀分布图 (2)当评价工作范围内涉及河流、湖泊等地表水时,可提供水环境功能区划图;当涉及地下水时,可提供水文地质图件等 (3)当评价工作范围内涉及海域时,可提供海域岸线图和海洋功能区划图 (4)当评价工作范围内已有土地利用规划时,可提供已有土地利用规划图和生态功能分区图 (5)评价工作范围内,陆域可根据评价需要选做植被类型图或绿化布置图
三级	(1)项目区域地理位置图 (2)工程平面图 (3)土地利用或水体利用现状图 (4)典型生态保护措施平面布置示意图	(1)评价工作范围内,陆域可根据评价需要选做植被类型图或绿化布置图 (2)当评价工作范围内涉及山岭重丘区时,可提供地形地貌图 (3)当评价工作范围内涉及河流、湖泊等地表水时,可提供地表水系图 (4)当评价工作范围内涉及海域时,可提供海洋功能区划图 (5)当涉及重要生态敏感区时,可提供关键评价因子的评价成果图

表 7-4 生态影响评价图件成图比例规范要求

成图范围		成图比例尺		
		一级评价	二级评价	三级评价
面积	≥100km²	≥1:100000	≥1:100000	≥1:250000
	20~100km²	≥1:50000	≥1:50000	≥1:100000
	2~20km²(含20km²)	≥1:10000	≥1:10000	≥1:25000
	≤2km²	≥1:5000	≥1:5000	≥1:10000
长度	≥100km	≥1:250000	≥1:250000	≥1:250000
	50~100km	≥1:100000	≥1:100000	≥1:250000
	10~50km(含50km)	≥1:50000	≥1:50000	≥1:50000
	≤10km	≥1:10000	≥1:10000	≥1:50000

第四节 生态环境影响预测

生态影响预测就是以科学的方法推断各种类型的生态在某种外来作用下所发生的响应过程、发展趋势和最终结果,揭示事物的客观本质和规律,是在生态现状调查与评价、工程分析与环境影响识别的基础上，有选择、有重点地对某些评价因子的变化和生态功能变化进行预测。

一、预测内容

生态影响预测与评价内容应与现状评价内容相对应，依据区域生态保护的需要和受影响生态系统的主导生态功能选择评价预测指标。

① 评价工作范围内涉及的生态系统及其主要生态因子的影响评价。通过分析影响作用的方式、范围、强度和持续时间来判别生态系统受影响的范围、强度和持续时间；预测生态系统组成和服务功能的变化趋势，重点关注其中的不利影响、不可逆影响和累积生态影响。

② 敏感生态保护目标的影响评价应在明确保护目标的性质、特点、法律地位和保护要求的情况下，分析评价项目的影响途径、影响方式和影响程度，预测潜在后果。

③ 预测评价项目对区域现存主要生态问题的影响趋势。

二、生态影响预测与评价方法

生态影响预测与评价方法应根据评价对象的生态学特征，在调查、判定该区主要的、辅助的生态功能以及完成功能必需的生态过程的基础上，分别采用定量分析和定性分析相结合的方法进行预测与评价。常用的方法包括列表清单法、图像叠置法、生态机理分析法、景观生态学法、指数法与综合指数法、类比分析法、系统分析法和生物多样性评价法等。

1. 列表清单法

列表清单法是 Little 等人于 1971 年提出的一种定性分析方法。该方法的特点是简单明了，针对性强。列表清单法的基本做法是将拟实施的开发建设活动的影响因素与可能受影响的环境因子分别列在同一张表格的行与列内。逐点进行分析，并逐条阐明影响的性质、强度等，由此分析开发建设活动的生态影响。

2. 图像叠置法

图像叠置法是把两个以上的生态信息叠合到一张图上，构成复合图，来表示生态变化的方向和程度。本方法的特点是直观、形象，简单明了。图像叠置法有两种基本制作手段：指标法和 3S 叠图法。

（1）指标法

指标法需首先确定评价区域范围；然后进行生态调查，收集评价工作范围与周边地区自然环境、动植物等的信息，同时收集社会经济和环境污染及环境质量信息，随后进行影响识别并筛选拟评价因子，其中包括识别和分析主要生态问题。在此基础上，研究拟评价生态系统或生态因子的地域分异特点与规律，对拟评价的生态系统、生态因子和生态问题建立表征其特性的指标体系，并通过定性分析或定量方法对指标赋值或分级，再依据指标值进行区域划分。最后，将上述区划信息绘制在生态图上。

（2）3S 叠图法

首先选用地形图，或正式出版的地理地图，或经过精校正的遥感影像作为工作底图，底图范围应略大于评价工作范围；在底图上描绘主要生态因子信息，如植被覆盖、动物分布、河流水系、土地利用和特别保护目标等；进行影响识别与筛选评价因子；运用 3S 技术，分析评价因子的不同影响性质、类型和程度；将影响因子图和底图叠加，得到生态影响评价图。

图像叠置法主要用于区域生态质量评价和影响评价，也用于具有区域性影响的特大型建设项目的评价，如大型水利枢纽工程、新能源基地建设、矿业开发项目等，在土地利用开发和农业开发项目中也有应用。

3. 生态机理分析法

生态机理分析法是根据建设项目的特点和受其影响的动、植物生物学特征，依照生态学原理分析、预测工程生态影响的方法。生态机理分析的工作步骤如下。

① 调查环境背景现状和搜集工程组成和建设等有关资料；

② 调查植物和动物分布，动物栖息地和迁徙路线；

③ 根据调查结果分别对植物或动物种群、群落和生态系统进行分析，描述其分布特点、结构特征和演化等级；

④ 识别有无珍稀濒危物种及重要经济、历史、景观和科研价值的物种；

⑤ 监测项目建成后该地区动物、植物生长环境的变化；

⑥ 根据项目建成后的环境（水、气、土和生命组分）变化，对照无开发项目条件下动物、植物或生态系统演替趋势，预测项目对动物和植物个体、种群和群落的影响，并预测生态系统演替方向。

评价过程中有时要根据实际情况进行相依的生物模拟试验，如环境条件、生物习性模拟试验、生物毒理学试验、实地种植或放养试验等；或进行数学模拟，如种群增长模型的应用。该方法需与生物学、地理学、水文学、数学及其他多学科知识的综合利用，才能得出较为客观的结果。

4. 景观生态学法

景观生态学法是通过研究某一区域、一定时段内的生态系统类群的格局、特点、综合资源状况等自然规律，以及人为干预下的演替趋势，揭示人类活动在改变生物与环境方面作用的方法。景观生态学法对生态质量状况的评判是通过两个方面进行的，一是空间结构分析，二是功能与稳定性分析。

空间结构分析基于景观是高于生态系统的自然系统，是一个清晰的和可度量的单位。景观由斑块、基质和廊道组成，其中基质是景观的背景地块，是景观中一种可以控制环境质量的组分。

景观的功能和稳定性分析包括如下四方面内容。

① 生物恢复力分析　分析景观基本元素的再生能力或高亚稳定性元素能否占主导地位。

② 异质性分析　基质为绿地时，由于异质化程度高的基质很容易维护它的基质地位，从而达到增强景观稳定性的作用。

③ 种群源的持久性和可达性分析　分析动、植物物种能否持久保持能量流、养分流，分析物种流可否顺利地从一种景观元素迁移到另一种元素，从而增强共生性。

④ 景观组织的开放性分析　分析景观组织与周边生境的交流渠道是否畅通。开放性强的景观组织可以增强抵抗力和恢复力。景观生态学方法既可以用于生态现状评价也可以用于生境变化预测，目前是国内外生态影响评价学术领域中较为先进的方法。

5. 指数法与综合指数法

指数法是利用同度量因素的相对值来表明因素变化状况的方法，是建设项目环境影响评价中常用的评价方法，指数法同样可拓展用于生态影响评价中。指数法简明扼要，且符合人们所熟悉的环境污染影响评价思路，但困难之点在于需明确建立表征生态质量的标准体系，且难以赋权和准确定量。综合指数法是从确定同度量因素出发，把不能直接对比的事物变成能够同度量的方法。

6. 类比分析法

类比分析法是一种比较常用的定性和半定量评价方法，一般有生态整体类比、生态因子类比和生态问题类比等。根据已有的开发建设活动（项目、工程）对生态系统产生的影响来分析或预测拟进行的开发建设活动（项目、工程）可能产生的影响。选择合适的类比对象（类比项目）是进行类比分析或预测评价的基础，也是该法成败的关键。类比对象的选择条件是：工程性质、工艺和规模与拟建项目基本相当，生态因子（地理、地质、气候、生物因素等）相似，项目建成已有一定时间，所产生的影响已基本全部显现。

类比对象确定后，需选择和确定类比因子及指标，并对类比对象开展调查与评价，再分析拟建项目与类比对象的差异。根据类比对象与拟建项目的比较，做出类比分析结论。

7. 系统分析法

系统分析法是指把要解决的问题作为一个系统，对系统要素进行综合分析，找出解决问题的可行方案的咨询方法。具体步骤包括：限定问题、确定目标、调查研究、收集数据、提出备选方案和评价指标、备选方案评估和提出最可行方案。系统分析法因其能妥善地解决一些多目标动态性问题，目前已广泛应用于各行各业，尤其在进行区域开发或解决优化方案选择问题时，系统分析法显示出其他方法所不能达到的效果。

在生态系统质量评价中使用系统分析的具体方法有专家咨询法、层次分析法、模糊综合评判法、综合排序法、系统动力学法、灰色关联法等方法，这些方法原则上都适用于生态影响评价。

8. 生物多样性评价法

生物多样性评价是指通过实地调查，分析生态系统和生物种的历史变迁、现状和存在主要问题的方法，评价的目的是有效保护生物多样性。

生物多样性通常用香农-威纳指数（Shannon-Wiener index）表征：

$$H = -\sum_{i=1}^{s} P_i \ln(P_i) \tag{7-1}$$

式中　H——样品的信息含量（彼得/个体）＝群落的多样性指数；

　　　s——种数；

　　　P_i——样品中属于第 i 种的个体比例，如样品总个体数为 N，第 i 种个体数为 n_i，则 $P_i = n_i / N$。

9. 海洋及水生生物资源影响评价法

海洋生物资源影响评价技术方法参见 SC/T 9110—2007，以及其他推荐的生态影响评价和预测适用方法；水生生物资源影响评价技术方法，可适当参照该技术规程及其他推荐的适用方法进行。

10. 土壤侵蚀预测方法

土壤侵蚀预测方法参见 GB 4043—2008。

第五节　生态影响的防护、恢复及替代方案

一、生态影响的防护与恢复

自然资源开发项目中的生态影响评价应根据区域的资源特征和生态特征，按照资源的可承载能力，论证开发项目的合理性，对开发方案提出必要的修正，使环境得到可持续发展。

评价项目对环境的不利影响，即对生态的长期不利影响、潜在不利影响和复合影响，要制定具体的生态监测措施、规划、防护与恢复措施。

生态影响的防护、恢复与补偿要遵守以下原则。

① 应按照避让、减缓、补偿和重建的次序提出生态影响防护与恢复的措施；所采取措施的效果应有利修复和增强区域生态功能。

② 凡涉及不可替代、极具价值、极敏感、被破坏后很难恢复的敏感生态保护目标（如特殊生态敏感区、珍稀濒危物种）时，必须提出可靠的避让措施或生境替代方案。

③ 涉及采取措施后可恢复或修复的生态目标时，也应尽可能提出避让措施；否则，应制定恢复、修复和补偿措施。各项生态保护措施应按项目实施阶段分别提出，并提出实施时限和估算经费。

二、生态保护措施

生态保护措施应包括保护对象和目标，内容、规模及工艺，实施空间和时序，保障措施和预期效果分析，绘制生态保护措施平面布置示意图和典型措施设施工艺图。估算或概算环境保护投资。

对可能具有重大、敏感生态影响的建设项目，区域、流域开发项目，应提出长期的生态监测计划、科技支撑方案，明确监测因子、方法、频次等。

明确施工期和运营期管理原则与技术要求。可提出环境保护工程分标与招投标原则，施工期工程环境监理，环境保护阶段验收和总体验收、环境影响后评价等环保管理技术方案。

三、替代方案

替代方案主要指项目中选线、选址替代方案，项目的组成和内容替代方案，工艺和生产技术替代方案，施工和运营方案的替代方案，生态保护措施的替代方案。

评价应对替代方案进行生态可行性论证，优先选择生态影响最小的替代方案，最终选定的方案至少应该是生态保护可行的方案。

案例分析

【案例 1】

某地拟对现有一条三级公路进行改扩建。现有公路全长 82.0km，所在地区为丘陵山区，森林覆盖率约 40%，沿线分布有旱地、人工林、灌木林、草地和其他用地。公路沿线两侧 200m 范围内有 A 镇、10 个村庄和 2 所小学（B 小学和 C 小学）。A 镇现有房屋结构为平房，沿公路分布在公路两侧 300m 长度的范围内，房屋距公路红线 10.0～20.0m 不等；B 小学位于公路一侧，有两排 4 栋与公路平行的平房教室，临路第一排教室与公路之间无阻挡物，距公路红线 45.0m，受现有公路交通噪声影响。公路沿途有 1 座中型桥和 5 座小型桥，中型桥跨越 X 河，桥址下游 1.0km 处有鱼类自然保护区。

改扩建工程拟将现有公路改扩建为一级公路，基本沿现有公路单侧或双侧拓宽，局部改移路段累积长约 8.2km，改扩建后公路全长 78.0km，路基平均高度 0.5m。其中，考虑到城镇化发展的需要，改扩建公路不再穿行 A 镇，改为从 A 镇外侧绕行；在途经 B 小学路段，为不占用基本农田，公路向小学一侧拓宽，路基平均高度 0.3m；拟在跨 X 河中型桥原址上游 800m 处新建一座跨越 X 河的中型桥，替代现有跨河桥。

问题：

1. 给出 B 小学声环境现状监测要求。

2. 为评价改扩建工程对 A 镇声环境的影响，需要调查哪些基本内容？

3. 为了解公路沿线植物群落的类型和物种构成，哪些植被类型需要进行样方调查？

4. 跨越 X 河的新的中型桥梁设计应采取哪些环保工程措施？

参考答案

1. B 小学声环境现状监测要点有：

① 在 B 小学第一排和第二排教室前 1m，高度 1.2m 处分别设监测点；

② 应连续监测两天，24h 进行监测，每次监测时间不少于 20min；

③ 测量时避开其他噪声源及天气环境的干扰；

④ 分别监测昼间和夜间的 L_{eq} [dB(A)]；

⑤ 在公路红线处设一监测点，监测现状噪声源，并记录车型及车流量。

2. 为评价改扩建工程对 A 镇声环境影响，需要调查基本内容如下。

（1）A镇情况

① A镇发展总体规划（以及包括环评在内的审查意见、批复时间及要求），给出镇规划布局图；明确公路绕行A镇段是否符合城镇规划。

② 调查公路在A镇绕行段沿线环境功能及地形特征等环境现状，明确是否涉及重要生态或声环境保护目标。

③ 调查绕行A镇的路段与A镇规划范围内相关房屋建筑的方位、距离、房屋功能、结构、朝向等。

（2）工程情况

① 调查在绕行段工程基本情况，包括路基宽度、路面结构、路基高度、设计不同时段的车流量等情况。

② 调查是否还有支线等其他配套或辅助工程等，调查其噪声源情况。

3. 为了解公路沿线植物群落的类型和物种构成，需要进行样方调查的植被类型为：

① 灌木林、草地；

② 其他用地中的自然植被，特别是森林植被。

4. 跨越X河的新的中型桥梁设计应采取的环保工程措施有：

① 设置防撞护栏；

② 设置桥面径流或事故水收集系统，或设置挡流板、导流槽；

③ 设置事故池。

【案例2】 某矿业有限公司"某钼矿采矿项目"环境影响评价（工程分析及评价因子识别部分）

一、项目概况

该项目建设规模：前期37.9年为145×10^4 t/a、后期6.1年为60×10^4 t/a钼矿石，工程总投资：18682.76万元，服务年限：基建期3年，露采服务年限37.9年，地采服务年限6.1年，总服务年限47.0年。本次环境影响评价对象为"某钼矿采矿项目"，矿区面积10.6881km²，前期露天开采、后期地下开采钼矿石，工程主要包括露采区、排土场、工业场地、生活区、炸药库、油库和矿山道路等（表7-5）。

二、环境影响因素识别

根据项目所在位置、项目周围环境敏感点的分布情况、项目对环境可能造成的影响因素及特点，对项目的环境影响因素进行了识别，具体识别结果见表7-6。

由表7-6可以看出，本工程在建设期及运行期产生的废水、废气、固体废物和噪声以及生态破坏对工程周围自然、社会环境将造成一定的影响。

根据工程污染物产生特征及对环境的影响情况，筛选出本次评价因子，见表7-7。

三、评价等级及评价范围确定

本项目矿区面积10.6881km²，主要为露天开采钼矿石，露天采场、排土场、工业场地等工程占地面积4.48km²，采矿影响范围主要是露采场地、排土场、工业场地等区域周围500m的范围内，影响面积约15km²，影响区域的生态敏感性为一般区域，没有涉及《环境影响评价技术导则　生态影响》（HJ 19—2011），本次生态环境评价等级为三级。

根据工程特点和生态环境的连通性、完整性及影响方式，本次生态环境评价范围根据当地地形地貌，结合生态系统完整性，确定为自矿区范围边缘适当向外延伸1～2km不等距离，面积约47km²，生态调查范围较评价范围适当外延扩大。

四、调查内容及调查方法

调查评价区自然环境状况、生态系统的类型、特点、结构及环境服务功能；植物种群及分布、植被覆盖状况、动物种群及分布；土地利用状况、水土流失及土壤侵蚀程度；居民分布、生活生产方式、经济结构；农业资源、植物资源、矿产资源的储藏及开发状况；评价区域敏感保护目标、可持续发展规划、环境规划及其他环境因素。

根据本次工程的特点，本次评价生态环境现状调查主要采用资料收集、现场踏勘、类比分析方法进行生态环境现状调查，其中资料收集是本次评价的主要方法，主要从农、林、牧、渔等管理部门及专业研究机构收集生态和资源方面资料，对收集的基础资料及信息进行识别判断，不能够全面反映评价区生态特征时，采用现场踏勘考察、类比分析的方法进行补充。

表 7-5 工程项目组成一览

工程类别	单项工程	工 程 内 容
主体工程	露天开采	矿体首先进行露天开采,开采规模:145×10^4 t/a,服务年限 37.9 年
		露天开采方式,公路开拓、汽车运输方案,开采标高为 $+560 \sim +920$m,710m 以上为山坡露天,710m 以下为凹陷露天,台阶高度为 15m,共 25 个台阶
		给水:利用官庄河水;排水:雨期露采场降雨汇水沉淀后排入官庄河
		排土去向:露天剥离废石堆存至白庙沟排土场、板沟排土场、苇园沟排土场、东沟排土场和水磨沟排土场;低品位矿石堆存至小南沟低品位堆场
	地下开采	露采 37.9 年后转为地下开采,规模 60×10^4 t/a,年限 6.1 年
		开采方式:地下开采,深部竖井开拓、边坡压矿平硐开拓、中深孔房柱法和浅孔房柱法采矿
		深部采用竖井开拓,主井、副井均布置于 635 平台上,布置 560m、540m、510m、480m 共 4 个生产中段。中段开拓采用环形开拓,在矿体上下盘分别布置脉外运输巷道。同时,布置 450m 皮带道装载水平,435m 粉矿回收水平
		上部边坡压矿体采用平硐开拓。590m 以上采用平硐开拓,共设 590m、620m、650m 三个中段
		主要硐口参数: 主井 X:3753635,Y:37559085,Z:635 副井 X:3753620,Y:37559054,Z:635 650m 平硐 X:3753580,Y:37558910,Z:650 620m 平硐 X:3753592,Y:37558863,Z:620 590m 平硐 X:3753704,Y:37559160,Z:590 575m 回风平硐 X:3753905,Y:37559715,Z:575
		给排水:矿井涌水收集沉淀后供生产及除尘洒水
		排土去向:堆存至水磨沟排土场
辅助工程	工业场地	布置于上官庄东侧的主干道路北侧,设置综合办公室、综合仓库、锅炉房、综合维修车间、露天停车场等组成,占地面积 8000m²
	生活区	生活区集中布置在厂区西北部的青口垭北侧,占地面积 4000m²
	排土场	设计白庙沟排土场、板沟排土场、苇园沟排土场、东沟排土场和水磨沟排土场
	低品位堆场	矿区西部小南沟设置低品位堆场一处,占地面积 163372m²,容积 213.5×10^4 m³
	炸药库	布置在露天采矿场西北约 2km 的碾子沟山坳里,占地面积 15000m²
	油库	设置于采矿工业场地西南 410m 的山坳内,占地面积 4000m²
	变电站	35kV 变电站,设置于采矿工业场地西南 400m 的山坡上,占地面积 4800m²
	矿区道路	建设单位拟于矿区附近配套建设选矿厂,矿石不外运,本次矿区道路建设主要为通往各场区道路,总长约 21600m
公用工程	供水	生产用水采用官庄河水,生活用水采用溪水集水井供应
	排水	露采阶段生产用水全部消耗,采用雨期汇水沉淀后排入官庄河;地采时期矿坑涌水作为生产用水。生活污水经一体化生化处理设备处理用于除尘、绿化
	供热	设计采用燃煤热水锅炉供热,经建设单位同意,评价建议采用 CLDR 型电热水锅炉供热
	供电	由 110kV 变电站供电,矿区设置 35kV 变电站一座
环保工程	大气污染防治	湿式凿岩、堆场喷雾洒水、道路洒水、井下风道沉降排空;多管旋风除尘器
	水污染防治	露采时期场地降雨汇水经沉淀后排入官庄河;地采时期矿坑涌水水仓沉淀后全部作为生产用水。生活污水经一体化生化设备处理用于除尘、绿化及林灌
	噪声污染防治	高噪声设备消声、减振,并选用低噪声设备;昼间爆破
	固体废物处置措施	废石全部堆存于白庙沟排土场、板沟排土场、苇园沟排土场、东沟排土场和水磨沟排土场内,低品位矿石堆存于小南沟低品位堆场,各堆场设挡渣墙及截排水设施
	生态保护及恢复措施	道路硬化、修建排水沟、生物护坡、恢复植被

表 7-6 环境影响因素识别

环境要素	类别 \ 开发活动	露采作业	井下作业	工业场地	运输
自然环境	地表水	−1SP	−1SP	−1SP	—
	地下水	−1SP	−1SP	—	—
	环境空气	−2SP	−1SP	−1SP	—
	声环境	−3SP	−1SP	−1SP	−1SW
	生态环境	−2SP	—	—	—
	水土流失	−2SP	—	−1SP	—
社会经济环境	社会经济	+1SP	+1SP	+1SP	+1SP
	农 业	−1SP	—	—	—
	交 通	−1SP	—	—	−1SP
	土地利用	−2SP	—	—	—
	公众健康	−1SP	−1SP	—	—

注：影响程度：1—轻微；2——一般；3—显著；"+"表示正面影响，"−"表示负面影响；

影响时段：S—短期；

影响范围：P—局部；W—大范围。

表 7-7 评价因子筛选

环境要素	现状评价	预测评价(影响分析)
地表水	pH、SS、COD、As、Pb、Cd、S^{2-}、CN^-、F^-、NH_3-N、Hg、Cr^{6+}、Mo	分析生活污水和地采阶段矿井涌水全部回用可行性；分析露采阶段采场降雨汇水排放影响
地下水	矿区内居民采用官庄河两侧支沟溪水做生活用水，无地下水井，不对地下水环境进行现状评价	矿山开采对地下水水质和水资源及居民用水的影响
声环境	昼、夜环境噪声	厂界噪声，周围居民点环境噪声
环境空气	TSP、PM_{10}、SO_2、NO_2	粉尘排放达标分析
固体废物		废石对空气、地表水和地下水水质、景观影响分析
生态环境	地表形态、土地利用、地表水系、动植物、水土流失	评价区土地、林地受影响或减少面积，新增水土流失量，土地与林业结构变化，生物多样性变化

习题

1. 简述特殊生态敏感区的含义。

2. 生态影响评价工作等级如何划分？主要判据是什么？

3. 生态影响项目工程分析的重点是什么？

4. 生态现状调查方法有什么？生态影响预测方法有什么？

5. 以高速公路建设项目（有跨河特大桥）为例介绍工程分析的预测因子、预测时段、工程分析中主要内容以及评价中如何关注跨河特大桥重视的关键问题。

6. 某市拟在清水河一级支流 A 河新建水库工程。水库主要功能为城市供水、农业灌溉。主要建设内容包括大坝、城市供水取水工程、灌溉引水渠首工程，配套建设灌溉引水主干渠等。

   A 河拟建水库坝址处多年平均径流量为 $0.6 \times 10^8 \, m^3$，设计水库兴利库容为 $0.9 \times 10^8 \, m^3$，坝高 40m，回水长度 12km，为年调节水库；水库淹没耕地 12ha，需移民 170 人。库周及上游地区土地利用类型主要为天然次生林、耕地，分布有自然村落，无城镇和工矿企业。

   A 河在拟建坝址下游 12km 处汇入清水河干流，清水河 A 河汇入口下游断面多年平均径流量

为 $1.8 \times 10^8 m^3$。

　　拟建灌溉引水主干渠长约 8km，向 B 灌区供水。B 灌区灌溉面积 0.7×10^4 ha，灌溉回归水经排水渠于坝下 6km 处汇入 A 河。

　　拟建水库的城市供水范围为城市新区生活和工业用水。该新区位于 A 河拟建坝址下游 10km，现有居民 2 万人，远期规划人口规模 10 万人，工业以制糖、造纸为主。该新区生活污水和工业废水经处理达标后排入清水河干流。清水河干流 A 河汇入口以上河段水质现状为 V 类，A 河汇入口以下河段水质为 IV 类。

[灌溉用水按 $500 m^3$/（亩·年）城市供水按 300L/（人·天）测算]

问题：

（1）给出本工程现状调查应包括的区域范围。

（2）指出本工程对下游河流的主要环境影响，说明理由。

（3）为确定本工程大坝下游河流最小需水量，需要分析哪些环境用水需求？

（4）本工程实施后能否满足各方面用水需求？说明理由。

第八章 清洁生产及总量控制

【内容提要】

　　清洁生产和总量控制是近年来环境保护工作的重点。清洁生产的核心是"节能、降耗、减污、增效",为了推动清洁生产工作,国家有关部门先后出台了《清洁生产促进法》、《清洁生产审核暂行办法》等法律法规,多个行业的清洁生产标准也相继出台,使清洁生产由一个抽象的概念转变成一个量化的、可操作的、具体的工作。我国自 1996 年开始实施污染物总量控制以来,总量控制工作不断发展和完善,2011 年颁布的《环境影响评价技术导则　总纲》(HJ 2.1—2011)中明确指出污染物排放总量控制要求。本章首先系统介绍清洁生产的定义、内容、评价指标、评价等级、评价方法和评价程序,对清洁生产的理论和技术进行了系统介绍。其次,简要介绍了总量控制的概念、类型、发展过程及我国"十二五"环境保护规划中总量控制的指标。

第一节　清洁生产评价

一、清洁生产的定义

　　清洁生产是我国工业可持续发展的重要战略,也是实现我国污染控制重点由末端控制向生产全过程控制转变的重要措施。清洁生产强调预防污染的产生,即从源头和生产过程中防止污染物的产生。

　　联合国环境规划署 1996 年给清洁生产的定义是:"清洁生产是一种新的创造性的思想,该思想将整体预防的环境战略持续应用于生产过程、产品和服务中,以增加生态效率和减少人类及环境的危险。对生产过程要求节约原材料和能源,淘汰有毒原材料,减降所有废物的数量和毒性,对产品要求减少从原材料提炼到产品最终处置的全生命周期的不利影响,对服务要求将环境因素纳入设计和所提供的服务中。"

　　2002 年 6 月颁布的《中华人民共和国清洁生产促进法》第二条关于清洁生产的定义是:"本法所称清洁生产,是指不断采用改进设计、使用清洁的能源和原料、采用先进的工艺技术与设备、改善管理、综合利用,从源头削减污染,提高资源利用效率,减少或者避免生产、服务和产品使用过程中污染物的产生和排放,以减轻或者消除对人类健康和环境的危害。"

　　清洁生产促进法规定,国务院和县级以上地方人民政府应当将清洁生产纳入国民经济和社会发展计划以及环境保护、资源利用、产业发展、区域开发等规划。同时清洁生产促进法第十八条还规定:"新建、改建和扩建项目应当进行环境影响评价,对原料使用、资源消耗、资源综合利用以及污染物产生与处置等进行分析论证,优先采用资源利用率高以及污染物产生量少的清洁生产技术、工艺和设备。"企业在进行技术改造过程中,应当采取清洁生产措施。

二、清洁生产的内容

　　清洁生产的主要内容,可归纳为"三清一控",即清洁的原料与能源、清洁的生产过程、清洁的产品以及贯穿于清洁生产中的全过程控制。

1. 清洁的原料与能源

清洁的原料与能源，是指产品生产中能被充分利用而极少产生废物和污染的原材料和能源。清洁的原料与能源的第一个要求：能在生产中被充分利用。这就要求选用较纯的原材料（即所含杂质少）和较清洁的能源（即转换比率高，废物排放少）。清洁的原料与能源的第二个要求：不含有毒性物质。要求通过技术分析，淘汰有毒的原材料和能源，采用无毒或低毒的原材料与能源。

目前，在清洁生产原料方面的措施主要有：清洁利用矿物燃料；加速以节能为重点的技术进步和技术改进，提高能源利用率；加速开发水能资源，优先发展水力发电；积极发展核能发电；开发利用太阳能、风能、地热能、海洋能、生物质能等可再生的新能源；选用高纯、无毒原材料。

2. 清洁的生产过程

清洁的生产过程是指尽量少用、不用有毒、有害的原料；选择无毒、无害的中间产品；减少生产过程的各种危险性因素；采用少废、无废的工艺和高效的设备；做到物料的再循环；简便、可靠的操作和控制；完善的管理等。

清洁的生产过程，要求选用一定的技术工艺，将废物减量化、资源化、无害化，直至将废物消灭在生产过程之中。

3. 清洁的产品

清洁的产品，就是有利于资源的有效利用，在生产、使用和处置的全过程中不产生有害影响的产品。清洁产品又叫绿色产品、环境友好产品、可持续产品等。清洁产品在进行工艺设计时应使产品功能性强，既满足人们需要又省料耐用（为此应遵循三个原则：精简零件，容易拆卸；稍经整修可重复使用；经过改进能够实现创新）。清洁的产品还要避免危害人和环境。因此在设计清洁的产品时，还应遵循下列三个原则：产品生产周期的环境影响最小，争取实现零排放；产品对生产人员和消费者无害；最终废弃物易于分解成无害物。

4. 贯穿于清洁生产中的全过程控制

它包括两方面的内容，即生产原料或物料转化的全过程控制和生产组织的全过程控制。

生产原料或物料转化的全过程控制，也常称为产品的生命周期的全过程控制。它是指从原材料的加工、提炼到产出产品、产品的使用直到报废处置的各个环节所采取的必要的污染预防控制措施。

生产组织的全过程控制，也就是工业生产的全过程控制。它是指从产品的开发、规划、设计、建设到运营管理，所采取的防止污染发生的必要措施。

需要指出的是，清洁生产是一个相对的、动态的概念，所谓清洁生产的工艺和产品是和现有的工艺相比较而言的。清洁生产的英文名称 cleaner production 中的清洁 cleaner 一词为比较级，也表明清洁是一个相对的概念。推行清洁生产，本身是一个不断完善的过程，随着社会经济的发展和科学技术的进步，需要适时地提出更新的目标，不断采取新的方法和手段，争取达到更高的水平。

三、建设项目清洁生产评价指标

建设项目清洁生产评价指标的选取原则有：从产品生命周期全过程考虑；体现污染预防思想；容易量化；满足政策法规要求，符合行业发展趋势。清洁生产评价指标应覆盖原材料、生产过程和产品的各个主要环节尤其是对生产过程，既要考虑对资源的使用，又要考虑污染物的产生。

环境评价中的清洁生产评价指标可分为六大类：生产工艺与装备要求、资源能源利用指标、产品指标、污染物产生指标、废物回收利用指标和环境管理要求。六类指标既有定性指标也有定量指标，资源能源利用指标和污染物产生指标在清洁生产审核中是非常重要的两类指标，因此，必须有定量指标，其余四类指标属于定性指标或者半定量指标。

1. 生产工艺与装备要求

选用清洁工艺、淘汰落后有毒、有害原辅材料和落后的设备，是推行清洁生产的前提，因此在清洁生产分析专题中，首先要对工艺技术来源和技术特点进行分析，说明其在同类技术中所占地位以及选用设备的先进性。对于一般性建设项目的环境评价工作，生产工艺与装备选取直接影响到该项目投入生产后，资源能源利用效率和废弃物产生。可从装置规模、工艺技术、设备等方面体现出来，分析其节能、减污、降耗等方面达到的清洁生产水平。

2. 资源能源利用指标

从清洁生产的角度看，资源、能源指标的高低反映一个建设项目的生产过程在宏观上对生态系统的影响程度，因为在同等条件下，资源能源消耗量越高，对环境的影响越大。清洁生产评价资源能源利用指标包括新水用量指标、能耗指标、物耗指标和原辅材料的选取四类。

（1）新水用量指标

新水用量指标包括单位产品新鲜水用量；单位产品循环用水量；工业用水重复利用率；间接冷却水循环利用率；工艺水回用率和万元产值取水量六个指标。

① $\quad$ 单位产品新水用量＝年新水总用量/产品产量 $\qquad$ (8-1)

② $\quad$ 单位产品循环用水量＝年循环水量/产品产量 $\qquad$ (8-2)

③ $\quad$ 工业用水重复利用率 $=\dfrac{C}{Q+C}\times100\%$ $\qquad$ (8-3)

式中 $\quad C$——重复利用水量；

$\qquad Q$——取用新水量。

④ $\quad$ 间接冷却水循环率 $=\dfrac{C_{冷}}{Q_{冷}+C_{冷}}\times100\%$ $\qquad$ (8-4)

式中 $\quad C_{冷}$——间接冷却水循环量；

$\qquad Q_{冷}$——间接冷却水系统取水量（补充新水量）。

⑤ $\quad$ 工艺水回用率 $=\dfrac{C_{X}}{Q_{X}+C_{X}}\times100\%$ $\qquad$ (8-5)

式中 $\quad C_{X}$——工艺水回用量；

$\qquad Q_{X}$——工艺水取水量（取用新水量）。

⑥ $\quad$ 万元产值取水量 $=\dfrac{Q}{P}$ $\qquad$ (8-6)

式中 $\quad P$——年产值。

【例8-1】 某电解铜箔项目，设计生产能力为 8.0×10^3 t/a，电解铜箔生产原料为高纯铜。生产工序包括硫酸溶铜、电解生箔、表面处理、裁剪收卷。其中表面处理工序粗化固化工段水平衡见图8-1。计算表面处理工序粗化固化工段水的重复利用率。

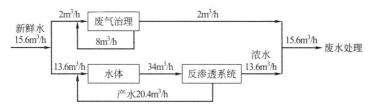

图8-1 表面处理工序粗化固化工段水平衡

解 粗化固化工段水的重复利用率 $=\dfrac{C}{Q+C}=\dfrac{8+20.4}{8+20.4+15.6}\times100\%=64.5\%$

（2）单位产品的能耗

单位产品的能耗即生产单位产品消耗的电、煤、石油、天然气和蒸汽等能源量。为便于比较，通常用单位产品综合能耗指标。

（3）单位产品的物耗

单位产品的物耗即生产单位产品消耗的主要原料和辅料的量，也就是原辅材料消耗定额，也可用产品收率、转化率等工艺指标反映物耗水平。

（4）原辅材料的选取

原辅材料的选取是资源能源利用指标的重要内容之一，它反映了在资源选取的过程中和构成其产品的材料报废后对环境和人类的影响。因而可从毒性、生态影响、可再生性、能源强度以及可回收利用性这五方面建立定性分析指标。

① 毒性　原材料所含毒性成分对环境造成的影响程度。

② 生态影响　原材料取得过程中的生态影响程度。例如，露天采矿就比矿井采矿的生态影响大。

③ 可再生性　原材料可再生或可能再生的程度。例如，矿物燃料的可再生性就很差，而麦草浆的原料麦草的可再生性就很好。

④ 能源强度　原材料在采掘和生产过程中消耗能源的程度。例如，铝的能源强度就比铁高，因为在铝的炼制过程中消耗了更多的能源。

⑤ 可回收利用性　原材料的可回收利用程度。例如，金属材料的可回收利用性比较好，而许多有机原料（例如酿酒的大米）则几乎不能回收利用。

3. 产品指标

对产品的要求是清洁生产的一项重要内容，因为产品的质量、包装、销售、使用过程以及报废后的处理处置均会对环境产生影响，有些影响是长期的，甚至是难以恢复的。此外，对产品的寿命优化问题也应加以考虑，因为这也影响到产品利用效率。

① 质量　产品的质量影响到资源的利用效率，主要表现在产品的合格率或者残次品率等方面。

② 包装　产品的过分包装和包装材料的选择都将对环境产生影响。

③ 销售　主要考虑运输过程和销售环节对环境的影响。

④ 使用　产品在使用期内使用的消耗品和其他产品可能对环境造成的影响程度。

⑤ 寿命优化　在多数情况下产品的寿命是越长越好，因为可以减少对生产该种产品的物料的需求。但有时并不尽然，例如某一高耗能产品的寿命越长，则总能耗越大，随着技术进步可能产生同样功能的低耗能产品，而这种节能产生的环境效益有时会超过节省物料的环境效益，在这种情况下，产品寿命越长对环境的危害越大。寿命优化就是要使产品的技术寿命（指产品的功能保持良好的时间）、美学寿命（指产品对用户具有吸引力的时间）和初设寿命处于优化状态。

⑥ 报废　产品使用后退出报废，再进入环境后对环境的影响程度。在环境中的可降解性、同化性、可接受性或者资源化、无害化、减量化、可再生利用和循环利用的程度。

4. 污染物产生指标

除资源能源利用指标外，另一类能反映生产过程状况的指标便是污染物产生指标，污染物产生指标较高，说明工艺相对比较落后、管理水平较低。考虑到一般的污染问题，污染物产生指标设三类，即废水产生指标、废气产生指标和固体废物产生指标。

（1）废水产生指标

废水产生指标首先要考虑的是单位产品废水产生量，因为该项指标最能反映废水产生的总体情况。但是，许多情况下单纯的废水量并不能完全代表产污状况，因为废水中所含的污染物量的差异也是生产过程状况的一种直接反映。因而对废水产生指标又可细分为两类，即单位产品废水产生量指标和单位产品主要污染物产生量指标。

$$单位产品废水排放量 = \frac{年排入环境废水总量}{产品产量} \qquad (8-7)$$

$$单位产品\,COD\,排放量 = \frac{全年\,COD\,排放总量}{产品产量} \qquad (8-8)$$

$$污水回用率 = \frac{C_{污}}{C_{污} + C_{直污}} \times 100\% \qquad (8-9)$$

式中　$C_{污}$——污水回用量；

　　$C_{直污}$——直接排入环境的污水量。

（2）废气产生指标

废气产生指标和废水产生指标类似，也可细分为单位产品废气产生量指标和单位产品主要大气污染物产生量指标。

$$单位产品废气产生量 = \frac{全年废气产生总量}{产品产量} \qquad (8-10)$$

$$单位产品\,SO_2\,排放量 = \frac{全年\,SO_2\,排放量}{产品产量} \qquad (8-11)$$

（3）固体废物产生指标

对于固体废物产生指标，情况则简单一些，因为目前国内还没有像废水、废气那样具体的排放标准，因而指标可简单地定为单位产品主要固体废物产生量和单位固体废物综合利用量。

5. 废物回收利用指标

废物回收利用是清洁生产的重要组成部分，在现阶段，生产过程不可能完全避免产生废水、废料、废渣、废气（废汽）、废热，然而，这些"废物"只是相对的概念，在某一条件下是造成环境污染的废物，在另一条件下就可能转化为宝贵的资源。对于生产企业应尽可能地回收和利用废物，而且应该是高等级的利用，逐步降级使用，然后再考虑末端治理。

6. 环境管理要求

从五个方面提出要求，分别是环境法律法规标准、环境审核、废物处理处置、生产过程环境管理、相关方环境管理。

① 环境法律法规标准　要求生产企业符合国家和地方有关环境法律、法规，污染物排放达到国家和地方排放标准、总量控制和排污许可证管理要求，这一要求与环评工作内容相一致。

② 环境审核　对项目的业主提出两点要求，第一按照行业清洁生产审核指南的要求进行审核；第二按照 ISO 14001 建立并运行环境管理体系，环境管理手册、程序文件及作业文件齐备。

③ 废物处理处置　要求对建设项目的一般废物进行妥善处理处置；对危险废物进行无害化处理，这一要求与环评工作内容相一致。

④ 生产过程环境管理　对建设项目投产后可能在生产过程产生废物的环节提出要求，例如要求企业有原材料质检制度和原材料消耗定额，对能耗、水耗有考核、对产品合格率有考核，各种人流、物料包括人的活动区域、物品堆存区域、危险品等有明显标识，对跑冒滴漏现象能够控制等。

⑤ 相关方环境管理　为了环境保护的目的，对建设项目施工期间和投产使用后，对于

相关方（如原料供应方、生产协作方、相关服务方）的行为提出环境要求。

四、清洁生产评价等级

目前，环境保护部推出的清洁生产标准中，将清洁生产评价指标分为三级。

一级代表国际清洁生产先进水平。当一个建设项目全部达到一级标准，证明该项目在生产工艺、装备选择、资源能源利用、产品设计使用、生产过程废弃物的产生量、废物回收利用和环境管理等方面做得非常好，达到国际先进水平，该项目在清洁生产方面是一个很好的项目。

二级代表国内清洁生产先进水平。当一个项目全部达到二级标准或以上时，表明该项目的清洁生产指标达到国内先进水平，从清洁生产角度衡量是一个好项目。

三级代表国内清洁生产基本水平。当一个项目全部达到三级标准，表明该项目清洁生产指标达到一定水平，但对于新建项目，尚需做出较大的调整和改进，使之达到国内先进水平，对于国家明令限制盲目发展的项目，应当在清洁生产方面提出更高的要求。

当一个项目大部分指标达到高一级标准，而有少部分指标尚处于较低水平，应分析原因，提出改进措施。

五、清洁生产评价方法

清洁生产指标涉及面广，有定量指标也有定性指标。为此清洁生产评价方法可分为定性评价、定量评价以及定量与定性相结合的评价方法三种。

1. 定性评价方法——指标对比法

目前在国内建设项目环境影响报告中的清洁生产分析章节，普遍采用的定性评价方法是指标对比法。

指标对比法是指采用我国已颁布的相关行业清洁生产标准/指标体系，或以国内外同类企业的先进水平的清洁生产指标等直接进行类比，分析得到评价项目的清洁生产水平。

截至 2012 年 7 月，环境保护部已颁布了酒精制造业、制革工业、铜电解业、铜冶炼业、石油炼制、炼焦和制革等 56 个行业的清洁生产标准。同时相继出台了清洁生产标准制定技术导则和清洁生产标准审核技术导则等，对我国各行业的清洁生产评价进一步规范起来。

对于工艺路线成熟、生产工艺应用广泛的工艺技术来说，可以应用指标对比法。但是由于产品的多样性及技术的不断发展进步，国家颁布的清洁生产标准/指标体系不可能涵盖全部，同时由于市场竞争的激烈，国内外先进企业清洁生产指标资料难以收集，使得指标对比法的应用有一定的局限性。

2. 定量评价方法

指标定量条件下的评价可分为单项评价指数、类别评价指数和综合评价指数。对评价指标的原始数据进行"标准化"处理，使评价指标转换成在同一尺度上可以相互比较的量。

（1）单项评价指数

单项评价指数，是以类比项目相应的单项指标参照值作为评价标准，进行计算而得出的。

对指标数值越低（小）越符合清洁生产要求的指标，如污染物排放浓度，按下式计算

$$I_i = \frac{C_i}{S_i} (i = 1, 2, 3, \cdots, n) \tag{8-12}$$

式中　I_i——单项评价指数；

　　C_i——目标项目某单项评价指标对象值（实际值或设计值）；

　　S_i——类比项目某单项指标参照值。根据评价工作需要可取环境质量标准、排放标准或相关清洁生产技术标准要求的数值。

对指标数值越高（大）越符合清洁生产要求的指标，如资源利用率、水重复利用率等，

按下式计算

$$I_i = \frac{S_i}{C_i} (i = 1, 2, 3, \cdots, n) \tag{8-13}$$

式中符号意义同式(8-12)。

（2）类别评价指数

类别评价指数是根据所属各单项指数的算术平均值计算而得。其计算公式为

$$Z_j = (\sum_{j=1}^{n} I_i) / n \quad (j = 1, 2, 3, \cdots, n) \tag{8-14}$$

式中 Z_j——类别评价指数；

n——该类别指标下设的单项个数。

（3）综合评价指数

为了既使评价全面，又能克服个别评价指标对评价结果准确性的掩盖，采用了一种兼顾极值或突出最大值型的计权型的综合评价指数。其计算公式为

$$I_p = (I_{i,M}^2 + Z_{j,a}^2) / 2 \tag{8-15}$$

式中 I_p——清洁生产综合评价指数；

$I_{i,M}$——各项评价指数中的最大值；

$Z_{j,a}$——类别评价指数的平均值，按下式计算

$$Z_{j,a} = (\sum_{j=1}^{m} I_j) / m \quad (j = 1, 2, 3, \cdots, m) \tag{8-16}$$

式中 m——评价指标体系下设的类别指标数。

如何评价综合评价指数的水平，一般推荐采用分级制的模式，即将综合指数分成五个等级，按清洁生产评价综合指数 I_p 所达到的水平给企业清洁生产定级。具体分级见表8-1。

表8-1 企业清洁生产的等级确定

项目	清洁生产	传统先进	一般	落后	淘汰
达到水平	领先水平	先进水平	平均水平	中下水平	行业淘汰水平
综合评价指数 I_p	$I_p \leq 1.00$	$1.0 < I_p \leq 1.15$	$1.15 < I_p \leq 1.4$	$1.4 < I_p \leq 1.8$	$I_p > 1.8$

注：清洁生产，指有关指标达到本行业领先水平；传统先进，指有关指标达到本行业先进水平；一般，指有关指标达到本行业平均水平；落后，指有关指标处于本行业中下水平；淘汰，指有关指标均为本行业淘汰水平。

如果类别评价指数（Z_j）或单项评价指数的值（I_i）>1.00 时，表明该类别或单项评价指标出现了高于类比项目的指标，故可以据此寻找原因，分析情况，调整工艺路线或方案，使之达到类比项目的先进水平。

上述评价方法，需参照环境质量标准、排放标准、行业标准或相关清洁生产技术标准数值，因此选取目标值最为关键。

3. 定量与定性相结合的评价方法

要对环境影响评价项目进行清洁生产分析，必须针对清洁生产指标确定出既能反映主体情况又简便易行的评价方法。考虑到清洁生产指标涉及面较广、完全量化难度较大等特点，拟针对不同的评价指标，确定不同的评价等级，对于易量化的指标评价等级可分细一些，不易量化的指标的等级则分粗一些，最后通过权重法将所有指标综合起来，从而判定建设项目的清洁生产程度。

（1）指标等级的确定

清洁生产评价指标可分成定性评价指标和定量评价指标两大类。原材料指标和产品指标在目前的数据条件下难以量化，属于定性评价指标，因而粗分为三个等级；资源指标和污染

物产生指标易于量化，可作定量评价指标，因而细分为五个等级。

① 定性评价指标等级确定

a. 高　表示所使用的原材料和产品对环境的有害影响比较小。

b. 中　表示所使用的原材料和产品对环境的有害影响中等。

c. 低　表示所使用的原材料和产品对环境的有害影响比较大。

可参照《危险货物品名表》（GB 12268）、《危险化学品目录》和《国家危险废物名录》等规定，结合本企业实际情况确定。

② 定量评价指标等级确定

a. 清洁　有关指标达到本行业领先水平。

b. 较清洁　有关指标达到本行业先进水平。

c. 一般　有关指标达到本行业平均水平。

d. 较差　有关指标达到本行业中下水平。

e. 很差　有关指标达到本行业较差水平。

为了统计和计算方便，定性评价和定量评价的等级分值范围均定为 0～1。对定性评价分三个等级，按基本等量、就近取整的原则来划分不同等级的分值范围，具体见表 8-2；对定量指标依据同样原则，但划分为五个等级，具体见表 8-3。

表 8-2　原材料指标和产品指标（定性指标）的等级评分标准

等级	分值范围	低	中	高
等级分值	[0，1.0]	[0，0.3)	[0.3，0.7)	[0.7，1.0]

注：确定分值时取两位有效数字。

表 8-3　资源指标和污染物产生指标（定量指标）的等级评分标准

等级	分值范围	很差	较差	一般	较清洁	清洁
等级分值	[0，1.0]	[0，0.2)	[0.2，0.4)	[0.4，0.6)	[0.6，0.8)	[0.8，1.0]

注：确定分值时取两位有效数字。

（2）综合评价

清洁生产指标的评价方法采用百分制，首先对原材料指标、产品指标、资源消耗指标和污染物产生指标按等级评分标准分别进行打分，若有分指标则按分指标打分，然后分别乘以各自的权重值，最后累加起来得到总分。通过总分值的比较可以基本判定建设项目整体所达到的清洁生产程度，另外各项分指标的数值也能反映出该建设项目所改进的地方。

① 权重值的确定　清洁生产评价的等级分值范围为 0～1，为数据评价直观起见，对清洁生产的评价方法采用百分制，因而所有指标的总权重值应为 100。为了保证评价方法的准确性和适用性，在各项指标（包括分指标）的权重确定过程中，原国家环境保护总局 1998年在"环境影响评价制度中的清洁生产内容和要求"项目研究中采用了专家调查打分法。专家范围包括：清洁生产方法学专家，清洁生产行业专家，环评专家，清洁生产和环境影响评价政府管理官员。调查统计结果见表 8-4。

表 8-4　清洁生产指标权重值专家调查结果

评价指标	原材料指标					产品指标				资源指标			污染物产生指标
	毒性	生态影响	可再生性	能源强度	可回收利用性	销售	使用	寿命优化	报废	能耗	水耗	其他物耗	
权重值	7	6	4	4	4	3	4	5	5	11	10	8	29
总权重值	25					17				29			29

专家们对生产过程的清洁生产指标比较关注，对资源指标和污染物产生指标分别都给出最高权重值29；原材料指标次之，权重值为25；产品指标最低，权重值为17。

原材料指标包括五项分指标：毒性、生态影响、可再生性、能源强度、可回收利用性，根据它们的重要程度，权重值分别为7、6、4、4、4。

产品指标包括四项指标：销售、使用、寿命优化、报废，它们的权重值分别为3、4、5、5。

资源指标包括三项指标：能耗、水耗、其他物耗，它们的权重值分别为11、10、8。如果这三项指标中每一项指标下面还分别包括几项分指标，则根据实际情况另行确定它们的权重。但分指标的权重值之和应分别等于这三项指标的权重值。

污染物产生指标权重值为29，此类指标根据实际情况可选择包含几项大指标（例如废水、废气、固废），每项大指标又可包含几项分指标。因为不同企业的污染物产生情况差别太大，因而未对各项大指标和分指标的权重值加以具体规定，可依据实际情况灵活处理，但各项大指标权重值之和应等于29，每一大指标下的分指标权重值之和应等于大指标的权重值。

②　确定企业清洁生产的等级　企业清洁生产总体评价结果可参考表8-5。

表 8-5　清洁生产指标总体评价分值要求

项目	清洁生产	传统先进	一般	落后	淘汰
指标分数	>80	70～80	55～70	40～55	<40

清洁生产是一个相对的概念，因此清洁生产指标的评价结果也是相对的。从上述清洁生产的评价等级和标准的分析可以看出，如果一个建设项目综合评分结果大于80分，从平均的意义上说，这项目原材料的选取对环境的影响、产品对环境的影响、生产过程中资源的消耗程度、污染物的产生量均处于同行业国际先进水平，因而从现有的技术条件看，该项目属"清洁生产"。同理，若综合评分结果在70～80分，该项目属于传统先进项目，即总体在国内属于先进水平，某些指标属国际先进水平；若综合评分结果在55～70分，可认为该项目为"一般"项目，即总体在国内属中等水平；若评分结果在40～55分，可判定该项目为"落后"，即该项目的总体水平低于一般水平，其中某些指标可能属"较差"或"很差"之列；若评分结果在40分以下，则可判定该项目为"淘汰"，因为其总体水平处于国内"较差"或"很差"水平，不仅消耗了过多的资源、产生了过量的污染物，而且在原材料的利用以及产品的使用及报废后的处置等多方面均有可能对环境造成超出常规的不利影响。

六、清洁生产的评价程序

1. 定量评价程序

企业进行清洁生产的评价需按一定的程序有计划、分步骤地进行。图8-2给出了清洁生

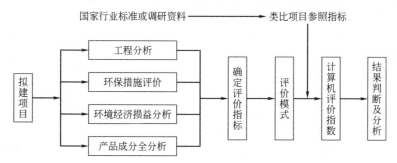

图 8-2　清洁生产定量评价基本程序

产判断的定量评价基本程序。其中，项目评价指标的原始数据主要来源于工程分析、环保措施评述、环境经济损益分析、产品成分全分析等。类比项目参照指标主要来源于国家行业标准或对类比项目的实测、考察等调研资料。

2. 指标对比法评价程序

指标对比法作为清洁生产评价的常用方法，其评价程序如下。

① 收集相关行业清洁生产标准，如果没有颁布标准，可以采用国内外同类装置清洁生产指标。

② 预测本建设项目的清洁生产指标值。

③ 分析本项目清洁生产指标值，并与标准值比较。

④ 编写清洁生产分析章节，并判别本项目清洁生产水平。

⑤ 提出清洁生产改进方案和建议。

第二节　总量控制

一、总量控制概论

1. 总量控制的概念

总量控制是指为满足改善环境质量和环境保护要求，在一定范围和一定时间内给一定控制区（控制水系、控制区域或控制单元）总量控制目标，并优化分配至污染源，对其限定污染物允许排放指标及削减量，确保环境质量目标的实现。它包含了三个方面的内容：一是排放污染物的总量；二是排放污染物总量的地域范围；三是排放污染物的时间跨度。总量控制是通过环境目标可达性评价和污染源可控性研究进行环境、技术、经济效益的系统分析，并制定出可控实施的规划方案，调整和控制人为向环境的排污，使之满足环境保护目标的要求。

2. 总量控制的发展背景

国内外的污染控制制度都存在一个从浓度控制到总量控制或二者并存双轨道的过渡过程。只有区域（或流域）实行污染物总量控制，才能保证区域开发过程中始终与环境质量目标要求紧密联系起来。

1992 年原国家环境保护局开展关注总量控制工作，首先选择了江苏省和江西省进行总量控制和排污许可证制度的试点工作，1995 年试点工作全面结束，取得了明显成效。

"九五"期间，原国家环保总局把总量控制工作作为环境保护工作的重点工作下达到全国各省、市、自治区，并对各省、市、自治区下达了 14 项污染物指令性总量控制指标，其中水污染物 10 项，包括化学耗氧量、悬浮物、石油类、挥发酚、氰化物、汞、砷、铅、镉、六价铬；大气污染物 3 项，包括二氧化硫、烟尘、工业粉尘；固体废物排放量等。2000 年以来，指标调整为 8 项，其中水污染物 4 项，分别为化学耗氧量、悬浮物、石油类、挥发酚，大气污染物和固体废物指标未调整。各地区也将国家环保总局下达的总量控制指标层层分解到所辖各区。区域开发中则更需要落实主要区域性污染物的排放总量指标，以便于环境管理，使区域开发过程中社会、经济和环境保护相协调，实现区域的可持续发展。

1998 年 11 月国务院第 253 号令发布了《建设项目环境保护管理条例》，其中第三条规定："建设产生污染的建设项目，必须遵守污染物排放的国家标准和地方标准；在实施重点污染物排放总量控制的区域内，还必须符合重点污染物排放总量控制的要求。"与此规定相对应，在环境影响评价中增加了"总量控制"篇章。

2008 年，在《环境影响评价技术导则　大气环境》（HJ 2.2—2008）中明确提出污染物排放总量控制指标的落实情况："项目完成后污染物排放总量控制指标能否满足环境管理要求，并明确总量控制的来源。"

"十一五"期间国家对化学需氧量、二氧化硫两种主要污染物实行排放总量控制计划管理，排放基数按 2005 年环境统计结果确定。化学需氧量和二氧化硫排放总量控制指标是依照《国民经济和社会发展第十一个五年规划纲要》确定的约束性指标，各地相应纳入本地区经济社会发展"十一五"规划并制定年度计划，分解落实到市（地）、县，最终落实到排污单位。

"十二五"同"十一五"相比，排放总量控制指标由化学需氧量和二氧化硫两项增加到四项，增加了氨氮和氮氧化物。"十二五"期间，由对电力行业扩展到电力、钢铁、造纸、印染四个行业实行主要污染物排放总量控制，坚持新改扩建项目实施跨区域调剂，由超环境容量地区向环境容量富余地区调配原则。

2011 年颁布的《环境影响评价技术导则 总纲》（HJ 2.1—2011）中明确指出污染物排放总量控制："根据国家和地方总量控制要求、区域总量控制的实际情况及建设项目主要污染物排放指标分析情况，提出污染物排放总量控制指标建议和满足指标要求的环境保护措施。"因此，环境影响评价中的总量控制具有现实的指导意义。

3. 总量控制的指导思想

实施总量控制的基本指导思想是：为达到有效地控制环境的污染，通过总量控制建立起污染源和环境目标之间的响应关系，建立起最优的污染物削减与最低治理投资费用之间的响应关系，对环境综合整治进行总体优化，提出合理的治理污染工程措施和最优治理投资方案，推动整体工业合理优化布局，结束盲目治理污染源的被动局面，最终实现和保持良好的环境质量。

4. 总量控制的基本要求

HJ 2.1—2011 中对于总量控制的基本要求有两个方面：一是项目正常运行，满足环境质量要求、污染物达标排放及清洁生产前提下，按节能减排原则给出主要污染物排放量；二是按总量控制指标要求，分析是否满足排污总量指标，提出总量控制指标建议。必要时提出可行的区域平衡方案或削减措施，确保满足环境质量功能区和目标管理要求。

二、总量控制的类型

按"总量"确定方法分类，总量控制一般分为三种类型：管理目标总量控制、容量总量控制和行业总量控制。

1. 管理目标总量控制

把允许排放污染物总量控制在管理目标所规定的污染物负荷削减范围内，这种总量控制方法称之为管理目标总量控制法。即管理目标总量控制的总量是基于污染源排放的污染物不超过人为规定的管理上能达到的允许限值。也就是国家和地方按照一定原则在一定时期内所下达的主要污染物排放总量控制指标，主要是如何在总量控制的总指标范围内确定各小区域的合理分担率，一般要根据区域社会、经济、资源、面积和污染源状况等代表性指标比例关系，采用对比分析和比例分配法进行综合分析来确定。该方法的特点是可达性清晰，用行政干预的方法，通过对控制区域内污染源治理水平所投入的代价及所产生的效率进行技术经济分析，可以确定污染负荷的适宜削减率，并将其分配至各个污染点源。这种方法简便易行，可操作性强，见效快。目前多数城市运用这种方法，取得了明显效果。目标总量控制技术路线见图 8-3。

2. 容量总量控制

把允许排放的污染物总量控制在受纳水体、受纳大气给定功能所确定的质量目标（标准）内。这种总量控制方法称之为容量总量控制法。即控制区在一定的质量目标（标准）下污染物允许排放总量是基于受纳水体、受纳大气中的污染物不超过质量标准所允许的排放限

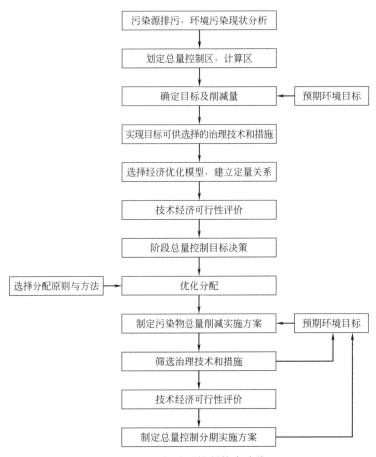

图 8-3　目标总量控制技术路线

额——环境容量。容量总量控制的特点是把污染物控制管理目标与环境质量目标紧密联系在一起，用环境容量计算方法直接推算受纳水体、受纳大气的纳污总量，并将其分配到陆上污染控制区及相关污染源。其容量总量控制技术路线见图 8-4。

3. 行业总量控制

从行业生产工艺入手，通过控制生产过程中的资源和能源的投入以及控制污染物的产生，使排放的污染物限制在管理目标所规定的限值之内。这种总量控制的方法称之为行业总量控制法。这种方法是在行业最佳技术经济条件的总量控制，主要是分析排污企业是否在其经济承受能力的范围内或是合理的经济负担下，采用最先进的工艺技术和最佳污染控制措施所能达到的最小排污总量，但要以其上限达到国家和地方相应的污染物排放标准为原则。它可以把污染物排放最少量化的原则应用于生产工艺过程中，体现出全过程污染物控制原则。行业总量控制的总量指标要根据排污单位资源、能源的利用水平以及"少废"、"无废"的生产工艺的发展水平而定。该方法的特点是把污染物控制与生产工艺改革及资源、能源的利用紧密联系起来。通过行业总量控制逐步将污染物控制或封闭在生产过程中，并将允许排放的污染物总量分配至行业内各个污染源。行业总量控制技术路线见图 8-5。

三、总量控制目标确定方法

"十一五"期间国家对化学需氧量、二氧化硫两种主要污染物实行排放总量控制计划管理。在国家确定的水污染防治重点流域、海域专项规划中，还要控制氨氮（总氮）、总磷等污染物的排放总量，控制指标在各专项规划中下达，由相关地区分别执行，国家统一考核。

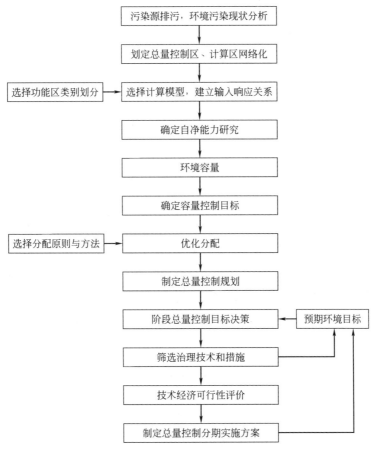

图 8-4 容量总量控制技术路线

鼓励各地根据各自的环境状况，增加本地区必须严格控制的污染物，纳入本地区污染物排放总量控制计划。主要污染物排放总量控制指标的分配原则是：在确保实现全国总量控制目标的前提下，综合考虑各地环境质量状况、环境容量、排放基数、经济发展水平和削减能力以及各污染防治专项规划的要求，对东、中、西部地区实行区别对待。

"十二五"期间在确定各地分配指标时，方方面面提出了许多创造性的建议，有的提出设计一个公式，以减排潜力为基础统筹多个因素按照权重确定减排指标；有的提出像节能指标一样，全国分几类地区，各类地区统一一个减排比例；还有的提出按照"十一五"减排比例平推、国家批准项目的指标由国家负责解决等。

国家分配各地减排指标方法在应用上，由各省向市县分解时，存在同样的问题。确定各地减排指标的核心是逐项污染物测算减排潜力，做到心中有数、任务明确、责任到位。为此，环境保护部组织了20多位专家，经过两个多月封闭式集中研究讨论，本着"细节决定成败"的原则，进行了以省为单位的科学测算。减排潜力的测算没有考虑各地的平衡问题，单纯地研究技术上可达到的最大减排潜力，逐个列出各地测算出现的问题，统一确定解决各种问题的方法和参数。在减排潜力转化为减排指标时，一一研究各地提出的要求，最大限度地采纳各地的意见，综合考虑各地环境质量状况、"十一五"减排进展、经济发展水平和削减能力以及各污染防治专项规划的要求，对东、中、西部地区实行区别对待和差异化减排要求，东、中、西部地区减排潜力转化为减排比例系数按高、中、低取值。

各地减排潜力测算和减排任务分配基本原则：以地方上报为基础，以国家宏观规划为标

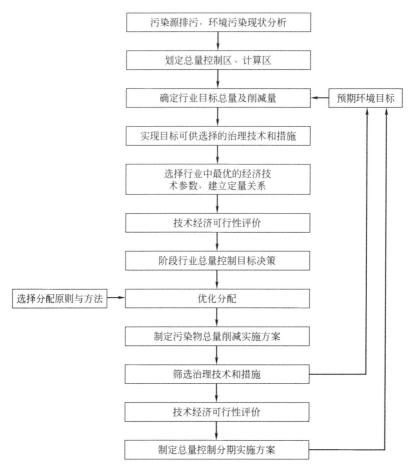

图 8-5　行业总量控制技术路线

尺，以减排潜力测算为依据进行综合平衡确定。分配的步骤：第一，对各省上报数据按照统一方法进行审核，确定四种污染物在理想情况下的减排能力，各省比照全国总体减排要求在减排潜力的基础上初次分配减排任务，原则上不超过核定的减排潜力；第二，参考"十一五"减排目标，原则上各省"十二五"减排任务与"十一五"保持平衡，不要大起大落，对"十一五"任务不平衡的一些省份适当调整；第三，考虑东、中、西部差异和重点区域流域的污染治理要求，对不同区域、省份的减排比例进行适当调整，长三角、珠三角、京津冀鲁地区、国家重点流域区域及联防联控重点地区进行重点控制；第四，结合流域区域环境质量状况，对环境质量较差的地区加大减排要求，承担更多的减排任务。如对西南酸雨较重地区采取了较一般西部地区更严格的减排要求；第五，对民族自治地区等省份，考虑到环境容量、经济发展水平和国家发展需要，对减排指标适当放宽。

另外，"十二五"期间对四项污染物，国家均预留部分指标，用于主要污染物排污权有偿分配和交易试点工作。"十一五"期间，在部分省、市开展了试点工作。先后将江苏、浙江、天津、湖北、湖南、内蒙古自治区、山西、重庆、陕西、河北共 10 个省（自治区、市）列为国家排污交易试点省份。另外，广东、山东、辽宁、黑龙江等 10 余个省也在省内积极地探索尝试。通过先期试点，该项制度取得了积极进展，各地区配合总量减排工作出台了系列地方法规政策文件，部分地区已全面开征排污权有偿使用费，并进行了多笔排污交易案例，盘活了总量指标，节省了减排成本。在"十二五"期间，继续积极稳妥地推进该项制度，作为减排的一项重要经济政策，形成适合我国国情的、分级管理的排污权有偿使用和排污交易制度，并在全国逐步推行。

四、水环境容量与总量控制

水环境容量是指水体在环境功能不受损害的前提下所能接纳的污染物的最大允许排放量。水体一般分为河流、湖泊和海洋，受纳水体不同，其消纳污染物的能力也不同。需要说明的是，环境容量所指"环境"是一个较大的范围，如果范围很小，由于边界与外界的物质、能量交换量，相对于自身所占比例较大，此时通常改称为环境承载能力为妥。

1. 水环境容量估算方法

① 对于拟接纳开发区污水的水体，如常年径流的河流、湖泊、近海水域应估算其环境容量。

② 污染因子应包括国家和地方规定的重点污染物、开发区可能产生的特征污染物和受纳水体敏感的污染物。

③ 根据水环境功能区划明确受纳水体不同断（界）面的水质标准要求；通过现有资料或现场监测分析清楚受纳水体的环境质量状况；分析受纳水体水质达标程度。

④ 在对受纳水体动力特性进行深入研究的基础上，利用水质模型建立污染物排放和受纳水体水质之间的输入响应关系。

⑤ 确定合理的混合区，根据受纳水体水质达标程度，考虑相关区域排污的叠加影响，应用输入相应关系，以受纳水体水质按功能达标为前提，估算相关污染物的环境容量（即最大允许排放量或排放强度）。

2. 水污染物排放总量控制目标的确定

（1）确定总量控制因子

建设项目向水环境排放的污染物种类繁多，不能对其全部实施总量控制。确定对哪几种水污染物实施总量控制，是一个非常重要的问题。要根据地区的具体水质要求和项目性质合理选择总量控制因子。

（2）计算建设项目不同排污方案的允许排污量

根据区域环境目标和不同的排污方案，计算建设项目的允许排污量。

（3）分配建设项目总量控制目标

根据各个不同排污方案，通过经济和环境效益的综合分析，确定项目总量控制目标。

3. 水环境容量与水污染物排放总量控制主要内容

① 选择总量控制指标因子：COD、氨氮、总氰化物、石油类等因子以及受纳水体最为敏感的特征因子。

② 分析基于环境容量约束的允许排放总量和基于技术经济条件约束的允许排放总量。

③ 对于拟接纳开发区污水的水体，如常年径流的河流、湖泊、近海水域，应根据环境功能区划所规定的水质标准要求，选用适当的水质模型分析确定水环境容量［河流/湖泊：水环境容量；河口/海湾：水环境容量/最小初始稀释度；（开敞的）近海水域：最小初始稀释度］；对季节性河流，原则上不要求确定水环境容量。

④ 对于现状水污染物排放实现达标排放，水体无足够的环境容量可利用的情形，应在制定基于水环境功能的区域水污染控制计划的基础上确定开发区水污染物排放总量。

⑤ 如预测的各项总量值均低于上述基于技术水平约束下的总量控制和基于水环境容量的总量控制指标，可选择最小的指标提出总量控制方案；如预测总量大于上述两类指标中的某一类指标，则需调整规划，降低污染物总量。

4. 达标分析

（1）水污染源达标分析

水污染源达标主要包含两个含义：排放的污染物浓度达到国家污染物排放标准；污染物总量满足地表水环境控制要求。

首先，污染源排放要达标。在不考虑区域或流域环境质量目标管理的要求，不考虑污染源输入和水质响应关系的情况下，污染源排放浓度要达到相应的污染物排放国家标准，这是环境管理的基本要求。

实际上，仅仅污染源排放达标是不够的，还必须满足区域污染排放总量控制的要求。总量控制是在所有污染源排放浓度达标的前提下仍不能实现水质目标时采用的控制路线。根据水质要求和环境容量可以确定污染负荷，确定允许排污量。对区域水污染问题实施污染物排放总量控制，优化确定总量分配方案。达标分析还包括建设项目生产工艺的先进性分析。应以同类企业的生产工艺进行比较，确定此项目生产工艺的水平，不提倡新建工艺落后、污染大、消耗大的项目，应当大力倡导清洁生产技术。

（2）水环境质量达标分析

水环境质量达标分析的目的就是要分析清哪一类污染指标是影响水质的主要因素，进而找到引起水质变化的主要污染源和污染指标，了解水体污染对水生生态和人群健康的影响，为水污染综合防治和制定实施污染控制方案提供依据。我国河流、湖泊、水库等地表水域的水体流量及环境质量受季节变化影响较明显，因此，提出了水质达标率的概念。根据国家《地表水环境质量标准》（GB 3838—2002）规定，溶解氧、化学需氧量、挥发酚、氨氮、氰化物、总汞、砷、铅、六价铬、镉十项指标丰、平、枯水期水质达标率均应为100%，其他各项指标丰、平、枯水期达标率应达80%。判断水环境质量是否达标，首先要根据水环境功能区划确定水质类别要求，明确水环境质量具体目标，并根据水文等条件确定水质允许达标率。然后把各个单因子水质评价的结果汇总，分析各个因子的达标情况。达标分析的水期要与水质调查的水期对应进行，最后以最差水质指标为依据，确定环境质量。

【例 8-2】 某企业年排废水 300×10^4 t，废水中 COD 浓度为 450mg/L，排入 Ⅳ 类水体，拟采用废水处理方法，COD 去除率为 50%，Ⅳ 类水体 COD 浓度的排放标准 200mg/L。问该企业废水 COD 排放总量控制建议指标为多少？

解

该企业废水处理前 COD 年排放量为：$300 \times 10^4 \times 450 \times 10^3 \times 10^{-9} = 1350$（t）

该企业废水处理后 COD 年排放量为：$1350 - 1350 \times 0.5 = 675$（t）

该企业废水 COD 达标年排放量为：$300 \times 10^4 \times 200 \times 10^3 \times 10^{-9} = 600$（t）

该企业废水经处理后超标，总量控制指标只能按照达标排放建议，即为 600t。如果企业处理后低于达标排放，那么总量控制指标以企业实际排放量作建议指标。

五、大气环境容量与总量控制

1. 大气环境容量

实施大气环境污染物总量控制是改善大气环境质量的重要措施，我国对大气环境污染物排放总量控制先后经过了浓度控制和目标总量控制，但浓度控制和目标总量控制没有建立大气污染物排放量和大气环境质量之间的对应关系，也没有解决大气污染物排放量的分配问题，只有进行环境容量控制才能解决上述两个问题。

大气环境容量主要是指对于一定地区，根据其自然净化能力，在特定的污染源布局和结构下，为达到其环境目标值，所允许的大气污染物最大排放量。环境目标值即所确定的相应等级的国家或地方环境空气质量标准。

2. 大气总量控制的基本计算方法

计算大气环境容量常采用 A-P 值法。此法是指用 A 值法计算控制区域中允许排放总量，用 P 值法分配到每个污染源的一种方法。

（1）A 值法

该方法属于地区系数法，只要给出控制区总面积及各功能分区的面积，再根据当地总量

控制系数 A 值就能计算出该面积上的总允许排放量。

用 A 值法计算大气环境容量时一般将大气污染源分为点源和低矮面源两部分。

① 点源排放总量 Q_a　对于一般城市范围内气态污染物的总量排放控制，其排放总量可由下式进行计算：

$$Q_a = AC_s\sqrt{S} \tag{8-17}$$

式中　A——与地区有关的常数；

$\quad\quad C_s$——大气污染物浓度的标准限值；

$\quad\quad S$——地区的总面积。

如果全城市又分为 n 个分区，第 i 个分区面积为 S_i，全市面积为 S，则有：

$$S = \sum_{i=1}^{n} S_i \tag{8-18}$$

同时，第 i 个分区的排放总量可表示为：

$$Q_{ai} = \alpha_i AC_s\sqrt{S_i} = AC_s\frac{S_i}{\sqrt{S}} \tag{8-19}$$

式中　$\alpha_i = \sqrt{S_i}/\sqrt{S}$——$i$ 分区的总排放量分担率。

② 低矮面源的排放总量 Q_b 可采用下式进行计算：

$$Q_b = BC_s\sqrt{S} \tag{8-20}$$

式中　B——低矮面源总量控制系数，$B = A\alpha$，α 是低矮面源分担率。

在分析街区大小及我国各地稳定度频率的分布、风速资料基础上，我国按行政区给出了 A 值，见表8-6。

表8-6　我国各地区总量控制系数 A、低矮分担率 α、点源控制系数 P 值

地区序号	省(市、自治区)名	A	α	P 总量控制区	P 非总量控制区
1	新疆、西藏、青海	$7.0\sim8.4$	0.15	$100\sim150$	$100\sim200$
2	黑龙江、吉林、辽宁、内蒙古	$5.6\sim7.0$	0.25	$120\sim180$	$120\sim240$
3	北京、天津、河北、河南、山东	$4.2\sim5.6$	0.15	$120\sim180$	$120\sim240$
4	山西、陕西、宁夏、甘肃	$3.5\sim4.9$	0.2	$100\sim150$	$100\sim200$
5	上海、广东、广西、海南、湖北、江苏、浙江、安徽、湖南、台湾、福建、江西	$3.5\sim4.9$	0.25	$50\sim75$	$50\sim100$
6	云南、贵州、四川	$2.8\sim4.2$	0.15	$50\sim75$	$50\sim100$
7	静风区	$1.4\sim2.8$	0.25	$40\sim80$	$40\sim80$

（2）P 值法

我国的 P 值法属于烟囱排放标准的地区系数法。只要给定烟囱高度，再根据当地点源排放系数 P（表8-6），就能求算出该烟囱允许排放率，可以运用 P 值法检验执行浓度控制或总量控制标准地区的污染物是否超标。

① 总量控制区内点源（几何高度 $\geqslant$30m 的排气筒）污染物排放率限制由下式计算：

$$Q_{pi} = P_i H_e^2 \times 10^{-6} \tag{8-21}$$

式中　Q_{pi}——第 i 功能区内污染物点源允许排放率限值；

$\quad\quad P_i$——第 i 功能区污染物点源排放控制系数；

$\quad\quad H_e$——排放筒有效高度。

② 点源排放控制系数按下式计算：

$$P_i = \beta_i \beta P C_i \tag{8-22}$$

式中　β_i——第 i 功能区污染物点源调整系数；

β——总量控制区污染物的点源调整系数；

C_i——标准值（日平均浓度限值），mg/m^3；

P——地理区域点源排放控制系数。

③ 各功能区点源调整系数按下式计算：

$$\beta_i = (Q_{ai} - Q_{bi})/Q_{mi} \qquad (8\text{-}23)$$

式中，若 $\beta > 1$，则取 $\beta_i = 1$；Q_{ai} 为第 i 功能区高架源（$\geq 100m$）污染物年允许排放总量限值；Q_{bi} 为第 i 功能区低架源（$< 30m$）污染物年允许排放总量限值；Q_{mi} 为第 i 功能区中架点源（$30 \sim 100m$）年允许排放总量限值。

④ 总量控制区点源调整系数按下式计算：

$$\beta = (Q_a - Q_b)/(Q_m + Q_c) \qquad (8\text{-}24)$$

式中 Q_a——总量控制区污染物年允许排放总量限值，$10^4 t$；

Q_c——总量控制区污染物所有高架点源年允许排放的总量。

⑤ 实际排放总量超出限值后的削减原则是尽量削减低架源总量 Q_b 及 Q_{bi}，使得 β 和 β_i 接近或等于 1，然后再按式(8-23)计算点源排放控制系数 P_i。

【例 8-3】 2004 年 6 月某地环境监测部门对该地某项目进行环保验收监测（该项目环境影响报告书于 2007 年 7 月取得环保行政主管部门批复）。该项目位于环境空气质量三类功能区和二氧化硫污染控制区，锅炉年运行小时按 8000h，当地政府对该项目锅炉下达的废气污染物总量控制指标为 SO_2 27t/a、烟尘 19t/a。锅炉环保验收监测结果见表 8-7。锅炉装机容量与烟囱允许高度关系见表 8-8。

表 8-7 污染源排放情况

烟囱高度/m		25
烟气量/(m^3/h)		11500
锅炉额定蒸发量/(t/h)		7
过量空气系数		3.2
SO_2 质量浓度/(mg/m^3)	除尘器前	320
	除尘器后	310
烟尘质量浓度/(mg/m^3)	除尘器前	1200
	除尘器后	200

已知：《锅炉大气污染物排放标准》（GB 13271—2001）中，锅炉过量空气系数为 1.8，三类区锅炉烟尘最高允许排放浓度：Ⅰ时段为 $350mg/m^3$，Ⅱ时段为 $250mg/m^3$；SO_2 最高允许排放浓度：Ⅰ时段为 $1200mg/m^3$，Ⅱ时段为 $900mg/m^3$。

表 8-8 锅炉装机容量与烟囱允许高度关系

锅炉装机总容量/(t/h)	<1	1~2	2~4	4~10	10~20
烟囱最低允许高度/m	20	25	30	35	40

（1）SO_2 排放量和烟尘排放量是否超过当地政府下达的总量控制指标？（ ）

A. SO_2 排放量和烟尘排放量都未超过　　　　B. SO_2 排放量和烟尘排放量都超过

C. SO_2 排放量超过，烟尘排放量未超过　　　D. SO_2 排放量未超过，烟尘排放量超过

（2）SO_2 浓度和烟尘浓度是否符合三类功能区的标准要求？（ ）

A. SO_2 浓度和烟尘浓度都符合　　　　　　　B. SO_2 浓度和烟尘浓度都不符合

C. SO_2 浓度符合，烟尘浓度不符合　　　　　D. SO_2 浓度不符合，烟尘浓度符合

（3）该锅炉目前能否通过环保验收？（　　）

A. 能　　　　　　　　B. 不能　　　　　　　　C. 不能确定

（4）如果该锅炉烟囱高度维持 25m，总除尘效率要在（　　）以上，才能满足标准要求。

A. 94.1%　　　　　　B. 89.6%　　　　　　C. 96.4%　　　　　　D. 97.8%

解　（1）SO_2 排放量 $=11500\times310\times8000\times10^{-9}=28.52$（t/a）；

SO_2 排放量超过当地政府下达的总量控制指标（27t/a）。

烟尘排放量 $=11500\times200\times8000\times10^{-9}=18.4$（t/a）；

烟尘排放量符合当地政府下达的总量控制指标（19t/a）。

（2）根据《锅炉大气污染物排放标准》（GB 13271—2001），锅炉过量空气系数为 1.8，Ⅰ时段是指 2000 年 12 月 31 日前建成使用的锅炉，Ⅱ时段是指 2001 年 1 月 1 日后建成使用的锅炉，由此可以判断此锅炉属Ⅱ时段。

$$SO_2\text{折算后浓度}=\frac{\text{实测过量空气系数}}{\text{理论过量空气系数}}\times\text{实测浓度}=\frac{3.2}{1.8}\times310=551.1\text{（mg/m}^3\text{）}$$

根据该锅炉的装机容量，其烟囱最低允许高度应为 35m，但现有烟囱高度仅为 25m，达不到最低要求，因此，烟尘、SO_2 允许排放浓度应按相应时段排放标准值的 50% 执行。SO_2 排放浓度不符合三类功能区Ⅱ时段标准要求（450mg/m³）。

$$\text{烟尘折算后浓度}=\frac{\text{实测过量空气系数}}{\text{理论过量空气系数}}\times\text{实测浓度}=\frac{3.2}{1.8}\times200=355.6\text{（mg/m}^3\text{）}$$

超过三类功能区Ⅱ时段标准要求（125mg/m³）。

（3）根据《锅炉大气污染物排放标准》（GB 13271—2001），现有烟囱高度 25m 不够，应将烟囱高度提高至 35m。另外，烟尘、SO_2 排放浓度也达不到相应要求。因此，该锅炉目前不能通过环保验收。

（4）根据《锅炉大气污染物排放标准》（GB 13271—2001），应将烟囱高度提高至 35m。如烟囱高度维持 25m，则烟尘、SO_2 允许排放浓度应按标准值的 50% 执行，即烟尘折算后的浓度应达到 125mg/m³，由此再反推除尘效率。

$$\text{实测浓度}=\frac{\text{理论过量空气系数}\times\text{烟尘折算后浓度}}{\text{实测过量空气系数}}=\frac{1.8\times125}{3.2}=70.3\text{（mg/m}^3\text{）}$$

$$\text{总除尘效率}=\frac{\text{除尘前}-\text{除尘后}}{\text{除尘前}}\times100\%=\frac{1200-70.3}{1200}\times100\%=94.1\%$$

因此，总除尘效率要在 94.1% 以上，才能满足要求。

习题

1. 简述清洁生产的含义。

2. 清洁生产的内容包括哪些？实施清洁生产的目标是什么？

3. 如何进行清洁生产评价？为什么要在环境评价中引入清洁生产评价内容？

4. 清洁生产指标的选取原则是什么？

5. 环境影响报告书中清洁生产专题的内容要求有哪些？

6. 选择题

（1）丙企业建一台 20t/h 蒸发量的燃煤蒸汽锅炉，最大耗煤量 2000kg/h，引风机风量为 30000m³/h，全年用煤量 5000t，煤的含硫量 1.5%，排入气相 80%，SO_2 的排放标准 900mg/m³。

① 丙企业 SO_2 最大排放量为（　　）kg/h。

A. 60　　　　　　B. 48　　　　　　C. 75　　　　　　D. 96

② 丙企业 SO_2 最大排放浓度是（　　）mg/m³。

A. 2000　　　　　　B. 1500　　　　　　C. 1000　　　　　　D. 1600

③ 丙企业达标排放脱硫效率应大于（　　）。

    A. 52.6%　　　　　　B. 60.7%　　　　　　C. 43.8%　　　　　　D. 76%

④ 丙企业总量控制建议指标为（　　）t/a。

    A. 82.44　　　　　　B. 68.54　　　　　　C. 96.78　　　　　　D. 67.44

（2）某评价项目排污河段下游的省控断面 COD 水质目标为 20mg/L，河段枯水期设计流量 50m³/s 条件下，预测省控断面处现有 COD 占标率达 70%，项目排污断面到省控断面的 COD 衰减率为 20%。在忽略项目污水量的情况下，项目 COD 最大可能允许排污量为（　　）。（2012 注册环评考试原题）

    A. 25.92t/d　　　　　B. 31.10t/d　　　　　C. 32.40t/d　　　　　D. 86.40t/d

（3）当地环保局对河段排污混合区长度及宽度有限制。根据区域总量分配方案，项目排污河段尚有 COD 排放指标 50t/a，按混合区允许长度及宽度预测的项目 COD 排放量分别为 10t/a 和 15t/a，按达标排放计算的排放量为 8t/a，则该项目允许的 COD 排放量为（　　）。（2012 注册环评考试原题）

    A. 8t/a　　　　　　　B. 10t/a　　　　　　C. 15t/a　　　　　　D. 50t/a

（4）国内没有清洁生产标准的项目，清洁生产水平评价可选用（　　）。

    A. 国内外同类生产装置先进工艺技术指标

    B. 国内外同类生产装置先进能耗指标

    C. 国内外配套的污水处理设计能力

    D. 国内外配套的焚烧炉设计能力

第九章　建设项目环境风险评价

【内容提要】

　　按照环境风险评价的工作步骤，系统论述了环境风险评价的基本内容。主要包括：①风险识别，通过工程分析识别风险因素和类型，确定环境风险评价等级和内容；②源项分析，确定最大可信事故及其概率；③后果计算，估算环境危害程度和范围；④风险计算和评价，估算风险可接受水平；⑤风险管理，通过风险防范措施和应急预案，降低环境风险。

第一节　环境风险评价概述

一、基本概念

1. 环境风险

　　环境风险是指突发性事故对环境（或健康）的危害程度，用风险值 R 表征，其定义为事故发生概率 P 与事故造成的环境（或健康）后果 C 的乘积，即：

$$R[危害/单位时间] = P[事故/单位时间] \times C[危害/事故]$$

　　环境风险具有不确定性和危害性的特点。不确定性是指人们对事件发生的时间、地点、强度等事先难以准确预料；危害性指事件的后果而言，具有风险的事件对其承受者会造成威胁，并且一旦事件发生，就会对风险的承受者造成损失或危害，包括对人身健康、经济财产、社会福利乃至生态系统等带来程度不同的危害。

　　环境风险分布广泛，复杂多样。按其成因可分为化学风险、物理风险和自然灾害引发的风险。化学风险是指对人类、动植物能产生毒害或不利作用的化学物品的排放、泄漏或易燃易爆物品的泄漏而引发的风险。物理风险是指由机械设备或机械结构的故障所引发的风险。自然灾害引发的风险是指地震、火山、洪水、台风、滑坡等自然灾害带来的各种风险。

　　按危害性事件承受的对象，风险分为人群风险、设施风险和生态风险。人群风险是指因危害事件而致人病、伤、死、残等损失的概率。设施风险是指危害事件对人类社会经济活动的依托设施，如水库大坝、房屋、桥梁等造成破坏的概率。生态风险是指危害性事件对生态系统中某些要素或生态系统本身造成破坏的概率，如生态系统中生物种群的减少或灭绝，生态系统结构与功能的变异等。

2. 环境风险评价

　　环境风险评价是指对建设项目建设和运行期间发生的可预测突发性事件或事故（一般不包括人为破坏及自然灾害）引起有毒有害、易燃易爆等物质泄漏，或突发事件产生的新的有毒有害物质，所造成的对人身安全与环境的影响和损害进行评估，提出防范、应急与减缓措施。

　　我国早在 1990 年就要求对重大环境污染事故隐患进行环境风险评价。2004 年，原国家环保总局颁布了《建设项目环境风险评价技术导则》，规定了环境风险评价工作的内容、程序和方法等。近年来，随着我国经济的快速发展，加上我国早期工业布局不够合理，环境污染事故也呈逐年增加的趋势。特别是 2005 年 11 月发生的吉林石化公司双苯厂爆炸事件，导致 100t 苯类污染物进入松花江，造成长达 135km 的污染带，给下游哈尔滨等城市带来严重的"水危机"。"松花江污染事件"造成的环境风险问题给人们敲响了警钟，一方面暴露出企业和政府在环境风险事故防范措施与应急预案方面存在严重疏漏，另一方面也引起对《建设项目环境风险评价技术导则》能否满足当前环境保护需要的反思。

《建设项目环境风险评价技术导则》（HJ/T 169—2004）自颁布以来，极大地促进了建设项目环境风险评价工作的开展，但仍然不尽完善，随着环境问题不断复杂化，已不能满足当前环境保护的需要。2009 年 11 月国家环保部在原风险导则的基础上，补充、修订完成了《建设项目环境风险评价技术导则》（征求意见稿）。为使本书内容具有一定前瞻性，本章主要参考征求意见稿内容，介绍环境风险评价的基本内容。

3. 环境风险评价与其他相关评价的区别

（1）环境风险评价与环境影响评价

环境风险评价与环境影响评价的根本区别在于评价对象不同。环境风险评价以突发事故为分析重点，这类事件具有概率特征，危害后果发生的时间、范围、强度等都相对难以预测准确；而环境影响评价主要考虑相对确定的事件，其影响程度也较容易预测。如评价化工厂项目，环境影响评价主要考虑正常工况下，大气、水等污染物的排放对环境的影响，而环境风险评价则考虑火灾、爆炸、泄漏等意外事故的发生对环境产生的严重影响。

（2）环境风险评价与安全评价

两者的评价范围不同。环境风险评价应把事故引起厂（场）界外人群的伤害、环境质量的恶化及对生态系统影响的预测和防护作为评价工作重点。安全评价则主要是预测和评价事故对厂（场）界内人群的伤害。

两者的评价内容不同。表 9-1 列出常见事故类型下环境风险评价与安全评价内容对比。

表 9-1 常见事故类型下环境风险评价与安全评价内容对比

序号	事故类型	环境风险评价内容	安全评价内容
1	石油化工长输管线油品泄漏	土壤污染和生态破坏	火灾、爆炸
2	大型码头油品泄漏	海洋污染	火灾、爆炸
3	储罐、工艺设备有毒物质泄漏	空气污染、人员毒害	火灾、爆炸，人员急性中毒
4	油井井喷	土壤污染和生态破坏	火灾、爆炸
5	炼化厂 SO_2 等排放事故	空气污染、人员毒害	人员急性中毒

二、环境风险评价的适用范围

环境风险评价适用于涉及有毒有害和易燃易爆物质的生产、使用、储运建设项目可能发生的突发性环境事故（一般不包括人为破坏及自然灾害）的风险评价。不适用于核建设项目的风险评价。

三、环境风险评价工作等级和评价范围

1. 环境风险评价工作等级

根据建设项目所在地的环境敏感程度、建设项目涉及的物质危险性，可将环境风险评价工作等级划分为一级、二级、三级。如果建设项目有重大危险源，按照表 9-2 确定评价工作等级。如果建设项目无重大危险源，但存在危险性物质，具有发生事故的可能，评价工作等级不应低于三级。

表 9-2 评价工作级别划分

建设项目所涉及环境的敏感程度	建设项目所涉及物质的危险性质和危险程度		
	极度和高度危害物质	中度危害物质	火灾、爆炸物质
环境敏感区	一	一	二
非环境敏感区	一	二	三

（1）评价工作等级的划分依据

① 物质危险性识别　对项目所涉及的原料、辅料、中间产品、产品及废物等物质，凡属于有毒有害、易燃易爆物质均需进行危险性识别。按《职业性接触毒物危害程度分级》（GBZ 230—2010）将毒物危害程度分为极度危害、高度危害、中毒危害和轻度危害四级。按表9-3、表9-4对项目所涉及的对于中度危害以上的危险物质和恶臭物质均应予以识别，列表说明其物理、化学和毒理学性质、危险类别、加工量、贮量及运输量等，并按物质危险性，结合受影响的环境因素，筛选环境风险评价因子。

表 9-3　职业性接触毒物危害程度分级表

指　标		极度危害	高度危害	中度危害	轻度危害
急性吸入 LC_{50}	气体/(cm^3/m^3)	<100	≥100～<500	≥500～<2500	≥2500～<20000
	蒸汽/(mg/m^3)	<500	≥500～<2000	≥2000～<10000	≥10000～<20000
	粉尘和烟雾/(mg/m^3)	<50	≥50～<500	≥500～<1000	≥1000～<5000
急性经口 LD_{50}/(mg/kg)		<5	≥5～<50	≥50～<300	≥300～<2000
急性经皮 LD_{50}/(mg/kg)		<50	≥50～<200	≥200～<1000	≥1000～<2000
刺激与腐蚀性		pH≤2 或 pH≥11.5；腐蚀作用或不可逆损伤作用	强刺激作用	中等刺激作用	轻刺激作用
致敏性		有证据表明该物质能引起人类特定的呼吸系统致敏或重要脏器的变态反应性损伤	有证据表明该物质能导致人类皮肤过敏	动物试验证据充分，但无人类相关证据	现有动物试验证据不能对该物质的致敏性作出结论
生殖毒性		明确的人类生殖毒性：已确定对人类的生殖能力、生育或发育造成有害效应的毒物，人类母体接触后可引起子代先天性缺陷	推定的人类生殖毒性：动物试验生殖毒性明确，但对人类生殖毒性作用尚未确定因果关系，推定对人类的生殖能力或发育产生有害影响	可疑的人类生殖毒性：动物试验生殖毒性明确，但无人类生殖毒性资料	人类生殖毒性未定论：现有证据或资料不足以对毒物的生殖毒性作出结论
致癌性		Ⅰ组，人类致癌物	ⅡA组，近似人类致癌物	ⅡB组，可能人类致癌物	Ⅲ组，未归入人类致癌物
实际危害后果		职业中毒病死率≥10%	职业中毒病死率<10%；或致残（不可逆损害）	器质性损害（可逆性重要脏器损害）；脱离接触后可治愈	仅有接触反应
扩散性（常温或工业使用时状态）		气态	液态，挥发性高（沸点<50℃）；固态，扩散性极高（使用时形成烟或粉尘）	液态，挥发性中（沸点≥50～<150℃）；固态，扩散性高（细微而轻的粉末，使用时可见尘雾形成，并在空气中停留数分钟以上）	液态，挥发性低（沸点≥150℃）；固态、晶体、粒状固体、扩散性中，使用时见到粉尘但很快落下，使用后粉尘留在表面
蓄积性（或生物半减期）		蓄积系数（动物实验，下同）<1；生物半减期≥4000h	蓄积系数≥1～<3；生物半减期≥400～<4000h	蓄积系数≥3～<5；生物半减期≥40～<400h	蓄积系数>5；生物半减期≥4～<40h

② **重大危险源的判定**　重大危险源指长期或临时生产、加工、运输、使用或贮存危险性物质，且其数量等于或超过临界量的单元。对于单种危险物质，应根据《危险化学品重大危险源辨识》（GB 18218—2009）的规定辨识危险性物质是否为重大危险源，表9-5列出了其中部分危险化学品名称及临界量。

表 9-4 易燃物质、爆炸性物质、恶臭物质标准

易燃物质	1	易燃气体——在 20℃和 101.3kPa 标准压力下,与空气有易燃范围的气体(GB 13690)
	2	极易燃液体——沸点≤35℃的且闪点<0℃液体,或保存温度一直在其沸点以上的易燃液体
	3	高度易燃液体——闪点<23℃的液体(不包括极易燃液体);液态退敏爆炸品
	4	易燃液体——23℃≤闪点<61℃的液体
	5	易燃固体——容易燃烧或通过摩擦可能引燃或助燃的固体
爆炸性物质		在火焰影响下可以爆炸,或者对冲击、摩擦比硝基苯更为敏感的物质
恶臭物质		GB 14554 中规定的恶臭物质等,包括氨、三甲胺、硫化氢、甲硫醇、甲硫醚、二甲二硫、二硫化碳、苯乙烯等

表 9-5 部分危险化学品名称及临界量

类 别	危险化学品名称和说明	临界量/t
爆炸品	硝化甘油	1
易燃气体	甲烷、天然气	50
	氢	5
毒性气体	氨	10
	氯	5
易燃液体	苯	50
	甲苯	500
易于自燃的物质	黄磷	50
遇水放出易燃气体的物质	钾	1
氧化性物质	发烟硫酸	100
有机过氧化物	过氧乙酸(含量≥60%)	10
毒性物质	氰化氢	1

对于多种(n 种)物质同时存放或使用场所,若满足式(9-1),则应定为重大危险源。

$$\sum(q_i/Q_i) \geqslant 1 \qquad (9-1)$$

式中 q_i——i 危险物质的实际储存量;

Q_i——i 危险物质对应的生产场所或储存区的临界量,$i=1\sim n$。

③ 环境敏感区指《建设项目环境影响评价分类管理名录》中规定的环境敏感区。此外,建设项目下游水域 10km 以内分布有饮用水水源保护区、珍稀濒危野生动植物天然集中分布区、重要水生生物的自然产卵场及索饵场、越冬场和洄游通道、天然渔场的,应视为选址于环境敏感区;建设项目周界外 3km 范围内、管道两侧 200m 范围内分布有以居住、医疗卫生、文化教育、科研、行政办公等为主要功能的区域等,应视为选址、选线于环境敏感区。

(2) 不同评价等级的基本内容

环境风险评价基本内容包括风险识别、源项分析、后果计算、风险计算和评价、提出环境风险防范措施及突发环境事件应急预案 5 个方面内容。

一级评价应当进行风险识别、源项分析、后果计算、风险计算和评价,提出环境风险防范措施及突发环境事件应急预案。二级评价应当进行风险识别、源项分析、后果计算及分析,提出环境风险防范措施及突发环境事件应急预案。三级评价应当进行风险识别,提出环境风险防范措施及突发环境事件应急预案。

2. 评价范围

大气环境风险评价范围一级评价距离建设项目边界不低于 5km；二级评价不低于 3km；三级评价不低于 1km。长输油和长输气管道建设工程一级评价距管道中心线两侧不低于 500m；二级评价不低于 300m；三级评价不低于 100m。地表水环境风险评价范围不低于按 HJ/T 2.3 确定的评价范围。

虽然在预测范围以外，但估计可能受到影响的环境保护目标，应当纳入评价范围。

四、环境风险评价工作程序

环境风险评价工作程序见图 9-1。

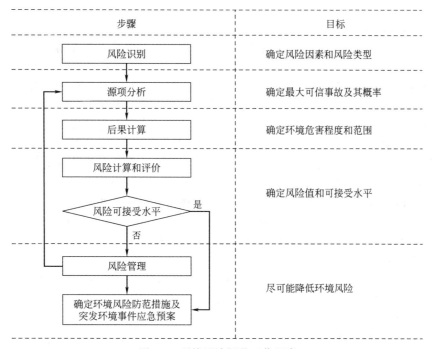

图 9-1 环境风险评价工作程序

第二节 风险识别和源项分析

对建设项目进行风险评价，首先要搞清楚项目中哪些活动会导致环境风险，哪些功能单元可能是事故风险发生的潜在位置，这就需要对潜在风险进行识别，然后对事故源项做出分析，计算可能发生事故的概率，从中筛选出最大可信事故，估算危险品的泄漏量，在此基础上进行后果评估分析。因此风险识别是源项分析的基础。

一、风险识别

风险识别的目的是确定危险因素和风险类型。

1. 风险识别的类型和范围

（1）风险类型

根据有毒有害物质放散起因，分为火灾、爆炸和泄漏三种类型。

（2）风险识别范围

包括生产设施风险识别和生产过程所涉及的物质风险识别。

① 生产设施风险识别范围 主要生产装置、贮运系统、公用工程系统、工程环保设施及辅助生产设施等。目的是确定重大危险源。

② 物质风险识别范围 主要原材料及辅助材料、燃料、中间产品、最终产品以及"三

废"污染物、火灾和爆炸等伴生/次生的危险物质。目的是确定环境风险因子。

③ 受影响的环境要素识别：应当根据有毒有害物质排放途径确定，如大气环境、水环境、土壤、生态等，明确受影响的环境保护目标。

2. 风险识别内容

在收集、分析建设项目工程资料、环境资料和事故资料的基础上，识别环境风险。环境风险识别包括物质危险性识别和生产过程危险性识别。

（1）物质危险性识别

物质危险性识别见本章第一节相关内容。

（2）生产过程潜在危险性识别

根据建设项目的生产特征，结合物质危险性识别，以图表给出单元划分结果，说明单元内存在危险物质的数量。

首先划分项目功能系统。根据工艺特点，功能系统一般可划分为生产运行系统、贮运系统、公用工程系统、生产辅助系统、环境保护系统、安全消防系统等。然后将每一功能系统划分为若干子系统，每一子系统首先要包括一种危险物的主要贮存容器或管道，其次要有边界，在泄漏事故中要有单一信号遥控的自动关闭阀隔开。最后在此基础上划分单元，功能单元至少应包括一个（套）危险物质的主要生产装置、设施（贮存容器、管道等）及环保处理设施，或同属一个工厂且边缘距离小于500m的几个（套）生产装置、设施。每一个功能单元要有边界和特定的功能，在泄漏事故中能有与其他单元分割开的地方。

在此基础上，按生产、贮存、运输、管道系统，确定危险源的范围和危险源区域的分布。按危险源潜在危险性、存在条件和触发因素进行危险性分析。

（3）事故分析

根据物质的危险性识别、生产过程危险性识别结果，分析各功能单元潜在事故的类型、发生事故的单元、危险物质向环境转移的可能途径和影响方式，列出潜在的一系列事故设定。

火灾、爆炸事故引发的伴生/次生危险识别：对燃烧、分解等产生的危险性物质应进行风险识别、筛选。泄漏事故引发的伴生/次生危险识别：对事故处理过程中产生的事故消防水、事故物料等造成的二次污染应进行风险识别、筛选。

（4）受影响的环境因素识别

按不同方位、距离列出受影响的周边社会关注区（如人口集中居住区、学校、医院等）、需特殊保护地区等的分布、人口密度；受影响的重要水环境和生态环境。

二、源项分析

1. 源项分析的任务

源项分析的任务是通过对建设项目的潜在危险识别及事故概率计算，筛选出最大可信事故的发生概率，并估算危险化学品的泄漏量。对最大可信事故进行源项分析，包括源强和发生概率。

2. 最大可信事故及其分析方法

最大可信事故：在所有预测的概率不为零的事故中，对环境（或健康）危害最严重的重大事故。即筛选出具有一定发生概率且危害最大的事故作为评估对象。如果这一风险值在可以接受的水平内，则该系统的风险认为是可以接受的。如果这一风险值超过可以接受水平，则需要采取进一步降低风险的措施，使之达到可接受水平。

确定最大可信事故的原则是：设定的最大可信事故应当存在污染物向环境转移的途径；"最大"是指对环境的影响最大，应当分别对不同环境要素的影响进行分析，"可信"应为合理的假定，一般不包括极端情况；同类污染物存在于不同功能单元，对同一环境要素的影响，可只分析其中一个功能单元发生的最大可信事故。

最大可信事故概率的确定可采用故障树、事件树分析法或类比法，对典型事故的概率也可按有关的推荐值确定。

（1）故障树

故障树是一个演绎分析工具，用以系统地描述能导致工厂到达通常称为顶事件的某一特定危险状态的所有可能的故障。顶事件可以是一事故序列，也可以是风险定量分析中认为重要的任一状态。通过故障树的分析，能估算出某一特定事故（顶事件）的发生概率。

（2）事件树

故障树分析只能给出事故（顶事件）的发生概率，但并不能给出事故的其他性质，这需要通过事件树来完成。

事件树分析是从初因事件出发，按照事件发展的时序，分成阶段，对后继事件一步一步地进行分析，每一步都从成功和失败（可能与不可能）两种或多种可能状态进行考虑（分支），最后直到用水平树状图表示其可能后果的一种分析方法。

例如图 9-2 给出某化工厂冷却系统失效初因事件的事件树，由此事件树可知，这一失冷事件可能导致气体从阀门泄入环境，也可导致爆炸。

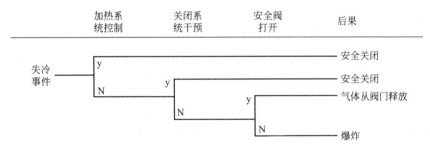

图 9-2 描述"失冷事件"初因事件后果的事件树

（3）几种类型事故概率的推荐值

泄漏类型事故如容器泄漏、整体破裂，管道泄漏、全管径泄漏，泵体泄漏、破裂，压缩机泄漏、破裂，阀门泄漏等。表 9-6 给出部分重大危险源定量风险评价的泄漏概率。

表 9-6 用于部分重大危险源定量风险评价的泄漏概率（部分）

部 件 类 型	泄 漏 模 式	泄 漏 概 率
容器	泄漏孔径 1mm	5.00×10^{-4}/年
	泄漏孔径 10mm	1.00×10^{-5}/年
	泄漏孔径 50mm	5.00×10^{-6}/年
	整体破裂	1.00×10^{-6}/年
	整体破裂(压力容器)	6.50×10^{-5}/年
内径≤50mm 的管道	泄漏孔径 1mm	5.70×10^{-5} m/年
	全管径泄漏	8.80×10^{-5} m/年
离心泵体	泄漏孔径 1mm	1.80×10^{-3}/年
	整体破裂	1.00×10^{-5}/年

3. 源项分析的步骤

源项分析是建设项目环境风险评价中最重要也是最困难的工作。源项分析的范围和对象是建设项目所包含的所有工程系统，从物质、设备、装置、工艺到与之相关的其他单元。源项分析包括以下四个步骤。

① 划分各功能单元 通常按功能划分建设项目工程系统，一般建设项目有生产运行系

统、公用工程系统、贮运系统、生产辅助系统、环境保护系统、安全消防系统等。将各功能系统划分为功能单元，每一个功能单元至少应包括一个危险性物质的主要贮存容器或管道。并且每个功能单元与所有其他单元有分隔开的地方，即有单一信号控制的紧急自动切断阀。

② 筛选危险物质，确定环境风险评价因子　分析各功能单元涉及的有毒有害、易燃易爆物质的名称和贮量，主要列出各单元所有容器和管道中的危险物质清单，包括物料类型、相态、压力、温度、体积或重量。

③ 事故源项分析和最大可信事故筛选　根据清单，采用事件树或事故树法，或类比分析法，分析各功能单元可能发生的事故，确定其最大可信事故和发生概率。

④ 估算各功能单元最大可信事故泄漏量和泄漏率。

三、事故源强的估算

根据风险识别结果，对火灾、爆炸和泄漏三种类型进行事故源项的确定。事故源项参数包括有毒有害物质名称、排放方式、排放速率、排放时间、排放量、排放源几何参数等。

事故源强的确定采用计算法和经验估算法。计算法适用于以腐蚀或应力作用等引起的泄漏型为主的事故；经验估算法适用于火灾爆炸或碰撞等突发事故为前提的危险物质的释放。

1. 危险化学品泄漏量的计算

危险化学品泄漏量的计算需要确定泄漏时间，估算泄漏速率。

（1）确定泄漏时间

应结合建设项目生产实际情况考虑，在有正常控制措施的条件下，一般可按 5～30min 计。泄漏物质形成的液池面积以不超过泄漏单元的围堰（堤）内面积计。

（2）泄漏量计算

泄漏量计算包括液体泄漏速率、气体泄漏速率、两相流泄漏、泄漏液体蒸发量计算。

① 液体泄漏速率　液体泄漏速度 Q_L 用柏努利方程计算。

$$Q_L = C_d A \rho \sqrt{\frac{2(p-p_0)}{\rho} + 2gh} \tag{9-2}$$

式中　Q_L——液体泄漏速度，kg/s；

C_d——液体泄漏系数，此值常用 0.6～0.64；

A——裂口面积，m^2；

p——容器内介质压力，Pa；

p_0——环境压力，Pa；

g——重力加速度，$9.81m/s^2$；

h——裂口之上液位高度，m。

ρ——泄漏液体密度，kg/m^3。

② 气体泄漏速率　当气体流速在音速范围（临界流）时，下式成立：

$$\frac{p_0}{p} \leqslant \left(\frac{2}{\kappa+1}\right)^{\frac{\kappa}{\kappa+1}} \tag{9-3}$$

当气体流速在亚音速范围（次临界流）时，下式成立：

$$\frac{p_0}{p} > \left(\frac{2}{\kappa+1}\right)^{\frac{\kappa}{\kappa-1}} \tag{9-4}$$

式中　p——容器内介质压力，Pa；

p_0——环境压力，Pa；

κ——气体的绝热指数（热容比），即定压热容 c_p 与定容热容 c_V 之比。

假定气体的特性是理想气体，气体泄漏速度 Q_G 按下式计算。

$$Q_G = Y C_d A p \sqrt{\frac{M\kappa}{RT_G}\left(\frac{2}{\kappa+1}\right)^{\frac{\kappa+1}{\kappa-1}}} \tag{9-5}$$

式中　Q_G——气体泄漏速度，kg/s；

　　　p——容器压力，Pa；

　　　C_d——气体泄漏系数（当裂口形状为圆形时取 1.00，三角形时取 0.95，长方形时取 0.90）；

　　　A——裂口面积，m²；

　　　M——相对分子质量；

　　　R——气体常数，J/(mol·K)；

　　　T_G——气体温度，K；

　　　Y——流出系数，对于临界流 $Y=1.0$，对于次临界流按下式计算。

$$Y = \left[\frac{p_0}{p}\right]^{\frac{1}{\kappa}} \times \left\{1 - \left[\frac{p_0}{p}\right]^{\frac{(\kappa-1)}{\kappa}}\right\}^{\frac{1}{2}} \times \left\{\left[\frac{2}{\kappa-1}\right] \times \left[\frac{\kappa+1}{2}\right]^{\frac{(\kappa+1)}{(\kappa-1)}}\right\}^{\frac{1}{2}} \tag{9-6}$$

③ 两相流泄漏　假定液相和气相是均匀的，且互相平衡，两相流泄漏按下式计算。

$$Q_{LG} = C_d A \sqrt{2\rho_m(p - p_C)} \tag{9-7}$$

式中　Q_{LG}——两相流泄漏速度，kg/s；

　　　C_d——两相流泄漏系数，可取 0.8；

　　　A——裂口面积，m²；

　　　p——操作压力或容器压力，Pa；

　　　p_C——临界压力，Pa，可取 $p_C = 0.55p$；

　　　ρ_m——两相混合物的平均密度，kg/m³，由下式计算。

$$\rho_m = \frac{1}{\dfrac{F_V}{\rho_1} + \dfrac{1-F_V}{\rho_2}} \tag{9-8}$$

式中　ρ_1——液体蒸发的蒸气密度，kg/m³；

　　　ρ_2——液体密度，kg/m³；

　　　F_V——蒸发的液体占液体总量的比例，由下式计算。

$$F_V = \frac{c_p(T_{LG} - T_C)}{H} \tag{9-9}$$

式中　c_p——两相混合物的定压比热容，J/(kg·K)；

　　　T_{LG}——两相混合物的温度，K；

　　　T_C——液体在临界压力下的沸点，K；

　　　H——液体的汽化热，J/kg。

当 $F_V > 1$ 时，表明液体将全部蒸发成气体，这时应按气体泄漏计算；如果 F_V 很小，则可近似地按液体泄漏公式计算。

④ 泄漏液体蒸发量　泄漏液体的蒸发分为闪蒸蒸发、热量蒸发和质量蒸发三种，其蒸发总量为这三种蒸发之和。

a. 闪蒸量的估算　过热液体闪蒸量可按下式估算。

$$Q_1 = F W_T / t_1 \tag{9-10}$$

式中　Q_1——闪蒸量，kg/s；

　　　W_T——液体泄漏总量，kg；

　　　t_1——闪蒸蒸发时间，s；

F —— 蒸发的液体占液体总量的比例，按下式计算。

$$F = c_p \frac{T_L - T_b}{H} \qquad (9-11)$$

式中 c_p —— 液体的定压比热容，$J/(kg \cdot K)$；

T_L —— 泄漏前液体的温度，K；

T_b —— 液体在常压下的沸点，K；

H —— 液体的汽化热，J/kg。

b. 热量蒸发估算 当液体闪蒸不完全，有一部分液体在地面形成液池，并吸收地面热量而汽化称为热量蒸发。热量蒸发的蒸发速度 Q_2 按下式计算：

$$Q_2 = \frac{\lambda S \times (T_0 - T_b)}{H \sqrt{\pi \alpha t}} \qquad (9-12)$$

式中 Q_2 —— 热量蒸发速度，kg/s；

T_0 —— 环境温度，K；

T_b —— 沸点温度，K；

S —— 液池面积，m^2；

H —— 液体汽化热，J/kg；

λ —— 表面热导率（见表 9-7），$W/(m \cdot K)$；

α —— 表面热扩散系数（见表 9-7），m^2/s；

t —— 蒸发时间，s。

表 9-7　某些地面的热传递性质

地 面 情 况	$\lambda/(W/m \cdot K)$	$\alpha/(m^2/s)$
水泥	1.1	1.29×10^{-7}
土地(含水 8%)	0.9	4.3×10^{-7}
干阔土地	0.3	2.3×10^{-7}
湿地	0.6	3.3×10^{-7}
砂砾地	2.5	11.0×10^{-7}

c. 质量蒸发估算 当热量蒸发结束，转由液池表面气流运动使液体蒸发，称之为质量蒸发。

质量蒸发速度 Q_3 按下式计算：

$$Q_3 = apM/(R \times T_0) \times u^{(2-n)/(2+n)} \times r^{(4+n)/(2+n)} \qquad (9-13)$$

式中 Q_3 —— 质量蒸发速度，kg/s；

a, n —— 大气稳定度系数，见表 9-8；

p —— 液体表面蒸气压，Pa；

M —— 分子量，g/mol；

R —— 气体常数；$J/(mol \cdot K)$；

T_0 —— 环境温度，K；

u —— 风速，m/s；

r —— 液池半径，m。

表 9-8　液池蒸发模式参数

稳定度条件	n	a
不稳定(A,B)	0.2	3.846×10^{-3}
中性(D)	0.25	4.685×10^{-3}
稳定(E,F)	0.3	5.285×10^{-3}

液池最大直径取决于泄漏点附近的地域构型、泄漏的连续性或瞬时性。有围堰时，以围堰最大等效半径为液池半径；无围堰时，设定液体瞬间扩散到最小厚度时，推算液池等效半径。

d. 液体蒸发总量的计算

$$W_p = Q_1 t_1 + Q_2 t_2 + Q_3 t_3 \tag{9-14}$$

式中　W_p——液体蒸发总量，kg；

$\quad\quad Q_1$——闪蒸蒸发液体量，kg/s；

$\quad\quad Q_2$——热量蒸发速率，kg/s；

$\quad\quad Q_3$——质量蒸发速率，kg/s；

$\quad\quad t_1$——闪蒸蒸发时间，s；

$\quad\quad t_2$——热量蒸发时间，s；

$\quad\quad t_3$——从液体泄漏到液体全部处理完毕的时间，s。

2. 经验法估算物质泄漏量

① 火灾爆炸　火灾爆炸事故危害除热辐射、冲击波和抛射物等直接危害外，未完全燃烧的危险物质在高温下迅速挥发至大气，同时产生伴生/次生物质。后两部分为环境风险分析的对象。未完全燃烧的危险物质释放至大气，按事故单元的危险物在线量及其半致死浓度（LC_{50}）设定相应释放比例。

② 碰撞　船舶运输碰撞、触礁等事故，物质泄漏量按所在航道和港口区域事故统计最大泄漏量计。车载运输碰撞等事故，物质泄漏量按所在道路和地区事故统计最大泄漏量计。装卸事故泄漏量按装卸物质流速和管径及失控时间（5～15min）计算。管道运输事故按管道截面100%断裂估算泄漏量。

第三节　后果计算

一、环境风险事故后果

1. 后果分析步骤

就有毒有害化学物品的泄漏事件而言，后果分析的步骤如图9-3所示。

2. 后果计算的基本内容

火灾、爆炸和泄漏三种风险类型发生后，其直接、次生和伴生的污染物均会以不同的形式进入大气环境和水环境，因此后果计算的基本内容应包括大气环境风险影响后果计算和水环境影响后果计算。

（1）大气环境风险影响后果计算

大气环境风险评价，按照有毒有害物质的伤害阈（GB 18664，IDLH）和半致死浓度，给出有毒有害物质在最不利气象条件下的网格点最大浓度、时间和浓度分布图；给出网格点最大浓度及分布图中大于LC_{50}浓度和大于IDLH浓度包络线范围；给出该范围内的环境保护目标情况（社会关注区、人口分布等）；给出有毒有害物质在最不利气象条件下主要关心方向轴线最大浓度及位置。

（2）水环境影响后果计算

预测有毒有害物质在水体中的分布，给出损害阈值范围内的环境保护目标情况、相应的影响时段。对于相对密度$\rho > 1$的有毒有害物质，还应分析吸附在底泥中的有毒有害物质数量。对于敞开区域，应分析有毒有害物质在该水域的输移路径。

二、有毒有害物质在大气中的扩散

有毒有害物质在大气中的扩散，可采用烟团模式。对于重质气体污染物的扩散、复杂地

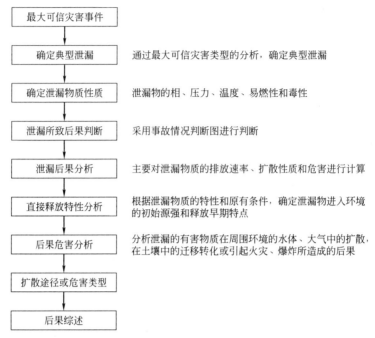

图 9-3　环境风险后果分析步骤

形条件下污染物的扩散，应对模式进行相应修正。

多烟团模式

在事故后果评价中采用下列烟团公式

$$C(x,y,0)=\frac{2Q}{(2\pi)^{3/2}\sigma_x\sigma_y\sigma_z}\exp\left[-\frac{(x-x_0)^2}{2\sigma_x^2}\right]\exp\left[-\frac{(y-y_0)^2}{2\sigma_y^2}\right]\exp\left[-\frac{z_0^2}{2\sigma_z^2}\right] \quad (9\text{-}15)$$

式中　$C(x,y,0)$——下风向地面（x，y）坐标处的空气中污染物浓度，mg/m^3；

x_0，y_0，z_0——烟团中心坐标；

Q——事故期间烟团的排放量，mg；

σ_x，σ_y，σ_z——x、y、z 方向的扩散参数，m，常取 $\sigma_x=\sigma_y$。

设释放持续时间为 T_0（s），释放总量为 Q_0（mg），可假设等间距释放 N 个烟团，通常 N 应≥10。每个烟团的释放量可近似认为相同并由下式给出：

$$Q_i=Q_0/N \quad (9\text{-}16)$$

每两个烟团的释放时间间隔 Δt（s）则可由下式给出：

$$\Delta t=T_0/N \quad (9\text{-}17)$$

三、有毒有害物质在水环境中的迁移转化预测

1. 有毒有害物质进入水环境的途径和方式

有毒有害物质进入水环境的途径，包括事故直接导致的和事故处理处置过程间接导致的。有毒有害物质进入水体的方式一般包括"瞬时源"和"有限时段源"。

2. 迁移转化特征分析

对于纯有毒有害物质（$\rho\leqslant1$）直接泄漏的情形，需要分析其在水体中的溶解、吸附、挥发特性；对于纯有毒有害物质（$\rho>1$）直接泄漏的情形，需要分析其在底泥层的吸附、溶解特性。

3. 瞬时排放河流一维水质影响预测模式（有毒有害物质 $\rho\leqslant1$）

① 在河流水体足以使泄漏的有毒有害物质迅速得到稀释（初始稀释浓度达到溶解度以下），泄漏点与环境保护目标的距离大于混合过程段长度时，水体中溶解态有毒有害物质的

预测计算可采用下式：

$$c(x,t)=\frac{M_{\mathrm{D}}}{2A_{\mathrm{c}}(\pi D_{\mathrm{L}}t)^{1/2}}\exp\left(\frac{-(x-ut)^2}{4D_{\mathrm{L}}t}-K_{\mathrm{e}}t\right)+\frac{K_V'}{K_V'+\sum K_i}\times\frac{p}{K_{\mathrm{H}}}[1-\exp(-K_{\mathrm{e}}t)]$$

$$(9\text{-}18)$$

式中　$c(x,t)$——泄漏点下游距离 x、时间 t 时的溶解态浓度，mg/L；

　　　u——河流流速，m/s；

　　　D_{L}——河流纵向离散系数，m^2/s；

　　　M_{D}——溶解的污染物总量（小于或等于泄漏量），g；

　　　A_{c}——河流横断面面积，m^2；

　　　p——水面上大气中的有害污染物的分压，Pa；

　　　K_{H}——亨利常数，$\mathrm{Pa}\cdot\mathrm{m}^3/\mathrm{mol}$；

　　　K_{e}——综合转化速率，1/d，$K_{\mathrm{e}}=\dfrac{K_V'+\sum K_i}{1+K_{\mathrm{p}}S}$；

　　　K_{p}——分配系数；

　　　K_i——一级动力学转化速率（除挥发以外），d^{-1}；

　　　H——水深，m；

　　　S——悬浮颗粒物含量，mg/L；

　　　K_V——挥发速率常数，$K_V'=\dfrac{K_V}{H}$，d^{-1}。

② 最大影响浓度值　在泄漏点下游 x 处，有毒有害物质的峰值浓度（假设 $P=0$）可按下式计算：

$$c_{\max}(x)=\frac{M_{\mathrm{D}}}{2A_{\mathrm{c}}(\pi D_{\mathrm{L}}t)^{1/2}}\exp(-K_{\mathrm{e}}t)\qquad(9\text{-}19)$$

4. 瞬时点源河流二维水质影响预测（有毒有害物质 $\rho\leqslant1$）

（1）河流二维水质预测数值模式

瞬时点源河流二维水质模拟基本方程为：

$$\frac{\partial c}{\partial t}+u\frac{\partial c}{\partial x}=M_x\frac{\partial^2 c}{\partial x^2}+M_y\frac{\partial^2 c}{\partial y^2}-\sum S_{\mathrm{K}}\qquad(9\text{-}20)$$

式中　M_x——纵向离散系数，m^2/s；

　　　M_y——横向混合系数，m^2/s；

　　　$\sum S_{\mathrm{K}}$——挥发、吸附、降解的总和。

初始条件和边界条件：

$$\begin{cases}c(x,y,0)=0\\c(x_0,y_0,t)=(M_{\mathrm{D}}/Q)\delta(t)\\c(\infty,\infty,t)=0\end{cases}\qquad\delta(t)=\begin{cases}1 & t=0\\0 & t\neq0\end{cases}$$

可以采用有限差分法和有限元法进行数值求解。

（2）河流二维水质预测解析模式

设定条件：河流宽度为 B，瞬时点源源强 M_{D}，点源离河岸一侧的距离为 y_0，假设 $P=0$，解析解模式为

$$c(x,y,t)=\frac{M_{\mathrm{D}}}{4\pi ht(M_xM_y)^{1/2}}\exp(-K_{\mathrm{e}}t)\exp\left(-\frac{(x-ut)^2}{4M_xt}\right)\sum_{-\infty}^{+\infty}\exp\left[-\frac{(y-2nB\pm y_0)^2}{4M_yt}\right]\quad(9\text{-}21)$$

$$(n=0,\pm1,\pm2,\cdots)$$

（若忽略河岸的反射作用，取 $n=0$）

5. 有毒有害物质（$\rho>1$）泄漏到河流中的影响预测模式

① 在有毒有害物质较为集中地泄漏到河床,并且它的溶解直接受到沉积薄层控制的情形,可采用 Mills 公式计算扩散层的厚度。

$$\delta_d = 239\,\frac{\nu R_h^{1/6}}{un\sqrt{g}}\tag{9-22}$$

式中　δ_d——扩散底层的厚度,cm;

　　　ν——水的动力黏性;

　　　R_h——河流的水力半径,m;

　　　u——河流流速,m/s;

　　　n——满宁系数。

② 在泄漏区域的下游侧,且与河流完全混合之前,有毒有害物质在水体中的浓度可由下式计算:

$$c_1 = (c_0 - c_s)\exp\left(-\frac{D_{cw}L_s}{\delta_d Hu}\right) + c_s\tag{9-23}$$

式中　c_0——有毒有害物质的背景浓度,mg/L;

　　　c_1——泄漏区域下游侧有毒有害物质在水体中的浓度,mg/L;

　　　c_s——有毒有害物质在水中的溶解度,mg/L;

　　　L_s——泄漏区的长度,m;

　　　D_{cw}——有毒有害物质在水中的扩散系数,m²/s;

　　　H——水深,m;

　　　u——河流流速,m/s。

③ 在完全混合处的浓度,可按下式计算:

$$c_{wm} = c_1\frac{W_s}{B} + c_0\left(1 - \frac{W_s}{B}\right)\tag{9-24}$$

式中　W_s——泄漏的宽度;

　　　c_1——泄漏区域下游侧有毒有害物质在水体中的浓度,mg/L;

　　　c_{wm}——泄漏区完全混合处的浓度,mg/L;

　　　B——河流宽度,m。

④ 溶解有毒有害物质所需要的时间,可按下式计算:

$$T_d = \frac{M_D}{c_1 uHW_s}\tag{9-25}$$

式中　T_d——溶解有毒有害物质所需要的时间,s;

　　　M_D——溶解的污染物总量(小于或等于泄漏量)。

【注】在经过初始溶解后,剩余部分将留在河床泥沙中,它们自然地释放和扩散返回到水体所需要的时间可能大大超过初始溶解所需要的时间。

第四节　风险计算和评价

一、环境风险事故危害

1. 急性中毒和慢性中毒

有毒物质泄漏对人体的危害,可分为急性中毒和慢性中毒。急性中毒发生在短时间毒物高浓度情况下,引起人体机体发生某种损伤。按影响程度,又可分为刺激、麻醉、窒息甚至死亡等。刺激是指毒物影响呼吸系统、皮肤、眼睛;麻醉指毒物影响人们的神经反射系统,使人反应迟钝;窒息指因毒物使人体缺氧,身体氧化作用受损的病理状态。慢性中毒指在较长时间接触低浓度毒物，引起人体发生某种损伤。

2.物质毒性的常用表示方法

有毒物质泄漏引起的影响程度，取决于暴露时间和暴露浓度以及物质的毒性。已有的大部分资料都是通过动物实验获得的，实验时毒物的浓度和持续时间可以人为控制，但将这些实验结果用到人体上就有问题了，因为两者体重及生理机能皆不相同。另一方面，人群易损伤性也是不同的。因此，毒物影响表达式中的人群数只能表明某一特定人群所受的影响。由于以上诸多原因，要想总结物质的毒性并作比较是非常困难的。毒物的摄入有呼吸道吸入、皮肤吸收和消化道吸收三种形式。比较物质毒性的常用方法如下。

① 绝对致死剂量或浓度（LD_{100}或LC_{100}）：染毒动物全部死亡的最小剂量或浓度。

② 半数致死剂量或浓度（LD_{50}或LC_{50}）：染毒动物半数致死的最小剂量或浓度。

③ 最小致死剂量或浓度（MLD或MLC）：全部染毒动物中个别动物死亡的剂量或浓度。

④ 最大耐受剂量或浓度（LD_0或LC_0）：染毒动物全部存活的最大剂量或浓度，也称极限阈值浓度。

二、风险计算

风险值按下式计算

$$R = PC \tag{9-26}$$

式中　R——风险值；

　　　P——最大可信事故概率（事件数/单位时间）；

　　　C——最大可信事故造成的危害（损害/事件）。

C与下列因素相关

$$C \propto f[C_L(x,y,t), \Delta t, n(x,y,t), P_E] \tag{9-27}$$

式中　$C_L(x,y,t)$——在x、y范围和t时刻，$\geqslant LC_{50}$的浓度；

　　　$n(x,y,t)$——t时刻相应于该浓度包络范围内的人数；

　　　P_E——人员吸入毒性物质而导致急性死亡的频率。

对同一最大可信事故，n种有毒有害物泄漏所致环境危害C，为各种危害C_i总和

$$C = \sum_{i=1}^{n} C_i \tag{9-28}$$

三、风险评价

风险评价需要从各功能单元的最大可信事故风险R_j中，选出危害最大的作为本项目的最大可信灾害事故，并以此作为风险可接受水平的分析基础。即

$$R_{max} = f(R_j) \tag{9-29}$$

环境风险评价的最终目的是确定什么样的风险是社会可以接受的，因此也可以说环境风险评价是评判环境风险的概率及其后果可接受性的过程。判断一种环境风险是否能被接受，通常采用比较的方法。风险可接受分析采用最大可信灾害事故风险值R_{max}与同行业可接受风险水平R_L比较：

$R_{max} \leqslant R_L$则认为风险水平是可以接受的。$R_{max} > R_L$则需要采取降低风险的措施，以达到可接受水平，否则项目的建设是不可接受的。

第五节　风险管理

一、环境风险管理

环境风险管理是根据风险评价的结果，按照相关的法规条例，选用有效的控制技术，进行减缓风险的费用与效益分析，确定可接受风险度和可接受的损害水平，提出减缓或控制环境风险的措施或决策。达到既要满足人类活动的基本需要，又不超出当前社会对环境风险的

接受水平，以降低或消除风险，保护人群健康和生态系统安全。

在制定人类活动方案时要充分考虑各种可能产生的环境风险是可以预测的，也是可以控制的，控制措施的方式有以下几种。

减轻环境风险：通过优化生产工艺或提高生产设备安全性使环境风险降低。

规避环境风险：如利用迁移厂址、迁出居民等措施使环境风险转移。

替代环境风险：通过改变生产原料或改变产品品种可以达到另一种较小的环境风险替代原有的环境风险。

二、风险防范措施

在环境风险识别与评价的基础上，对项目拟采取的防范措施的充分性、有效性和可操作性进行分析论证；并将防范措施的预期效果反馈给风险评价，以使识别出的环境风险能够得到降低并保持在可接受的程度。针对项目情况要提出防止事故有害物质向环境转移的措施。

1. 风险防范措施分析论证

（1）充分性分析

分析项目拟采取的风险防范措施，以及依托措施是否涵盖了所有识别出的重大环境风险。风险防范措施应包括（但不限于）以下几方面。

① 事故预防措施 加工、储存、输送危险物料的设备、容器、管道的安全设计；防火、防爆措施；危险物质或污染物质的防泄漏、溢出措施；工艺过程事故自诊断和连锁保护等。

② 事故预警措施 可燃气体和有毒气体的泄漏、危险物料溢出报警系统；污染物排放监测系统；火灾爆炸报警系统等。

③ 事故应急处置措施 事故报警、应急监测及通信系统；终止风险事故的措施，如消防系统、紧急停车系统、中止或减少事故泄放量的措施等；防止事故蔓延和扩大的措施，如危险物料的消除、转移及安全处置，在有毒有害物质泄漏风险较大的区域作地面防渗处理、设置安全距离，切断危险物或污染物传入外环境的途径及设置暂存设施等。

④ 事故终止后的处理措施 事故过程中产生的有毒有害物质的处理措施，如污染的消防废水的处理处置。

对外环境敏感目标的保护措施，如必要的撤离疏散通道、避难所的设置，重要生活饮用水取水口的隔离保护措施等，应提出要求和建议。

（2）有效性分析

针对环境风险事故的污染物量、传输途径、影响范围及受害对象等，从设计能力、服务范围及控制效果等方面，分析风险防范措施能否有效地防范风险事故的影响。对重要或关键的防范措施，如全厂性水污染风险防范措施等，应通过计算、图示说明论证结果。环境风险的防范体系要完整。

（3）可操作性分析

针对风险防范措施的应急启动和执行程序，分析其能否满足风险防范和应急响应的要求。

（4）替代方案

经分析论证，建设项目拟采取的风险防范措施不能满足风险防范要求时，应提出替代方案或否定结论。

2. 环境风险防范措施论证反馈

环境风险防范措施的分析论证结果应及时反馈给源项分析及预测计算，对初始风险评价作修正，以确定在采取了风险防范措施之后，识别出的重大环境风险是否已降低并保持在可接受的程度。

3. 环境风险防范措施落实及"三同时"检查

应对环境风险防范措施在设计、施工、资源配置等方面提出的落实要求。设计应保证设施的能力能满足防范风险的需要；施工应保证设施的安装质量符合工程验收规范、规程和检验评定标准；资源配置应能满足工程防范措施的正常运行。凡经过论证为可实施的风险防范工程措施均应列为"三同时"检查内容。

三、应急预案

在建设项目环境影响评价文件中，应从环境风险防范的角度，提出环境事件应急预案编制的原则要求。环境事件应急预案应当符合"企业自救、属地为主，分类管理，分级响应，区域联动"的原则，与所在地地方人民政府突发环境事件应急预案相衔接。应急预案的主要内容为：①总则，包括编制目的、编制依据、环境事件分类与分级、适用范围和工作原则；②组织指挥与职责；③预警，④应急响应，包括分级响应机制、应急响应程序、信息报送与处理、指挥和协调、应急处置措施、应急监测和应急终止；⑤应急保障，包括资金、装备、通信、人力资源及技术的保障；⑥善后处理；⑦预案管理与更新。

四、风险结论与建议

1. 项目选址及重大危险源区布置的合理性和可行性

根据重大危险源辨识及其区域分布分析和事故后果预测，从环境风险角度评价项目选址及总图布置的合理性和可行性，并给出优化调整的建议及方案。

2. 重大危险源的类别及危险性主要分析结果

给出项目涉及重大危险源的类别，主要单元危险性及其潜在的主要环境风险事故类型，事故时危险物质进入环境的途径，给出优化调整重大危险源在线量及危险性控制的建议。

3. 环境敏感区及环境风险的制约性

阐明项目评价范围内的环境敏感区及其特点；给出危害后果预测结果，包括大气中LC_{50}、IDLH 和水体中生态伤害阈所涉及范围内环境敏感目标分布情况及风险分析；从地理位置、气象、水文、人口分布和生态环境等要素分析项目建设存在的环境风险制约因素，提出优化、调整、缓解环境风险制约的建议。

4. 环境风险防范措施和应急预案

明确环境风险三级（单元、项目和园区）应急防范体系，分析主要措施的可行性，重点给出防止事故危险物质进入环境后的控制、消除、监测等措施；给出风险应急响应程序、环境风险防范区在事故时对人员撤离要求等；提出优化调整环境风险防范措施和应急预案的建议。

5. 环境风险评价结论

综合进行评价，明确给出建设项目环境风险可否接受的结论。

案例分析

以某煤制甲醇生产项目环境风险评价为例。

一、项目工程分析

建设项目位于煤炭资源丰富的 A 市，拟新建煤制甲醇生产装置，生产能力为 $120 \times 10^4 t/a$，采用 Texaco 水煤浆气化工艺，年耗原煤 $175 \times 10^4 t$。

低压合成甲醇工艺主要由三部分组成：①合成气制备、净化及压缩；②甲醇合成；③甲醇精馏。其流程如图 9-4 所示。

二、环境风险识别与分析

1. 物质危险性识别

项目生成中所使用和产生的主要物料有 CO、H_2S、甲醇、H_2。项目所涉及主要物料的理化性质、LC_{50} 及物质危险性判定详见表 9-9。

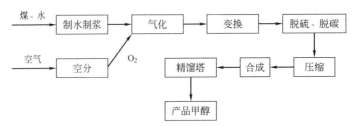

图 9-4 煤制甲醇项目工艺流程图

表 9-9 主要物料危险性判定

序号	物料名称	物态	闪点/℃	沸点/℃	LC$_{50}$（小鼠吸入）/（mg/m^3）	物质危险性判定
1	CO	气体	<－50	－191.4	2070	易燃,中度危害
2	甲醇	液体	11	64.7	83776	易燃,轻度危害
3	H$_2$	气体	—	－252.8	—	易燃物质
4	H$_2$S	气体	—	－60.4	6180	恶臭,中度危害

根据《建设项目环境风险评价技术导则》对物质危险性的判定标准，CO、H$_2$、甲醇属于易燃物质，H$_2$S 属于恶臭、中度危害物质。

2. 重大危险源辨识及评价等级的确定

煤化工项目生产存在潜在燃烧、爆炸特性的危险，国内外生产经验表明，设备故障、操作失误都可能发生物料泄漏、燃烧爆炸，危害人身安全，污染环境。建设项目工艺系统装置危害因素汇总见表 9-10。

表 9-10 工艺系统装置危害因素汇总

序号	装置名称	作业特点	物料名称	火灾	爆炸	中毒	灼伤	恶臭
1	原料煤、燃料煤贮运系统	装卸、贮运、破碎、筛分、固体输送	煤炭、石灰石	√	√			
2	气化装置	水煤浆制备、气化、气体急冷洗涤、灰水处理、火炬焚烧	CO、H$_2$S、SO$_2$、H$_2$	√	√	√	√	√
3	净化装置	变换、脱硫、脱碳热量回收	CO、H$_2$S、SO$_2$、H$_2$	√	√	√	√	√
4	硫回收装置	反应、焚烧	CO、H$_2$S、硫黄、H$_2$	√	√	√		√
5	甲醇装置	合成反应、气体压缩、精馏	CO、CH$_4$、甲醇、H$_2$	√	√	√		√
6	空分装置	空压、空分	空气、液氧、氮气	√	√			
7	制冷装置	冷箱	氨	√	√	√		
8	贮运装置	液体运输、贮存、装卸、运输	甲醇	√	√	√		

建设项目所涉及物质包括原料、辅料、中间产品、产品和燃料等，多属危险物质。根据《重大危险源辨识》（GB 18218—2009）和《建设项目环境风险评价技术导则》，由表 9-11 可知，甲醇的量超过临界量。结合建设项目的生产潜在危险识别、物料危险识别，确定建设项目甲醇装置区、甲醇贮罐区为重大危险源。在厂区边界南 1km 处为某村庄，因此确定该项目风险评价等级为一级。

表 9-11 拟建工程生产场所和贮存区危险源贮存量及临界量　　　　单位：t

序号	物质名称	性质	拟建工程	临界量
1	甲醇	易燃物质	13100	500
2	H$_2$S	一般毒性物质	4	5
3	CO	易燃物质	3.4	10
4	H$_2$	易燃物质	1	5

三、事故环境风险预测分析与评价

1. 贮罐泄漏量计算

共设有甲醇贮罐 3 台，每台贮罐容积 5000m³，按贮罐满负荷运行计算甲醇泄漏量。根据事故统计，典型的损坏类型是贮罐与输送管道的连接处泄漏，裂口尺寸为管径的 20% 或 100%，因管道或阀门完全断裂或损坏的可能性极小，评价设定破损程度为接管口径的 20%，设定泄漏孔径为 90mm，事故发生后安全系统报警，10min 内泄漏得到控制，其泄漏源强选用《建设项目环境风险评价技术导则》液体泄漏速率方程计算。经估算甲醇泄漏源强见表 9-12。

表 9-12 甲醇泄漏源强表

物料	单个容积/m³	泄漏时间/min	泄漏速度/(kg/s)	泄漏量/kg
甲醇	5000	10	44.3	26587

2. 泄漏蒸发量计算

甲醇泄漏后，在围堰内形成液池，并随地表风的对流面而蒸发扩散。甲醇蒸气比空气重，能在低处扩散至较远地方，使环境受到污染，并存在遇明火回燃危险性。泄漏液体蒸发量参数及模式选用《建设项目环境风险评价技术导则》中的推荐模式。因甲醇沸点（64.8℃）高于环境温度，故甲醇蒸发只考虑质量蒸发。经计算，甲醇在不同气象条件下的泄漏扩散量见表 9-13。

表 9-13 不同气象条件下的泄漏扩散量

平均风速	扩散量/(kg/s)		
	A、B 稳定度	D 稳定度	E、F 稳定度
1.0m/s	0.033	0.039	0.044
2.2m/s	0.06	0.07	0.08

3. 泄漏扩散预测模式

预测采用《环境影响评价技术导则 大气环境》（HJ/T 2.2—1993）中推荐的非正常排放模式：有风情况和小风情况。

4. 泄漏扩散环境影响预测分析

预测泄漏事故发生 5min、10min、20min 后，小风（1.0m/s）和平均风速（2.2m/s）状况下主导风向甲醇落地浓度，事故后扩散情况见表 9-14。

表 9-14 甲醇事故后扩散情况表　　　　　　　　　单位：mg/m³

风速 /(m/s)	时间 /min	下风向距离/m							
		10	20	50	100	200	300	500	1000
1.0	5	866.7	218.32	34.3	7.72	1.01	0.11	0	0
	10	867.17	218.84	34.96	8.58	1.93	0.68	0.09	0
	20	867.29	218.95	35.1	8.74	2.15	0.92	0.28	0.02
2.2	5	3873.99	1672.31	437.24	140.88	42.57	7.25	0.01	0
	10	3873.99	1672.31	437.24	140.88	42.66	20.83	6.97	0
	20	3873.99	1672.31	437.24	140.88	42.66	20.83	8.34	2.02

甲醇地面浓度大于 86000mg/m³，为致死浓度值；大于 260mg/m³ 为伤害阈值；大于 40mg/m³，为健康影响区域；小于 3.0mg/m³，为达标区域。由表 9-14 可知，小风（1.0m/s）时发生甲醇储罐泄漏事故，影响范围较小，近源 20m 范围内出现高浓度，超过环境浓度上限 260mg/m³（美国 OSHAPEL-TWA），对人体伤害较大；50～100m 范围内可能产生轻度中毒症状或眼睛等刺激反应症状；200m 范围以外属达标区域。有风（2.2m/s）时发生储罐泄漏事故，影响范围大于小风情况，高浓度范围 0～100m，对人体伤害较大，可能产生急性中毒症状等；500m 范围以外属达标区域。

四、环境风险防范措施及应急预案

1. 环境风险防范措施

（1）泄漏事故具体处理措施

个体防护：进入现场的救援人员必须配备必要的个人防护器具；泄漏事故发生后，应严禁火种，同时采取切断电源、禁止车辆进入、立即在边界设置警戒线。根据事故情况和事态发展，确定事故波及区域的范围、人员疏散和撤离地点、路线等；应使用专用防护服、隔绝式空气呼吸器。

泄漏源控制：采取关闭阀门、停止作业或改变工艺流程、局部停车、打循环、减负荷运行等措施；采用合适的材料和技术手段堵住泄漏处。

泄漏物处理围堤堵截：筑堤堵截泄漏液体或者引流到安全地点。贮罐区发生液体泄漏时，要及时关闭雨水阀，防止物料沿明沟外流。

稀释与覆盖：向有害物蒸气云喷射雾状水，加速气体向高空扩散，在其表面形成覆盖层，抑制其蒸发。

收容（集）：对于大型泄漏，可选择用隔膜泵将泄漏出的物料抽入容器内或槽车内；当泄漏量小时，可用沙子、吸附材料、中和材料等吸收中和。

废弃：将收集的泄漏物运至废物处理场所处置；用消防水冲洗剩下的少量物料，冲洗水排入事故槽。

（2）泄漏事故防范措施

甲醇罐区发生泄漏，无关人员立即撤离，切断一切明火和电气火花。抢险处理人员在确保安全的情况下堵漏。管道泄漏的少量甲醇通过回收系统进行处理；甲醇罐体出现较大裂缝或罐底部法兰连接处泄漏的少量甲醇进行倒罐处理，如造成甲醇液体大量泄漏时，除了进行倒罐处理外，还需开启回收系统进行处理，同时关闭围堤阀门，可在现场施放大量水蒸气或氮气，破坏燃烧条件。但尽量不要采用大量水冲洗处理方案，以免造成环境污染，若一旦采用该处理方式，喷洒的稀释液会形成含污染物的废水，此类废水应注意收集至污水处理系统，避免造成对地下水或土壤的污染。

2. 风险事故应急预案

为减少突发事故危害，根据环境风险分析的结果，建立应急救援体系，对可能造成的环境风险突发性事故制订应急预案纲要，有序地实施救援，降低事故造成的危害与损失，应急预案须在项目建成投产前制定和落实。救援应急预案应包括应急计划区、应急组织、应急状态分类、应急救援等。项目环境风险应急预案应包括以下内容：①危险源概况，详述危险源类型、数量、分布及其对环境的风险；②应急计划实施区域；③应急组织，控制事故灾害的责任人、授权人；④环境风险事故的级别及相应的应急状态分类，以此制定相应的应急响应程序；⑤应急设施、设备与材料；⑥应急通信、通知与交通；⑦应急环境监测及事故后评估；⑧应急防护措施、清除泄漏措施方法和器材；⑨应急剂量控制、撤离组织计划、医疗救护与公众健康；⑩应急状态终止与事故影响恢复措施；⑪应急人员培训与演习；⑫应急事故的公众教育及事故信息发布程序；⑬事故的记录和报告。

习题

1. 什么是环境风险评价？如何进行环境风险识别？
2. 环境风险评价与环境影响评价、安全评价有何不同？
3. 环境风险评价等级的划分依据是什么？
4. 如何进行风险源项分析？
5. 选择题

（1）《建设项目环境风险评价技术导则》规定的环境风险评价工作程序是（　　　）。

    A. 源项分析、风险识别、后果计算、风险计算与评价、风险管理

    B. 风险识别、源项分析、后果计算、风险计算与评价、风险管理

    C. 风险识别、后果计算、源项分析、风险计算与评价、风险管理

    D. 源项分析、后果计算、风险识别、风险计算与评价、风险管理

（2）《建设项目环境风险评价技术导则》规定的环境风险评价工作重点有（　　　）。

    A. 事故引起厂（场）界内人群伤害的防护

    B. 事故引起厂（场）界外人群伤害的预测

    C. 事故引起厂（场）界外人群伤害的防护

    D. 事故引起厂（场）界内人群伤害的预测

第十章 环境影响经济损益分析及公众参与

> **【内容提要】**
> 　　环境影响经济损益分析和公众参与是环境影响报告书中必要的组成部分。本章主要介绍了环境影响经济损益分析的方法与步骤，以及公众参与的要求和形式。

第一节 环境影响经济损益分析

　　环境影响的经济损益分析，也称为环境影响的经济评价，就是要估算某一项目、规划或政策所引起环境影响的经济价值，并将环境影响的价值纳入项目、规划或政策的经济分析（即费用效益分析）中去，以判断这些环境影响对该项目、规划或政策的可行性会产生多大的影响。对负面的环境影响，估算出的是环境成本；对正面的环境影响，估算出的是环境效益。

　　建设项目环境影响的经济评价，是以大气、水、声、生态等环境影响评价为基础的，只有在得到各环境要素影响评价结果以后，才可能在此基础上进行环境影响的经济评价。建设项目环境影响经济损益评价包括建设项目环境影响经济评价和环保措施的经济损益评价两部分。

　　环境保护措施的经济论证，是要估算环境保护措施的投资费用、运行费用、取得的效益，以及对多种环境保护措施进行比较，以选择费用比较低的环境保护措施。环境保护措施的经济论证不能代替建设项目的环境影响经济损益分析。

一、环境影响经济损益分析的必要性

1. 法律规定

《中华人民共和国环境影响评价法》第三章第十七条明确规定，要对建设项目的环境影响进行经济损益分析。

2. 环境影响进行中体现可持续发展战略的要求

我国可持续发展战略付诸实践，还必须使可持续发展战略具体化，将其纳入各种开发活动的管理体系中考虑。具体而言，就是在项目投资、区域开发活动政策制定中对其所造成的环境影响进行环境影响经济损益分析，以此进行综合的评估和判断，从而确定这些活动能否达到可持续发展的要求。

3. 环境影响评价中体现国民经济核算体系发展的要求

目前的国民经济核算体系没有考虑到环境资源的作用，因此存在着重大的缺陷。要想真实地反映国民财富的状况，就必须对现有的国民经济核算体系进行改造，将环境资源的变动状况综合地反映到国民经济核算体系中去。而只有通过对环境资源进行货币化估值，才有可能用货币价值这一共同的量度将环境资源与其他经济财富统一起来。对环境影响进行经济损益分析，将会有利于推进把环境核算纳入我国国民经济核算体系之中的进程。

4. 进一步提高环境影响评价有效性的要求

目前，我国建设项目或区域开发，一般是企业从自身的角度先进行财务分析和国民经济

评价，然后由环评单位进行环境影响评价。这种以经济效益为主要目标、没有具体考虑环境影响所产生的费用和效益的评价模式，不可避免地存在诸多弊端，诸如未对环境价值进行系统分析、过分集中于建设项目而忽视了环境外部不经济性等。为了进一步提高目前环境影响评价的有效性，我们就必须将有关的经济学理论融入传统的环境影响评价之中，使环境影响评价和国民经济评价有机结合起来，其结合点就是环境影响经济损益分析。

5. 环境影响评价体现生态补偿理念的要求

环境保护需要补偿机制，需要以补偿为纽带，以利益为中心，建立利益驱动机制、激励机制和协调机制。生态补偿制度的建立和完善，已经成为重大的现实课题。要实行生态补偿，首先面临的一个难题就是如何确定生态补偿的数额。生态补偿金的最终确定必须要有明确的科学依据，其基础就是对环境影响进行经济损益分析，确定生态环境影响的货币化价值。

二、环境影响经济损益分析的方法

1. 环境价值

环境的总价值包括环境的使用价值和非使用价值。

环境的使用价值，是指环境被生产者或消费者使用时所表现出的价值。环境的使用价值通常包含直接使用价值、间接使用价值和选择价值。如森林的旅游价值就是森林的直接使用价值，森林防风固沙的价值就是森林的间接使用价值。选择价值是人们虽然现在不使用某一环境，但人们希望保留它，这样将来就有可能使用它，也即保留了人们选择使用它的机会，环境所具有的这种价值就是环境的选择价值。有的研究者将选择价值看作是环境的非使用价值的一部分。

环境的非使用价值，是指人们虽然不使用某一环境物品，但该环境物品仍具有的价值。根据不同动机，环境的非使用价值又可分为遗赠价值和存在价值。如濒危物种的存在，有些人认为，其本身就是有价值的，这种价值与人们是否利用该物种谋取经济利益无关。

无论使用价值或非使用价值，价值的恰当量度都是人们的最大支付意愿，即一个人为获得某件物品（服务）而愿意付出的最大货币量。影响支付意愿的因素有收入、替代品价格、年龄、教育、个人独特偏好以及对该物品的了解程度等。

市场价格在有些情况下（如对市场物品）可以近似地衡量物品的价值，但它不能准确地度量一个物品的价值。市场价格是由物品的总供给和总需求来决定的，它通常低于消费者的最大支付意愿，二者之差是消费者剩余。三者关系为

$$价值＝支付意愿＝价格×消费量＋消费者剩余$$

人们在消费许多环境服务或环境物品时，常常没有支付价格，因为这些环境服务没有市场价格，如游览许多户外景观时。那么，这些环境服务的价值就等于人们享受这些环境服务时所获得的消费者剩余。有些环境价值评估技术，就是通过测量这一消费者剩余，来评估环境的价值。环境价值也可以根据人们对某种特定的环境退化而表示的最低补偿意愿来度量。

2. 环境价值评估方法

面对千差万别的环境对象，人们使用过许多方法来评估环境的价值，同时在不断发明新的环境价值评估技术。目前，根据环境价值评估方法的特点，可将其分为三组。

（1）第Ⅰ组评估方法

Ⅰ-1旅行费用法　一般用来评估户外游憩地的环境价值，如评估森林公园、城市公园、自然景观等的游憩价值。旅行费用法的基本思想是到该地旅游要付出代价，这一代价即旅行费用。旅行费用越高，来该地游玩的人越少；旅行费用越低，来该地游玩的人

越多，所以，旅行费用成了旅游地环境服务价格的替代物，据此，可以求出人们在消费该旅游地环境服务时获得的消费者剩余。旅游地门票为零时，该消费者剩余，就是这一景观的游憩价值。

Ⅰ-2 隐含价格法　可用于评估大气质量改善的环境价值，也可用于评估大气污染、水污染、环境舒适性和生态系统环境服务功能等的环境价值。

其基本思想是，环境因素会影响房地产的价格而市场中形成的房地产价格恰好包含了人们对其环境因素的评估。因此通过回归分析，可以得出人们对环境因素的估价。

隐含价格法应用条件：①房地产价格在市场中自由形成；②可获得完整的、大量的市场交易记录以及长期的环境质量记录。

Ⅰ-3 调查评价法　可用于评估几乎所有的环境对象，如大气污染的环境损害、户外景观的游憩价值、环境污染的健康损害、人的生命价值以及特有环境的非使用价值。其中环境的非使用价值，只能使用调查评价法来评估。

调查评价法是通过构建模拟市场来揭示人们对某种环境物品的支付意愿（WTP），从而来评价环境价值的方法。它通过人们在模拟市场中的行为，而不是在现实市场中的行为来进行价值评估，通常不发生实际的货币支付。

调查评价法应用的关键在于实施步骤受到严格的检验。从市场设计、问题提问、市场操作、抽样，一直到结果分析，每一步都需要精心设计，成功的设计要依靠实验经济学、认知心理学、行为科学以及调查研究技术的指导。

Ⅰ-4 成果参照法　成果参照法是以旅行费用法、隐含价格法、调查评价法的实际评价结果，作为参照对象，用于评价一个新的环境物品。该法相似于环评中常用的类比分析法。

最大优点是节省时间和费用。做一个完整的旅行费用法、隐含价格法或调查评价法实例研究，通常要耗时 6～8 个月，花费 5 万～10 万美元（在发达国家）。因此，环境影响经济评价中最常用的就是成果参照法。成果参照法有三种类型：

① 直接参照单位价值，如引用某人评估某地的游憩价值，15 美元/（人·d）。

② 参照已有案例研究的评估函数，代入要评估的项目区变量，得到项目环境影响价值。

③ 以环境价值为因变量，以环境质量特性、人口特性、研究模型等为自变量，进行Meta 回归分析。

（2）第Ⅱ组评估方法

Ⅱ-1 医疗费用法　用于评估环境污染引起的健康影响（疾病）的经济价值。

如果环境污染引起某种疾病（发病率）的增加，治疗该疾病的费用，可以作为人们为避免该环境影响所具有的支付意愿的底限值。

缺陷：它无视疾病给人们带来的痛苦。人们避免疾病，一方面是为了避免医疗费用，另一方面是为了避免疾病带来的痛苦。医疗费用法没有捕捉到健康影响的这一方面。

Ⅱ-2 人力资本法　用于评估环境污染的健康影响（收入损失、死亡）。

环境污染引起误工、收入能力降低、某种疾病死亡率的增加，由此引起的收入减少，可以作为人们为避免该环境影响所具有的支付意愿（WTP）的底限值。

人力资本法把人作为生产财富的资本，用一个人生产财富的多少来定义这个人的价值。由于劳动力的边际产量等于工资，所以用工资表示一个人的边际价值，用一个人工资的总和（经贴现）表示这个人的总价值。

人力资本法计算的是环境污染的健康损害对社会造成的损失价值，这是其价值计量的基本点。基于这一社会角度，标准的人力资本法采取如下作法：①只计算工资收入，不计非工资收入，因为劳动力只创造工资；②无工资收入者，价值取为零，包括退休者（年金收入者）、无工作者、未成年人期间；③采用税前工资；④工资不反映劳动力边际产量时采用影子工资；⑤严格的人力资本法从工资收入中还要减去个人的消费，从早逝造成的工资丧失中还要减去医药费的节省；⑥贴现未来工资收入时，采用社会贴现率。

如儿童铅中毒会降低智商，减少预期收入（流行病学，社会学），所减少的预期收入可作为这一环境污染造成健康危害的损害价值。

Ⅱ-3 生产力损失法　用于评估环境污染和生态破坏造成的工农业等生产力的损失。该方法用环境破坏造成的产量损失，乘以该产品的市场价格，来表示该环境破坏的损失价值。这种方法也称市场价值法。

例如，粉尘对作物的影响，酸雨对作物和森林产量的影响，湖泊富营养化对渔业的影响，常用生产力损失法来评估。

Ⅱ-4 恢复或重置费用法　用于评估水土流失、重金属污染、土地退化等环境破坏造成的损失。

用恢复被破坏的环境（或重置相似环境）的费用来表示该环境的价值。如果这种恢复或重置行为确会发生，则该费用一定小于该环境影响的价值，该费用只能作为环境影响价值的最低估计值。如果这种恢复或重置行为可能不会发生，则该费用可能大于或小于环境影响价值。

Ⅱ-5 影子工程法　用于评估水污染造成的损失、森林生态功能价值等。用复制具有相似环境功能工程的费用来表示该环境的价值，是重置费用法的特例。

如森林具有涵养水源的生态功能，假如一片森林涵养水源量是 $100 \times 10^4 \, \mathrm{m}^3$，在当地建造一个 $100 \times 10^4 \, \mathrm{m}^3$ 库容的水库的费用是 150 万元，可以用这 150 万元的建库费用来表示这片森林涵养水源生态功能的价值。

如果这种复制行为确会发生，则该费用一定小于该生态环境的价值，只能作为该价值的最低估计值。如果这种行为可能不会发生，则该费用可能大于或小于环境价值。

Ⅱ-6 防护费用法　用于评估噪声、危险品和其他污染造成的损失。用避免某种污染的费用来表示该环境污染造成损失的价值。

如用购买桶装净化水作为对水污染的防护措施，由此引起的额外费用，可视为水污染的损害价值。同样的，购买空气净化器以防大气污染，安装隔声设施以防噪声，都可用相应的防护费用来表示环境影响的损害价值。

如果这种防护行为确会发生，则该费用一定小于该损失的价值，只能作为该损失的最低估计值。如果这种行为可能不会发生，则该费用可能大于或小于损失价值。

（3）第Ⅲ组评估方法

Ⅲ-1 反向评估　反向评估不是直接评估环境影响的价值，而是根据项目的内部收益率或净现值反推，算出项目的环境成本不超过多少时，该项目才是可行的。

例如，根据可研报告，项目成本是 120 万元，收益是 150 万元，则环境成本不超过 30万元时，该项目才是可行的。要判断的是，识别出的环境影响的价值，将会大于 30 万元还是小于 30 万元？根据已有文献做出判断。

Ⅲ-2 机会成本法　机会成本法是一种反向评估法。它对项目只进行财务分析，先不考虑外部环境影响，计算出该项目的净收益。这时，提出这样一个问题：该项目占用的环境资源的价值，大于还是小于该收益？

例如，20 世纪 70 年代新西兰有一个水电开发计划，但需提高一个风景湖区的水位。该湖的景观价值和野生生物栖息地价值难以估价。项目财务分析的结果是，该项目的净现值是2000 万～2500 万新元（1973 年），在项目计算期内，新西兰平均每人每年净得益约合 0.62新元。这就是保护该湖区的机会成本。

问题：该湖区的风景、生态及野生生物栖息地的价值，大到使国民年人均放弃 0.62 新元的程度吗？

这可以通过民意调查来了解，"你愿意每年放弃 0.62 新元的收入而保护该湖区的风景和生态及野生生物栖息地吗？"

（4）各组方法的特点

第Ⅰ组评估方法都有完善的理论基础，是对环境价值（以支付意愿衡量）的正确度量，可以称为标准的环境价值评估方法。该组方法已广泛应用于对非市场物品的价值评估。美国内政部、商务部在各自起草的自然资源损害评估原则条例中都把这些方法作为适用的评估方法。世界银行、亚洲开发银行等国际发展机构都在环境评估中应用这些方法。

第Ⅱ组评估方法，都是基于费用或价格的。它们虽然不等于价值，但据此得到的评估结果，通常可作为环境影响价值的低限值。该组方法的优点是，所依据的费用或价格数据比较容易获得、数据变异小、易被管理者理解。缺陷是，在理论上，这组方法评估出的并不是以支付意愿衡量的环境价值。

第Ⅲ组评估方法，一般在数据不足时采用，有助于项目决策。

在可能情况下，三组环境价值评估方法的选择优先顺序为：首选第Ⅰ组评估方法，再选第Ⅱ组评估方法，后选第Ⅲ组评估方法。

在环境影响评价实践中，最常用的方法是成果参照法。

三、环境影响经济损益分析的步骤

环境影响的经济损益分析按以下四个步骤来进行，在实际中有些步骤可以合并操作。

1. 环境影响筛选

因为并不是所有的环境影响都需要或可能进行经济损益分析，因此一般从以下四个方面来筛选。

（1）影响是否内部的或已被控抑？

环境影响的经济评价只考虑项目的外部影响，即未被纳入项目财务核算的影响。内部影响将被排除，内部环境影响是已被纳入项目的财务核算的影响。环境影响的经济评价也只考虑项目未被控抑的影响。按项目设计已被环境保护措施治理掉的影响也将被排除，因为计算已被控抑的环境影响的价值在这里是毫无意义的。

（2）影响是小的或不重要的？

项目造成的环境影响通常是众多的、方方面面的，其中小的、轻微的环境影响将不再被量化和货币化。损益分析部分只关注大的、重要的环境影响。环境影响的大小轻重，需要评价者做出判断。

（3）影响是否不确定或过于敏感？

有些影响可能是比较大的，但这些环境影响本身是否发生存在很大的不确定性，或人们对该影响的认识存在较大的分歧，这样的影响将被排除。另外，对有些环境影响的评估可能涉及政治、军事禁区，在政治上过于敏感，这些影响也将不再进一步做经济评价。

（4）影响能否被量化和货币化？

由于认识上的限制、时间限制、数据限制、评估技术上的限制或者预算限制，有些大的环境影响难以定量化，有的环境影响难以货币化，这些影响将被筛选出去，不再对它们进行经济评价。例如，一片森林破坏引起当地社区在文化、心理或精神上的损失很可能是巨大的，但因为太难以量化，所以不再对此进行经济评价。

经过筛选过程后，全部环境影响将被分成三大类，一类环境影响是被剔除、不再做任何评价分析的影响，如那些内部的环境影响、小的环境影响以及能被控抑的影响等。另一类环境影响是需要做定性说明的影响，如那些大的但可能很不确定的影响、显著但难以量化的影响等。最后一类环境影响就是那些需要并且能够量化和货币化的影响。

2. 环境影响的量化

环境影响量化的大部分工作应在前面阶段已经完成，此部分工作的主要任务是：

① 对不适合于进行下一步价值评估的已有环境影响量化方式进行调整；

② 对只给出项目排放污染物的数量和浓度的情况，要分析其对受体影响的大小。

3. 环境影响的价值评估

对量化的环境影响进行货币化的过程，这是损益分析部分中最关键的一步，也是环境影响经济评价的核心。具体的环境价值评估方法，即前述的"环境价值评估方法"。

4. 将环境影响货币化价值纳入项目经济分析

将货币化的环境影响成本和效益纳入项目的整体经济分析当中去，进而从国民经济角度，判断项目的可行性，为项目的最终经济决策服务。

第二节　公众参与

除国家规定需要保密的情形外，对环境可能造成重大影响、应当编制环境影响报告书的建设项目，建设单位应当在报批建设项目环境影响报告书前，识别建设项目实施的利益相关者，以有效的方式发布有关建设项目的环境影响信息，收集公众对环境影响和项目建设意见，客观公正地归纳总结和合理采纳公众意见。

一、公众参与的一般要求

知情权是公民最基本的权利之一。我国自 2006 年实施的《环境影响评价公众参与暂行办法》中规定，建设单位或者其委托的环境影响评价机构、环境保护行政主管部门应当按照本办法的规定，采用便于公众知悉的方式，向公众公开有关环境影响评价的信息。

1. 公众参与环境影响评价的范围

① 对环境可能造成重大影响、应当编制环境影响报告书的建设项目；

② 环境影响报告书经批准后，项目的性质、规模、地点、采用的生产工艺或者防治污染、防止生态破坏的措施发生重大变动，建设单位应当重新报批环境影响报告书的建设项目；

③ 环境影响报告书自批准之日起超过五年方决定开工建设，其环境影响报告书应当报原审批机关重新审核的建设项目。

2. 公开建设项目环境影响评价的相关信息

公众参与工作的指导思想是全过程参与，即公众参与应贯穿于环境影响评价工作的全过程中。对在环境敏感区建设的需要编制环境影响报告书的项目需要有三次信息公开。

第一次：委托环境影响评价单位进行环境影响评价工作 7 个工作日内；

第二次：在环境影响评价文件完成后、报送审批前；

第三次：受理、审批环境影响评价文件过程中，审批部门公布。

对一般项目则可省略环评工作开始阶段的信息公开。

其中，建设单位或者其委托的环境影响评价机构在编制环境影响报告书的过程中，应当在报送环境保护行政主管部门审批或者重新审核前，向公众公告内容包括：

① 建设项目情况简述；

② 建设项目对环境可能造成影响的概述；

③ 预防或者减轻不良环境影响的对策和措施的要点；

④ 环境影响报告书提出的环境影响评价结论的要点；

⑤ 公众查阅环境影响报告书简本的方式和期限，以及公众认为必要时向建设单位或者

其委托的环境影响评价机构索取补充信息的方式和期限；

⑥ 征求公众意见的范围和主要事项；

⑦ 征求公众意见的具体形式；

⑧ 公众提出意见的起止时间。

3. 征求公众意见

建设单位或者其委托的环境影响评价机构、环境保护行政主管部门，应当综合考虑地域、职业、专业知识背景、表达能力、受影响程度等因素，合理选择被征求意见的公民、法人或者其他组织。被征求意见的公众必须包括受建设项目影响的公民、法人或者其他组织的代表。

建设单位或者其委托的环境影响评价机构应当在发布信息公告、公开环境影响报告书的简本后，采取调查公众意见、咨询专家意见、座谈会、论证会、听证会等形式，公开征求公众意见。建设单位或者其委托的环境影响评价机构征求公众意见的期限不得少于 10 日。

环境保护行政主管部门应当在受理建设项目环境影响报告书后，在其政府网站或者采用其他便利公众知悉的方式，公告环境影响报告书受理的有关信息。环境保护行政主管部门公告的期限不得少于 10 日。

4. 发布的环境影响信息与征求意见内容的要求

应以非技术性文字发布建设项目的环境影响信息，内容应包括建设项目概况、清洁生产水平、可能产生的主要环境影响、采取的环境保护措施及预期效果、对公众的环保承诺等信息。

征求意见的内容应包括对建设项目实施、项目选址的意见，对项目主要不利影响的可接受程度、对项目采取环境保护措施的建议等。可针对不同的征求意见对象，对征求意见的内容及深度进行调整，防止出现诱导、暗示被调查者等具有调查者倾向性的内容。

5. 公众参与意见的总结

应认真收集、保存所征求意见的原始记录，并按征求意见的条款分别按"有关单位、专家和公众"对所有的反馈意见进行归类与统计分析，并在归类分析的基础上进行综合评述；对每一类意见，均应进行认真分析、回答，建设单位报批的环境影响报告书应当附具对有关单位、专家和公众的意见采纳或者不采纳的说明。

二、公众参与的组织形式

公众参与的组织者为建设单位，或其委托的环境影响评价机构，以及审批环境影响评价文件的环境保护行政主管部门。

公众参与的形式主要有公众意见调查、专家咨询、座谈会、论证会、听证会等形式。按照专项规划或项目环境影响大小、敏感程度分别采取不同形式。其中使用频率最多的就是调查公众意见的组织形式。

调查公众意见最简单、有效，同时又是最常用的方法是问卷调查，采取问卷调查方式征求公众意见的，调查内容的设计应当简单、通俗、明确、易懂，避免出现可能对公众产生明显诱导的问题。

问卷的发放范围应当与建设项目的影响范围相一致，其应兼顾到项目可能影响的人群应具有广泛的代表性，从而保证公众调查的公正性。问卷的发放数量应当根据建设项目的具体情况，综合考虑环境影响的范围和程度、社会关注程度、组织公众参与所需要的人力资源和物力资源以及其他相关因素来确定，以保证准确性、代表性为前提。表 10-1 为某公司玉晶石生产线项目公众参与调查表。

表 10-1 某公司玉晶石生产线项目公众参与调查表

访谈对象姓名			单位或住址			
性别		年龄		民族		文化程度	
职业		职务或职称		是否居住、工作在项目邻近区	

一、工程概况

微晶玻璃陶瓷玻化砖俗称玉晶石，也称微晶石，是一种高端的墙地砖、装饰用材料，其耐酸度、抗腐蚀性能都优于天然材料，且没有天然石材的放射性危害，被广泛应用，有很大市场需求。某公司位于城关镇南郊，拟投资 500 万元新建两条年产 10 万平方米玉晶石生产线，项目实施投产后，年销售额 2000 万元，可实现年利润 300 万元。并可解决当地一部分劳动力的就业问题，带动地方经济的发展。

二、环境影响

1. 废气：主要有混料粉尘、炉窑烟气、熔化工段废气。
2. 噪声：作业时产生的机械设备噪声。
3. 废水：主要是生活区生活污水。
4. 固体废物：生产线各除尘器收集的粉尘、炉窑灰渣、污水处理设施产生的污泥以及循环系统沉淀池沉淀固渣。

三、可能采取的环保措施

1. 废气：保证废气须经处理达标后，通过排气筒排放。
2. 噪声：选用低噪声的设备，对高噪声的设备采用安装消声器及建设隔声墙等措施。
3. 废水：保证经处理达标后才能排放。
4. 固体废物：炉灰出售作农家肥原料，污泥和固渣送往县生活垃圾填埋场，粉尘作原料回收。

1. 对否赞同本项目的建设	赞同( )　不赞同( )　无所谓( )
2. 该项目建设是否有利于提高本地区的经济发展	非常有利( )　一般( )　不利于( )　不知道( )
3. 该项目的所在地位置	好( )　较好( )　不好( )不知道( )
4. 项目建成后对您的何种影响较大	废气( )　废水( )　噪声( )　其他( )
5. 建议采取何种措施减轻影响	废气治理( )　废水处理( )　噪声防治( )　其他( )
6. 从环保角度出发，您对该项目持何种态度	支持( )　有条件支持( )无所谓( )　反对( )
其他意见和建议	

注：请在您认同的项目打"√"。

习题

1. 什么是环境影响经济损益分析？
2. 环境价值的评估方法有哪几类？每类又有哪些具体的评估方法？
3. 简述环境影响经济损益分析的步骤。
4. 简述公众参与环境影响评价的范围。
5. 在进行公众参与调查时，所公开的环境信息包括哪些内容？
6. 公众参与的形式有哪些？
7. 下列哪些环境价值评估方法具有完善的理论基础，在可能的情况下优先考虑使用的？（　　　　）
   A. 成果参照法　　　　B. 隐含价格法　　　　C. 医疗费用法　　　　D. 调查评价法
8. 负责建设项目环境影响评价公众参与的主体是（　　　　）。
   A. 建设单位　　　　　　　　　　　　B. 建设单位上级主管部门
   C. 环评单位　　　　　　　　　　　　D. 环保行政部门

第十一章　开发区区域和规划环境影响评价

【内容提要】

　　建设项目环境影响评价的对象是一个或几个具体的建设项目，空间小，具有单一性。而开发区区域环境影响评价和规划的对象都具有地域广、空间大、涉及因素复杂的特点，因此在评价内容和方法上与项目环评有较大不同。本章重点介绍了区域环评的内容和工作程序，规划环评的评价内容、方法和程序，并对区域环评、规划环评及项目环评三者的异同点进行了分析。

第一节　开发区区域环境影响评价

　　区域环境影响评价就是在一定区域内以可持续发展为目标，以区域开发规划为依据，从整体上综合考虑区域内拟开展的各种社会经济活动对环境产生的影响，并据此制定和选择维护区域良性循环，实现经济可持续发展的最佳行动规划或方案，同时也为区域开发规划和管理提供决策依据。

一、适用范围和工作程序

1. 开发区区域环境影响评价适用范围

《开发区区域环境影响评价技术导则》（HJ/T 131—2003）中指出，开发区区域环境影响评价适用于国家或地方政府批准建设的各种类型的开发区，如经济技术开发区、高新技术开发区、保税区、边境经济合作区、旅游度假区、各种类型的工业园区及成片土地开发等类似区域开发的环境影响评价。

2. 开发区区域环境影响评价的工作程序

在进行开发区区域环境影响评价时，一般可按图 11-1 所示程序开展工作。

二、开发区区域环境影响评价内容

1. 开发区区域环境影响评价的重点

① 识别开发区的区域开发活动可能带来的主要环境影响以及可能制约开发区发展的环境因素。

② 分析确定开发区主要相关环境介质的环境容量，研究提出合理的污染物排放总量控制方案。

③ 从环境保护角度论证开发区环境保护方案，包括污染集中治理设施的规模、工艺和布局的合理性，优化污染物排放口及排放方式。

④ 对拟议的开发区各规划方案（包括开发区选址、功能区划、产业结构与布局、发展规模、基础设施建设、环保设施等）进行环境影响分析比较和综合论证，提出完善开发区规划的建议和对策。

2. 开发区区域环境影响评价实施方案

开发区区域环境影响评价实施方案类似于建设项目环境影响评价大纲，是环境影响工作的总体设计和行动指南。环境影响评价实施方案一般包括以下内容。

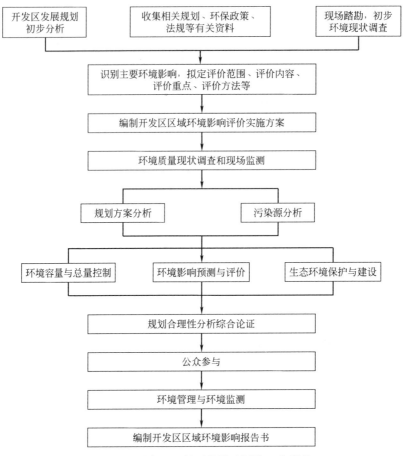

图 11-1 开发区区域环境影响评价工作程序

（1）开发区规划简介

介绍开发区的规模、性质、拟接纳的项目类型，以及规划要点和产业布局特征等。

（2）开发区及其周边地区的环境状况

初步调查评价区地形地貌、气象、水文、土地利用、水源、电源、能源、排水、道路等自然和基础设施情况，以及周边地区的污染源状况、农作物、居民分布、居民水源、居民主要收入来源、生活水平、风景名胜、文化古迹、人群健康等社会经济情况，如开发区涉及拆迁，应详细调查可能要拆迁居民的大致情况，明确具体环境保护目标。

（3）规划方案的初步分析

根据开发区域的自然现状、社会经济背景、环境质量及生态条件等资料，在介绍区域开发的规模、性质、内容、范围、功能区划、产业结构和布局、基础设施和环保设施等的基础上，初步分析开发区选址的环保可行性、开发区定位和规划分区的合理性、开发区和相关规划的协调性、区内现有企业和准备引进企业的产业技术政策的符合性。

（4）环境影响识别

主要识别内容包括：

① 区域开发活动可能带来的主要环境问题；

② 开发活动对环境产生影响的主要因素，确定评价因子；

③ 区域内的主要环境敏感点，确定重点保护目标；

④ 各类环境影响因素的影响属性（可逆影响、不可逆影响）、影响性质（有利影响、不

利影响）、影响时间（长期影响、短期影响）、影响程度（轻度影响、中度影响、重度影响）、影响形式（直接影响、间接影响）等；

⑤ 进行自然环境、社会经济两方面的环境影响识别。

一般或小规模开发区主要考虑对区外环境的影响，重污染或大规模（大于 $10km^2$）的开发区还应识别区外经济活动对区内的环境影响。

（5）评价范围的确定

按不同环境要素和区域开发建设可能影响的范围确定环境影响评价的范围，应包括开发区、开发区周边地域以及开发建设活动直接涉及的区域或设施。区域开发建设涉及的环境敏感区等重要区域必须纳入环境影响评价的范围，应保持环境功能区的完整性。

确定各环境要素的评价范围应体现表 11-1 所列基本原则，具体数值可参照有关环境影响评价技术导则。

表 11-1　确定评价范围的基本原则

评价要素	评 价 范 围
陆地生态	开发区及周边地域,参考《环境影响评价技术导则　非污染生态影响》(HJ/T 19—1997)
空气	可能受到区内和区外大气污染影响的,根据所在区域现状大气污染源、拟建大气污染源和当地气象、地形等条件而定
地表水(海域)	与开发区建设相关的重要水体/水域(如水源地、水源保护区)和水污染物受纳水体,根据废水特征、排放量、排放方式、受纳水体特征确定
地下水	根据开发区所在区域地下水补给、径流、排泄条件,地下水开采利用状况,及其与开发区建设活动的关系确定
声环境	开发区与相邻区域噪声适用区划
固体废物管理	收集、贮存及处置场所周围

（6）评价专题的设置

评价专题的设置要体现区域环境影响评价的特点，突出规划的合理性分析和规划布局论证、排污口优化、能源清洁化和集中供热（汽）、环境容量和总量控制等涉及全局性、战略性内容。

开发区区域环境影响评价一般设置以下专题。

① 环境现状调查与评价；

② 规划方案分析与污染源分析；

③ 环境空气影响分析与评价；

④ 水环境影响分析与评价；

⑤ 固体废物管理与处置；

⑥ 环境容量与污染物总量控制；

⑦ 生态保护与生态建设；

⑧ 开发区总体规划的综合论证与环境保护措施；

⑨ 公众参与；

⑩ 环境监测和管理计划。

区域开发可能影响地下水时，需设置地下水环境影响评价专题，主要评价工作内容包括调查水文地质基本状况和地下水的开采利用状况、识别影响途径和选择预防对策和措施。涉及大量征用土地和移民搬迁，或可能导致原址居民生活方式、工作性质发生大的变化的开发区规划，需设置社会影响分析专题。

3. 区域环境影响评价内容

开发区区域环境影响报告书一般包括以下内容。

① 总论。

② 开发区总体规划和开发现状

a. 开发区性质；

b. 开发区不同规划发展阶段的目标和指标；

c. 开发区总体规划方案及专项建设规划方案概述；

d. 开发区环境保护规划；

e. 项目清单和主要污染物特征；

f. 主要环境保护措施或替代方案。

③ 环境状况调查和评价

a. 区域环境概况；

b. 区域环境现状调查和评价；

c. 区域社会经济；

d. 环境保护目标与主要环境问题。概述区域环境保护规划和主要环境保护目标及指标，分析区域存在的主要环境问题，并以表格形式列出可能对区域发展目标、开发区规划目标形成制约的关键环境因素或条件。

④ 规划方案分析　指将开发区规划放在区域发展的层次上进行合理性分析，突出开发区总体发展目标、布局和环境功能区划的合理性。包括以下内容。

a. 总体布局及区内功能分区的合理性分析　分析开发区规划确定的各功能组团（如工业区、商住区、绿化景观区、物流仓储区、文教区、行政中心等）的性质及其与相邻功能组团的边界和联系。

根据开发区选址合理性分析确定的基本要素，分析开发区内各功能组团的发展目标和各组团间的优势与限制因子，分析各组团间的功能配合以及现有的基础设施及周边组团设施对该组团功能的支持。

b. 开发区规划与所在区域发展规划的协调性分析　将所在区域的总体规划、布局规划、环境功能区划与开发规划作详细比较分析，分析开发区规划是否与所在区域的总体规划具有相容性。

c. 开发区土地利用的生态适宜度分析　生态适宜度评价采用三级指标体系，选择对所确定的土地利用目标影响最大的一组因素作为生态适宜度的评价指标。根据不同指标对同一土地利用方式的影响作用大小，对指标加权。进行单项指标（三级指标）分级评分，单项指标评分可分为4级：很适宜、适宜、基本适宜、不适宜。在各单项指标评分的基础上，进行各种土地利用方式的综合评价。

d. 环境功能区划的合理性分析　对比开发规划和开发区所在区域总体规划中对开发区内各分区或地块的环境功能要求。分析开发区环境功能区划和开发区所在区域总体环境功能区划的异同点，根据分析结果，对开发区规划中不合理的分区环境功能提出改进建议。

e. 环境影响减缓措施　根据综合论证的结果，提出减缓环境影响的调整方案和污染控制措施与对策。

⑤ 开发区污染源分析　根据开发区不同发展阶段，分析确定近、中、远期区域主要污染源。鉴于规划实施的时间跨度较长并存在较大的不确定性因素，污染源分析预测以近期为主。

⑥ 环境影响分析与评价　主要包括空气、地表水等各环境要素的环境影响分析与评价。

⑦ 环境容量与污染物排放总量控制　以区域环境质量目标为前提，考虑集中供热、污水集中处理排放、固体废物分类处置的原则要求，确定污染物排放总量控制方案。

a. 大气环境容量与污染物排放总量控制　对所涉及的区域按其环境功能进行区划，确定各功能区环境空气质量目标；根据环境质量现状资料，分析不同功能区环境质量达标情况。结合当地地形和气象条件，选择适当方法，确定开发区大气环境容量。结合开发区发展规划分析和可选用的最佳污染控制技术，提出区域环境容量利用方案和近期污染物排放总量控制指标，总量控制因子为烟尘、粉尘、SO_2。

b. 水环境容量与污染物排放总量控制　分析基于环境容量和基于技术经济条件约束的允许排放总量。总量控制因子一般包括 COD、NH_3-N、TN、TP 等。

对于拟接纳开发区污水的水体，应根据环境功能区划所规定的水质标准要求，选用适当的水质模型分析确定水环境容量；对季节性河流，原则上不要求确定水环境容量。

对于现状水体无环境容量资料可利用时，应在制定区域水污染控制计划的基础上确定开发区水污染物排放总量。如预测的各项总量值均低于上述基于技术水平和水环境容量的总量控制指标，可选择最小的指标提出总量控制方案。

c. 固体废物管理与处置　制定固体废物总量控制方案，应分析固体废物类型和发生量，分析固体废物减量化、资源化、无害化处理处置措施及方案，按废物分类处置的原则，测算需采取不同处置方式的最终处置总量，并确定可供利用的不同处置设施及能力。开发区的废物处理处置应纳入所在区域的废物总量控制计划之中，并符合区域所制定的资源回收、废物利用的目标与指标要求。

⑧ 生态保护与生态建设　调查生态现状和历史演变过程、生态保护区或生态敏感区情况、生物多样性及特殊生境、自然生态退化状况等。分析评价开发区规划实施对生态的影响，应着重阐明区域开发造成的对生态结构与功能的影响，对可能产生的不利影响，要求从保护、恢复、补偿、建设等方面提出和论证实施生态保护措施的基本框架。

⑨ 公众参与。

⑩ 开发区规划的综合论证与环境保护措施

a. 开发区规划的综合论证　根据环境容量和环境影响评价结果，结合地区的环境状况，从开发区的选址、发展规模、产业结构、行业构成、布局、功能区划、开发速度和强度以及环保基础设施建设等方面对开发区规划的环境可行性进行综合论证。

b. 主要环境影响减缓措施。

c. 提出限制入区的工业项目类型清单。

⑪ 环境管理与环境监测计划。

三、区域开发环境制约因素分析

区域环境影响评价的对象是区域开发规划方案，通过区域环境承载力分析、土地利用适宜性分析和生态适宜度分析等找出区域可持续发展的限制因子，并对土地利用进行合理规划，从宏观发展战略和循环经济角度对区域开发项目的选址、规模、性质等进行可行性论证，为区域各功能区的合理布局和项目筛选提供决策依据。

1. 区域环境承载力分析

区域环境承载力是指在一定的时期和一定区域范围内，在维持区域环境结构不发生质的改变，区域环境功能不朝恶化方向转变的条件下，区域环境系统所能承受人类各种社会经济活动的能力，即区域环境系统结构与区域社会经济活动的适宜程度。

（1）区域环境承载力分析内容

包括区域环境承载力指标体系；区域环境承载力大小表征模型及求解；区域环境承载力综合评估；与区域环境承载力相协调的区域社会经济活动的方向、规模和区域环境保护规划的对策措施。

（2）环境承载力指标体系

一般可分为三类。

① 自然资源供给类指标　如水资源、土地资源、生物资源等。

② 社会条件支持类指标　如经济实力、公用设施、交通条件等。

③ 污染承受能力指标　如污染物的迁移、扩散和转化能力，绿化状况等。

2. 土地利用适宜性分析和生态适宜度分析

（1）土地利用适宜性分析

土地利用适宜性分析指分析自然环境对各种土地利用的潜力和限制，确保开发行为与环境保护相符合，对资源进行最适宜的空间分配。土地利用适宜性分析是区域环境影响评价的重要内容，它实际上提供了区域环境的发展潜力和承受能力，对区域环境的可持续发展具有十分重要的意义。

① 环境敏感地的划设　环境敏感地泛指对人类具有特殊价值或具潜在天然灾害的地区，这些地区极易因人类的不当开发活动而导致负面环境效应。

② 土地使用适宜性分析的过程

第一，确定土地使用类型。土地使用类型一般可根据城市规划或区域总体规划中的土地使用功能进行划分。

第二，环境潜能分析。环境潜能分析是指分析各种土地使用类别与土地使用需求以及环境潜能的关系，以了解环境特性对不同土地开发行为所具有的发展潜力条件。

第三，环境限制分析。发展限制是指土地使用过程中由于其不当的开发活动或使用行为，所导致的环境负效应。分析发展限制，正是通过分析各种土地使用类型与土地使用行为以及环境敏感性之间的关系，来了解环境特性对不同土地使用的限制。

第四，土地使用适宜性分析。是综合环境潜能与环境限制的分析结果，对土地使用适宜性等级进行划分。

第五，综合分析。针对前述各种土地使用适宜性结果进行综合分析，以比较区域中各种土地使用类型的适宜性分级，并进行社会、经济评价。

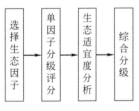

图 11-2　生态适宜度分析过程

（2）生态适宜度分析

生态适宜度分析是在城市生态等级的基础上寻求城市最佳土地利用方式的方法。目前生态适宜度分析方法还不太成熟，其基本分析过程如图 11-2 所示。

单因子分级主要考虑该生态因子对给定土地利用目的的生态作用和影响程度，以及城市生态的基本特征，一般可以分为 5 级：很不适宜、不适宜、基本适宜、适宜、很适宜。

生态适宜度分析在单因子分级评分的基础上，采用直接叠加或加权叠加求综合适宜度，并进行等级划分。目前大多数城市也都采用上面的 5 级划分法。

第二节　规划环境影响评价

我国在 1973 年第一次全国环保会议引入了环评制度的概念，1979 年《中华人民共和国环境保护法》正式确定了环境影响评价制度。多年来，我国的环境影响评价工作的重点只针对建设项目。但是从国内外的实践经验和历史教训来看，对环境产生重大、深远、不可逆影响的，往往是政府制定和实施的有关产业发展、区域开发和资源开发规划等方面的规划。因此，为了从源头上保护环境，对规划进行环境影响评价是十分必要的。

2003 年，《中华人民共和国环境影响评价法》与《规划环境影响评价技术导则（试行）》（HJ/T 130—2003）同步实施，对规划环评工作的开展起到了积极作用。但经过近几年的实践，现行导则存在一定的局限性。2009 年 11 月，国家环保部发布了《规划环境影响评价技术导则　总纲》（征求意见稿），为保证教学内容的先进性，本章参考征求意见稿的内容，介绍规划环境影响评价的相关内容。

规划环境影响评价是指在规划编制阶段，对规划实施可能造成的环境影响进行分析、预测和评价，并提出预防或者减轻不良环境影响的对策和措施，综合考虑所拟议规划可能涉及的环境问题，预防规划实施后对各种环境要素及其所构成的生态系统可能造成的影响，协调经济增长、社会进步与环境保护的关系，为科学决策提供依据。

一、适用范围和工作程序

1. 规划环境影响评价的适用范围

规划环境影响评价适用于国务院有关部门、设区的市级以上地方人民政府及其有关部门组织编制的下列规划的环境影响评价。

（1）"一地三域"综合性规划

"一地三域"综合性规划包括土地利用的有关规划，区域、流域、海域的建设、开发利用规划。

（2）"十种"专项规划

"十种"专项规划指的是工业、农业、畜牧业、林业、能源、水利、交通、城市建设、旅游、自然资源开发的有关专项规划。

国务院有关部门、设区的市级以上地方人民政府及其有关部门组织编制的其他类型的规划、县级及乡镇人民政府编制的规划进行环境影响评价时可参照本标准。

上述第一类规划属于综合性规划、政策导向型规划，它们处于决策链的高端，因其涉及面广，宏观性、原则性及战略性较强，不确定性较大，根据《环评法》要求应编制环境影响篇章或说明。第二类规划属于专项规划、项目导向型规划，规划目标明确、规划方案具体，直接影响到工程立项、选址、工艺等问题，甚至直接包含一系列的项目或工程，这类规划一般要求编制环境影响报告书。

此外，专项规划中的指导性规划（如全国工业发展规划等）可参照第一类规划要求，编制环境影响篇章或说明。综合性规划中的土地利用相关规划，一般均为政策导向性规划；区域、流域、海域的建设与开发规划则有政策导向性、项目导向性两类。

对各规划的环境影响评价要求如图 11-3 所示。

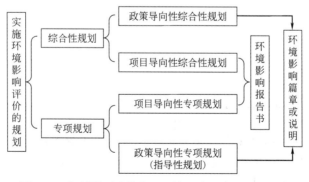

图 11-3　规划类型及其实施环境影响评价的相关要求

2. 规划环境影响评价的工作程序

规划环境影响评价的工作程序见图 11-4。

二、规划环境影响评价文件

规划环境影响评价文件包括规划环境影响评价实施方案和环境影响报告书、环境影响篇

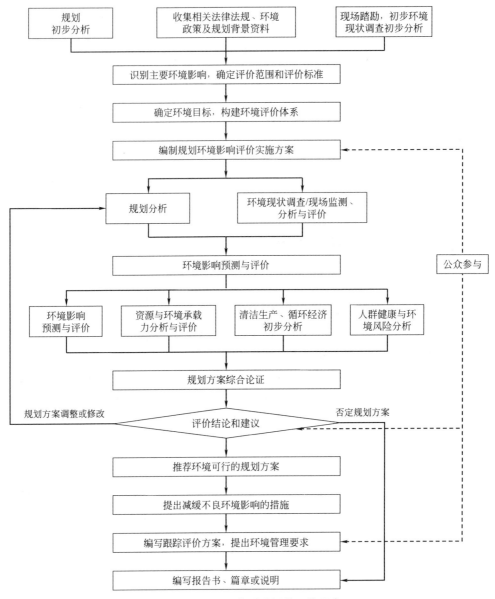

图 11-4 规划环境影响评价工作程序

章或说明。

1. 规划环境影响评价实施方案

环境影响评价实施方案类似于评价大纲，主要是制定工作计划，初步确定评价内容和评价重点，指导规划环境影响评价工作的开展。其内容主要包括：总则、规划方案的初步分析、环境概况、环境影响识别与评价指标体系构建、环境现状调查、环境影响预测与评价、公众参与、专题设置、工作计划等。

2. 规划环境影响报告书

① 总则。

② 规划分析。

③ 环境状况调查与评价。

④ 环境影响识别与评价指标体系构建。

⑤ 环境影响预测与评价。

⑥ 规划方案的合理性综合论证。

⑦ 环境影响减缓措施。

⑧ 环境影响跟踪评价。

⑨ 公众参与。

⑩ 评价结论

⑪ 附图、附件。

3. 规划环境影响篇章

规划环境影响篇章主要包括：前言、环境现状评价、环境影响分析预测和评价、环境影响减缓措施等。

三、规划环境影响评价的评价范围

按照规划实施可能影响的空间尺度确定评价范围。评价范围一般应包括规划区域、规划实施直接影响的周边地域，特别是规划实施可能影响的环境敏感区、重要生态功能保护区、生态脆弱区等其他重要区域应纳入评价范围。

确定规划环境影响评价的地域范围通常可考虑以下三个方面：一是自然地理单元的完整性（流域、盆地、山脉等），生态系统的完整性（如森林、草原、渔场等）；二是已有的管理区界（如行政区界等）或人为的地理边界（如公路、铁路或运河等）；三是规划的环境影响可能达到的范围。

四、规划环境影响评价的内容

1. 规划分析

规划分析应包括规划概述、规划的协调性分析和不确定性分析等。通过规划分析，从环境影响评价角度对规划内容进行分析和初步评估，从多个规划方案中初步筛选出备选的规划方案，作为环境影响分析、预测与评价的对象，并结合规划的不确定性分析结果，给出可能导致预测结果和评价结论发生变化的不同的预测情景。

（1）规划的概述

介绍规划编制的背景和定位，并详细说明规划的空间范围和空间布局，规划的目标、发展规模、结构、建设时序，资源能源利用、配套设施建设以及生态环境保护等评价关注的主要规划内容，从规划环境影响评价角度对其进行解析。如规划包含重大建设项目的，应明确其建设性质、内容、规模、地点等。其中规划的范围、布局等应给出相应的图、表。

（2）规划的协调性分析

首先要确定规划的行政级别（中央、地方）和规划属性（总体性规划、控制性规划、专项规划），然后按照国家级、拟议规划上一级、拟议规划同级这个顺序进行规划协调性分析。分析的重点是规划之间的冲突和矛盾。同层级规划之间的协调性分析应将重点放在环境保护、生态建设、资源保护与利用等规划内容之间的冲突和矛盾。

（3）规划的不确定性分析

规划的不确定性是指规划编制及实施过程中可能导致环境影响预测结果和评价结论发生变化的因素。主要来源于两个方面，一是规划方案本身在某些内容上不全面、不具体或不明确；二是规划编制时设定的某些资源环境基础条件，在规划实施过程中发生的能够预期的变化。规划的不确定性分析主要包括以下三个方面。

① 规划基础条件的不确定性分析 应重点分析规划实施所依托的资源、环境条件可能发生的变化情况，如水资源分配方案、土地资源使用方案、污染物总量分配方案等，论证规划各项内容顺利实施的可能性与必要条件，预测规划方案可能发生的变化、调整情况。

② 规划方案的不确定性分析 从能够预测、评价规划实施的环境影响的角度，分析规

划方案中需要具备但没有具备、应该明确但没有明确的内容，明确规划产业结构、规模、布局及时序等方面可能存在的变化情况。

③ 规划不确定性的应对措施　针对规划基础条件、具体方案两方面不确定性的分析结果，将各种可能出现的情况，经筛选后进行排列组合，设置针对规划环境影响预测的不同情景，用以预测、分析和评价不同情景下规划阶段性目标的可达性及其环境影响。

2. 现状调查与评价

现状调查与评价是进行规划环境影响识别的基础，主要通过资料与文献收集、整理与分析进行。通过调查与评价，可掌握评价范围内主要资源的利用状况，评价生态、环境质量的总体水平和变化趋势，辨析制约规划实施的主要资源和环境要素。

（1）现状调查内容

① 自然、社会环境状况。

② 环保基础设施建设及运行情况。

③ 资源分布与利用状况。主要调查评价范围内的土地资源、水资源、矿产资源、能源、生物资源现状、分布情况及其开发利用状况，以确定限制性资源因子，满足资源承载力分析的需要。

④ 环境质量与生态状况。为了明确区域环境质量现状是否满足环境功能区要求，调查分析评价范围内的水环境、大气环境、声环境、生态环境等环境现状的统计数据和监测数据，固体废物利用与处置状况；为了分析区域环境敏感区的现状及存在的主要问题，调查区域生态功能区划、环境功能区划、主要环境保护目标和重要环境敏感区的情况。

（2）现状分析与评价

① 资源利用现状评价　根据评价范围内土地资源和水资源总量，能源及主要矿产资源的储量，资源供需状况和利用效率等，分析区域资源利用和保护中存在的问题。

② 环境现状评价　通过叠图分析，详细对比规划布局与区域生态功能区划、环境功能区划和环境敏感区之间的关系，分析目前存在的主要环境问题。

评价区域水环境质量、大气环境质量、土壤环境质量、声环境质量状况和变化趋势，分析影响其质量的主要污染因子和特征污染因子的来源；评价区域现有环保设施的建设与运营情况，分析区域水环境（包括地表水和地下水）保护、主要环境敏感区保护、固体废物处置等方面存在的问题及原因，以及目前需解决的主要环境问题。

分析区域生态系统历史演化情况、发展趋势和承受干扰的能力，明确区域主要生态问题，评价区域生态系统的完整性、敏感程度；分析目前生态保护和建设方面存在的主要问题，明确生态系统恶化的主要原因。

分析评价区已发生的环境风险事故的类型、原因及造成的环境危害和损失，分析目前区域环境风险防范方面存在的问题。分析地方病产生的主要原因，评价区域人群健康状况。

③ 主要行业经济和污染贡献率分析　分析评价区主要污染行业的经济贡献率、资源消耗率和污染贡献率。

④ 已开发区域环境影响回顾性评价　对于已开发区域还应结合区域发展的历史或上一轮规划的实施情况，对区域生态系统的演变和环境质量的变化情况进行分析与评价，重点分析评价区域存在的主要环境问题与现有的开发模式、规划布局、产业结构、产业规模和资源利用效率等方面的关系。提出本次规划应注意的资源、环境问题，以及解决问题的参考途径，并为本次规划的环境影响预测提供类比资料和数据。

（3）制约因素分析

基于现状评价结果，结合环境影响回顾与环境变化趋势分析结论，重点分析评价区环境现状与环境质量、生态功能和其他环境保护目标间的差距，明确提出规划实施的生态、环境、资源制约因素。

3. 环境影响识别与评价指标体系

识别规划实施可能影响的资源与环境要素，建立规划要素与资源、环境要素之间的关系，初步判断影响的范围和程度，确定评价重点。并根据环境目标，结合现状调查与评价的结果，以及确定的评价重点，建立评价的指标体系。

（1）环境影响识别

在规划分析和环境现状评价的基础上进行，重点从规划的目标、结构、布局、规模、时序及重大规划项目的实施方案等方面，全面识别各规划要素造成的资源消耗（或占用）及环境影响的性质、范围和程度。如规划分为近期、中期、远期，还应按规划时段分别识别其影响。

（2）环境目标与评价指标确定

① 确定环境目标　环境目标是开展规划环境影响评价的依据，可根据规划区域、规划实施直接影响的周边地域的生态功能和环境保护、生态建设规划确定的目标，遵照有关环境保护政策、法规和标准，以及区域、行业的其他环境保护要求，确定规划应满足的环境目标。

② 确定评价指标　评价指标是用以评价规划环境可行性的、量化了的环境目标。一般可将环境目标分解成环境质量、生态保护、资源可持续利用、社会环境、环境经济等评价主题，筛选出表征评价主题的具体评价指标。对于现状调查与评价中确定的制约规划实施的生态、环境、资源因素，应作为筛选的重点。

评价指标应优先选取能体现国家环境保护的战略、政策和要求，突出规划的行业特点及其主要环境影响特征，同时符合评价区域环境特征易于统计、比较、量化的指标。

评价指标值的确定应符合相关环境保护政策、法规和标准中规定的限值要求，如国内政策、法规和标准中没有的指标值也可参考国际标准限值；对于不易量化的指标应经过专家论证，给出半定量的指标值或定性说明。

（3）评价指标体系

根据不同规划的特点，目前已提出了六类较为成熟的规划环境影响评价的指标示范体系，分别为区域规划、土地利用、工业、农业、能源、城市建设。其中工业规划的环境目标和评价指标见表 11-2。

4. 规划的环境影响预测与评价

规划的环境影响预测主要指对所有规划方案的主要环境影响进行预测，预测内容涵盖环境影响预测和规划方案影响下的可持续发展能力预测两个方面。

（1）规划开发强度分析

对规划要素进行深入分析，选择与规划方案性质、发展目标等相近的国内、外同类型已实施规划进行类比分析（对于已开发区域，可采用环境影响回顾性分析的资料），依据现状调查与评价的结果，同时考虑科技进步和能源替代等因素，结合不确定性分析设置的不同发展情景，估算不同发展情景下的开发强度，即对关键性资源的需求量和污染物的排放量，以及对生态的影响方式和影响强度。

（2）环境影响预测与评价

预测不同开发强度对水环境、大气环境、土壤环境、声环境的影响，明确影响的程度与范围，评价规划实施后评价区域环境质量能否满足相应功能区的要求。对环境质量影响较大、与节能减排关系密切的工业、能源、城市建设及区域建设和开发利用等专项规划，应进行定量或半定量环境影响预测与评价。

表 11-2　工业规划的环境目标与评价指标表述示范

环境主题	环　境　目　标	评　价　指　标
工业发展水平及经济效益	促进工业健康、高效与可持续的发展,改善环境质量	工业总产值(万元/年) 工业经济密度(工业总产值/区域总面积,万元/km²) 工业经济效益综合指数 高新技术产业产值占工业总产值的比例(%)
大气环境	控制工业空气污染物排放及空气污染	万元工业净产值废气年排放量[m³/万元(标准状况)] 万元工业净产值主要大气污染物年排放量(t/万元) 评价区域主要空气污染物(SO₂,PM₁₀,NO₂,O₃)平均浓度[mg/m³(标准状况)] 烟尘控制区覆盖率(%) 空气质量超标区面积(km²)及占区域总面积的比例(%) 暴露于超标环境中的人口数及占总人口的比例(%) 主要工业区及重大工业项目与主要住宅区的临近度
水环境	控制工业水污染物排放及水环境污染,尤其是保护水源地的水质	万元工业净产值工业废水年排放量(m³/万元) 万元工业净产值主要水环境污染物(CODcr,BOD₅,石油类,NH₃-N,挥发酚等)排放量(t/a) 工业废水处理率与达标排放率(%) 区域/行业主要水环境污染物年平均浓度(CODcr,BOD₅,石油类,NH₃-N,挥发酚)(mg/L) 集中式饮用水源地及其他水功能区水质达标率(%) 主要污水排放口与集中式饮用水源地、生态敏感区的临近度
噪声	控制工业区环境噪声水平	工业区区域噪声平均值[dB(A)](昼/夜)
固体废物	固体废物的生成量达到最小化、减量化及资源化	万元工业净产值工业固体废物产生量(吨/万元) 危险固体废物年产生量(吨/年) 工业固体废物综合利用率(%)
自然资源与生态保护	减少可能造成的对生态敏感区的危害	生物多样性指数 主要工业区及重大工业项目与生态敏感区的临近度 主要工业区及重大工业项目所占用的土地面积(km²),其中占用生态敏感区的面积(km²) 主要工业区及重大工业项目可能造成的生态区域破碎情况
资源与能源	资源与能源消耗总量的减量化,以及鼓励更多地使用可再生的资源与能源及废物的资源化利用	矿产资源采掘量(万吨/年); 淡水资源消耗量(万吨/年); 化石能源(煤、油、天然气等)采掘量(万吨/年); 上述资源、能源综合利用率(%) 能源结构(%); 新型能源、可再生能源比例(%)
其他		

　　预测不同开发强度对区域生物多样性、生态环境功能和生态景观的影响,明确规划实施对生态系统结构和功能所造成的影响性质与程度。参照《生态功能区划暂行规程》进行规划区域的生态敏感性分区,根据分区结果,评价规划布局的生态适宜性。

　　预测不同开发强度对自然保护区、饮用水水源保护区、风景名胜区等环境敏感区和重点环境保护目标的影响,评价其是否符合相应的保护要求。

　　对于规划实施可能产生重大环境风险源的,应开展事故性污染风险分析;对于某些有可能产生具有"三致"效应污染物、致病菌和病毒的规划,应开展人群健康风险分析;对于生态较为脆弱或具有重要生态功能价值的区域,应分析规划实施的生态风险。

　　对于工业、能源及自然资源开发等专项规划,应进行清洁生产分析,重点评价产业发展的物耗、能耗和单位 GDP 污染物排放强度等的清洁生产水平；对于区域建设和开发利用规划，以及工业、农业、畜牧业、林业、能源、自然资源开发的专项规划，需要进行循环经济分析，重点评价污染物综合利用途径与方式的有效性和合理性。

（3）累积环境影响预测与分析

识别和判定规划实施可能发生累积环境影响的条件、方式和途径，预测和分析规划实施与其他相关规划在时间和空间上累积环境影响。

（4）资源环境承载力评估

评估资源环境承载能力的现状利用水平，在充分考虑累积环境影响的情况下，动态分析不同规划时段可供规划实施利用的剩余资源承载能力、环境容量以及总量控制指标，重点判定区域资源环境对规划实施的支撑能力。

5. 规划方案的环境合理性综合论证

（1）环境合理性论证

主要从区域发展与环境保护、资源环境承载力、环境风险、区域环境管理和循环经济发展、规划实施环境影响评价结果等方面，分别论证规划目标与发展定位、规划规模、规划布局、规划结构、环境保护目标与评价指标的环境合理性。

（2）规划方案对可持续发展影响的综合论证

综合分析规划实施可能带来的直接和间接的社会、经济、生态效应，从促进社会、经济发展与环境保护相协调和区域可持续发展能力的角度，结合相关产业政策和环保要求，针对规划目标定位和规划要素阐明规划制定、完善和实施过程中所依据的环保要求与原则和所应关注的敏感环境问题。分析规划方案及其实施可能造成的不良环境影响、规划实施所需要占用、消耗或依赖的环境资源条件等，对其他相关部门、行业政策和规划实施造成的影响，提出协调相关规划实施或避免规划间矛盾冲突的原则或策略。

（3）规划方案的优化调整建议

根据规划方案的环境合理性和对可持续发展影响的综合论证结果，对规划要素提出明确的优化调整建议。特别是出现下列情况时。

① 规划的选址、选线和规划包含的重大建设项目用地与环境敏感区的保护要求相矛盾；

② 规划本身或规划内的项目属于国家明令禁止的产业类型或不符合国家产业政策、节能减排要求；

③ 采取规划方案中配套建设的生态环境保护措施后，区域的资源、环境承载力仍无法支撑规划的实施，仍可能造成严重的生态破坏和环境污染；

④ 规划方案中有依据现有知识水平和技术条件无法对其产生的不良环境影响的程度或范围作出科学判断的内容。

规划的优化调整建议应全面、具体、可操作，如对规划规模提出的调整建议，应明确调整后的规划规模，并保证实施后资源、环境承载力可以支撑。明确调整后的规划方案，作为评价推荐的规划方案。

6. 环境影响减缓措施及跟踪评价

（1）环境影响减缓措施

规划的环境影响减缓措施是对规划方案中配套建设的生态环境保护措施进行评估后，针对环境影响评价推荐的规划方案实施后所产生的不良环境影响，而提出的政策、管理或技术等方面的减缓对策和措施。

减缓对策和措施包括影响预防、影响最小化及对造成的影响进行全面修复补救三方面的内容。

① 预防对策和措施可从建立健全环境管理体系、划定禁止和限制开发区域、设定环境

准入条件、建立环境风险防范与应急预案等方面提出。

② 最小化对策和措施可从环境保护基础设施和污染控制设施建设方案、清洁生产和循环经济实施方案等方面提出。

③ 修复补救措施主要包括生态建设、生态补偿、环境治理等措施。

（2）环境影响跟踪评价

对于可能产生重大环境影响的规划，在编制规划环境影响评价文件时，应拟定跟踪评价方案，对跟踪评价的具体内容提出要求，以指导跟踪评价的实施。跟踪评价的具体内容包括：

① 对规划实施后已经或正在造成的环境影响的监控要求，明确需要进行监控的资源、环境要素及其具体的评价指标，提出回顾性评价的具体内容；

② 对规划实施中所采取的预防或者减轻不良环境影响的对策和措施进行分析和评价的具体要求，明确评价对策和措施有效性的方式、方法和技术路线；

③ 公众对规划实施区域生态环境的意见和对策建议的调查方案；

④ 明确结论中应有环境目标的落实情况、减缓重大不良环境影响对策和措施的改进意见以及规划方案调整、修改直至终止规划实施的建议。

五、规划环境影响评价的方法

目前在规划环境影响评价中采用的技术方法大致分为两大类别，一类是在建设项目环境影响评价中采取的，如：识别影响的各种方法（清单、矩阵、网络分析）、环境影响预测模型等；另一类是在经济部门、规划研究中使用的，如：各种形式的情景和模拟分析、投入产出方法、地理信息系统、投资-效益分析等。表 11-3 列出了规划环境影响评价各个环节适用的方法。

表 11-3　规划环境影响评价方法

序号	评价环节		方　法　名　称
1	规划分析		核查表、叠图分析、矩阵分析、专家咨询情景分析、博弈论法
2	现状调查与评价	现状调查	资料收集、现场踏勘、环境监测、生态调查、社会经济学调查（如问卷调查、专门访谈、专题座谈会等）
		现状分析与评价	专家咨询、综合指数法、叠图分析、生态学分析法（生态系统健康评价法、指示物种评价法、景观生态学评价等）
3	环境影响识别		核查表、矩阵分析、网络分析、叠图分析、灰色系统分析、层次分析、情景分析、专家咨询、压力-状态-响应分析
4	环境影响的预测与评价	规划开发强度的估算	情景分析、负荷分析（单位 GDP 物耗、能耗和污染物排放量等）、趋势分析、弹性系数法、类比分析、对比分析、投入产出分析、供需平衡分析
		累积影响评价	矩阵分析、网络分析、叠图分析、数值模拟、生态学分析法、灰色系统分析法
		环境风险评价	灰色系统分析法、模糊数学法、风险概率统计、事件树分析、生态学分析法
		资源环境承载力评估	情景分析、类比分析、供需平衡分析、系统动力学法

下面对几种常用的规划环境影响评价方法进行介绍。

1. 系统流图法

将环境系统描述成为一种相互关联的组成部分，通过环境成分之间的联系来识别次级的、三级的或更多级的环境影响，是描述和识别直接和间接影响的非常有用的方法。系统流图法是利用进入、通过、流出一个系统的能量通道来描述该系统与其他系统的联系和组织。

系统图指导数据收集，组织并简要提出需考虑的信息，突出所提议的规划行为与环境间的相互影响，指出那些需要更进一步分析的环境要素。

最明显不足是简单依赖并过分注重系统中能量过程和关系，忽视了系统间的物质、信息等其他联系，可能造成系统因素被忽略。

2. 情景分析法

未来发展趋势可能是多样的，情景分析法通过对系统内外相关问题的分析，设计出多种可能的未来情景，然后对系统发展态势的情景进行描述。情景分析法通常并不是某一个特定的方法，而是构造情景和分析情景的多个方法，是一个有特定步骤和方法工具箱的方法集。情景分析法可以用于规划环境影响的识别、预测以及累积影响评价等多个环节。其特点是可以反映出不同的规划方案（经济活动）情景下的环境影响后果，以及一系列主要变化的过程，便于研究、比较和决策。

例如，某市城市总体规划环境影响评价，情景设计主要参照规划中已经明确的内容（如人口规模、产业发展方向），对于规划中明确或细化的内容（如产业结构）做出不同情景预测。

情景一：人口增长和经济发展按目前发展现状进行外推设置；

情景二：对人口增长和经济发展采用一定的控制措施，资源、能源利用效率不断提高，但产业结构没有发生优化，工业主导产业仍包括部分高耗水、高耗能行业，第二产业增加值占 GDP 比重持续上升，主要反映人口控制措施不严格、经济结构不优化的情景下社会经济发展和环境、资源能源承载力情况；

情景三：采取严格的人口控制政策和产业政策，石油化工、精细化工和冶金业等高耗水、高耗能行业工业增加值占工业总增加值比重持续下降，低能耗、低水耗的电子信息业发展显著，第三产业占 GDP 比重上升，贡献率增加。

各情景概况如表 11-4 所示，从经济角度看，情景一获得的经济收益最大，但资源迅速耗尽、环境容量超载必然会影响经济发展的持续性；情景二资源、能源难以保障，经济发展后劲不足；情景三下产业结构优化，资源、能源利用效率提高，既满足了经济发展的需要，又使资源、能源得到了持续利用，污染物排放得到控制，是较好的发展情景。

表 11-4 某市设计的情景概况

情景		常住人口 /万人	第一产业		第二产业		第三产业		GDP /亿元
			产值 /亿元	占 GDP 比例/%	产值 /亿元	占 GDP 比例/%	产值 /亿元	占 GDP 比例/%	
情景一	2010 年	966	5.30	0.05	5912.36	57.13	4432.00	42.82	10349.66
	2012 年	1330	1.63	0.004	27225.79	68.19	12700.00	31.81	39927.42
情景二	2010 年	952	4.57	0.05	4972.18	54.27	4185.42	45.68	9162.17
	2012 年	1144	0.66	0.003	12544.1	58.14	9032.13	41.86	21576.89
情景三	2010 年	926	4.57	0.05	4464.82	48.92	4656.57	51.03	9125.9
	2012 年	1097	0.66	0.003	8779.14	38.85	13817.25	61.15	22597.06

3. 投入产出分析

在国民经济部门，投入产出分析主要是编制棋盘式的投入产出表和建立相应的线性代数方程体系，构成一个模拟现实的国民经济结构和社会产品再生产过程的经济数学模型，借助计算机，综合分析和确定国民经济各部门间错综复杂的联系和再生产的重要比例关系。投入是指产品生产所消耗的原材料、燃料、动力、固定资产折旧和劳动力；产出是指产品生产出来后所分配的去向、流向，即使用方向和数量，例如用于生产消费、生活消费和积累。

在规划环境影响评价中，投入产出分析可以用于拟定规划引导下，区域经济发展趋势的预测与分析，也可以将环境污染造成的损失作为一种"投入"（外在化的成本），对整个区域经济环境系统进行综合模拟。

4. 加权比较法

对规划方案的环境影响评价指标赋予分值，同时根据各类环境因子的相对重要程度予以加权；分值与权重的乘积即为某一规划方案对于该评价因子的实际得分；所有评价因子的实际得分累计加和就是这一规划方案的最终得分；最终得分最高的规划方案即为最优方案。分值和权重的确定可以通过 Delphy 法进行评定，权重也可以通过层次分析法（AHP 法）予以确定。

5. 对比评价法

（1）前后对比分析法

前后对比分析法是将规划执行前后的环境质量状况进行对比，从而评价规划环境影响。其优点是简单易行，缺点是可信度低。

（2）有无对比法

有无对比法是指将规划环境影响预测情况与若无规划执行这一假设条件下的环境质量状况进行比较，以评价规划的真实或净环境影响。

6. 博弈论

博弈论又称对策论，是使用严谨的数学模型研究冲突对抗条件下最优决策问题的理论。博弈论可定义为：一些个人、一些团体或其他组织，面对一定的环境条件，在一定的规则约束下，依靠所掌握的信息，同时或先后、一次或多次从各自允许选择的行为或策略进行选择并加以实施，并从中各自取得相应结果或收益的过程。博弈论所关心的问题是决策主体的行为在发生直接的相互作用时，双方所采取的决策以及这种决策之间的均衡问题，但核心问题是决策主体的一方行动后，参与博弈的其他人将会采取什么行动？参与者为取得最佳效果应采取怎样的对策？

规划的协调性分析的重要内容之一是分析不同类型的规划之间的冲突及如何协调，基于博弈论思想，可提出有针对性的规划协调思路。规划不相容，表面上是规划衔接协调不够，但背后反映的是规划编制参与主体之间的利益冲突。对于不同领域主管部门的价值观不同以及信息不对称等，同级部门编制的规划间常会出现冲突和矛盾，突出表现在社会经济类规划与环境保护类、资源利用类规划之间的矛盾与冲突。例如，某工业规划与同级的环境保护类规划以及土地利用总体规划等资源型规划之间冲突的分析见表 11-5。

表 11-5　不同级别部门编制的规划冲突分析

冲突原因	冲突表现	利益相关方	核 心 价 值
①部门间价值观冲突 ②部门间信息不对称	①环保目标和指标(污染物总量控制和排放标准等) ②用地布局及土地利用方式	环保部门	管辖区域环境质量改善,控制环境污染和生态破坏,至少保证区域环境质量不出现明显恶化,无重大污染事故
		国土部门	在确保耕地总量动态平衡和严格控制城市、集镇和村庄用地规模的前提下,统筹安排各类用地。严禁占用基本农田,严格控制农用地转为建设用地,切实保护耕地
		发展商	企业或个人的经济行为,以谋求最大利润为目的,受市场经济规律的制约,追求局部、短期的经济利益的最大化
		城市规划建设部门	考虑整体利益和长远利益,考虑整个城市甚至更大区域范围内用地的合理组织,以求达到经济效益、社会效益和生态效益的统一,具有全局性的特点

由于这类规划编制部门属于同级行政部门，因此各部门规划目标发生冲突时，可以依据

二者共同的上级别规划，即区域总体规划、综合性规划的相关内容进行调整。在专项规划与综合性规划发生冲突时，按照专项规划服从综合性规划，非法定规划服从法定规划的原则进行协调。

六、规划环评与区域环评、建设项目环评的比较

规划环评与区域环评、建设项目环评的评价目的、技术原则是基本相同的，但在介入时机、技术要求等具体细节上存在较大差异。表11-6说明了规划环评与区域环评、建设项目环评的异同点。

表 11-6　规划环评与区域环评、建设项目环评的比较

评价内容	建设项目环评	区域环评 （作为整体项目的区域）	规　划　环　评
介入时机	决策的末端	决策的中期阶段	在决策的早期阶段
评价对象	具体建设项目	开发建设活动	规划方案中所有拟开发建设行为
影响识别	识别具体的环境影响，短期、微观尺度	识别区域开发活动及相关建设项目的环境影响，一定时间段、中观尺度	识别宏观环境影响，长期、宏观尺度
替代方案	在有限的范围考虑替代方案	在区域及临近的范围考虑替代方案	更大的范围内考虑替代方案
环境影响	考虑叠加影响	考虑累积效应	对累积影响早期预警
环境效益	强调减缓措施	强调减缓措施	强调满足环境目标和维护生态系统，强调预防
技术要求	以标准为依据，处理具体环境问题	以评价指标体系为依据，处理区域环境问题	关注可持续议题，在环境影响的源头解决环境问题

将环境影响评价纳入到政策、规划和计划的制订与决策过程中，实际上是在决策的源头消除、减少、控制不利的环境影响。宏观上，规划环境影响评价重点解决与战略决策议题有关的环境保护问题，如规划发展目标的环境可行性、规划总体布局的环境合理性、实现规划发展目标的途径和方案的环境合理性和可行性。

在建设项目环境影响评价的层次上，主要回答项目实施过程中的环境影响防治问题。主要讨论建设项目选址选线、规模、布局、工艺流程的环境合理性；污染物排放的环境可行性与不利环境影响的最小化；减缓措施的技术、经济可行性及不利环境影响的公众接受程度。

▰ 案例分析

以上海市城市快速轨道交通近期建设规划环境影响评价为例。

一、总论

1. 规划概述

上海市城市快速轨道交通近期建设规划要求在 2012 年以前建设 10 条轨道交通线，全长约 389km，轨道网络由 3 条市域快速轨道线、6 条市区地铁线、1 条市区轻轨线组成，具体规划线路如图 11-5 所示。届时上海市轨道交通总长度为 510km，将承担全市公交客运总量的 43.58%。

2. 规划协调性分析

上海市城市快速轨道交通近期建设规划贯彻了上层位规划、国家"十一五"规划纲要、《上海市城市总体规划（1999—2020）》、《上海市城市近期建设规划（2003—2007）》《上海市城市交通白皮书》、《长江三角洲地区现代化公路水路交通规划纲要》和《"十一五"综合交通体系发展规划》提出的关于规划目标、布局要求、产业布局、配套设施等相应要求。与同层位的《关于切实推进"三个集中"加快上海郊区发展的规划纲要》、《上海市土地利用总体规划》、《上海地下空间概念规划》、《上海 2006—2008 年新三年环保行动计划》、《中国 2010 年上海世博会规划区总体规划》总体协调。轨道交通近期建设规划与各类相关规划具有

图 11-5　上海市城市快速轨道交通近期建设规划线路

很好的相容性和协调性。

3. 总体设计

（1）评价范围和年限

评价范围同规划范围，在空间上覆盖整个上海市城区。其中环境噪声评价范围为地上轨道线两侧各200m 距离范围。环境振动评价范围为轨道线两侧各 50m 距离范围。交通模式包括地上轨道交通和地铁；地上轨道交通包括地面线和高架线。

评价年限为现状分析年：2004—2005 年；预测分析年：2010—2012 年。

（2）评价重点

① 评价和分析本规划的合理性，以及与其他相关规划的相容性。

② 实施本规划对资源的需求和资源利用方式的合理性分析。

③ 预测分析本规划对上海环境污染控制、土地利用、社会经济发展的正面和负面影响，并提出控制要求。特别是噪声、振动和电磁方面的直接影响。

④ 提出规划调整建议。

4. 环境现状调查与分析

（1）上海市轨道交通现状的主要问题

轨道交通能力严重不足，难以满足居民的出行需求；交通线网布局不够合理；换乘站缺乏总体规划；城市轻轨的高架道路两侧存在噪声污染。

（2）规划范围生态敏感保护区

规划识别的生态敏感保护区见表 11-7。

5. 规划实施的环境制约因素

① 上海是滨海城市地基总体属于软土型，中心城区因过度抽取地下水存在较严重的地面沉降，存在诸多环境地质问题。

② 轨道交通能耗将间接增加电厂大气污染物的排放。

③ 规划施工期对穿越的生态敏感保护区会造成一定程度的影响。

④ 对沿线地区的噪声和振动影响。

⑤ 规划实施的建设过程会给城市交通带来压力。

表 11-7 生态敏感保护目标

分类	敏感保护目标	途经轨道交通规划线路	铺设方式	类型/重点保护
生态敏感区	佘山风景区	9 号线	高架	森林公园、鸟类保护区
	黄浦江上游准水源保护区	6、7、11 号线	地下	
历史文化风貌区	外滩	10、12 号线	地下	全国重点文物保护单位 1 处、市级保护单位 50 多处
	南京东路	8、10 号线	地下	全国重点文物保护单位 5 处、市级保护单位 10 多处
	人民广场	8 号线	地下	市级保护单位 15 处
	老城厢	9、10 号线	地下	全国重点文物保护单位 2 处、市级保护单位 10 处
	思南路	10、13 号线	地下	全国重点文物保护单位 9 处、市级保护单位 10 多处
	茂名路	10、12 号线	地下	市级保护单位 16 处
	衡山路	7、10、11 号线	地下	市级保护单位 62 处
	虹桥路	不穿越	地下	全国重点文物保护单位 1 处、市级保护单位 3 处
	山阴路	8 号线	地下	全国重点文物保护单位 1 处、市级保护单位 3 处
	江湾	8、10 号线	地下	市级保护单位 4 处
	龙华	11、12 号线	地下	全国重点文物保护单位 3 处、市级保护单位 2 处
"1966"四级城镇体系中的 4 个新城	松江新城	9 号线	高架	英国风格小镇、大学城
	临港新城	11 号线	高架	经济、产业、物流综合中心
	安亭新城	11 号线	高架	汽车城
	宝山新城	3 号线	高架	北欧城镇风格

⑥ 居民拆迁将产生一定的社会环境影响。

二、环境影响识别与筛选

1. 环境影响识别

本规划所引起的环境影响见表 11-8。

2. 环境保护目标

规划实施后，各线路所经过地区的相应环境因子应达到环境功能区标准。同时，电磁、文物保护等方面应满足其他相关法律法规要求。

3. 评价指标体系

详细评价指标体系如表 11-9 所示。

三、环境承载力分析与评价

1. 土地资源

轨道交通运送能力是公共汽车的几倍至几十倍，但占用的土地资源仅为道路交通的 1/8。规划通过对地下空间的利用，相当于新增上海城市道路总面积 5.26% 的地表土地资源，而且分流了大量的商业活动与人流，优化了城市结构。若不实施规划，而以地面道路交通满足相同的需求，则要多占用 2 倍多的土地资源。

规划的建设项目均已完成规划选线和土地控制工作，上海市的土地利用规划可确保轨道交通用地需求。

2. 水资源

本规划包含的线路共需年用水量 $233 \times 10^4 \mathrm{m}^3$，上海市的水资源现状能够满足规划实施对水资源的需求。

3. 能源

轨道交通的能耗仅为公共汽车的 3/5，私人汽车的 1/6。规划包含的线路年耗电总量为 $208590 \times 10^4 \mathrm{kW \cdot h}$，取自城市电网，安全可靠，节约能耗。与道路公共交通相比，相当于节省汽油 $500 \times 10^4 \mathrm{t}$。

表 11-8　环境影响调查表及结果

被影响因素	影响来源	环境影响统计											
		影响性质		影响大小			持续时间/%					是否可逆	
		正面	负面	大	中	小	非常长	长	一般	短	非常短	是	否
声、振动环境	轨道交通线路施工建设		•		•			•				•	
	轨道交通运行		•		•				•				•
电磁辐射	轨道交通运行		•			•				•			•
地表水环境	轨道交通线路施工建设		•		•					•			•
	车辆清洗维修		•			•					•		•
振动	轨道线路施工		•		•				•				•
	轨道交通运行		•	•					•				•
生态环境	轨道交通运行		•		•				•				•
社会影响	建设造成的拆迁	•			•				•				•
	运营后使市民出行便利和快捷度增加	•			•				•				
资源利用	土地、植被等自然资源及电力等能源的占用		•		•				•				
	与传统交通方式相比节省的自然和社会资源	•			•				•				

表 11-9　评价指标体系

主题	指标	现状	2012 年	是否为跟踪评价要求
生态环境保护	区域环境噪声平均值[dB(A)]/(昼/夜)	—	符合城市区域相应环境噪声功能区标准	√
	城市交通干线两侧噪声平均值[dB(A)]/(昼/夜)			
	城市交通干线两侧振动平均值[dB(A)]/(昼/夜)	—	符合 GB 10070—88	√
	规划交通网络干线与居民住宅的邻近度	—	>50	√
	职业照射导出限值、公众照射导出限值	—	符合 GB 8702—88	√
资源利用	弃土重复利用率/%		100	√
	单位线路长度年客运量/(万人次/km)	519	720~750	√
	车厢清洗耗水量/(L/节)	1700	<100	√
	全部轨道车辆和机电设备的平均国产化率/%	—	>70	√
社会服务	中心城区(外环以内)网密度/(km/km²)		0.46	√
	中心城区(外环以内)车站密度/(个/km²)	—	0.36	√
	轨道交通公共出行分担率	10.9	>40	√
	轨道交通换乘系数	—	1.4~1.5	
	中心城区平均交通出行时间/min	58	<45	√
	大型客流集散点与轨道交通站点距离/m	—	<500	√
	越江通道客运量/(万人/d)	40	292	√
	中心城中心镇交通轨道通达率/%	—	100	√
	车辆购置费在建设投资总额中的比例/%	30~40	25~28	
	环境保护投资占交通规划投资的比例/%	—	3	√
跟踪评价	民众对轨道交通状况的满意程度/%	84	88	√
	轨道交通车站自行车停车库	大部分有	全部有	√

4. 环境容量

规划实施后，对大气环境基本是"零排放"，因替代道路机动车而削减了一氧化碳、氮氧化物、碳氢化合物的排放量，相当于为城市释放了这些污染物的环境容量，但因轨道交通运营耗电而间接导致电厂二氧化硫和烟尘的排放量的增加。污水纳入城市管网，间接消耗了部分水环境容量。

四、规划环境影响评价

1. 声环境

高架线路产生的噪声影响比地下线路产生的噪声影响范围大得多，尤其是夜间噪声影响更为显著。建议外环线之内，人口密集的重点城镇、敏感区选择地下线路形式。

线路两侧各 30m 范围内不宜新建声敏感建筑。轨道交通列车运行噪声在控制一定防护距离后，可以达到各功能区标准。地下线路的噪声影响主要为风亭和冷却塔噪声。风亭噪声防护距离达 14～30m，冷却塔噪声防护距离达 24～56m。

设计时优先选用低噪声设备，全线高架段、地面段两侧预留声屏障基础。如仍不能满足相应标准要求，则需采取建筑功能置换措施，将敏感单元置换为对噪声不敏感的其他用途。

2. 振动环境

地铁外轨中心线 30m 以外区域的地表振动可满足《城市区域环境振动标准》（GB 10070—88）"交通干线两侧"、"混合区"、"商业中心区"标准要求。地铁外轨中心线 55m 以外区域的地表振动可满足"居民、文教区"标准要求。必须确保轨道交通线路在地面上与敏感建筑物的水平距离大于 40m，隧道埋深必须大于 20m。特别是穿越以Ⅲ类建筑为主的历史风貌区时，建筑物室内振动水平应控制在 65dB 以内，否则必须重新选址设计。

无论是高架段或地下段在车站附近由于车速低，环境振动基本达标。

在地铁及高架轻轨沿线的建筑物应以基础牢固的楼房为主，逐渐拆除两侧陈旧、低矮的Ⅲ类建筑。对于超标量小于 8dB 的路段采用弹性短枕整体道床或 LORD 扣件的减振措施，超标量 11～15dB 的路段可采用 Vanguard 的减振扣件，超标量大于 15dB 的路段可采用钢弹簧浮置板轨道将振动影响降到最低。

3. 电磁辐射

电磁辐射主要来自于主变电站、地铁列车产生的电磁场和无线电干扰。其中电磁辐射远低于国标《电磁辐射防护规定》（GB 8702—88）的相应限值，不会对乘客身体健康造成有害影响。但地面段列车通过时产生的无线电干扰，会使沿线采用天线收看的电视用户的信号质量下降。

主变电站工频电、磁场不会对距变电站距离大于 10m 的居民造成有害影响，要求 220kV 的变电站要离开居民楼 35m，35kV 和 110kV 要离开 15m，10kV 要离开 8m。

4. 大气环境

规划实施后对大气环境基本上是"零排放"，因替代大量机动车而减少了污染物排放，可改善中心城区的低空环境质量。间接增加电厂 SO_2 和烟尘的排放量，但由于电厂位于郊区，环境容量大，增加的影响是轻微的。

对微观区域空气质量的影响主要是地面风亭排风。污染物主要为隧道内装修散发的气体及积尘、空调异味。风亭与居民区的最小控制距离为 15m。

5. 水环境

规划对水环境的影响主要为水资源的利用和运营期生产、生活污水的排放。运营期间，位于中心城内的车站等产生污水纳入城市管网排放，郊区无接管条件的就近排入污水处理厂，对水环境不会产生明显的污染影响。

6. 土壤和固体废弃物

规划产生的固体废弃物主要为隧道出渣、桥梁基坑弃土、建筑垃圾及施工人员的生活垃圾等。运营期主要为旅客和车站职工的生活垃圾，列车更换产生的废蓄电池、污水就地处理后的污泥等。其中废蓄电池为危险固体废物，单独收集后由专业厂家处置。其余均属于一般固体废物，委托环卫部门处理。

7. 生态环境

规划对生态的影响主要是部分高架线路及车站、风亭等对周边生态景观的影响。高架及地面轨道交通构筑物对郊区生态系统产生的空间隔断，但沿线无自然保护区、特殊生境及珍稀濒危物种，影响是十分有限的。

为减少对土地资源的占用及对沿线自然生境的分割与冲击，轨道交通线路应尽可能沿已有公路铺设。

8. 社会环境

规划对社会环境的影响主要是正面的影响。可提高公共运输能力，改变出行方式，节能减污，促进经济发展和城市建设等。征地、居民拆迁会产生一定的负面影响。

五、规划的环境可行性分析

规划线路完全规避了除准水源保护区外的其他各自然保护区。穿越黄浦江上游准水源保护区 17.5km，穿越中心城区的 10 个历史文化风貌区、途经佘山风景区和佘山国家森林公园。经分析评价表明，规划对生态敏感区的影响，主要是振动对老城厢等 5 个历史文化风貌区的影响，采取综合减振措施后，影响是可控的，线路走向总体是合理的。

六、结论及建议

综上所述，本规划无显著制约因素，规划目标和环境目标总体是合理和可以达到的，对上海市的可持续发展作用巨大。因此本规划在环境上是可行的。

习题

1. 开发区区域环境影响评价的适用范围是什么？
2. 开发区区域环境影响评价为什么要进行土地利用和生态适宜度分析？
3. 开发区区域环境影响评价的基本内容是什么？
4. 规划环境影响评价如何分类？每种类型所对应的管理模式和评价文件及其内容如何？
5. 规划环境影响评价中的"一地三域"和"十个专项"分别指什么？
6. 简述规划环境影响评价的基本内容。
7. 规划环境影响评价常用的方法有哪些？
8. 简述规划环评、区域环评和项目环评三者的异同点。
9. 选择题

(1) 以下规划的环境影响评价适用《规划环境影响评价技术导则（试行）》的是（　　）。

    A. 县级水利发展规划　　　　　　　B. 电力集团发展规划

    C. 造纸厂发展规划　　　　　　　　D. 国家能源发展规划

(2) 依据《规划环境影响评价技术导则（试行）》，开展城市总体规划环境影响评价的合理时机是（　　）。

    A. 城市总体规划公示之后　　　　　B. 城市总体规划公示期间

    C. 城市总体规划编制初期　　　　　D. 城市总体规划编制后期

第十二章 环境影响评价文件编写

> **【内容提要】**
> 　　根据建设项目对环境产生的影响大小，环境影响评价文件主要分为环境影响报告书、报告表和登记表。本章介绍了环境影响报告书、报告表及登记表的编写要求和编制内容，以及环境质量评价图的绘制。

第一节　环境影响评价文件编写要求及编制内容

一、政策和技术要求

环境影响评价文件包括环境影响报告书、环境影响报告表和环境影响登记表，是环境保护部门审批项目的重要技术依据，也是项目今后污染防治工作的指导性文件，其编制质量的好坏直接关系到环境影响评价制度的执行效果。对于环境影响评价文件编制的质量，可以从政策层面和技术层面来分析。

在政策层面上，环境影响评价文件应说明项目的建设是否符合国家的环境保护相关法律法规规定，是否符合部门规章、行业政策，是否符合产业政策，是否符合区域发展规划、环境规划的要求。

在技术层面，环境影响评价文件要能够全面、客观、公正、概括地反映环境影响评价的全部工作；体现建设项目的工程特点，特别是产污环节、产污量、采用的污染防治措施的具体化；项目建成后对环境的影响程度，包括对环境敏感目标的影响程度，以及环境及受体的可接受性；有简洁明了的评价结论。

二、总体要求

环境影响评价文件编制总体要求如下。

① 应全面、概括地反映环境影响评价的全部工作，环境现状调查应细致，主要环境问题应阐述清楚，重点应突出，论点应明确，环境保护措施应可行、有效，评价结论应明确。

② 文字应简洁、准确，文本应规范，计量单位应标准化，数据应可靠，资料应详实，并尽量采用能反映需求信息的图表和照片。

③ 资料表述应清楚，利于阅读和审查，相关数据、应用模式须编入附录，并说明引用来源；所参考的主要文献应注意时效性，并列出目录。

④ 跨行业建设项目的环境影响评价，或评价内容较多时，其环境影响报告书中各专项评价根据需要可繁可简，必要时，其重点专项评价应另编专项评价分报告，特殊技术问题另编专题技术报告。

三、环境影响报告书的编制内容

环境影响评价报告书是环境影响评价工作成果的集中体现，是环境影响评价承担单位向其委托单位即建设项目单位或其主管单位提交的工作文件。

1. 前言

简要说明建设项目的特点，环境影响评价的工作过程、关注的主要环境问题及环境影响报告书的主要结论。

2. 总则

① 编制依据；

② 评价因子与评价标准；

③ 评价工作等级和评价重点；

④ 评价范围及环境敏感区；

⑤ 相关规划及环境功能区划。

3. 建设项目概况与工程分析

采用图表及文字结合方式，概要说明建设项目的基本情况、项目组成、主要工艺路线、工程布置及与原有、在建工程的关系。

对建设项目的全部项目组成和施工期、运营期、服务期满后所有时段的全部行为过程的环境影响因素及其影响特征、程度、方式等进行分析与说明，突出重点；并从保护周围环境、景观及环境保护目标要求出发，分析总图及规划布置方案的合理性。

4. 环境现状调查与评价

根据当地环境特征、建设项目特点和专项评价设置情况，从自然环境、社会环境、环境质量和区域污染源等方面选择相应内容进行现状调查与评价。

5. 环境影响预测与评价

给出预测时段、预测内容、预测范围、预测方法及预测结果，并根据环境质量标准或评价指标对建设项目的环境影响进行评价。

6. 社会影响评价

明确建设项目可能产生的社会影响，定量预测或定性描述社会影响评价因子的变化情况，提出降低影响的对策与措施。

7. 环境风险评价

根据建设项目环境风险识别、分析情况，给出环境风险评估后果、环境风险的可接受程度，从环境风险角度论证建设项目的可行性，提出具体可行的风险防范措施和应急预案。

8. 环境保护措施及其经济、技术论证

明确建设项目拟采取的具体环境保护措施。结合环境影响评价结果，论证建设项目拟采取环境保护措施的可行性，并按技术先进、适用、有效的原则，进行多方案比选，推荐最佳方案。按工程实施不同时段，分别列出其环保投资额，并分析其合理性。给出各项措施及投资估算一览表。

9. 清洁生产分析和循环经济

量化分析建设项目清洁生产水平，提高资源利用率、优化废物处置途径，提出节能、降耗、提高清洁生产水平的改进措施与建议。

10. 污染物排放总量控制

根据国家和地方总量控制要求、区域总量控制的实际情况及建设项目主要污染物排放指标分析情况，提出污染物排放总量控制指标建议和满足指标要求的环境保护措施。

11. 环境影响经济损益分析

根据建设项目环境影响所造成的经济损失与效益分析结果，提出补偿措施与建议。

12. 环境管理与环境监测

根据建设项目环境影响情况，提出设计、施工期、运营期的环境管理及监测计划要求，包括环境管理制度、机构、人员、监测点位、监测时间、监测频次、监测因子等。

13. 公众意见调查

给出采取的调查方式、调查对象、建设项目的环境影响信息、拟采取的环保措施、公众对环境保护的主要意见、公众意见的采纳情况等。

14. 方案比选

建设项目的选址、选线和规模，应从是否与规划相协调、是否符合法规要求、是否满足环境功能区要求、是否影响环境敏感区或造成重大资源经济和社会文化损失等方面进行环境合理性论证。如要进行多个厂址或选线方案的优选时，应对各选址或选线方案的环境影响进行全面比较，从环境保护角度，提出选址、选线意见。

15. 环境影响评价结论

环境影响评价结论是全部评价工作的结论，应在概括全部评价工作的基础上，简洁、准确、客观地总结建设项目实施过程各阶段的生产和生活活动与当地环境的关系，明确一般情况下和特定情况下的环境影响，规定采取的环境保护措施，从环境保护角度分析，得出建设项目是否可行的结论。

环境影响评价的结论一般应包括建设项目的建设概况、环境现状与主要环境问题、环境影响预测与评价结论、项目建设的环境可行性、结论与建议等内容，可有针对性地选择其中的全部或部分内容进行编写。环境可行性结论应从与法规政策及相关规划一致性、清洁生产和污染物排放水平、环境保护措施可靠性和合理性、达标排放稳定性、公众参与接受性等方面分析得出。

16. 附录和附件

将建设项目依据文件、评价标准和污染物排放总量批复文件、引用文献资料、原燃料品质等必要的有关文件、资料附在环境影响报告书后。

在报告书的实际编制过程中，根据工程特点、环境特征、评价级别、国家和地方的环境保护要求，选择上述但不限于上述全部或部分专项评价，亦应根据国家或地方新的保护要求适当调整或增加专题评价。

污染影响为主的建设项目一般应设置工程分析，周围地区的环境现状调查与评价，环境影响预测与评价，清洁生产，风险评价，环境保护措施及其经济、技术论证，污染物排放总量控制，环境影响经济损益分析，环境管理与监测计划，公众参与，评价结论和建议等专题。生态影响为主的建设项目还应设置施工期、环境敏感区、珍稀动植物、社会等影响专题。

第二节 建设项目环境影响登记表与报告表

一、建设项目环境影响登记表的编写

环境影响登记表的内容主要包括项目内容及规模、原辅材料、水及能源消耗、废水排放量及排放去向、周围环境简况、生产工艺流程简述、拟采取的防治污染措施，以及登记表的审批意见。其中除审批意见外，都由建设项目单位填写建设项目的基本情况。具体内容如下：

① 项目内容及规模；

② 原辅材料（包括名称、用量）及主要设施规格、数量（包括锅炉、发电机等）；

③ 水及能源消耗量：包括用水、电，燃煤、燃油、燃气等；

④ 废水（工业废水、生活废水）排放量及排放去向；

⑤ 周围环境简况（可附图说明）；

⑥ 生产工艺流程简述（如有废水、废气、废渣、噪声产生，需明确产生环节，并用文字说明污染物产生的种类、数量、排放方式、排放去向）；

⑦ 与项目相关的老污染源情况（包括各污染源排放情况、治理措施、排放达标情况）；

⑧ 拟采取的防治污染措施（包括建设期、营运期及原有污染治理）及排放达标情况。

二、建设项目环境影响报告表的编写

建设项目环境影响报告表应由具有环境影响评价资质的单位编制。建设项目环境影响报告表的内容主要包括：建设项目基本情况、所在地自然环境和社会环境简况、环境质量状况、评价适用标准、建设项目工程分析、污染物产生及预计排放情况、环境影响分析、拟采取的防治措施及预期治理效果、结论与建议等，具体内容如下。

1. 项目概况

项目名称、建设单位、建设地点、建设性质、行业类别、占地面积、总投资、环境保护投资、预期投产日期、工程内容与规模、与本项目有关的原有污染情况及主要环境问题。

2. 建设项目所在地自然环境、社会环境简况

① 自然环境简况　地形、地貌、地质、气候、气象、水文、植被、生物多样性等。

② 社会环境简况　社会经济结构、教育、文化、文物保护等。

3. 环境质量状况

① 建设项目所在地区域环境质量现状及主要环境问题，包括：环境空气、地表水、地下水、声环境、生态环境等。

② 主要环境保护目标，指项目区周围一定范围内集中居民住宅区、学校、医院、文物、风景名胜区、水源地和生态敏感点等，应尽可能给出保护目标性质、规模和距厂界距离等，列出名单及保护级别。

4. 评价适用标准

包括该项目适用的相关环境质量标准、污染物排放标准和总量控制指标。

5. 建设项目工程分析

包括工艺流程简述、主要污染工序等。

6. 项目主要污染物产生及预计排放情况

包括大气、水、固体废物、噪声等污染物的排放源，污染物名称，处理前产生浓度及产生量，排放浓度及排放量，以及主要生态影响。

7. 环境影响分析

包括施工期和营运期环境影响简要分析。

8. 建设项目拟采取的防治措施及预期治理效果

包括大气、水、固体废物、噪声等污染物的排放源，污染物名称、防治措施、预期处理效果，以及生态保护措施及预期效果。

9. 结论与建议

给出本项目清洁生产、达标排放和总量控制的分析结论，确定污染防治措施的有效性，说明本项目对环境造成的影响，给出建设项目环境可行性的明确结论，同时提出减少环境影响的其他建议。

若报告表不能说明项目产生的污染及对环境造成的影响，应根据项目特点和当地环境特征，选择大气环境、水环境、生态环境、声环境、土壤环境、固体废物或其他专项中的1～2项进行专项评价。

第三节　环境质量评价图的绘制

环境质量评价图是环境质量评价报告书中不可缺少的部分。环境质量评价制图的基本任务：使用各种制图方法，形象地反映一切与环境质量有关的自然和社会条件、污染源和污染物、污染和环境质量以及各种环境指标的时空分布等。通过制图有助于查明环境质量在空间

内分布的差异，找出规律，对研究环境质量的形成和发展，进行环境区划，环境规划和制订环境保护措施具有实际意义。环境质量评价图具有直观、清晰、对比性强等特点，能起到文字起不到的作用。因此，它在环境评价中越来越受到重视。

一、环境质量评价图的分类

环境质量评价图是环境质量评价的基本表达方式和手段。环境质量评价图有各种类型，具体分类如下。

按环境要素可分为：大气环境质量评价图、水环境（地表水、地下水、湖泊、水库）质量评价图、土壤环境质量图等。

表达生态环境状况的有：土地利用现状图、植被图、土壤侵蚀图、生物生境质量现状图。

按区域类型可分为：城市环境质量评价图、流域水系分布与质量评价图、海域环境质量评价图、区域动植物资源分布图、自然灾害分布图、风景游览区环境质量评价图、区域环境质量评价图。

按环境质量评价图的性质分为：普通图、环境质量评价图。

二、环境评价地图

凡是以地理地图为底图的环境质量评价图统称为环境质量评价地图。它是环境质量评价所独有的图，专为表示环境质量评价各参数的时空分布而设计的，环境质量评价地图包括以下几个方面的图型。

① 环境条件地图　包括自然条件和社会条件两个方面。

② 环境污染现状地图　包括污染源分布图、污染物分布（或浓度分布）图、主要污染源和污染物评价图等。

③ 环境质量评价图　包括污染物污染指数图、单项环境质量评价图、环境质量综合评价图、生物生境质量评价图、植被图等。

④ 环境质量影响地图　包括对人和生物的影响，如土地利用现状图、土壤侵蚀图、自然灾害分布图。

⑤ 环境规划地图　包括功能区划图、资源分布图、产业布局图等。

三、环境质量评价图制图方法

1. 符号法

用一定形状或颜色的符号表示环境现象的不同性质、特征等。各种专业符号，如果不用符号的大小表示某种特征的数量关系，应保持符号大小一致；有数量值大小区别时，其符号大小或等级差别应做到既明显又不过分悬殊，使整幅图美观、大方、匀称。中、小比例尺图的符号定位，做到相对准确。

2. 定位图表法

定位图表法是在确定的地点或各地区中心用图表表示该地点或该地区某些环境特征。适用于编制采样点上各种污染物浓度值或污染指数值图、风向频率图、各区工业构成图、各工业类型的"三废"数量分配图等。

3. 类型图法

根据某些指标，对具有同指标的区域，用同一种晕线或颜色表示。对具有不同指标的各个环境区域，用不同晕线或颜色表示。适用于编制土地利用现状图、河流水质图、交通噪声图、环境区划图等。

4. 等值线法

利用一定的观测资料或调查资料，内插出等值线，用来表示某种属性在空间内的连续分布和渐变的环境形象，是环境质量评价制图中常用的方法。它适于编制温度等值线图、各种污染物的等浓度线或等指数线图等。

5. 网格法

网格法又称微分面积叠加法，网格图具有分区明显、计数方便、制图方便、能提高制图精度、并可自动化制图等特点，在城市环境质量评价中被广泛采用。

四、环境评价普通图的绘制

环境质量评价普通图是各学科、各种技术中通用的图。它主要是在分析各种资料数据时，为了便于说明这些数据之间的内在联系、相对关系而采用的各种图表。

1. 分配图表

用于表示分量和总量的比例，即百分数的图形表示数，有圆形的、方形的等。

2. 时间变化图

常用曲线图表示各种污染物浓度、环境要素在时间上的变化。如日变化、季变化、年变化等。

3. 相对频率图

如风向频率玫瑰图、风速频率玫瑰图。

4. 累积图

污染物在不同环境介质中累积量，可制成毒物累积图。

5. 过程线图

过程线图表示某污染物在运动的进程中，浓度随距离变化的关系，或浓度随时间的变化关系。

6. 相关图

相关图是相关分析中必绘的图，也是环境质量评价中常绘的图。

以上是环境质量评价普通图的一部分，还有许多种。但是图表的绘制是为说明环境质量服务的。它的取舍应以既说明问题又精炼为原则，不应以追求图的多样性为目的。

习题

1. 环境影响评价文件的类型包括哪些？
2. 简述建设项目环境影响报告书的编制要点。
3. 简述建设项目环境影响报告表的编制要点。
4. 环境质量评价地图包括哪些类型？

附　　录

附件一　环境影响评价相关网站及其网址

1. 中华人民共和国环境保护部　http://www.zhb.gov.cn/
2. 中国环境影响评价网　http://www.china-eia.com/
3. 中国清洁生产网　http://www.cncpn.org.cn/
4. 中国环境标准网　http://www.es.org.cn/cn/index.html
5. 环评爱好者　http://www.eiafans.com/forum.php；
6. 环境影响评价论坛　http://www.china-eia.com：81/forum.php
7. 环保之家论坛　http://www.huanjingbaohu.com/forum.php
8. 环评吧　http://www.eia8.com/
9. 环评俱乐部　http://www.eiaclub.com/old/
10. 环评信息导航网　http://www.eiacn.com/
11. 环评网　http://www.huanpingwang.com.cn/

附件二　环境影响评价相关法律法规及标准

一、环境影响评价相关法律法规

1. 《中华人民共和国环境保护法》
2. 《中华人民共和国环境影响评价法》
3. 《建设项目环境影响评价资质管理办法》
4. 《建设项目环境保护管理条例》
5. 《环境影响评价工程师执业资格制度暂行规定》
6. 《环境影响评价工程师执业资格考试实施办法》
7. 《环境影响评价工程师执业资格考核认定办法》
8. 《环境影响评价工程师继续教育暂行规定》
9. 《建设项目竣工环境保护验收管理办法》
10. 《建设项目环境影响评价行为准则与廉政规定》
11. 《中华人民共和国大气污染防治法》
12. 《中华人民共和国水污染防治法》
13. 《中华人民共和国固体废物污染环境防治法》
14. 《中华人民共和国环境噪声污染防治法》
15. 《中华人民共和国放射性污染防治法》
16. 《中华人民共和国海洋环境保护法》
17. 《中华人民共和国循环经济促进法》
18. 《中华人民共和国水法》
19. 《中华人民共和国节约能源法》
20. 《中华人民共和国清洁生产促进法》

21.《中华人民共和国草原法》

22.《中华人民共和国文物保护法》

23.《中华人民共和国森林法》

24.《中华人民共和国渔业法》

25.《中华人民共和国矿产资源法》

26.《中华人民共和国土地管理法》

27.《中华人民共和国水土保持法》

28.《中华人民共和国野生动物保护法》

29.《中华人民共和国防洪法》

30.《中华人民共和国城乡规划法》

31.《中华人民共和国河道管理条例》

32.《中华人民共和国自然保护区条例》

33.《风景名胜区条例》

34.《基本农田保护条例》

35.《土地复垦条例》

36.《医疗废物管理条例》

37.《危险化学品安全管理条例》

38.《中华人民共和国防沙治沙法》

39.《中华人民共和国防治海岸工程建设项目污染损害海洋环境管理条例》

二、环境政策与产业政策

1.《国务院关于落实科学发展观加强环境保护的决定》

2.《国务院关于加强环境保护重点工作的意见》

3.《国家环境保护"十二五"规划》

4.《"十二五"节能减排综合性工作方案》

5.《全国生态环境保护纲要》

6.《国家重点生态功能保护区规划纲要》

7.《全国生态脆弱区保护规划纲要》

8.《全国主体功能区规划》

9.《关于推进大气污染物联防联控工作改善区域空气质量的指导意见》

10.《促进产业结构调整暂行规定》

11.《关于抑制部分行业产能过剩和重复建设引导产业健康发展的若干意见》

12.《环境保护部关于贯彻落实抑制部分行业产能过剩和重复建设引导产业健康发展的通知》

13.《外商投资产业指导目录》

14.《废弃危险化学品污染环境防治办法》

15.《国家危险废物名录》

16.《建设项目环境保护分类管理名录》

17.《产业结构调整指导目录》

18.《环境影响评价公众参与暂行办法》

19.《建设项目环境影响评价分类管理名录》

三、环境影响评价技术导则

1.《环境影响评价技术导则　总纲》（HJ 2.1—2011）

2.《建设项目环境影响技术评估导则》（HJ 616—2011）

3.《环境影响评价技术导则　煤炭采选工程》（HJ 619—201）

4.《环境影响评价技术导则　制药建设项目》（HJ 611—2011）

5.《环境影响评价技术导则　生态影响》（HJ 19—2011）

6.《环境影响评价技术导则　地下水环境》（HJ 610—2011）

7.《环境影响评价技术导则　农药建设项目》（HJ 582—2010）

8.《环境影响评价技术导则　声环境》（HJ 2.4—2009）

9.《规划环境影响评价技术导则　煤炭工业矿区总体规划》（HJ 463—2009）

10.《环境影响评价技术导则　城市轨道交通》（HJ 453—2008）

11.《环境影响评价技术导则　大气环境》（HJ 2.2—2008）

12.《环境影响评价技术导则　陆地石油天然气开发建设项目》（HJ/T 349—2007）

13.《建设项目环境风险评价技术导则》（HJ/T 169—2004）

14.《开发区区域环境影响评价技术导则》（HJ/T 131—2003）

15.《规划环境影响评价技术导则（试行）》（HJ/T 130—2003）

16.《环境影响评价技术导则　水利水电工程》（HJ/T 88—2003）

17.《环境影响评价技术导则　石油化工建设项目》（HJ/T 89—2003）

18.《环境影响评价技术导则　民用机场建设工程》（HJ/T 87—2002）

19.《工业企业土壤环境质量风险评价基准》（HJ/T 25—1999）

20.《500kV 超高压送变电工程电磁辐射环境影响评价技术规范》（HJ/T 24—1998）

21.《辐射环境保护管理导则　电磁辐射环境影响评价方法与标准》（HJ/T 10.3—1996）

22.《环境影响评价技术导则　地面水环境》（HJ/T 2.3—93）

四、环境影响评价相关标准

1.《地表水环境质量标准》（GB 3838—2002）

2.《海水水质标准》（GB 3097—1997）

3.《地下水质量标准》（GB/T 14848—93）

4.《农田灌溉水质标准》（GB 5084—92）

5.《渔业水质标准》（GB 11607—89）

6.《污水综合排放标准》（GB 8978—1996）

7.《环境空气质量标准》（GB 3095—2012、GB 3095—1996）

8.《保护农作物的大气污染物最高允许浓度》（GB 9137—88）

9.《大气污染物综合排放标准》（GB 16297—1996）

10.《恶臭污染物排放标准》（GB 14554—93）

11.《锅炉大气污染物排放标准》（GB 13271—2001）

12.《声环境质量标准》（GB 3096—2008）

13.《机场周围飞机噪声环境标准》（GB 9660—88）

14.《城市区域环境振动标准》（GB 10070—88）

15.《建筑施工场界环境噪声排放标准》（GB 12523—2011）

16.《工业企业厂界环境噪声排放标准》（GB 12348—2008）

17.《社会生活环境噪声排放标准》（GB 22337—2008）

18.《铁路边界噪声限值及其测量方法》（GB 12525—90）

19.《土壤环境质量标准》（GB 15618—1995）

20.《生活垃圾填埋场污染控制标准》（GB 16889—2008）

21.《危险废物焚烧污染控制标准》（GB 18484—2001）

22. 《生活垃圾焚烧污染控制标准》(GB 18485—2001)

23. 《危险废物贮存污染控制标准》(GB 18597—2001)

24. 《危险废物填埋污染控制标准》(GB 18598—2001)

25. 《一般工业固体废物贮存、处置场污染控制标准》(GB 18599—2001)

26. 《危险废物鉴别标准　腐蚀性鉴别》(GB 5085.1—2007)

27. 《危险废物鉴别标准　急性毒性初筛》(GB 5085.2—2007)

28. 《危险废物鉴别标准　浸出毒性鉴别》(GB 5085.3—2007)

29. 《危险废物鉴别标准　易燃性鉴别》(GB 5085.4—2007)

30. 《危险废物鉴别标准　反应性鉴别》(GB 5085.5—2007)

31. 《危险废物鉴别标准　毒性物质含量鉴别》(GB 5085.6—2007)

32. 《危险废物鉴别标准　通则》(GB 5085.7—2007)

33. 《危险废物鉴别技术规范》(HJ/T 298—2007)

34. 《区域生物多样性评价标准》(HJ 623—2011)

35. 《外来物种环境风险评估技术导则》(HJ 624—2011)

36. 《农业固体废物污染控制技术导则》(HJ 588—2010)

37. 《生态环境状况评价技术规范（试行)》(HJ/T 192—2006)

38. 《制定地方大气污染物排放标准的技术方法》(GB/T 3840—91)

39. 《制订地方水污染物排放标准的技术原则与方法》(GB 3839—83)

40. 《城市区域环境噪声适用区划分技术规范》(GB/T 15190—94)

41. 《工业企业设计卫生标准》(TJ 36—79)

42. 《工业企业设计卫生标准》(GBZ 1—2010)

43. 《清洁生产审核指南制订技术导则》(HJ 469—2009)

44. 《清洁生产标准制订技术导则》(HJ/T 425—2008)

五、各行业清洁生产标准

铜冶炼业 (HJ 558—2010)　　　　　　石油炼制业（沥青)(HJ 443—2008)

铜电解业 (HJ 559—2010)　　　　　　味精工业 (HJ 444—2008)

制革工业（羊革)(HJ 560—2010)　　淀粉工业 (HJ 445—2008)

水泥工业 (HJ 467—2009)　　　　　　煤炭采选业 (HJ 446—2008)

造纸工业（废纸制浆)(HJ 468—2009)　铅蓄电池工业 (HJ 447—2008)

钢铁行业（铁合金)(HJ 470—2009)　制革工业（牛轻革)(HJ 448—2008)

氧化铝业 (HJ 473—2009)　　　　　　合成革工业 (HJ 449—2008)

纯碱行业 (HJ 474—2009)　　　　　　印制电路板制造业 (HJ 450—2008)

氯碱工业（烧碱)(HJ 475—2009)　　葡萄酒制造业 (HJ 452—2008)

氯碱工业（聚氯乙烯)(HJ 476—2009)　造纸工业（漂白化学烧碱法麦草浆生产工

废铅酸蓄电池铅回收业 (HJ 510—2009)　　艺)(HJ/T 339—2007)

粗铅冶炼业 (HJ 512—2009)　　　　　造纸工业（硫酸盐化学木浆生产工艺)

铅电解业 (HJ 513—2009)　　　　　　　(HJ/T 340—2007)

宾馆饭店业 (HJ 514—2009)　　　　　电解锰行业 (HJ/T 357—2007)

钢铁行业（烧结)(HJ/T 426—2008)　镍选矿行业 (HJ/T 358—2007)

钢铁行业（高炉炼铁)(HJ/T 427—2008)　化纤行业（氨纶)(HJ/T 359—2007)

钢铁行业（炼钢)(HJ/T 428—2008)　彩色显象（示）管生产 (HJ/T 360—2007)

化纤行业（涤纶)(HJ/T 429—2008)　平板玻璃行业 (HJ/T 361—2007)

电石行业 (HJ/T 430—2008)　　　　　烟草加工业 (HJ/T 401—2007)

白酒制造业（HJ/T 402—2007）

啤酒制造业（HJ/T 183—2006）

食用植物油工业（豆油和豆粕）（HJ/T 184—2006）

纺织业（棉印染）（HJ/T 185—2006）

甘蔗制糖业（HJ/T 186—2006）

电解铝业（HJ/T 187—2006）

氮肥制造业（HJ/T 188—2006）

钢铁行业（HJ/T 189—2006）

基本化学原料制造业（环氧乙烷/乙二醇）（HJ/T 190—2006）

汽车制造业（涂装）（HJ/T 293—2006）

铁矿采选业（HJ/T 294—2006）

电镀行业（HJ/T 314—2006）

人造板行业（中密度纤维板）（HJ/T 315—2006）

乳制品制造业（纯牛乳及全脂乳粉）（HJ/T 316—2006）

造纸工业（漂白碱法蔗渣浆生产工艺）（HJ/T 317—2006）

钢铁行业（中厚板轧钢）（HJ/T 318—2006）

石油炼制业（HJ/T 125—2003）

炼焦行业（HJ/T 126—2003）

制革行业（猪轻革）（HJ/T 127—2003）

参 考 文 献

[1] 环境保护部环境工程评估中心编. 建设项目环境影响评价培训教材 [M]. 北京：中国环境科学出版社，2011.

[2] 国家环境保护总局环境影响评价管理司. 环境影响评价岗位培训教材 [M]. 北京：化学工业出版社，2006.

[3] 环境保护部环境影响评价司编. 环境影响评价岗位基础知识培训教材 [M]. 北京：中国环境科学出版社，2010.

[4] 环境保护部环境工程评估中心编. 环境影响评价相关法律法规 [M]. 北京：中国环境科学出版社，2010.

[5] 环境保护部环境工程评估中心编. 环境影响评价技术导则与标准 [M]. 北京：中国环境科学出版社，2010.

[6] 环境保护部环境工程评估中心编. 环境影响评价技术方法 [M]. 北京：中国环境科学出版社，2010.

[7] 环境保护部环境工程评估中心编. 环境影响评价案例分析 [M]. 北京：中国环境科学出版社，2013.

[8] 国家环境保护总局环境影响评价司编. 战略环境影响评价案例讲评 [M]. 北京：中国环境科学出版社，2006.

[9] 国家环境保护总局. 环境影响评价公众参与暂行办法. 北京：中国环境科学出版社，2006.

[10] 应试指导专家组编. 环境影响评价工程师职业资格考试配套模拟试卷：环境影响评价技术方法 [M]. 北京：化学工业出版社，2009.

[11] 环保部环评工程师执业资格登记管理办公室. 社会区域类环境影响评价 [M]. 北京：中国环境科学出版社，2007.

[12] 丁桑岚. 环境评价概论 [M]. 北京：化学工业出版社，2002.

[13] 马太玲，张江山. 环境影响评价. 第2版. [M]. 武汉：华中科技大学出版社，2012.

[14] 朱世云，林春绵. 环境影响评价 [M]. 北京：化学工业出版社，2009.

[15] 李淑芹，孟宪林. 环境影响评价 [M]. 北京：化学工业出版社，2011.

[16] 陆书玉. 环境影响评价 [M]. 北京：高等教育出版社，2001.

[17] 田子贵，顾玲. 环境影响评价. 第2版. [M]. 北京：化学工业出版社，2011.

[18] 钱瑜. 环境影响评价 [M]. 南京：南京大学出版社，2009.

[19] 陆雍森等. 环境影响评价 [M]. 上海：同济大学出版社，1999.

[20] 毛文永. 生态环境影响评价概论（修订版）[M]. 北京：中国环境科学出版社，2003.

[21] 王东华. 环境质量评价 [M]. 天津：天津科学技术出版社，1993.

[22] 史宝忠. 建设项目环境影响评价 [M]. 北京：中国环境科学出版社，1993.

[23] 赵毅. 环境影响评价 [M]. 北京：电力工业出版社，1996.

[24] 金腊华，邓家泉，吴小明. 环境评价方法与实践 [M]. 北京：化学工业出版社，2005.

[25] 马晓明. 环境规划理论与方法 [M]. 北京：化学工业出版社，2004.

[26] 梁耀开. 环境评价与管理 [M]. 北京：中国轻工业出版社，2001.

[27] 吴国旭. 环境评价 [M]. 北京：化学工业出版社，2002.

[28] 姚运先. 环境监测技术 [M]. 北京：化学工业出版社，2003.

[29] 郑铭. 环境影响评价导论 [M]. 北京：化学工业出版社，2003.

[30] 刘晓冰. 环境影响评价 [M]. 北京：中国环境科学出版社，2007.

[31] 周国强. 环境影响评价 [M]. 武汉：武汉理工大学出版社，2003.

[32] 胡二邦. 环境风险评价实用技术和方法 [M]. 北京：中国环境科学出版社，1999.

[33] 张征. 环境评价学 [M]. 北京：高等教育出版社，2004.

[34] 李海波，赵锦慧. 环境影响评价实用教程 [M]. 武汉：中国地质大学出版社，2010.

[35] 包存宽，陆雍森，尚金城. 规划环境影响评价方法及实例 [M]. 北京：科学出版社，2004.

[36] 郭廷忠. 环境影响评价学 [M]. 北京：科学出版社，2007.

[37] 胡辉，杨家宽. 环境影响评价 [M]. 武汉：华中科技大学出版社，2010.

［38］ 王罗春. 环境影响评价［M］. 北京：冶金工业出版社，2012.

［39］ 陈学民. 环境评价概论［M］. 北京：化学工业出版社，2011.

［40］ 杨仁斌. 环境质量评价［M］. 北京：中国农业出版社，2007.

［41］ 张从. 环境评价教程［M］. 北京：中国环境科学出版社，2002.

［42］ 邓顺熙. 公路与长隧道空气污染影响分析方法［M］. 北京：科学出版社，2004.

［43］ 李秀金. 固体废物工程［M］. 北京：中国环境科学出版社，2003.

［44］ 毛东兴，洪宗辉. 环境噪声控制工程［M］. 北京：高等教育出版社，2010.

［45］ 杜翠凤，宋波，蒋仲安. 物理污染控制工程［M］. 北京：冶金工业出版社，2010.

［46］ 房春生，孟赫，李巍. 甲醇项目环境风险评价案例分析［J］. 环境科学与管理，2009，34（4）：170-173.

［47］ HJ 2.1—2011，环境影响评价技术导则　总纲［S］.

［48］ HJ/T 2.3—93，环境影响评价技术导则　地面水环境［S］.

［49］ HJ 610—2011，环境影响评价技术导则　地下水环境［S］.

［50］ HJ 2.4—2009，环境影响评价技术导则　声环境［S］.

［51］ HJ 2.2—2008，环境影响评价技术导则　大气环境［S］.

［52］ HJ 19—2011，环境影响评价技术导则　生态影响［S］.

［53］ HJ/T 169—2004，建设项目环境风险评价技术导则［S］.

［54］ HJ/T 131—2003，开发区区域环境影响评价技术导则［S］.

［55］ HJ/T 130—2003，规划环境影响评价技术导则［S］.

［56］ GB 18218—2009，危险化学品重大危险源辨识［S］.

［57］ 中华人民共和国环境影响评价法. 国家主席［2002］77 号令.

［58］ 中华人民共和国清洁生产促进法. 国家主席［2002］72 号令.